大学物理实验

主　编　张旭峰

副主编　杨常青　姜　卫　曹美珍

北京航空航天大学出版社

内 容 简 介

本书是中北大学物理实验教学中心全体教师多年教学实践经验和教学成果的结晶。全书共分 8 章:测量误差和数据处理基本知识、力学实验、热学实验、电磁学实验、光学实验、近代物理及综合性和应用性物理实验、设计性实验、基本实验方法与测量方法。每个实验简要介绍了实验原理、实验仪器装置,实验内容附有思考题,为教学和学生学习提供了方便。

本书较系统地介绍了大学物理实验中测量误差、不确定度及数据处理的基本知识,收入了力学、热学、电磁学、光学和近代物理学实验共 44 个。

本书适合作为高等工业学校各专业的物理实验教材或教学参考书,也可作为实验技术人员和有关课程教师的参考用书和其他读者的自学参考用书。

图书在版编目(CIP)数据

大学物理实验 / 张旭峰主编. -- 北京 : 北京航空航天大学出版社, 2017.9

ISBN 978-7-5124-2510-1

Ⅰ. ①大… Ⅱ. ①张… Ⅲ. ①物理学-实验-高等学校-教材 Ⅳ. ①O4-33

中国版本图书馆 CIP 数据核字(2017)第 231588 号

大学物理实验

主　编　张旭峰

副主编　杨常青　姜　卫　曹美珍

责任编辑　孙严冰　纪亚琪

*

北京航空航天大学出版社出版发行

北京市海淀区学院路 37 号(邮编 100191)　http://www.buaapress.com.cn

发行部电话:(010)82317024　传真:(010)82328026

读者信箱:bhpress@263.net　邮购电话:(010)82316936

中北大学印刷厂印装　各地书店经销

*

开本:787×1092　1/16　印张:17.25　字数:398 千字

2017 年 9 月第 1 版　2017 年 9 月第 1 次印刷　印数:3 500 册

ISBN 978-7-5124-2510-1　定价:39.00 元

前　言

本书是按照《高等工业学校物理实验课程教学基本要求》，结合中北大学具体情况，在以前自编《物理实验讲义》和《物理实验》的基础上改编而成。

全书共分8章。第1章比较系统地介绍了误差和不确定度的概念及其计算方法，对有效数字、数据处理的初步方法等也作了介绍。本章内容在本课程中占有重要地位，它是学生进行实验和处理数据的基础。第2章～第7章共收入力学、热学、电磁学、光学与近代物理学实验及设计性实验44个。

结合高等工科院校大学物理实验的改革趋势，我们在实验选题上力求题目典型、内容丰富，以使学生在有限的学时内，较快地提高实验技能。基于物理实验课的教学特点，为了便于学生学习，便于教师教学，我们在编写时努力做到：实验目的明确，实验原理叙述清楚，实验内容安排得当，实验步骤简洁明了。

近年来，物理实验课程同其他课程一样，进行着教学内容、教学方法的改革，在这样一种背景下，我们实验室研制了多种教学仪器，改造了若干实验，增添了几个综合型、应用型的实验，力求反映当前主流的实验理论、实验技术和方法，在一定程度上更新、充实了本书的内容。

参加本书编写工作的有张旭峰（编写绪论、第1章、第2章）、杨常青（编写第3章、第4章）、姜卫（编写第5章和第7章）和曹美珍（编写第6章和第8章）。

实验课教学是一项集体事业，无论是实验教材的编写，还是实验项目的开设准备，都凝聚着我们全体实验教师和技术人员的智慧和劳动成果。在本书的编写过程中，我们得到了全体实验教师和技术人员的大力支持，同时也广泛参阅了兄弟院校的有关教材，吸收了其中富有启发性的观点和优秀内容，在此表示衷心的感谢。

何迪和教授、刘宪清教授细致地审阅了全部书稿，提出了许多中肯的建议和修改意见，在编写本书的过程中，实验室的所有同志也给予了我们很大帮助，在此一并表示衷心的感谢。

编者恳切希望使用本书的教师、学生和其他读者提出宝贵意见，以便于今后再版时修订。

编者

2017年6月

目　录

绪　论

1. 物理实验的意义

物理学研究的是自然界物质运动的最基本最普遍的形式。物理学是自然科学和工程技术的基础。物理学本身是一门以实验为基础的科学。物理学的研究方法通常是在观察和实验的基础上,对物理现象进行分析、抽象和概括,找出各物理量之间的数量关系及它们变化的规律,从而建立物理定律,进而形成物理理论,再不断地回到实验中去经受检验。如果出现了新的实验事实与该理论相违背,那么便需要修正原有的物理定律和物理理论。因此我们说,物理实验是物理理论的基础,它是理论正确与否的“试金石”。

实验是人们研究自然规律、改造自然的基本手段之一。科学越进步,科学实验就显得越重要。任何一种新技术、新材料、新工艺和新产品,都必须通过科学实验才能获得。作为研究自然界物质运动最普遍形式的手段的物理实验,在科学实验中充当着“铺路石”的作用。

目前,人类社会已进入高科技时代。高科技是知识与技术的集成,而高科技的竞争最终是人才的竞争。培养高质量的人才,是当今世界共同面临的课题。社会需要既有丰富理论知识,又有扎实的实验技能的全面发展的人才。基于上述原因,人们愈来愈感到在理工科院校加强对学生进行物理实验训练的重要性。于是,物理实验就从原来的物理课程中分离出来,形成了一门独立的课程。《大学物理实验》和《大学物理》两门课程具有同等的重要地位。理论课是进行物理实验必要的基础,在实验课过程中,通过理论的运用与现象的观测分析,又可进一步加深对物理理论的理解。

2. 物理实验课程的目的与任务

物理实验课是对高等工业学校学生进行科学实验基本训练的基础课程。它将使学生得到系统实验方法和实验技能的训练,了解科学实验的主要过程和基本方法,为日后的科学实验活动奠定初步基础。同时它的思想方法、数学方法及分析问题与解决问题的方法也将对学生智力发展大有裨益。整个教学活动的进行也将有助于学生的作风、态度及品德的培养和素质的提高。

物理实验课程的具体任务是:

(1) 通过对实验现象的观测分析,学习物理实验知识,加深对物理学原理的理解。

(2) 培养与提高学生的科学实验能力,其中包括:

1) 自行阅读实验教材,做好实验前的准备。

2) 熟悉常用仪器的原理与性能,正确使用常用仪器。

3) 正确测量、记录与处理实验数据,撰写合格的实验报告。

4) 运用物理学理论知识对实验现象和结果进行分析与判断。

5) 能够完成简单的设计性实验。

（3）培养与提高学生的科学实验素养。要求学生具备理论联系实际和实事求是的科学作风，严肃认真的工作态度，主动研究的探索精神和遵守纪律、爱护公物的优良品德。

3. 怎样做好物理实验

（1）物理实验课的三个重要环节　上实验课与听理论课不同，它的特点是学生在教师的指导下自己动手，独立地完成实验任务。通常，一次完整的实验课要经历三个阶段。

1）预习：这是做实验的准备工作。首先应通过阅读实验教材明确本次实验所要达到的目的，以此为出发点，弄明白实验所依据的理论，所采用的实验方法；搞清控制实验过程的关键与必要的实验条件；明确实验内容和步骤；知道应如何选择、安排和调整仪器；预料实验过程中可能出现的问题等，在此基础上写出实验预习报告。

预习的好坏至关重要，它将决定能否主动顺利地进行实验。

2）实验：① 认真听讲，进一步明确实验原理和条件，弄懂为何如此安排实验、如此规定操作步骤，观察教师如何使用仪器，清楚实验中的注意事项。② 认真调节好仪器，仔细观察实验现象，准确测量实验数据。③ 正确地记录数据：正确地设计出数据表格，正确地判断数据的科学性，如实地、清楚地记录下全部原始实验数据和必要的环境条件、仪器的名称、型号与规格、实验现象等。

实验环节是物理实验课的中心，内容丰富而生动。要求学生主动研究、积极探索，充分地发挥主观能动性，这样才能获得良好的效果。

3）实验报告：它是实验结果的文字报道，是实验过程的总结。写好实验报告要求掌握正确的数据处理方法；有根据地进行误差分析；正确地表示出测量结果，并对结果作出合乎实际的说明与讨论并回答思考题等。

书写出一份字迹清楚、版面整洁、文理通顺、图表正确、数据完备、结果明确的实验报告是对学生的基本要求。

（2）严格基本训练，培养实验技能　扎实的基础实验训练是成才的基本功。“冰冻三尺，非一日之寒”，系统严格的训练凝结在每次实验的每个环节、每个步骤之中。实验中应多观察、多动手、多分析、多判断，反对机械操作、反对侥幸心理、反对盲目地进行实验。

实验不能仅满足于测几个数据。要充分利用实践机会来培养自己的动手能力，可以通过重复实验、改变实验条件或参量数值、或做对比分析来判断测量结果的正确性；遇到困难或数据超差，不要一味埋怨仪器不好或简单重做一遍或产生急躁心理，而要认真分析，找出原因，纠正错误，把实验做好。

物理实验课中要做的实验大都是经典的传统实验，集中了许多科学实验的训练内容，每个实验都包括一些具有普遍意义的实验知识、实验方法和实验技能。实验以后，应进行必要的归纳总结，提高自己驾驭知识的能力。例如归纳出不同实验中体现出来的基本实验方法——比较法、放大法、补偿法、模拟法及转换测量法，或结合对每个实验的分析、讨论及对思考题的探讨，搞清楚某种实验方法在具体运用时的优点及条件等。

4. 怎样写实验报告

为更好地达到教学目的，完成教学任务，我们将实验报告分为预习报告、实验记录和课后报告三部分。实验报告一律要求用统一的实验报告纸书写。

（1）预习报告的内容。

1）实验名称。

2）实验目的、要求。

3）实验原理。包括：简要的实验理论依据，实验方法，主要计算公式及公式中各量的意义，关键的电路图、光路图和实验装置示意图，注意事项等。有些实验还要求写出自拟的实验方案，自己设计的实验线路，选择的仪器等。

4）实验步骤：扼要地说明实验的内容、关键步骤及操作要点。

5）数据表格。

6）预习思考题：预习报告在上课前交教师审阅，经教师认可后方可做实验。

（2）实验记录

这一部分在实验课上完成。内容包括：

1）记录主要实验仪器的编号和型号规格。记录仪器编号是一个好的工作习惯，便于日后必要时对实验进行复查。

2）实验内容与观测记录实验现象。

3）实验数据。数据记录应做到整洁清晰而有条理，最好采用列表法。在标题栏内要注明单位。数据不得任意涂改。确实测错而无用的数据，可在旁边注明"作废"字样，不要任意划去。

实验结果出来后要让教师签字认可，方可将仪器整理还原。

（3）课后报告。

1）数据处理：包括计算公式，简单计算过程，作图，不确定度估算，最后测量结果等。

2）完成教师指定的思考题。

3）附注：对实验中出现的问题进行说明和讨论，以及实验心得或建议等。

预习报告、实验记录和课后报告构成一份完整的实验报告。

5. 遵守实验室规则

为保证实验正常进行，以及培养严肃认真的学习作风和良好的实验工作习惯，学生应遵守以下实验规则：

（1）学生应在课表规定的时间内进行实验，不得无故缺席或迟到。实验时间若要更动，须经实验室同意。

（2）学生在每次实验前对排定要做的实验应进行预习，并作预习报告。

（3）进入实验室后，应检查自己使用的仪器是否有短缺或损坏，若发现有问题，应及时向教师或实验员提出。

（4）实验前应细心观察仪器构造，操作时应谨慎细心，严格遵守各种仪器仪表的操作规则及注意事项。尤其是电学实验，线路接好后先经教师或实验员检查，全部无误后方可接通电源，以免发生意外。

（5）实验不合格或请假缺课的学生，由教师登记，通知学生在规定时间内补做。

（6）实验时应注意保持实验室整洁、干净。实验完毕应将仪器、桌椅恢复原状，放置整齐。

（7）实验课时严禁大声喧哗、随意乱搬仪器等。

（8）如有损坏仪器应及时报告教师或实验员，并填写损坏单，说明损坏原因。赔偿办法根据实验室规定处理。

第1章　测量误差和数据处理基本知识

本章介绍测量误差和实验数据处理的一些初步知识，这些知识是进行科学实验时所必需的和最基本的。对这些知识的详尽论述需要概率论与数理统计等若干后续课程的基础理论。本书只直接引用所需的一些基本概念、必要的计算公式和有关的结论，希望学生在物理实验过程中通过实际应用逐步理解其物理意义和初步掌握其正确用法。对这门知识的进一步掌握有待后续的有关理论课程和其他实践性课程去逐步解决。

1.1　测量误差

1.1.1　测量

为确定待测量的量值而进行的实验过程称为测量。测量可分为以下两大类：

1. 直接测量

不必对与待测量有函数关系的其他量进行测量，而能直接得到该待测量的量值的测量过程称为直接测量。如用天平称物体的质量，用电桥测电阻器的电阻值等。

2. 间接测量

通过对与待测量有函数关系的其他量的测量，以得到该待测量之量值的测量过程称为间接测量。如需测一球的密度，先分别测量该球的质量 m 和直径 d，然后按公式 $\rho = 6m/(\pi d^3)$ 算出该球的密度 ρ。

任何测量结果都难免含有误差。分析测量过程中可能产生哪些误差，如何减少或消除其影响，并对测量结果中未能消除的误差作出估计等，这些工作是在科学实验中必做的。因此，我们必须了解误差的基本概念、主要误差的基本特性和对误差范围进行估计的初步知识。

1.1.2　误差定义

1. 绝对误差

某量之测量值的绝对误差定义为该量的测量值与其客观真实值之差，即

$$\text{绝对误差} = \text{测量值} - \text{真值} \tag{1-1}$$

上式中的真值，是在测量时该量本身客观存在的真实量值。对此，有两点值得特别注意：

其一，由于任何事物都处在发展变化之中，上述定义式中之真值应是该量被测时它所具有的真值。

其二，在测量过程中，被测量的真值往往因受测量仪器的作用而发生变化，这种变化有时不容忽视，应设法避免。

由于上述定义式中选择了被测量的真值作为客观标准，故该误差是这个测量值的真

误差。

在实际工作中需用到“修正值”概念，其定义为

$$修正值 = 真值 - 测量值 \tag{1-2}$$

则

$$真值 = 测量值 + 修正值$$

2. 相对误差

为便于描述和比较不同测量结果的准确程度而引用相对误差概念，其定义为

$$相对误差 = 绝对误差 \div 真值 \tag{1-3}$$

3. 引用误差

引用误差是一种简化和实用的相对误差，常用于表示计量器具准确程度的等级。其定义为：仪器示值的绝对误差与其测量范围的上限值（或量程）之比值，以百分数形式表示。

1.1.3　误差的主要来源

误差主要来自以下几个方面：

1. 设备误差

由于所用仪器本身的示值不准而带来的误差。

2. 环境误差

由于测量过程中周围环境状况与要求的标准状态不一致所引起的误差。

3. 调整误差

测量时没有将仪器调整到其正确使用状态所造成的误差。

4. 方法误差

测量方法不完善而导致的误差。

1.1.4　误差分类

根据误差的性质，人们将误差分为系统误差、随机误差和粗大误差三大类。

1. 系统误差

在偏离规定的测量条件下多次重复测量同一量时，误差的绝对值和符号保持恒定；或在该测量条件改变时按某一确定的规律变化的误差，统称为系统误差。

(1) 已定系统误差　其符号和绝对值已知或其变化规律已经确定的系统误差称为已定系统误差。已定系统误差可以通过修正消除。

(2) 未定系统误差　其符号和绝对值未知的系统误差，称为未定系统误差。实验时，应设法估计该误差的范围。

2. 随机误差

在实际测量条件下，多次重复测量同一被测量时，误差的绝对值和符号以不可预知的方式变化着的误差称为随机误差。

3. 粗大误差

超出规定条件下之预期范围的误差称为粗大误差，有时简称为粗差。

在处理数据时，含有粗大误差的测量值会显著歪曲测量结果，所以允许剔除少量含有这种粗大误差的异常测量值。

应该注意误差的性质可以在一定的条件下相互转化。在实际测量中,人们往往利用这一特性以减小实验结果的误差。例如,当实验条件稳定且系统误差可掌握时,就尽量保持在相同条件下做实验,以便能通过修正消除该系统误差;当系统误差未能掌握时,就可以采取“随机化技术”,如按某种方式改变某一测量条件使系统误差随机化,使其有一部分能被抵偿掉。

1.1.5 精密度、正确度、准确度及不确定度

评价测量结果,常用到精密度、正确度和准确度这三个概念。这三者的含义不同,使用时应注意加以区别。

1. 精密度

反映随机误差大小的程度。它是对测量结果的重复性的评价。精密度高是指测量的重复性好,各次测量值的分布密集,随机误差小。但是,精密度不能确定系统误差的大小。

2. 正确度

反映系统误差大小的程度。正确度高是指测量数据的算术平均值偏离真值较少,测量的系统误差小。但是,正确度不能确定数据分散的情况,即不能反映随机误差的大小。

3. 准确度

反映系统误差与随机误差综合大小的程度。准确度高是指测量结果既精密又正确,即随机误差与系统误差均小。

现以射击打靶的弹着点分布为例,形象地说明以上三个术语的意义,如图 1 – 1 所示,其中图 1 – 1(a)表示精密度高而正确度低,图 1 – 1(b)表示正确度高而精密度低,图 1 – 1(c)表示精密度和正确度均低,即准确度低,图 1 – 1(d)表示精密度和正确度均高,即准确度高。通常所说的“精度”含义不明确,应尽量避免使用。

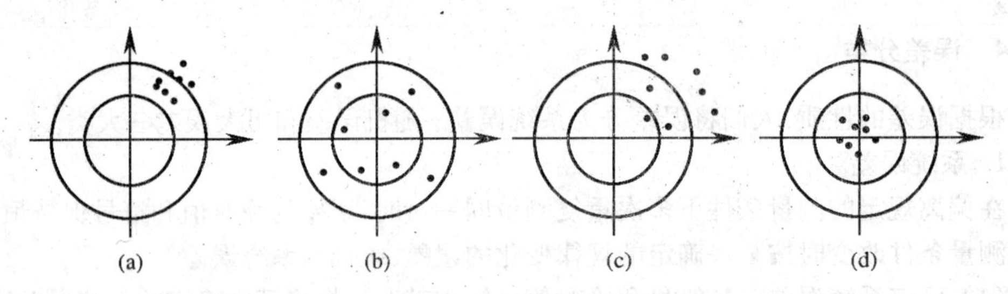

图 1 – 1 精密度、正确度和准确度示意图

(a) 精密度高,正确度低;(b) 正确度高,精密度低;(c) 精密度和正确度均低;(d) 精密度和正确度均高。

4. 不确定度

表征被测量的真值所处量值范围的评定。用测量结果附近的一个范围表示,它表示被测量的真值难以确定的一个大约的数值范围。

测量结果的不确定度一般包含好几个分量,这些分量可以按估计其数值的方法归并成 A、B 两类:

A 类不确定度分量是用统计方法计算的分量,根据测量结果的统计分布进行估算,可用估计的标准偏差 S_i 表示。

B 类不确定度分量是用其他方法来估算的分量,可用等效的标准偏差 u_j 作为其估

计值。

1.2　发现和消除系统误差的方法

对仪器进行计量校准是发现其系统误差最行之有效的方法,同时还可以确定其修正值。此外,从改善测量方法和实验数据处理方法入手,也可以找到多种发现和消除系统误差的方法,其中有些方法既简单且行之有效,现简述如下:

1.2.1　理论分析法

这是通过分析实验方法所依据的理论公式是否严密或实验条件与该理论公式所要求的条件是否符合,来检查是否存在系统误差的方法。如根据单摆周期的近似公式 $T=2\pi\sqrt{l/g}$ 测重力加速度 g,则从理论分析可知该结果含有多项系统误差,且从理论上可逐项推导出近似的修正公式。

1.2.2　替换法

这是用测量仪器测量某一被测量之后,用标准量代替被测量,在完全相同的测量条件下调节标准量使仪器重新回到刚才测该被测量时相同的状况的方法。此时,和标准量的量值对比可检验仪器是否存在系统误差,并可用来修正测量结果。如用电桥测某一电阻,得到一个测值 R。使电桥所有旋扭的位置保持不变,用标准电阻箱代替被测电阻,调节电阻箱的阻值使电桥重新达到平衡。此时电阻箱的示值即可作为该被测电阻的准确值,而它与电桥示值 R 之差就可作为电桥该测值的修正值。

1.2.3　异号法

这是改变某一测量条件使误差在测量过程中一次出现为正值,另一次为负值,取两次测值的平均值以消除或减小该误差的方法。如用冲击电流计测互感时,实验中改变冲击电流的方向进行测量,可以消除测量回路中的温差电动势对测量结果的不良影响。

1.2.4　交换法

如欲检查天平是否等臂,称量时可将被测物与砝码交换位置称量,可发现并消除天平不等臂误差对该测量结果的影响。

1.2.5　实验数据分析法

如将实验测量数据按测量的时间顺序排列,观察其数值的变化规律,可发现随时间有规律地变化的系统误差。

1.2.6　仪器自检法

这是在测量某一被测量时,有目的地改变实验的某项参数,观察测量结果的变化规律的方法。如用冲击电流计测某一电容时,选取不同的充电电压进行测量,考查测量结果的变化规律,以检查冲击电流计是否存在随电量而变的系统误差。

1.2.7 半周期观测法

对于周期性变化的误差,可每隔半个周期进行偶数次观测。如分光仪刻度盘偏心带来的测角误差以 360° 为周期变化,测量时采用相距 180° 的两个游标同时进行测量,则被测的角位移值等于两个游标测出的角位移的平均值。因此,这种测量法又称为对径测量法。

1.2.8 随机化处理法

如用读数显微镜测微小间距。由于读数显微镜的丝杠在加工时存在随机误差,即有些螺距偏大,有些螺距偏小,而且这种偏差的分布是随机的。对于任一给定的丝杠,在其任一给定位置,螺距的偏差是固定的,但一般是未知的,即属于未定系统误差。采用丝杠的不同部位测量时具有不同的系统误差,由于这种系统误差的分布具有随机性,所以取这些测值的平均值时,这些系统误差将彼此抵消一部分。

1.3 实验随机误差处理的基本知识

1.3.1 随机误差的分布

实验中随机误差的出现对于单次测量而言是没有确定的规律的,误差的符号和绝对值的大小都不能预知。但对同一被测量多次重复测量时,则能发现这些测值的随机误差是按一定的统计规律分布的。在普通物理实验中出现的随机误差,其中有许多近似地服从"正态分布"的规律。这种分布的主要特点是:

1) 绝对值小的误差出现的机会多,绝对值大的误差出现的机会少。在正常情况下绝对值很大的误差几乎不会出现,即分布具有"单峰性"和"有界性"。

2) 正的误差和负的误差出现的机会大致相等,而且显示出分布具有"对称性",重复测量的次数愈多,这种对称性愈显著。

因此,对一个稳定的被测量多次重复测量取其算术平均值时,这类随机误差将彼此大致相消。

1.3.2 标准误差与标准偏差

实验中随机误差不可避免,也不可能消除。但是,可以根据随机误差的理论来估算其大小。为了简化起见,在下面讨论随机误差的有关问题中,并假设系统误差已经减小到可以忽略的程度。

采用算术平均值作为测量结果可以削弱随机误差。但是,算术平均值只是真值的估计值,不能反映各次测量值的分散程度。采用标准误差来评价测量值的分散程度是既方便又可靠的。对物理量 X 进行 n 次测量,其标准误差(标准差)定义为

$$\sigma(x) = \lim_{n \to \infty} \sqrt{\frac{1}{n} \sum_{i=1}^{n} (x_{-} x_0)^2} \tag{1-4}$$

在实际测量中,测量次数 n 总是有限的,而且真值也不可知,因此标准误差只有理论

上的价值,对标准误差 $\sigma(x)$ 的实际处理只能进行估算。估算标准误差的方法很多,最常用的是贝塞尔法,它用实验标准(偏)差 S_x 近似代替标准误差。S_x 实验标准差的表达式为

$$S_x = \sqrt{\frac{1}{n-1}\sum_{i=1}^{n}(x-x_0)^2} \tag{1-5}$$

计算过程如下:

设对某一被测量进行了 n 次独立的重复测量,得到 n 个测值 $x_1, x_2, \cdots, x_n$。

1) 求出这组测值的算术平均值 $\bar{x}$

$$\bar{x} = \sum_{i=1}^{n} x_i/n = \sum x_i/n \tag{1-6}$$

在本书的数学表达式中一般省略掉求和号上的求和范围。

2) 本组测值中任一测值与平均值之差称为残余误差,简称为残差,用 Δx_i 表示。逐个求出各个残差

$$\Delta x_i = x_i - \bar{x}, \quad i = 1,2,\cdots,n \tag{1-7}$$

3) 用贝塞尔公式计算标准偏差的估计值 s

$$S_x = \sqrt{\sum(\Delta x_i)^2/(n-1)} = \sqrt{\sum(x_i-\bar{x})^2/(n-1)} \tag{1-8}$$

人们往往将 S 也称为标准偏差。从上式可见,若 S 值大,则表明这组测值彼此分散的程度大,即精密度低。

注意:若被测量的量值是稳定的,则 s 表征的是所用测量仪器的重复性,即仪器的精密度。若所用测量仪器足够精密,而被测量是变动的,则 s 表征的是被测量的波动性或稳定性,即反映被测量值波动大小的程度。

1.3.3　平均值的标准偏差

如上所述,在我们进行了有限次测量后,可得到算术平均值 $\bar{x}$,$\bar{x}$ 也是一个随机变量。在完全相同的条件下,多次进行重复测量,每次得到的算术平均值也不尽相同,这表明算术平均值本身也具有离散性。由误差理论可以证明算术平均值的标准偏差为

$$S_{\bar{x}} = \frac{S_x}{\sqrt{n}} = \sqrt{\frac{1}{n(n-1)}\sum_{i=1}^{n}(x-x_0)^2} \tag{1-9}$$

由此式可以看出,平均值的标准偏差比任一次测量值的标准偏差小。增加测量次数,可以减少平均值的标准偏差,提高测量的准确度。但是,单纯凭增加测量次数来提高准确度的作用是有限的。如图 1-2 所示,当 $n>10$ 以后,随测量次数 n 的增加,$S_{\bar{x}}$ 减小得很缓慢。所以,在科学研究中测量次数一般取 10 次~20 次,而在物理实验教学中一般取 6 次~10 次。

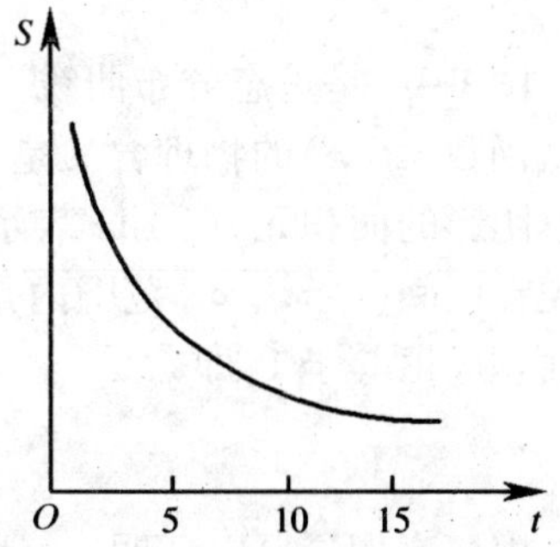

图 1-2　测量次数对 $S(\bar{x})$ 的影响

1.3.4　随机误差的正态分布规律

随机误差的分布是服从统计规律的。首先,我们用一组测量数据来形象地说明这一点。例如用数字毫秒计测量单摆周期,重复 60 次($n=60$),将

测量结果统计如表1-1所列。

表1-1 测量数据

时间区间/s	出现次数 Δn（频数）	相对频数 $\frac{\Delta n}{n}$/%	时间区间/s	出现次数 Δn（频数）	相对频数 $\frac{\Delta n}{n}$/%
2.146～2.150	1	2	2.166～2.170	15	25
2.151～2.155	3	5	2.171～2.175	9	15
2.156～2.160	9	15	2.176～2.180	5	8
2.161～2.165	16	27	2.181～2.185	2	3

以时间 T 为横坐标，相对频数$\frac{\Delta n}{n}$为纵坐标，用直方图将测量结果表示如图1-3所示。如果再进行一组测量（如100次），作出相应的直方图，仍可以得到与前述图形不完全吻合但轮廓相似的图形。随着次数的增加，曲线的形状基本不变，但对称性越来越明显，曲线也趋向光滑。当 $n\to\infty$ 时，上述曲线变成光滑曲线，这表示测值 T 与频数$\frac{\Delta n}{n}$的对应关系呈连续变化的函数关系。显然，频数与 T 的取值有关，连续分布时它们之间的关系可表示为

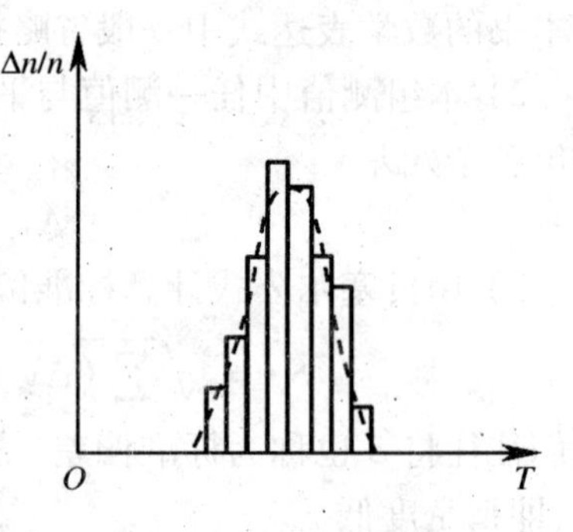

图1-3 统计直方图

$$\frac{\mathrm{d}n}{n}=f(T)\,\mathrm{d}T \tag{1-10}$$

函数$f(T)=\frac{\mathrm{d}n}{n\mathrm{d}T}$称为概率密度函数，其含义是在测值 T 附近、单位时间间隔内测值出现的概率。

当测量次数足够多时，其误差分布将服从统计规律。许多物理测量中，当 $n\to\infty$ 时，随机误差 ε 服从正态分布（或称高斯分布）规律。可以导出正态分布概率密度函数的表达式为

$$f(\varepsilon)=\frac{1}{\sqrt{2\pi}\sigma}\mathrm{e}^{-\frac{\varepsilon^2}{2\sigma^2}} \tag{1-11}$$

图1-4是正态分布曲线。该曲线的横坐标为误差 ε，纵坐标 $f(\varepsilon)$ 为误差分布的概率密度函数。$f(\varepsilon)$ 的物理含义是：在误差值 ε 附近，单位误差间隔内，误差出现的概率。曲线下阴影的面积元 $f(\varepsilon)\mathrm{d}\varepsilon$ 表示误差出现在 $\varepsilon\sim\mathrm{d}\varepsilon$ 区间内的概率。按照概率理论，误差 ε 出现在区间$(-\infty,\infty)$范围内是必然的，即概率为100%。所以，图中曲线与横轴所包围的面积应恒等于1，即

$$\int_{-\infty}^{\infty}f(\varepsilon)\,\mathrm{d}\varepsilon=1 \tag{1-12}$$

由概率理论可以证明，σ 就是标准差。在正态分布的情况下，式(1-11)中 σ 的物理意义是什么？首先定性分析一下：从式(1-11)可以看出，当 $\varepsilon=0$ 时

$$f(0)=\frac{1}{\sqrt{2\pi}\sigma}$$

因此，σ 值越小，$f(0)$ 的值越大。由于曲线与横坐标轴包围的面积恒等于 1，所以曲线峰值高，两侧下降就较快。这说明测量值的离散性小，测量的精密度高。相反，如果 σ 值大，$f(0)$ 的值就小，误差分布的范围就较大，测量的精密度低。这两种情况的正态分布曲线如图 1－5 所示。

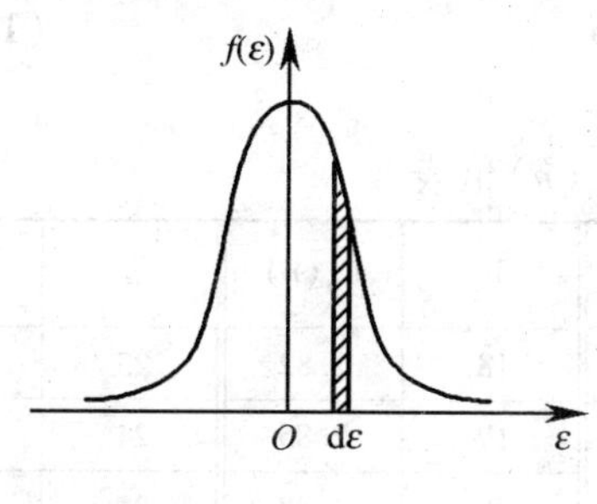

图 1－4　正态分布曲线

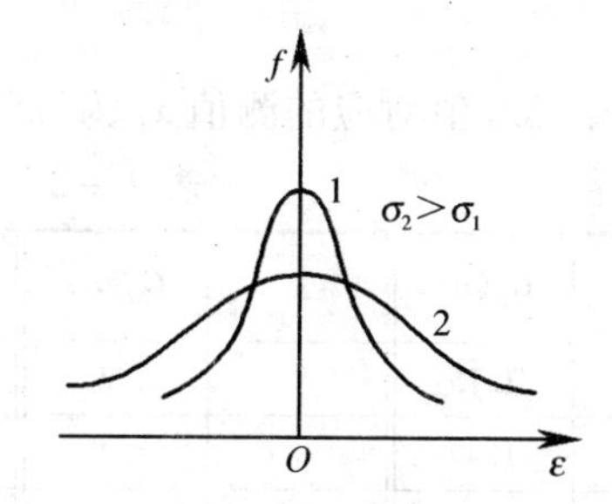

图 1－5　σ 的物理意义

1.3.5　置信区间与置信概率

我们还可以从另一角度理解 σ 的物理意义。计算一下测量结果分布在 $-\sigma \sim \sigma$ 之间的概率，可得

$$P_1 = \int_{-\sigma}^{\sigma} f(\varepsilon)\,\mathrm{d}\varepsilon \approx 0.683 = 68.3\% \tag{1-13}$$

即在所测的一组数据中平均有 68.3% 的数据测值误差落在区间 $[-\sigma,\sigma]$。同样也可以认为在所测的一组数据中，任一个测值的误差落在区间 $[-\sigma,\sigma]$ 的概率为 68.3%。我们把 P_1 称作置信概率，$[-\sigma,\sigma]$ 就是 68.3% 的置信概率所对应的置信区间。

显然，扩大置信区间，置信概率就会提高。可以证明，如果置信区间分别为 $[-2\sigma,2\sigma]$ 和 $[-3\sigma,3\sigma]$，则相应的置信概率为

$$P_2 = \int_{-2\sigma}^{2\sigma} f(\varepsilon)\,\mathrm{d}\varepsilon \approx 0.955 = 95.5\% \tag{1-14}$$

$$P_3 = \int_{-2\sigma}^{2\sigma} f(\varepsilon)\,\mathrm{d}\varepsilon \approx 0.997 = 99.7\% \tag{1-15}$$

一般情况下，置信区间可用 $[-k\sigma,k\sigma]$ 表示，k 称为包含因子。对于一个测量结果，只要给出置信区间和相应的置信概率就表达了测量结果的精密度。

对应于 $[-3\sigma,3\sigma]$ 这个置信区间，其置信概率为 99.7%，即在 1000 次的重复测量中，随机误差超出 $[-3\sigma,3\sigma]$ 的平均只有 3 次。对于一般有限次测量来说，测值误差超出这一区间的可能性非常小，因此常将 $\pm 3\sigma$ 称为极限误差。

1.3.6　粗大误差的发现和剔除

有时在一组测量数据中会出现一两个测值明显地偏离其他测值的情况。这种“离群值”的出现可能是由于测量本身随机性的客观反映，这应该说是正常的，有时但也可能是由于某种未被发现的异常干扰或操作失误造成的，这种测值属于异常值，应该剔除。在剔除异常值时难免会有错判的时候，即把并非异常值当作异常值剔除了。应该使这种错判的可能性（概率）减小至某一程度。用 α 表示将正常值错判为异常值的概率，一般取 $\alpha = 0.01$，它表示错判的可能性小于或等于 1%。判别异常值的方法有多种，本书仅介绍格拉

布斯(Grabbs) 准则,判断的步骤如下:

在求出全组测值的各个残差和标准偏差 S 的基础上,挑选出其中绝对值最大的残差,设为 Δx_i,再根据选定的 α 值和这组测值的个数 n(即重复测量的次数 n)从表 1-2 中查出相应的格接布斯系数 $G_\alpha(n)$ 的值,若 $|\Delta x_i|$ 满足不等式

$$|\Delta x_i| > G_\alpha(n)S \tag{1-16}$$

则与这个 Δx_i 值对应的测值 x_i 为异常值,应予剔除。

表 1-2 $\alpha=0.01$ 时的 $G_\alpha(n)$ 值表

n	$G_\alpha(n)$	n	$G_\alpha(n)$	n	$G_\alpha(n)$	n	$G_\alpha(n)$	n	$G_\alpha(n)$
3	1.15	8	2.22	13	2.61	18	2.82	23	2.96
4	1.49	9	2.32	14	2.66	19	2.85	24	2.99
5	1.75	10	2.41	15	2.70	20	2.88	25	3.01
6	1.91	11	2.48	16	2.74	21	2.91	30	3.10
7	2.10	12	2.55	17	2.78	22	2.94	40	3.24

1.4 直接测量的实验数据处理

测量的直接目的是要确定被测量的量值。由于测量误差难以完全避免,测量值总会含有误差,因此,实验数据处理的主要任务之一是要充分利用实测数据和有关参数,尽可能发现并消除已定系统误差,对未能消除的误差进行估计,得出测量结果的不确定度,以确定被测量的量值范围。

1.4.1 测量仪器的误差 $\Delta_{仪}$

在普通物理实验中经常用“仪器误差”$\Delta_{仪}$ 来表示仪表器具的示值误差限或基本误差限,这些数据一般由生产厂家参照国家标准规定的计量仪表、器具的准确度等级或允许误差范围给出。直接测量结果的 B 类不确定度分量 u 可近似地用下式计算:

$$u = \Delta_{仪} / \sqrt{3} \tag{1-17}$$

当 $\Delta_{仪}$ 未知时,也可以根据仪表、器具的分度值近似地用下式计算:

$$u = 分度值 / \sqrt{12} \tag{1-17'}$$

u 是估计值,u 的有效数字一般只保留一位。直接测量值其读数的有效数字最后一位的数位一般应与 u 的有效数字所在的数位相同。例如分度值为 1 mm 的米尺,可近似地认为

$$u = 1/\sqrt{12}\,\text{mm} \approx 0.3\text{mm}$$

则用该米尺测量时,读数的最后一位应在毫米的十分位,即读数时若以毫米为单位,则读数应读到小数点后面一位。

1.4.2 直接测量实验数据处理

设对某一待测量值 X 重复测量了 n 次,得到 n 个测值 x_1、x_2、$\cdots$、x_n,数据处理的简要步骤如下:

1. 按式(1－6)求出这组测值的算术平均值 $\bar{x}$

$$\bar{x} = \sum x_i/n$$

2. 按式(1－7)求出各个测值的残差 Δx_i

$$\Delta x_i = x_i - \bar{x}, \qquad i = 1,2,\cdots,n$$

3. 按式(1－8)求出标准偏差估计值 S

$$S = \sqrt{\sum (\Delta x_i)^2/(n-1)}$$

S 值一般只保留一位有效数字,最多保留两位。

4. 检查是否含有已定系统误差

若有,则找出来并修正测量结果;检查是否含有异常值,若有,则予以剔除,并根据剩下的测值重算 $\bar{x}$、Δx_i、S 等值。

5. 若该被测量是称定的,则按式(1－9)求出 $\bar{x}$ 的标准偏差估计值 $S_{\bar{x}}$

$$S_{\bar{x}} = S/\sqrt{n}$$

$S_{\bar{x}}$ 值也只保留一位或两位有效数字,并用 $S_{\bar{x}}$ 表征测量结果的 A 类不确定度分量。

6. 按式(1－17)或式(1－17′)估计测量结果的 B 类不确定度分量 u

$$u = \Delta_{仪}/\sqrt{3}$$

或

$$u = 分度值/\sqrt{12}$$

7. 求出测量结果的总不确定度 σ

$$\sigma = \sqrt{S_{\bar{x}}^2 + u^2} \tag{1-18}$$

σ 值也是保留一位或两位有效数字。

8. 写出测量结果的表达式

$$测量结果 = 平均值 \pm 不确定度$$

或用数学符号式表示

$$X = \bar{x} \pm \sigma \tag{1-19}$$

式中 $\bar{x}$ 与 σ 其有效数字的末位一般应对齐。这个表达式的物理意义是:该被测量的真值 X 处在区间$[\bar{x}-\sigma,\bar{x}+\sigma]$内的概率约为 0.68。

1.4.3　单次测量结果的表达法

在多种情况下对某些待测量往往只需测一次;在某些特殊情况下对某待测量只能测一次,于是就以该次的测量值 x 表示该被测量 X 的量值,其不确定度 σ 就用估算出的 B 类不确定度分量 u 来粗略地表示

$$\sigma \approx u = \Delta_{仪}/\sqrt{3}$$

测量结果仍用下式表示

$$X = x \pm \sigma$$

1.4.4　用电子计算器求标准偏差

现在很多种电子计算器都具有统计计算的功能,用来计算平均值和标准偏差十分方便。以 SHARP/EL—506H 型计算器为例。

设用千分尺测一钢球直径 6 次，以 cm 为单位，得数据如下：

$d_1 = 1.2761$　　　$d_4 = 1.2774$

$d_2 = 1.2772$　　　$d_5 = 1.2764$

$d_3 = 1.2783$　　　$d_6 = 1.2768$

1. 按计算器的“SD”功能键使它处于统计计算功能状态

SD 功能键是第二功能键，使用时应先按“2ndF”键，再按“SD”键。其他第二功能键的用法类似。

2. 输入数据

方法如下：例如需输入 1.2761，则依次按数码键和小数点键“1.2761”，此时该数据才进入暂存器，再按“M+”键，此数据就进入内部存储器并参与统计运算了。依次输入所需的全部数据。

3. 按“$\bar{x}$”键，显示 1.277033333，这就是 $\bar{d}$ 值

4. 按“s”键，显示 0.000786564，这就是 S 值

若 S 值保留一位有效数字，即 $S = 0.0008\text{cm}$，则 $\bar{d} = 1.2770\text{cm}$（修约规则请看下一节）。

5. 从存储器中消除某一数据

若要从存储器中消去“1.2761”这一数据，只需依次按数码键和小数点键“1.2761”，再按“CD”键，即可将该数从存储器中消掉。这种功能可用来改错，也可用来剔去异常值。

6. 剔去异常值

在求出 $\bar{x}$ 值和 S 值后，若通过判断发现某一数据为异常值，应予以剔除。则可按上述方法将该数据从存储器中消除。消除该数之后再分别按“$\bar{x}$”键和“s”键，则依次显示的是剔除异常值后从其余数据算出的算术平均值和标准偏差值。

如要再作另一个统计计算，计算前应先“清零”。

1.4.5 有效数字概念

物理量的测量值都有误差，即这些测量值都是一些近似数值，因此它们与数学中的数应该有不同的意义和处理方法，必须采用有效数字及其运算规则。

1. 有效数字的概念

在记录数据、计算及表示测量结果时，数据的位数要根据测量误差或实验结果的不确定度来定。比如，用米尺测得棒的长度为 5.28cm，前二位数 5.2 是从米尺上整分度数读取的，因而是准确数字，而第三位数 8 是估读出的，是存疑数字。再比如，测量某立方体的体积，最后算得体积 $V = 4238.6221\text{mm}^3$，$\Delta V = 0.5\text{mm}^3$，由不确定度的数值可以看出，体积 V 的第五位数字“6”已经是不精确的，它后面的三位数字“221”没有意义。因此该立方体的测量结果应表示为：$V = (4238.6 \pm 0.5)\text{mm}^3$。4238.6 这五位数字中，前四位是准确数字，最后一位是存疑数字。我们把包含准确数字和最后一位存疑数字的数称为有效数字。

有效数字的位数多少可直接反映出测量的准确度。一个数据有效数字位数越多，结果的准确度就越高，例如，用不同的量具测同一棒的长度，测量结果如下：

用钢板尺测量　　$L = 23.5\text{mm}$，$\Delta_{仪} = 0.5\text{mm}$　　$\dfrac{\Delta_{仪}}{L} = \dfrac{0.5}{23.5} = 2.2\%$

用50分度游标卡尺测量　$L=23.52\text{mm},\Delta_{仪}=0.02\text{mm}$　$\dfrac{\Delta_{仪}}{L}=\dfrac{0.02}{23.52}=0.09\%$

用千分尺测量　$L=23.518\text{mm},\Delta_{仪}=0.004\text{mm}$　$\dfrac{\Delta_{仪}}{L}=\dfrac{0.004}{23.518}=0.018\%$

由上面的测量结果可以看出,分别用米尺、50分度游标卡尺和千分尺测得的结果,有效数字位数依次多一位,测量相对不确定度依次减小,测量准确度依次提高。因此,在记录测量结果时不要任意增减位数。

2. 科学记数法

在十进制中,有效数字的位数与小数点的位置或与单位换算无关,例如2.30cm、0.0230m、23.0nm三个数都是三位有效数字,这里我们应注意到数字"0"在有效数字中的地位。从上例可见,不管有效数字前面有几个"0"都不影响有效数字的位数,所以数字前面的"0"不是有效数字,数字中间或末尾的"0"都是有效数字。如1.209mm和3.070mm都是四位有效数字。

再看下面的例子。用感量为0.02g的物理天平称衡得物体的质量为15.48g,有四位有效数字,以mg作单位时,若写成15480mg,便使有效数字位数增加一位,这显然是不合理的,为避免出现此类错误及方便地表示出较大或较小的数字,我们可以用科学记数法来表示有效数字,即把数据写成小数点前面只留一位非零数,后面再乘以10的方幂的形式。例如$15.48\text{g}=1.548\times10^{4}\text{mg}=1.548\times10^{-2}\text{kg}$。这种记数法既表达出有效数字位数,又表达出数值大小,计算时定位也容易。

3. 有效数字的舍入规则

在处理测量数据时,经常要涉及到数据尾数的舍入问题。一般通用的舍入规则是:四舍六入五凑偶,即小于5者舍,大于5者入,等于5者则把尾数凑成偶数,这种舍入原则的出发点是使尾数舍与入的概率相等。

例如,将3.9285、42.4501、13.55、13.65、0.62431等数都化为三位有效数字,化整结果为

$$3.9285\rightarrow3.93$$
$$42.4501\rightarrow42.5$$
$$13.55\rightarrow13.6$$
$$13.65\rightarrow13.6$$
$$0.62431\rightarrow0.624$$

下面介绍测量结果中,测量值与不确定度的取位与舍入规则。

(1) 不确定度的有效数字的取位。

由于不确定度本身只是一个估计范围,所以其有效数字一般只取一位或两位,在本课程中为了教学规范,我们约定对测量结果的合成不确定度(或总不确定度)只取一位有效数字,相对不确定度可取两位有效数字。此外,我们还约定,截取剩余尾数一律采取进位法处理,即剩余尾数只要不为零,一律进位,其目的是保证结果的置信概率水平不降低。

(2) 测量结果有效数字的取位。

对测量结果本身有效数字的取位必须使其最后一位与不确定度最后一位取齐,截取时剩余尾数仍遵从四舍六入五凑偶的规则。如测量结果为$x=(9.80\pm0.05)\text{mm}$,为正确结果,而$x=(9.804\pm0.05)\text{mm}$和$x=(9.8\pm0.05)\text{mm}$,均为不正确的表示。

4. 有效数字的运算规则

当由直接测量量计算间接测量量时，只要在求出不确定度后，间接测量量的有效数字位数就可以算出来，但在数据处理过程中通常要涉及许多中间运算，我们并不需要对每个运算结果都通过求不确定度来定其有效数字位数，而只需根据一定的有效数字运算规则来确定运算结果的位数。

总的原则是：①准确数字与准确数字进行四则运算时，其结果仍为准确数字。②准确数字与存疑数字以及存疑数字与存疑数字进行四则运算时，其结果均为存疑数字。③有效数字与有效数字进行运算，结果仍为有效数字。

从有效数字运算的总原则出发，可以得到一些具体的有效数字运算规则。

（1）加、减运算中，和或差的存疑数字所占数位，与参与运算的各数据项中存疑数字所占数位最高的相同。例如（为了清楚，在算式存疑数字上加一横线）：

$$478.\bar{2}+3.46\bar{2}=481.\bar{6}\bar{6}\bar{2}=481.\bar{7}$$

$$48.5\bar{7}-3.\bar{4}=45.\bar{1}\bar{7}=45.\bar{2}$$

（2）在乘、除运算时，积或商所包含的有效数字位数，与参与运算的各数据项中有效数字位数最少的那个相同。例如：

$$111.\bar{1}+1.1\bar{1}=12.\bar{3}\bar{3}\bar{2}\bar{1}=12.\bar{3}$$

（3）乘方、开方运算最后结果的有效数字位数一般取与底数的有效数字位数相同。至于指数、对数、三角函数运算结果的有效位数，可由该变量确定。

（4）常数 π、e 及乘子 $\sqrt{2}$、1/2 等的有效数字位数可以认为是无限的，但一般仅比测量值多取一位有效数字参加运算。

以上这些结论，在一般情况下是成立的，有时会有一位的出入。为了防止数字截尾后运算引入新误差，在中间过程，参与运算的数据可多取一位有效数字，合成不确定度时也可按此原则处理，最后得到的总不确定度再按不确定度的取位规则来取位。

例如：某数据为 1.8349，其不确定度为 0.04，则该数据经修约后应为 1.83。数据 8.3250，其不确定度为 0.06，修约后为 8.32；数据 6.215×10^{-2}，其不确定度为 0.03×10^{-2}，该数修约后为 6.22×10^{-2}。

1.5 间接测量的结果和不确定度的综合

在很多实验中的待测量不能直接测出，该量的值可以通过测量与其有函数关系的某些能够直接测出其值的其他量经过计算求出。由于各直接测量结果都含有误差，因此，这一间接测量结果也会含有误差。各直接测量结果的已定系统误差都应该加以修正，而其未定系统误差和随机误差将反映在直接测量结果的不确定度中。只需将修正后的各个直接测量值代入函数式中即可得到所需的间接测量值，剩下的问题就是如何估算该间接测量结果的不确定度。

设间接测量结果的值 F 是两个量的直接测量值 x 和 y 的单值函数

$$F=f(x,y)$$

若已测得

$$x=\bar{x}\pm\sigma_x$$

$$y=\bar{y}\pm\sigma_y$$

由于不确定度都是微小的量,可近似地把它们看成数学中自变量的“增量 dx”、dy,因此,间接测量值 F 的不确定度计算公式也类似于数学中函数的全微分公式,而主要不同之处在于计算不确定度时还必须考虑其统计性质。当直接测量值 x、y 其误差彼此独立时,在普通物理实验中我们可以用下面的简化式来估算间接测量结果 F 的不确定度 σ_F

$$\sigma_F=\sqrt{\left(\frac{\partial f}{\partial x}\right)^2\sigma_x^2+\left(\frac{\partial f}{\partial y}\right)^2\sigma_y^2} \tag{1-20}$$

这个计算公式可以类似地推广用于由多个其误差彼此独立的直接测量值组成的函数。设

$$F=f(x,y,z,\cdots)$$

$$\sigma_F=\sqrt{\left(\frac{\partial f}{\partial x}\right)^2\sigma_x^2+\left(\frac{\partial f}{\partial y}\right)^2\sigma_y^2+\left(\frac{\partial f}{\partial z}\right)^2\sigma_z^2+\cdots} \tag{1-20'}$$

当函数的表达式是自变量的积或商的形式时,则用相对不确定度公式更便于计算,如下式

$$\left|\frac{\sigma_F}{F}\right|=\sqrt{\left(\frac{\partial f}{\partial x}\right)^2\left(\frac{\sigma_x}{F}\right)^2+\left(\frac{\partial f}{\partial y}\right)^2\left(\frac{\sigma_y}{F}\right)^2+\left(\frac{\partial f}{\partial z}\right)^2\left(\frac{\sigma_z}{F}\right)^2+\cdots} \tag{1-21}$$

例如,当 $F=f(x,y)=xy$ 时,$\left(\frac{\partial f}{\partial x}\right)^2=y^2$,$\left(\frac{\partial f}{\partial y}\right)^2=x^2$,

则

$$\sigma_F=\sqrt{y^2\sigma_x^2+x^2\sigma_y^2}$$

于是

$$\left|\frac{\sigma_F}{F}\right|=\left|\frac{\sigma_F}{xy}\right|=\sqrt{\left(\frac{\sigma_x}{x}\right)^2+\left(\frac{\sigma_y}{y}\right)^2} \tag{1-22}$$

类似地,若 $F=x/y$,也有

$$\left|\frac{\sigma_F}{F}\right|=\sqrt{\left(\frac{\sigma_x}{x}\right)^2+\left(\frac{\sigma_y}{y}\right)^2}$$

几种常见函数关系的不确定度计算公式见表1-3。

表1-3　几种常用函数关系的不确定度计算公式

序号	函数形式	σ_F	$\lvert\sigma_F/F\rvert$
1	$F=x+y$	$\sigma_F=\sqrt{\sigma_x^2+\sigma_y^2}$	$\left\lvert\frac{\sigma_F}{F}\right\rvert=\sqrt{\left(\frac{\sigma_x}{x+y}\right)^2+\left(\frac{\sigma_y}{x+y}\right)^2}$
2	$F=x-y$	$\sigma_F=\sqrt{\sigma_x^2+\sigma_y^2}$	$\left\lvert\frac{\sigma_F}{F}\right\rvert=\sqrt{\left(\frac{\sigma_x}{x-y}\right)^2+\left(\frac{\sigma_y}{x-y}\right)^2}$
3	$F=kx$	$\sigma_F=k\sigma_x$	$\left\lvert\frac{\sigma_F}{F}\right\rvert=\left\lvert\frac{\sigma_x}{x}\right\rvert$
4	$F=xy$	$\sigma_F=\sqrt{y^2\sigma_x^2+x^2\sigma_y^2}$	$\left\lvert\frac{\sigma_F}{F}\right\rvert=\sqrt{\left(\frac{\sigma_x}{x}\right)^2+\left(\frac{\sigma_y}{y}\right)^2}$
5	$F=x/y$	$\sigma_F=\sqrt{\left(\frac{1}{y}\right)^2\sigma_x^2+\left(\frac{x}{y^2}\right)^2\sigma_y^2}$	$\left\lvert\frac{\sigma_F}{F}\right\rvert=\sqrt{\left(\frac{\sigma_x}{x}\right)^2+\left(\frac{\sigma_y}{y}\right)^2}$
6	$F=xy/z$	$\sigma_F=\sqrt{\left(\frac{y}{z}\sigma_x\right)^2+\left(\frac{x}{z}\sigma_y\right)^2+\left(\frac{xy}{z^2}\sigma_z\right)^2}$	$\left\lvert\frac{\sigma_F}{F}\right\rvert=\sqrt{\left(\frac{\sigma_x}{x}\right)^2+\left(\frac{\sigma_y}{y}\right)^2+\left(\frac{\sigma_z}{z}\right)^2}$
7	$F=\sin x$	$\sigma_F=\lvert\cos x\rvert\sigma_x$ 其中:σ_x 要用弧度表示	$\left\lvert\frac{\sigma_F}{F}\right\rvert=\sqrt{\left(\frac{\sigma_x}{\tan x}\right)^2}=\frac{\sigma_x}{\lvert\tan x\rvert}$

从上表可见,对于和、差形式的函数关系式(如表中 1、2 所示),用公式(1-12)求 σ_F比较方便;对于积、商形式的函数关系式(如表中 4、5、6 所示),则用求相对不确定度的计算公式求 σ_F/F 比较简便。

请注意:公式(1-20)和(1-20′)是通用公式,它适用于所有能求全微分的函数关系式。公式(1-21)也是通用的,但公式(1-22)或表 1-2 中 4、5、6 所示的相对不确定度计算公式直接应用时则只适用于积、商形式的函数关系式,它们不是通用公式。

1.6 作图法处理实验数据

作图法是一种常用的实验数据处理方法。通过作图能较直观地显示出物理量之间的变化规律,便于找出其间的函数关系或经验公式,并得出某些实验结果。通过作曲线还可帮助发现实验中个别的测量错误。

作图的一般规则:

(1) 根据实验中物理量之间的数值关系选用合适的坐标纸,如均匀分度直角坐标纸、单对数坐标纸、双对数坐标纸、极坐标纸等。

(2) 标明坐标轴。用细实线描出坐标轴,以横轴表示自变量、纵轴表示因变量。在轴中部外侧近旁沿轴方向排列注明该轴所表示的物理量的符号及其单位。例如,若该轴表示的是时间,采用的单位为“毫秒”,则用“t/ms”表示。其中斜线前的字母“t”为该物理量的符号,用“斜体”字母表示;而斜线后的字母“ms”表示该物理量的单位,用“正体”字母表示。其他可类推。

(3) 适当选定坐标轴的比例和标度:

① 坐标轴的比例或标度依实验数据的有效数字位数而定,应能正确反映实验数据的有效数字。如果实验数据是直接测量的数据,则轴上一小格的标度值不必大于测量仪器的分度值。

② 标度应便于读数,最好能做到无需计算就能直接读出曲线上任一点的坐标。

③ 为合理利用坐标纸,两坐标轴交点处的标度可以不为零。

(4) 标实验数据点的位置可用符号“+”、“×”、“⊙”、“⊡”、“◬”等,最好不用符号“·”,以免作曲线时该点被掩盖。如在同一张坐标纸上作几种不同的曲线时,各曲线用各自的符号标数据点,以便于区分。

(5) 描实验曲线时,应根据实验数据点分布的总趋势选用直尺或曲线板连成光滑的曲线。曲线不一定通过所有实验数据点,但应做到曲线两侧的实验数据点都很靠近曲线且分布大体均匀。若有个别点远离曲线,则该数据可能有误,最好能通过实验检验。

(6) 描“校正曲线”时,假定两校正点之间误差呈线性规律变化,相邻两点用直线段连接,整条曲线呈折线形。

(7) 若实验曲线为一直线,且要求计算其斜率,则应在实验曲线上便于读数的位置分别取两个点,并在图上标出其坐标(该两点间的距离应尽可能大一些,以提高所得结果的准确度),用两点式求出该直线的斜率。

(8) 在图上空白处简要地注明图名、班级、学号、姓名、实验日期等。

1.7　最小二乘法直线拟合

1.7.1　直线拟合法的基本原理

用作图法处理实验数据时，往往会带来较大的附加误差，降低了实验结果的准确度。为了减小数据处理过程带来的附加误差，在许多情况下都可以应用最小二乘法原理来处理实验数据。在普通物理实验中就经常用到最小二乘法直线拟合。下面针对在普物实验中经常遇到的一种情况来介绍其用法。

若已知两物理量 x、y 满足线性关系，但函数的具体形式未知，希望通过实验来确定。若实验中测量 x 的误差很小，测量 y 的误差较大，则可将 x 当作自变量，设函数形式为 $y=a+bx$。x 每取一个值 x_i，测出对应的 y 值 y_i，如此等精度地测得 n 对数据 (x_i,y_i)，然后根据这组测值确定参数 a、b 的数值。按照数学原理从这组数据中任取两对即可确定 a、b 的数值。但由于测量有误差，这样得出的结果可能误差较大。于是，可应用最小二乘法原理来进行直线拟合，以确定最佳的 a、b 值。其思路如下。

对于任一对给定的 a、b，便确定了一个方程 $y=a+bx$，代表一条直线。将已测得的每一个 x_i 值代入方程，便可算出一个对应的 y 值 Y_i：

$$Y_i=a+bx_i$$

这个计算值 Y_i 与对应的实际测值 y_i 之间的偏差 δy_i 为

$$\delta y_i = y_i - Y_i = y_i - (a+bx_i),\quad i=1,2,\cdots,n \tag{1-23}$$

用 S 表示所有这 n 个偏差的平方和

$$S=\sum(\delta y_i)^2=\sum[y_i-(a+bx_i)]^2 \tag{1-24}$$

显然，方程 $y=a+bx$ 中的 a、b 值不同便代表着不同的直线，代入式(1-24)后对于这同一组测值得出不同的 S 值，即 S 是 a、b 的函数。根据最小二乘法原理，使得 S 为最小值的 a、b 值便是最佳的 a、b 值。于是可分别令 S 对 a 和 b 的偏导数为零来求所需最佳的 a、b 值：

$$\frac{\partial S}{\partial a}=-2\sum[y_i-(a+bx_i)]=0$$

$$\frac{\partial S}{\partial b}=-2\sum[y_i-(a+bx_i)]x_i=0$$

即

$$\sum y_i-na-b\sum x_i=0$$

$$\sum(x_iy_i)-a\sum x_i-b\sum x_i^2=0$$

得

$$\left.\begin{aligned} a&=\bar{y}-b\bar{x}\\ b&=\frac{\overline{xy}-\bar{x}\cdot\bar{y}}{\overline{x^2}-(\bar{x})^2}\end{aligned}\right\} \tag{1-25}$$

其中

$$\bar{x}=\sum x_i/n,\qquad \bar{y}=\sum y_i/n$$

$$\overline{x^2}=\sum(x_i)^2/n,\qquad \overline{xy}=\sum(x_iy_i)/n$$

显然，这条最佳直线必然通过其坐标为$(\bar{x},\bar{y})$的这一点。

倘若两物理量 x 和 y 是否满足线性关系也需要由实验来确定，则仍可采用上述实验方法，但需用相关系数 r 来判定。相关系数 r 的定义式为

$$r=\frac{\sum(\Delta x_i\Delta y_i)}{\sqrt{\sum(\Delta x_i)^2}\sqrt{\sum(\Delta y_i)^2}} \tag{1-26}$$

其中，$\Delta x_i=x_i-\bar{x}$； $\Delta y_i=y_i-\bar{y}$。

当 x 和 y 为彼此独立的变量时，Δx_i 与 Δy_i 二者的绝对值和符号彼此无关，即无相关性，则

$$\sum(\Delta x_i\Delta y_i)=0,\quad 即\quad r=0$$

若 x 和 y 满足线性关系

$$y=a\pm bx$$

则

$$\Delta y_i=\pm b\Delta x_i$$

故

$$r=\frac{\sum[\Delta x_i(\pm b\Delta x_i)]}{\sqrt{\sum(\Delta x_i)^2}\sqrt{\sum(\pm b\Delta x_i)^2}}=\pm 1$$

从相关系数 r 的这一特性可以判断上述实验的数据是否满足线性关系。因为测量难免会有误差，如果 r 很接近 1，就可以认为这两个物理量满足良好的线性关系。反之，若 r 接近于零，则表明这两个物理量无线性关系。

1.7.2 直线拟合法的推广应用

有些非线性函数关系经过代换化成新变量间的线性函数关系，从而可将曲线拟合问题化为直线拟合问题来处理。

如用自由落体法测重力加速度，自由落体运动方程为

$$s=v_0t+\frac{1}{2}gt^2$$

方程两边同除以 t

$$s/t=v_0+\frac{1}{2}gt$$

令 $y=s/t$，$b=\frac{1}{2}g$，得

$$y=v_0+bt$$

在冲击法测高电阻实验中，电容器放电时其剩余电荷 q 的方程为

$$q=q_0\mathrm{e}^{-t/\tau}$$

其中 $\tau=RC$，C 是已知电容，R 是待测电阻。对上式两边取对数

$$\ln q=\ln q_0-\frac{1}{\tau}t$$

令 $y=\ln q$，$a=\ln q_0$，$b=-\frac{1}{\tau}$，可得

$$y=a+bt$$

1.8　我国的法定计量单位

1.8.1　法定计量单位摘要

我国的法定计量单位以国际单位制(SI)为基础,包含少数非 SI 的单位(见表1-4~表1-9)。

表1-4　SI 基本单位

量的名称	单位名称	单位符号
长　度	米	m
质　量	千克(公斤)	kg
时　间	秒	s
电　流	安〔培〕	A
热力学温度	开〔尔文〕	K
物质的量	摩〔尔〕	mol
发光强度	坎〔德拉〕	cd

注:① 圆括号中的名称,是它前面的名称的同义词,下同。

② 方括号中的字,在不致引起混淆、误解的情况下,可以省略。去掉方括号中的字即为其简称,下同。

表1-5　SI 辅助单位

量的名称	单位名称	单位符号
〔平面〕角	弧　度	rad
立体角	球面度	sr

表1-6　具有专门名称的 SI 导出单位

量的名称	SI 导出单位			
	名　称	符　号	表示式	
			用 SI 单位	用 SI 基本单位
频　率	赫〔兹〕	Hz		s^{-1}
力,重力	牛〔顿〕	N		$m \cdot kg \cdot s^{-2}$
压力,压强,应力	帕〔斯卡〕	Pa	N/m^2	$m^{-1} \cdot kg \cdot s^{-2}$
能量,功,热量	焦〔耳〕	J	$N \cdot m$	$m^2 \cdot kg \cdot s^{-2}$
功率,辐〔射能〕通量	瓦〔特〕	W	J/s	$m^2 \cdot kg \cdot s^{-3}$
电荷〔量〕	库〔仑〕	C		$s \cdot A$
电压,电动势,电位(电势)	伏〔特〕	V	W/A	$m^2 \cdot kg \cdot s^{-3} \cdot A^{-1}$
电　容	法〔拉〕	F	C/V	$m^{-2} \cdot kg^{-1} \cdot s^4 \cdot A^2$
电　阻	欧〔姆〕	Ω	V/A	$m^2 \cdot kg \cdot s^{-3} \cdot A^{-2}$
电　导	西〔门子〕	S	A/V	$m^{-2} \cdot kg^{-1} \cdot s^3 \cdot A^2$
磁通〔量〕	韦〔伯〕	Wb	$V \cdot s$	$m^2 \cdot kg \cdot s^{-2} \cdot A^{-1}$
磁通〔量〕密度,磁感应强度	特〔斯拉〕	T	Wb/m^2	$kg \cdot s^{-2} \cdot A^{-1}$
电　感	享〔利〕	H	Wb/A	$m^2 \cdot kg \cdot s^{-2} \cdot A^{-2}$
摄氏温度	摄氏度	℃		K
光通量	流〔明〕	lm		$cd \cdot sr$
〔光〕照度	勒〔克斯〕	lx	lm/m^2	$m^{-2} \cdot cd \cdot sr$

表 1-7 由于人类健康安全防护上的需要而确定的具有专门名称的 SI 导出单位

量的名称	SI 导出单位			
	名称	符号	表示式	
			用 SI 单位	用 SI 基本单位
〔放射性〕活度	贝可〔勒尔〕	Bq		s^{-1}
吸收剂量 比授〔予〕能 比释动能 吸收剂量指数	戈〔瑞〕	Gy	J/kg	$m^2 \cdot s^{-2}$
剂量当量 剂量当量指数	希〔沃特〕	Sv	J/kg	$m^2 \cdot s^{-2}$

表 1-8 SI 词头(摘要)

因数	词头名称		符号
	原文(法)	中文	
10^{18}	exa	艾〔可萨〕	E
10^{15}	peta	拍〔它〕	P
10^{12}	téra	太〔拉〕	T
10^{9}	giga	吉〔咖〕	G
10^{6}	méga	兆	M
10^{3}	kilo	千	k
10^{2}	hecto	百	h
10^{1}	déca	十	da
10^{-1}	déci	分	d
10^{-2}	centi	厘	c
10^{-3}	milli	毫	m
10^{-6}	micro	微	μ
10^{-9}	nano	纳〔诺〕	n
10^{-12}	pico	皮〔可〕	p
10^{-15}	femto	飞〔母托〕	f
10^{-18}	atto	阿〔托〕	a

表 1-9 可与 SI 单位并用的其他单位(摘要)

量的名称	单位名称	单位符号	与 SI 单位的关系
时间	分	min	1min = 60s
	〔小〕时	h	1h = 60min = 3600s
	日(天)	d	1d = 24h = 86400s
〔平面〕度	度	°	$1° = (\pi/180)\,rad$
	〔角〕分	′	$1' = (1/60)° = (\pi/10800)\,rad$
	〔角〕秒	″	$1'' = (1/60)' = (\pi/648000)\,rad$
体积,容积	升	L(l)	$1L = 1dm^3 = 10^{-3}m^3$
质量	吨	t	$1t = 10^3kg$
能〔量〕	电子伏〔特〕	eV	$1eV \approx 1.60219 \times 10^{-19}J$
无功功率	乏	var	1var = 1W
视在功率	伏安	V · A	1V · A = 1W
声压级	分贝	dB	

1.8.2　法定计量单位使用法摘要

1. 单位的名称

当文章中用汉语表达量值时应使用单位的名称，其读法应与该单位的符号表示的顺序一致。如电阻率的单位为 Ω · m，其名称为“欧姆米”，但不是“欧姆 · 米”，后者是该单位的中文符号。比热容的单位是 J/(kg · K)，其名称是“焦尔每千克开尔文”，而不是“焦尔每千克每开尔文”。

乘方形式的单位名称，除了面积单位 m^2 称为“平方米”、体积单位 m^3 称为“立方米”之外，其他单位的指数名称皆应称为多少次方，如断面系数单位符号是 m^3，其名称为“三次方米”。

2. 单位的符号

除中小学课本和通俗文章外，单位符号应使用国际符号。

当由多个单位相乘构成组合单位时，书写方式可用下列方式之一，如 N · m 或 Nm。

当由单位相除构成组合单位时，其符号可采用下列方式之一，如速度单位用 $m \cdot s^{-1}$、m/s 或 $\frac{m}{s}$。除加括号避免混淆外，单位符号中的“/”线不得超过一条。

3. 词头

在组合单位中使用词头时，最好只使用一个词头，而且尽可能是组合单位中的第一个单位采用词头。如力矩的单位 kN · m，不宜写成“N · km”。摩尔内能单位 kJ/mol，不宜写成“J/mmol”。但质量单位 kg 可以用在分母中，密度单位可用 g/cm^3。

不得使用重叠词头，如只能写 nm，而不能写成 mμm。

词头 h、da、d、c（百、十、分、厘）一般只用于某些长度、面积和体积的单位。

词头的名称，一般只宜在叙述性文字中使用。

4. 书写规则

单位名称和单位符号都必须各作为一个整体使用，不得拆开。如摄氏度的单位为“℃”，20 摄氏度不得写成或读成摄氏 20 度，也不能写成 20℃，只能写成 20℃。

单位符号和词头符号一律用正体字母，词头符号与单位符号间不得留空隙。而且除体积单位升外符号字母的大小写法不得混淆。

单位符号应写在全部数值之后，并与数值间留半个字的空隙。

在计算中，为了方便，建议所有量均用 SI 单位表示，将词头用相应的 10 的幂代替。

第2章 力学实验

力学实验是研究与探索物质机械运动的实践与技术手段。作为普通物理实验课程第一部分的力学实验,在从中学物理实验到大学物理实验的系统深入过程中,起着承前启后的作用。

力学实验的意义不仅仅在于因为涉及了力学的主要概念和规律,而有助于加深对这些理论知识的理解;更为重要的是,通过较为简单直观的力学实验,却可以接受到系统的关于实验基本知识、方法和技能的训练。例如,掌握一些基本的物理测量方法(如比较法、放大法)和常用的实验方法(如摆动法、落体法);掌握一些力学实验常用基本器具的结构原理、规格性能和使用方法;学会对误差进行分析和计算,并掌握有效数字、列表、逐差、作图、用回归法作直线拟合等数据处理方法。这些都是后续实验课程赖以顺利进行的保障。

正如力学是物理学这门自然科学的基础那样,力学实验是实验科学的基础。

物理实验,无论是观察现象或是进行测试都离不开实验设备。实验设备包括用于对实验现象进行定量描述的测量器具和不能用于定量描述的器件。严格地讲,具有指示器和在测量过程中有可以运动的测量元件的测量工具才称为仪器,如游标卡尺、温度计和电表等;而没有上述特点的则称为量具,如米尺、标准电容等。两者合称为测量器具。

在力学实验中,主要涉及到长度、质量和时间的测量。通常用量程、分度值和示值误差表示测量器具的技术规格。量程即测量范围,分度值是器具所标示的最小划分单位,分度值的大小反映器具的精密程度。一般来说,分度值越小,仪器越精密;器具本身的"允许误差"相应也越小。对各种测量器具进行读数时,数据可准确到分度值所在的这一位,在可能情况下应对小于分度值的数进行估读。读数的最后一位应该是读数的偶然误差所在的数位,这是器具读数的一般规则。仪器误差是指在正确使用仪器的条件下,仪器的示值与被测量的实际值之间可能产生的最大误差。仪器误差可以从有关的标准或仪器说明书中查找。20 世纪 80 年代以来,我国制定了许多新标准,目前国内有很多工厂生产的产品已采用新的标准。新旧标准在技术参数、器具误差、面板标记等方面有很大差别,甚至有本质的区别,使用时应注意。

2.1 长度测量器具

长度是最基本的物理量之一,而长度测量是实验中最基本的测量。有关长度测量的原理、方法和技术,在其他物理量的测量中也具有普遍的意义。这是因为,实验中进行的大多数测量最终都将转化为长度刻度或弧长来读数,如温度测量是测量水银柱在毛细管中的长度,各种指针式电表的读数是按弧长来刻度。所以说,长度测量是一切测量的基础。

任何长度的测量都是通过与某一长度比较而进行的。随着科学技术的发展，国际上对长度基准“米(m)”的定义作过三次正式规定。最新的规定是1983年10月第十七届国际计量大会通过的：米是光在真空中(1/299792458)s的时间间隔内运行路程的长度。

测量长度的器具和方法有很多，在实际应用时应根据实验精度要求来确定。通常可以应用各种带有分度的米尺直接测量长度。日常使用未经过定期检验过的米尺或塑料尺，只在很粗略的近似测量中才可使用。较精确的测量必须使用温度系数不大、不受环境条件(湿度、压力等)影响，由金属(如不锈钢)制成的直尺。由于直尺的最小分度值一般都是1mm，而观测者通过目测可估读至最小刻度的1/10即0.1mm。当测量要求更高的精度时，直尺便不能胜任了。这时常利用游标卡尺或螺旋测微计来进行测量。当精度要求高于10^{-3}mm时，应采用更精密的测长仪器，如迈克尔逊干涉仪等，其测量精度可以很容易地达到光波波长，约0.6μm的数量级。

2.1.1　米尺

1. 读数方法与使用要点

将待测物体的两端与米尺直接比较，这就是最简单的长度测量。测量时的要领和关键是紧贴、对准并且正视。有的米尺刻度是从尺端开始的，为避免由磨损带来的误差，测量时一般不用尺端作为测量的起点。若不以米尺的0刻线作为读数的基准线，待测的物体长度值将是物体两端位置从米尺上得到的读数之差。这时常常选择米尺上的某一整数刻度线作为测量基准线。

如果要考虑米尺刻度的不均匀，可以由不同起点进行多次测量求平均值。米尺是有一定厚度的，所以用米尺测量时，要尽可能把待测物体紧贴米尺的刻度线，以避免视差，否则，会由于测量者视线方向的不同(即视差)而引入测量误差(图2-1)。

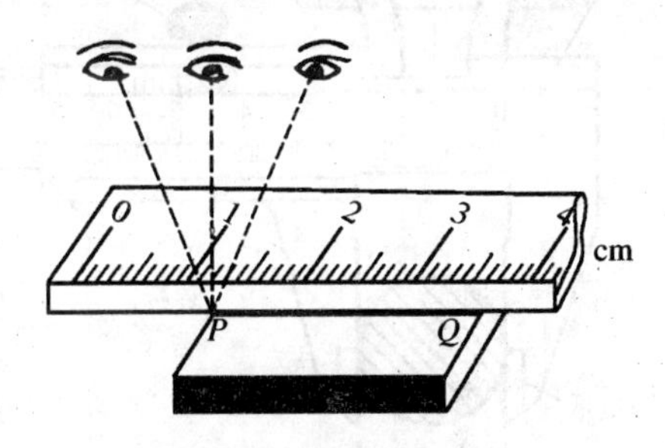

图2-1　读数时防止视差

2. 技术规格

实验室常用米尺有钢直尺和钢卷尺两种。主要技术规格有量程、分度值与级别。

符合国标GB 9056—1988规定的钢直尺，示值误差见表2-1。

表2-1　钢直尺示值误差表　（单位：mm）

基本尺寸	-100	>100~200	>200~300	>300~400	>400~500	>500~600	>600~700	>700~800	>800~900	>900~1000
极限偏差	±0.06	±0.08	±0.09	±0.11	±0.12	±0.14	±0.15	±0.17	±0.18	±0.20
基本尺寸	>1000~1100	>1100~1200	>1200~1300	>1300~1400	>1400~1500	>1500~1600	>1600~1700	>1700~1800	>1800~1900	>1900~2000
极限偏差	±0.21	±0.23	±0.24	±0.26	±0.27	±0.29	±0.30	±0.32	±0.33	±0.35

注：本表的偏差值按±(0.05+0.00015L)mm计算，L以mm为单位。

符合国标GB 10633—1989规定的钢卷尺，自零点端起到任意线纹的示值误差应符合下列规定：

Ⅰ级：　$\Delta = \pm(0.1 + 0.1L)$ mm

Ⅱ级：　$\Delta = \pm(0.3 + 0.2L)$ mm

注：式中 Δ 表示示值误差，L 为以 m 为单位的该长度的数值，当长度不是米的整数倍时，取最接近的较大的整米数。

2.1.2　游标尺（游标卡尺）

1. 游标尺的构造

为提高米尺的估读精度，在米尺上附带一个可以沿尺身移动的有刻度的小尺，便构成如图 2－2 所示的游标尺。在游标尺中，原米尺称为尺身，小尺称为游标（亦称副尺或附尺）。利用游标可将米尺估读的那位数值较精确地读出来。尺身左下角和游标左下角构成外量爪（又称外卡），用于测量长度和外径；尺身左上角和游标左上角组成内量爪（又称内卡），用于测量内径；右端深度尺与游标为一体，用于测量深度。紧固螺钉用于固定量值读数。

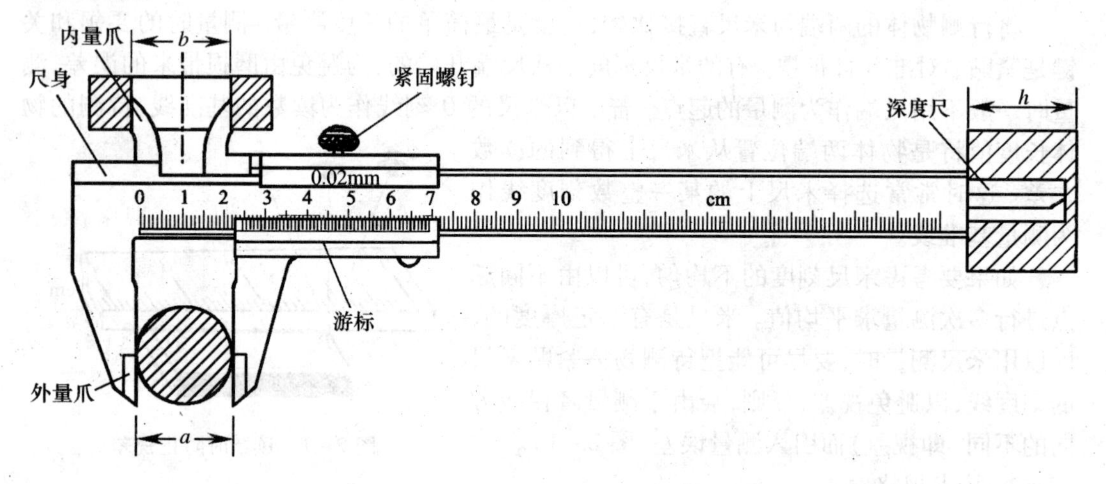

图 2－2　游标尺

2. 游标原理——差示法或微差测量

游标尺在构造上的一个显著特点是：游标的分度值与尺身的分度值不等。游标上 m 个分格的总长与尺身上 $(m-1)$ 个分格的总长相等。设 y 代表主尺上一个分格的长度（分度值），x 代表游标上的分度值，则有

$$mx = (m-1)y$$

因此，尺身与游标上分度值的差值为

$$\delta = y - x = y/m$$

以 $m = 10$ 的游标尺为例：尺身分度值 1mm，游标分度值 0.9mm，所以 $\delta = 0.1$ mm（图 2－3(a)）。当量爪合拢时，游标上的 0 刻线与尺身上的 0 刻线重合，游标上第一条刻线在尺身第一条刻线左边的 0.1mm 处，游标上第二条刻线在尺身第二刻线左边的 0.2mm 处，……依此类推。如果在外量爪间放进一张厚度为 0.1mm 的纸片，游标就要右移动 0.1mm，这时，游标的第一条刻线就与尺身的第一条刻线相重合，而游标上所有其他各条线都不与尺

身上任一条刻度线相重合；如果纸片厚0.2mm,则游标上的刻线能与尺身上的刻线重合的,只有第二条……依此类推。反过来讲,如果游标上第二条刻线与尺身的刻线重合,测量爪之间的距离就是0.2mm(图2-3(b))。

如上所述,尺身分度值毫米以下的部分就不用以两条0刻线错开的距离估读了,而是从游标的刻线中看哪一条与主尺刻线刚好对齐,就是几个δ(此处为$\delta=0.1\text{mm}$)。因此,δ不是估读的,它是游标尺能读准的最小数值,即游标尺的分度值。

按上述原理刻度的方法称为差示法。广义地讲,视刻线为一种“记号”,若有A、B两组记号,各组记号的间隔不同,就可组成游标系统,再利用A记号与B记号的重合状况,即可进行“微差测量”。

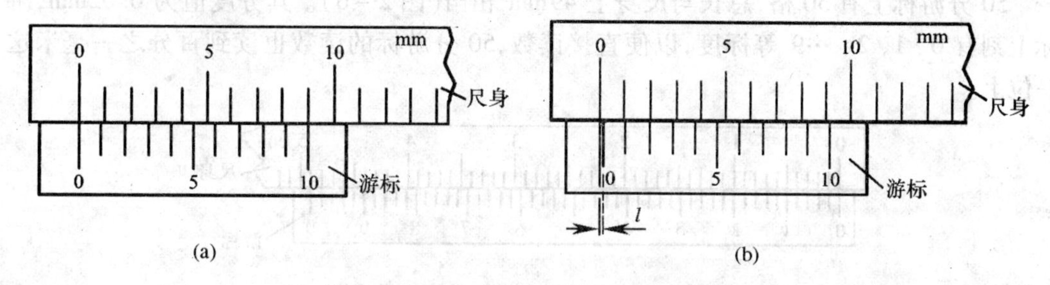

图2-3　10分游标卡尺读数原理示意图

常用游标尺的分度值有0.1mm、0.05mm和0.02mm几种。分别对应的m值为10、20和50。因此,亦分别称为“10分游标”、“20分游标”和“50分游标”。

用10分游标测长时,毫米以下一位是准确的。因此,根据仪器读数的一般规则,读数的最后一位应是读数误差所在的一位,所以图2-3(b)中所示长度l,应该写为

$$l = 0.20\text{mm} = 0.020\text{cm}$$

最后的一个“0”表示读数误差出现在最后这一位上。如若不能判定游标上相邻的两条刻线哪一条与尺身刻线重合或更相近,如图2-4所示,则最后一位可估读为“5”,即

$$l = 0.55\text{mm} = 0.055\text{cm}$$

显然,与米尺相比,“10分游标”的使用将读数的准确程度提高了一位,并使估读误差不大于$\delta/2$。

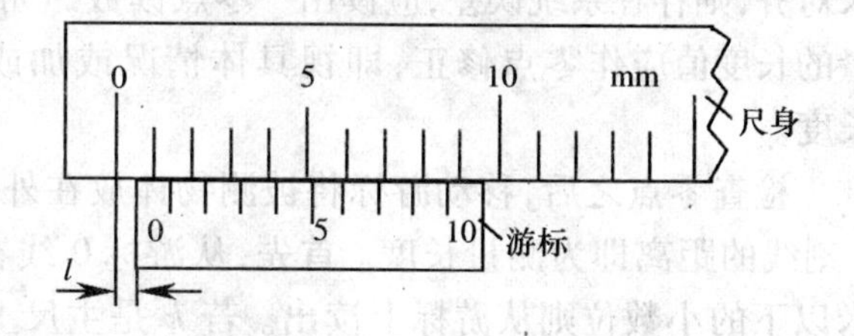

图2-4　10分游标卡尺读数方法

20分游标是将主尺上的19mm等分为游标上的20格,如图2-5(a)所示。分度值为

$$\delta = \left(1.0 - \frac{19}{20}\right)\text{mm} = 0.05\text{mm}$$

或者将尺身上的39mm等分为游标上的20格(图2-5(b))。其分度值为

$$\delta = \left(2.0 - \frac{39}{20}\right)\text{mm} = 0.05\text{mm}$$

因在这种情况下,尺身上两格(2mm)与游标上的一格比较相差0.05mm。

20分游标常在游标上刻有0、25、50、75等标度,以便于直接读数。若游标上第15

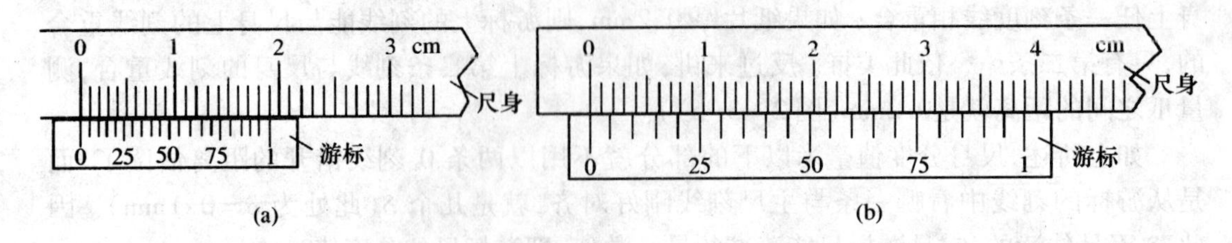

图 2-5 20 分游标卡尺读数原理示意图

根刻线(下标 75)与主尺刻线重合,则读数尾数为 $15\times\delta=0.75\mathrm{mm}$,即可直接读出。20 分游标卡尺的示值误差在百分之一毫米这一位上。因此,在读数 0.75 后,不再加 "0"。

50 分游标上有 50 格,总长与尺身上 49mm 相当(图 2-6)。其分度值为 0.02mm,游标上刻有 0、1、2、…9 等标度,以便直接读数,50 分游标的读数也读到百分之一毫米这一位上。

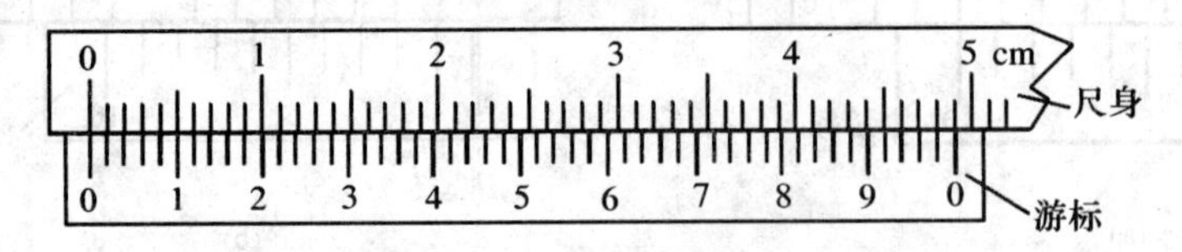

图 2-6 50 分游标卡尺读数原理示意图

游标原理还可用于角度的精确测量中。把直尺和直游标同时弯曲成圆弧或圆周,再将其上的刻度改为按 60 进位的角刻度,即构成分光仪等仪器中用来测量角度的角游标。一般将弯游标分度值制成为半度值的 1/30,即将半度的弧长作为尺身分度值进行细分,这样,1/30 的角游标的测量精度为 1′。

3. 读数方法

用游标尺测量之前,先把量爪合拢,检查游标的 0 刻线与尺身的 0 刻线是否对齐。若未对齐,则存在系统误差,应读出"零点读数"(亦称零读数、零点值或零差)。对以后测量的长度值应作零点修正,即视具体情况或加或减零读数,才可得到被测物体的实际长度。

检查零点之后,移动游标将被测物体放在外量爪之间轻轻卡住,游标 0 刻线与尺身 0 刻线的距离即为测量长度。首先,从游标 0 线在尺身上的位置读出毫米的整位数,毫米以下的小数位则从游标上读出。若 k 是主尺上游标的 0 刻线对应位置之前的整毫米数,n 是游标上的第 n 条与主尺某刻线重合的刻线,则用游标尺测量长度 l 的普遍表达式为

$$l = ky + n\delta$$

式中,y 为尺身分度值 1mm。

如图 2-7 所示的测量情况下:$k=21$、$n=24$、$\delta=0.02\mathrm{mm}$。

所以,长度 $l=21.48\mathrm{mm}=2.148\mathrm{cm}$

若游标尺有零点偏差,则该长度测量值经修正之后才为待测物体实际长度。一般来说,在使用各种测量仪器时,都应注意校准零点或作零点修正。

4. 技术规格

游标尺的主要规格有示值误差、分度值和测量范围。示值误差是指刻度指示值与两测量

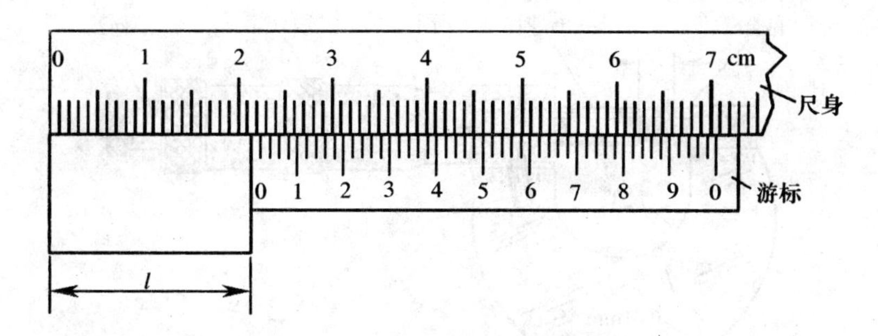

图 2－7　50分游标卡尺读数方法

面实际分隔的距离之差。符合国标 GB 1214—1985 规定的游标卡尺的示值误差见表 2－2。

表 2－2　游标卡尺示值误差表　（单位：mm）

<table>
<tr><th rowspan="3">测 量 长 度</th><th colspan="3">示 值 误 差</th></tr>
<tr><th colspan="3">游 标 读 数 值</th></tr>
<tr><th>0.02</th><th>0.05</th><th>0.10</th></tr>
<tr><td>0 ~ 150</td><td>±0.02</td><td>±0.05</td><td rowspan="5">±0.10</td></tr>
<tr><td>>150 ~ 200</td><td>±0.03</td><td>±0.05</td></tr>
<tr><td>>200 ~ 300</td><td>±0.04</td><td>±0.08</td></tr>
<tr><td>>300 ~ 500</td><td>±0.05</td><td>±0.08</td></tr>
<tr><td>>500 ~ 1000</td><td>±0.07</td><td>±0.10</td></tr>
<tr><td>测量深度为 20mm 的示值误差</td><td>±0.02</td><td>±0.05</td><td>±0.10</td></tr>
</table>

5. 使用要点

根据测量精度要求及待测长度估计值选择分度值和测量范围合适的游标尺。测量时，卡尺的量爪不应歪斜，掌握好量爪与被测物体表面的接触压力，使测量面与物体恰好接触，即轻轻卡住即可读数（或拧紧紧固螺钉后读数）。要特别注意保护量爪不被磨损，不允许用来测量粗糙的物体，切忌挪动被卡口夹紧的物体。

2.1.3　千分尺

1. 构造原理

千分尺旧称螺旋测微计，它是比游标尺更精密的长度测量仪器，其外形如图 2－8 所示。尺身刻在与尺架和测量砧台连为一体的固定套筒上，副尺刻在与内部精密螺杆和测量轴连为一体的微分筒上，通过其内精密螺杆套在固定套筒之外。微分筒可相对固定套筒作共轴转动，带动测微螺杆沿尺身方向做同步移动，从而改变测微螺杆与砧台之间的距离。锁紧手柄用于锁定读数。安装在尾部的棘轮为一恒定压力装置。

2. 螺旋测微原理

在一根带有米尺刻度的测量杆上，加工出高精度的螺纹，配上与之相应的精制螺母微分筒，并在微分筒周边上准确地标出 n 等分刻度线，于是就构成了一个测微螺旋。根据螺旋推进原理，微分筒每转过一周，测微螺杆就前进或后退一个螺距 p(mm)（图 2－9）。只要螺距准确相等，按照微分筒转过的角度就可以估读出测微螺杆端部移动的距离，即微分

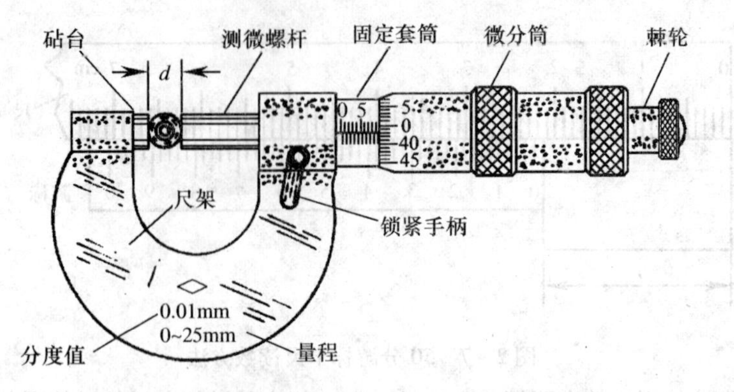

图 2-8 千分尺

筒转动 $1/n$ 周，螺杆移动 p/n（mm）。例如，当螺距为 0.5mm，而微分筒周边为 50 等分时，则每当微分筒转过 1 个分格（即 1/50 周），螺杆就移动 0.5/50 = 0.01mm。按一般读数规则，这种测微螺旋可估读到 0.001mm，这就是所谓的机械放大原理。该原理在许多仪器（如读数显微镜和迈克尔逊干涉仪）中均有应用。

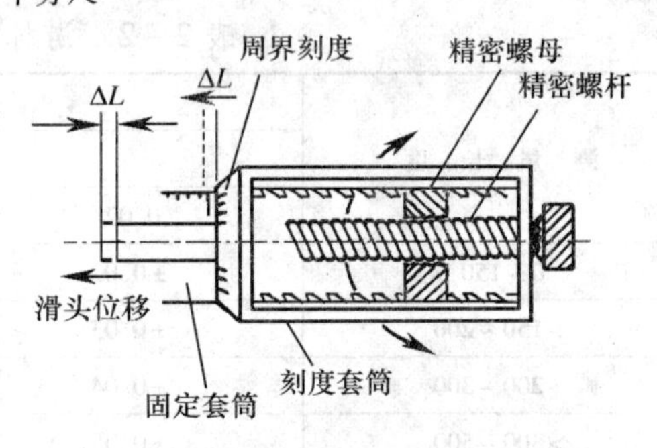

图 2-9 螺旋测微原理

3. 读数方法

千分尺的尺身上沿轴向刻有一条直线作为准线。准线上方（或下方）有毫米分度，下方（或上方）刻出半毫米的分度线，因而尺身最小分度值是 0.5mm。而微分筒旋转一周，测微螺杆将进退一个尺身分度值。

使用千分尺进行测量时，首先旋进活动套筒使测量砧和测量轴的两测量面轻轻吻合。此时，微分筒的边缘应与尺身的 0 刻线重合，而微分筒上的 0 刻线应与尺身上的准线重合，此时读数为 0.000mm；若不重合，则须记下零读数，以便测量完毕进行修正。然后，后退测微螺杆，将待测物夹在两测量面之间，并使两测量面与待测物轻轻接触。若微分筒边缘在尺身上的位置如图 2-10（a）所示，读数时，第一步先在尺身上读出读数 5mm；第二步在副尺上读出低于准线且与准线最接近的分度数，即 0.01mm × 48 = 0.48mm；第三步再根据准线在副尺两分度之间的位置，估读毫米的千分位，图 2-10（a）中为 0.002mm，最后结果为 5mm + 0.48mm + 0.002mm = 5.482mm。记录时，应直接写出最后结果。

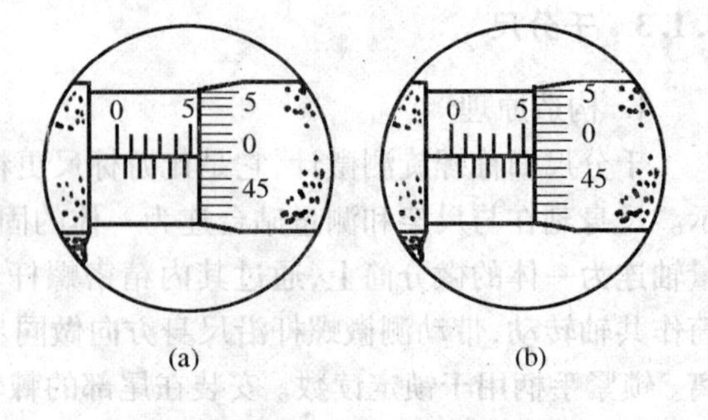

图 2-10 千分尺读数方法

测量时常遇到微分筒边缘压在尺身的某一刻线上的情况。这时，应根据准线和副尺 0 刻线的相互关系来判断它是否超过尺身上的某一刻线。如果副尺 0 刻线在准线上方，则没有超过。若 0 刻线在准线的下方，则已超过。如图 2-10（b）所示，应读为 5.982mm，而非 5.482mm。

4. 技术规格

千分尺的主要技术指标为级别、量程、分度值和示值误差。国家标准 GB 1216—1975 规定千分尺分为 0 级和 1 级两类。测量范围不同,示值误差也不同。国标 GB 1216—1985 的规定又有了变化。通常实验室使用的千分尺,量程为 0 ~ 25mm,分度值为 0.01mm,示值误差为 0.004mm。

5. 使用要点

在千分尺的尾端有一棘轮装置,其作用是防止砧台和测微螺杆将待测物夹得太紧,否则,由于螺旋是力的放大装置而将会导致千分尺内部精密螺纹的损坏。因此,在使用中,当测微螺杆和砧台将与待测物直接接触时(或在读取零读数过程中,测微螺杆与砧台直接吻合时),不得再旋转微分筒,而应旋转棘轮,直至听到“咔”、“咔”、“咔”的响声为止。这表示测量面与待测物之间的压力已达到规定值,棘轮与螺杆脱滑,测微螺杆便停止前进,于是就可以进行读数了。

千分尺用毕,测微螺杆与砧台之间要留有间隔，以免在千分尺受热膨胀使两测量面之间过分压紧而损坏精密螺纹。

2.2　质量测量仪器

质量是力学中三个基本物理量之一。国际单位制中质量的单位是千克(kg)。物理实验中常用天平来称衡物体的质量。天平是一种等臂杠杆装置,其测量质量的基本原理为杠杆原理。天平按其称衡的精确度分等级。物理天平的精确度较低,分析天平的精确度较高。

2.2.1　物理天平

1. 结构

天平是利用杠杆原理和零示法采取比较测量进行质量测定的仪器。图 2 - 11 所示为双盘悬挂等臂式天平。

天平的横梁上装有三个刀口,中间刀口朝下,安置于支柱顶端的玛瑙刀承上。两侧等臂刀口向上,各悬挂一个秤盘,用来盛放被测物和砝码。玛瑙刀承固定在升降杆上端。当旋转开关旋钮(亦称为手轮)时,可带动藏在立柱中的升降杆上升或下降。顺时针旋转手轮时,刀承上升而顶住中间刀口将横梁托起,从而使天平脱离止动状态,天平就灵敏地摆动起来。若逆时针旋转手轮,则横梁下降后被支架上的两个支销托住,使天平恢复止动状态,中间刀口与刀承分离,以免刀口磕碰磨损而降低其精度。

在横梁底部中点固定有一指针。当天平两边质量相等而处于平衡状态时,指针下端对准支柱标牌的中心刻度。如果当两盘空载时,指针不在中间,可调节横梁两端的平衡调节螺母(亦称配重螺母),使其指零。此外,横梁上还刻有 50 个小分度,并有一游码骑在横梁上,当游码位于第一大格(即第五小分度)处时,相当于在右盘中加了 0.1g 砝码,即移动一小格相当于在右盘中加 0.02g 的砝码。若游码位于第十大格处,则相当于在右盘增加了 1g 的砝码。

2. 技术规格

(1) 最大称量(亦称最大载荷)指天平允许称衡的最大质量。

(2) 分度值与灵敏度 分度值(旧称感量)是天平平衡时为使天平指针从标度尺的平衡位置偏转一个分度,在一盘中添加的最小质量。分度值的倒数是灵敏度。调节套在指针上的感量调节器(重心螺钉)的位置可改变天平的灵敏度。重心越高、灵敏度越高。天平的分度值与天平的负载状态有关。

(3) 相对精度 天平分度值与最大称量的比值称为相对精度,按国家标准GB 4168—1984把天平的相对精度分为10级。

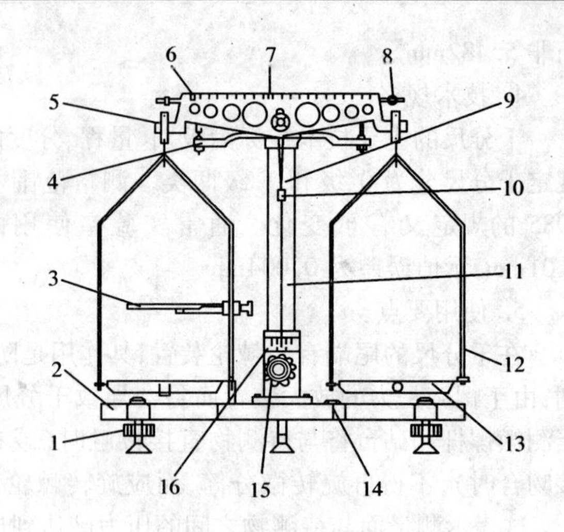

图2-11 物理天平

1—水平螺钉;2—底板;3—托架;4—支架;5—支撑刀口;6—游码;7—横梁;8—平衡调节螺母;9—指针;10—感量调节;11—中柱;12—秤盘架;13—秤盘;14—水准器;15—开关旋钮;16—微分标牌。

用天平测量物体质量的误差来自多方面的因素,如天平的不等臂、砝码的误差及天平灵敏度的限制等。常用物理天平的型号与规格见表2-3。

表2-3 常用物理天平型号、规格表

型 号	最大称量/g	分度值/mg	不等臂偏差/mg	示值变动性/mg	精 度
$WL_{-0.5}$	500	20	60	20	4×10^{-1}
WL_{-1}	1000	50	100	50	5×10^{-1}
TW_{-02}	200	20	<60	<20	1×10^{-1}
TW_{-05}	500	50	<150	<50	1×10^{-1}
TW_{-1}	1000	100	<300	<100	1×10^{-1}

(4) 砝码的允差 物理天平一般配用四等砝码。根据国家标准GB 4167—1984,四等砝码的质量允差应符合表2-4的规定。

表2-4 四等砝码质量允差表

标称质量/g	500	300	200	100	50	30	20	10	5	3	2	1
质量允差/mg	±25	±15	±10	±5	±3	±2	±2	±1	±1	±1	±1	

3. 操作程序

(1) 调整天平 调节天平底部的水平螺钉,利用圆形水准器(或铅垂),使天平支柱垂直于地平面,刀口架水平。

(2) 调整零点 天平空载时,将游码先置于横梁左端0刻线处。旋动手轮支起横梁,启动天平,观察指针摆动情况。当指针在标尺的中线两边摆幅相等时,则天平平衡。如不平衡,反旋手轮,放下横梁,调节配重螺母。反复调节,使天平平衡,消除零点误差。

(3) 称衡 将待测物置于左盘,砝码放于右盘,增减砝码并配合游码位置的移动,使天平平衡。

在(2)、(3) 两步骤中,都是以指针为判断依据,逐次增减砝码或改变游码位置,或调节配重螺母,使指针在零位摆幅逐渐减小,直到指零,这种方法称为逐次逼近调节法。

(4) 读数、复位 记下砝码与游码读数。把待测物体从盘中取出,砝码放回砝码盘,游码放回零位,称盘摘离刀口,天平复原。

4. 天平的称衡方法

对于一般的测量,按上面程序调整和使用天平便可以了。如果需要进行精确程度很高的称衡,就应该采用一些特殊的称衡方法。这里只介绍复称法与配称法。

(1) 复称法(高斯法) 将待测物体在同一架天平上称衡两次,一次放在左盘,一次置于右盘。设 $L_{左}$、$L_{右}$分别代表横梁左右两臂的长度,物体的质量为 m,物左码右平衡时,设砝码质量为 m_1,则有

$$mL_{左} = m_1 L_{右}$$

物右码左平衡时,设砝码质量为 m_2,则有

$$mL_{右} = m_2 L_{左}$$

两式相乘可得

$$m = \sqrt{m_1 m_2}$$

可见 m 为 m_1 和 m_2 的几何中值,考虑到 $m_1 - m_2 \ll m_2$,将上式展开并略去高次项,可得

$$m = \sqrt{m_1 m_2} = m_2\left(1 + \frac{m_1 - m_2}{m_2}\right)^{1/2} \approx m_2\left(1 + \frac{1}{2} \cdot \frac{m_1 - m_2}{m_2}\right) = \frac{1}{2}(m_1 + m_2)$$

即物体的质量可以认为是用复称法称得的两次质量的算术平均值。

采用复称法消除了两臂不等长带来的系统误差。

(2) 配称法(替代法或波尔达法) 将待测物体置于右盘,在左盘中放上任何碎小的配重(砂粒、铅屑或碎屑等),使天平平衡。然后用大小不同的砝码替代物体,重新使天平达到平衡,显然砝码的质量就准确地等于物体的质量。这是由于在配称法中,横梁两臂不等长或横梁的变形等产生的影响被消除了。

5. 使用要点

(1) 天平的负载不许超过其称量,以免损坏刀口和压弯横梁。

(2) 在调节天平、取放物体、取放砝码以及不用天平时,都必须将天平止动,以免损坏刀口。只有在判断天平是否平衡时才将天平启动。天平启动、止动时动作要轻,止动时应在天平指针接近标尺中刻线时进行。

(3) 待测物体与砝码都应置于称盘正中。砝码切忌用手拿取,而要用镊子夹取。称量完毕,砝码放回盒内正确位置,不得随意放置。

(4) 天平的各部件以及砝码都要注意防止锈蚀。

2.2.2 分析天平

分析天平的称衡方法基本与物理天平相同,但分析天平更为精密,所以操作要求比物理天平更高。分析天平有摆动式、空气阻尼式和光学式三种。一般的分析天平准确到 1/10000 或 (2/10000) g,它们的称量为 100g 或 200g。

2.3 时间测量仪器

时间是表征物质运动的持续性的基本物理量,时间的国际制单位是秒(s)。在时间计量中,按测量内容划分,可分为时段测量和时刻测量。例如,机械秒表是典型的测量时段的仪器;而钟是测量时刻的仪器。有些仪器如电子秒表则兼具两种功能。

时间的计量主要是一个计数的过程。凡是已知其运动规律的物理过程,都可用来作时间的计量。但通常只采用能够重复的周期现象来计量时间。

常用的计时器有机械钟表、电子钟表等,精度更高的有晶体钟表和原子钟。用机械方法测量时间的缺点是,机械记录机械中的零件有很大惯性,因此,一般只能测 10^{-1}s 或 10^{-2}s 的时间间隔;利用机械和电联合的"火花计时器",可以观测到 10^{-5}s;而电子计数器测时精度可达 10^{-9}s。晶体钟的精度可达 300 年差 1s,而原子钟甚至可达 3000 年才差 1s。

物理实验中常用秒表与电子计时仪测时。

2.3.1 机械秒表

1. 构造

机械秒表分单针和双针两种。单针式秒表只能测量一个过程所经历的时段;双针式秒表能测量两个同时开始但不同时结束的过程所分别经历的时段。图 2-12 所示为一种单针式机械秒表。

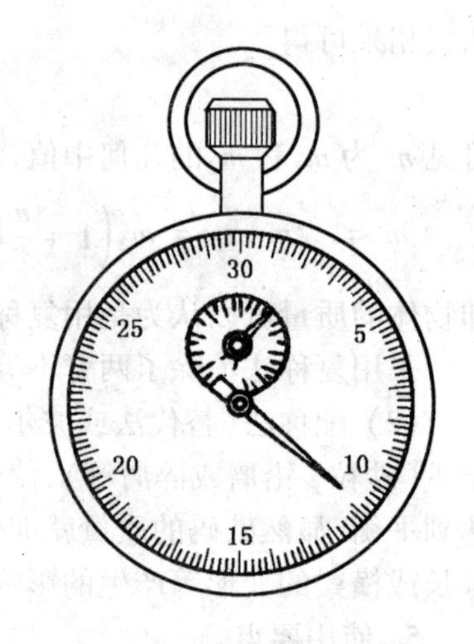

图 2-12 机械秒表

秒表由频率较低的机械振荡系统、锚式擒纵调速器、操纵秒表指针起动、制动和指针回零的控制机构、发条以及齿轮等机械零件组成。旋紧发条后,按下按钮,指针开始运动;再按一下按钮,指针即停止运动;再按一次,则指针回零。

2. 技术规格

秒表有各种规格,一般秒表有两个针。长针是秒针,每转一周是 30s(还有 60s、10s、3s 的);短针是分针,每转一周是 15min 或 30min,因此,测量范围为 0 ~ 15min 或 0 ~ 30min。表面上的标度分别表示秒和分的数值,这种秒表的分度值为 0.1s 或 0.2s。

使用秒表进行测量所产生的误差应该分两种情况考虑:

短时间的测量(1min 以内),其误差主要是按表和读数的误差,其值约为 0.2s。测量者本人的注意力不够集中或操纵不够熟练,该项误差还可能增大。

长时间的测量(1min 以上),其误差主要是秒表本身存在的快慢误差,即秒表走动的快慢和标准时间之差。这项误差,每只秒表各不相同。因此,在需要作较长时间的测量时,使用前应根据标准计时器(如数字毫秒计等)对秒表进行校准。

3. 使用要点

秒表使用前,须先检查发条的松紧程度,如果发现发条相当松,则应旋动秒表上端的按钮,上好发条,但不宜过紧。

检查零点是否准确，如果不准，应记下零读数，并对测量进行零点修正。

使用秒表应轻拿轻放，尽量避免振动和摇晃。

实验完毕，应让秒表继续走动，以松弛发条。

2.3.2　电子秒表

1. 构造

电子秒表的机芯由电子器件 CMOS 大规模集成电路构成，具有体积小、功能多、计时较为精密的特点。电子秒表一般都利用石英振荡频率作为时间基准，采用八位液晶数字显示时间。它不仅能显示分秒，而且可显示时、日、月以及星期，即兼具计时计历功能，还具有 10^{-2}s 计数的单针秒表和双针秒表功能以及定闹功能。电子秒表功耗小，工作电流一般小于 6μA，用容量为 100mA · h（毫安 · 小时）的氧化银电池供电。有的秒表在机芯内还装有硅太阳能电池，可以延长表内氧化银电池的寿命。

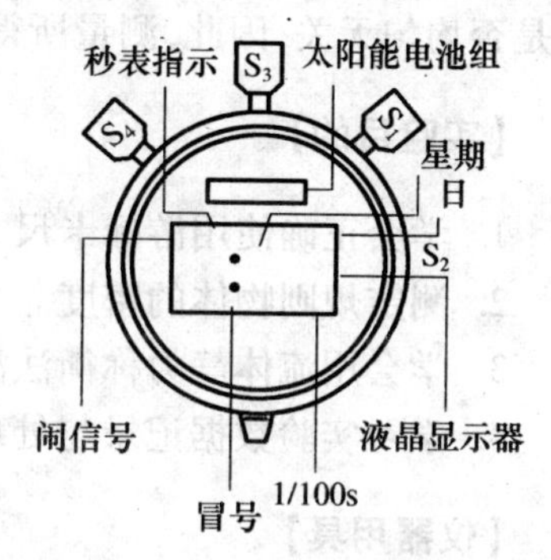

图 2 - 13　电子秒表

电子秒表外形如图 2 - 13 所示，表壳上配有 4 个按钮：S_1 为秒表按钮，S_2 为调整按钮，S_3 为功能变换按钮，S_4 为分段/复零按钮。

2. 技术规格

电子秒表连续累计时间为 59min，59.99s，可读到（1/100）s，平均日差为 ±0.5s。

3. 使用要点

S_3 可作计时计历、闹时和秒表三种状态选择。

单针秒表　在秒表状态下，按 S_1 开始计数，再按 S_1，秒计数停止，再按 S_4 即复零。

累加计时　按一下 S_1，秒计数开始，再按一下 S_1，秒计数停止；若再按一下 S_1，即可累加计数。如此可以重复继续累加。

分段计时（双针秒表）　第一次按 S_1，秒表开始计数。再按 S_4，表面上出现“SPLIT”，并显示两次动作间时段，而此时秒表内部继续在计数。再按一下 S_1 秒表停止计数；再按 S_4 出现两次 S_1 动作间的时段计数。若需复零，可再按一下 S_4。

2.3.3　数字毫秒计

数字毫秒计是用石英晶体振荡分频作时标脉冲，用数码管显示时间数字的计时仪器。它一般由整形电路、计数门、计数器、译码器、振荡器、分频器及复原系统和触发器等组成。利用石英晶体振荡器输出信号的周期作为标准单位。采用光控和机控（电键）两种计时方式。其测量原理为：由石英晶体振荡器不断提供标准时间时基信号进入计数门。而开始计时和停止计时的信号由光电元件（光控）或电键（机控）产生。该控制信号首先经过前置整形电路整形，形成前沿陡峭的脉冲波形，再进入门控复原系统的触发门，从触发门开启到关闭这一段时间中，与计数器显示的脉冲个数相对应的标准时间累积计数，即为被测时间。

实验1 测固体的平均密度

由于物质的成分或组织结构不同,单位体积内所具有的质量也就不同,为了表征物质的这一特性,引入密度的概念。密度是物质的基本特性之一。工业上常通过测定物体的密度来进行原料分析和纯度鉴定。

测量物体的密度需测得质量与体积。这两个物理量都是物体的整体宏观量,与其密度是否均匀无关,因此,测量所得为物体的平均密度。

【实验目的】

1. 学会正确使用游标卡尺、千分尺和物理天平。
2. 测定规则物体的密度。
3. 学会用流体静力称衡法测定不规则物体的密度。
4. 学习实验数据记录与处理、误差分析与计算的基础知识。

【仪器用具】

游标卡尺、千分尺、物理天平、铝柱、钢球、形状不规则的铜块、石蜡块、烧杯、尼龙丝等。

【实验原理】

物质的密度是指单位体积中所含物质的质量,以公式表示

$$\rho = \frac{m}{V} \tag{2-1}$$

式中,ρ 为物体的平均密度; m 为物体的质量; V 为物体的体积。物体的质量可用天平测量,体积则根据各种情况用不同方法测量。

1. 测定规则物体的密度

对于形状规则的固体,可通过直接测量各线度以计算体积。如直径为 d、高度为 h 的圆柱体的体积是

$$V = \frac{1}{4}\pi d^2 h \tag{2-2}$$

其平均密度(若质量为 m)为

$$\rho = \frac{m}{V} = \frac{4m}{\pi d^2 h} \tag{2-3}$$

2. 测定不规则物体密度的流体静力称衡法

对于形状不规则的固体和液体,常用静力称衡法和密度瓶法测量其体积和密度。

流体静力称衡法基于阿基米德原理,即物体所受液体的浮力等于与物体浸入液体的体积相等的液体的重量。

设物体在空气中的重量为 $W_1 = m_1 g$,若将它全部浸入液体中的视重为 $W_2 = m_2 g$,m_2 为物体在液体中的表观质量,因此,物体所受浮力为实重与视重之差: $W_1 - W_2 = (m_1 - m_2)g$,应等于同体积液体的重量 $\rho_0 Vg$。由此可得

$$V = \frac{m_1 - m_2}{\rho_0 g} g \tag{2-4}$$

因而物体的密度为

$$\rho = \frac{m_1}{m_1 - m_2} \rho_0 \tag{2-5}$$

式中，ρ_0为液体的密度。

如果待测物体的密度小于液体的密度，可以采用如下方法：将待测物体拴上一个重物，先将待测物体在液面之上而重物全部浸没在液体中进行称衡，见图2-14(a)，相应砝码的质量为m_3；再将待测物体连同重物全部浸没在液体中进行称衡，见图2-14(b)，相应砝码质量为m_4，则待测物体在液体中所受浮力为$(m_3 - m_4)g$，因而，待测固体的密度为

$$\rho = \frac{m_1}{m_3 - m_4} \rho_0 \tag{2-6}$$

采用流体称衡法时，必须保证浸入液体后物体的性质保持不变。

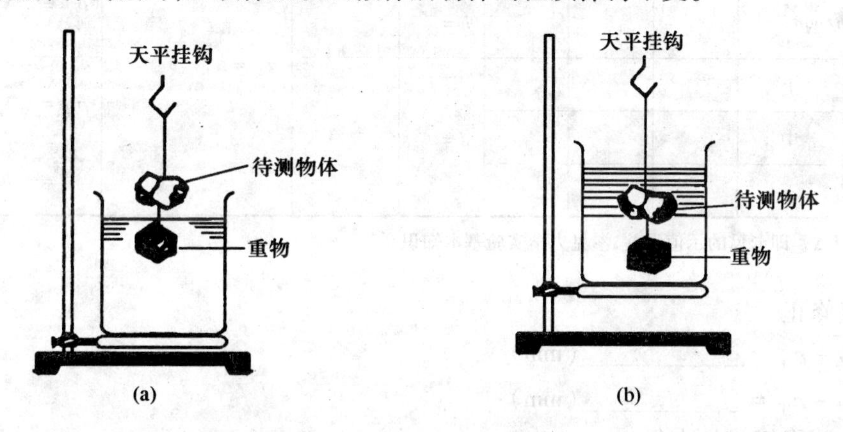

图2-14　静力称衡法示意图

【观测内容及操作要点】

1. 测定规则物体的密度

(1) 用游标卡尺测量铝柱的高度3次，并测其直径9次(按柱的上、中、下部各测3次)。

(2) 用千分尺测钢球的直径(取不同部位)3次。

(3) 用物理天平称出铝柱及钢球的质量。

游标卡尺、千分尺和物理天平的使用方法参见力学实验基本知识。使用物理天平时应注意用交换法消除不等臂误差。

2. 用流体静力称衡法测定固体密度

(1) 将待测物用细线挂于天平挂钩上，称量待测物质量。

(2) 用托架托住水杯，并移入待测物下方，将待测物浸入水杯中，测其表观质量。

【注意事项】

1. 使用卡尺与千分尺时应记录零点读数，并对测量数据作修正。

2. 使用千分尺时，应轻轻转动螺旋柄后的小棘轮来推进测微螺杆，以夹好被测物，不要直接拧螺杆，以免损坏仪器，切记！

3. 取、放砝码应使用镊子，而且在使用后必须将砝码和镊子放回盒内规定位置。

4. 调节天平、取放被测物体或砝码时都必须先将天平调至止动位置。

【数据记录】

1. 测规则物体的密度

(1) 测量圆柱体的直径 d 和高 h。

卡尺的规格及技术指标

量程________ 分度值________ 误差限 $\Delta_{卡}$________ 零读数 $\varepsilon_{卡}$________(mm)

次数		1	2	3	平均值	标准偏差	仪器的标准偏差	合成不确定度
高度 h/mm					$\bar{h}=$	$s_h=$	$u_{卡}=\Delta_{卡}/\sqrt{3}$ $=$	$\sigma_h=\sqrt{s_h^2+u_{卡}^2}$ $=$
直径 d/mm	上				$\bar{d}=$	$s_d=$		$\sigma_d=\sqrt{s_d^2+u_{卡}^2}$ $=$
	中							
	下							

注：误差限 $\Delta_{卡}$ 即卡尺的示值误差，参见力学实验基本知识。

零点修正

$h=\bar{h}-\varepsilon_{卡}=$__________(mm)

$d=\bar{d}-\varepsilon_{卡}=$__________(mm)

(2) 测量钢球的直径。

千分尺的规格及技术指标

量程________ 分度值________ 误差限 $\Delta_{卡}$________ 零读数 $\varepsilon_{卡}$________(mm)

次数	1	2	3	平均值	标准偏差	仪器的标准偏差	合成不确定度
直径 D/mm				$\bar{D}=$	$s_D=$	$u_{千}=$	$\sigma_D=\sqrt{s_D^2+u_{千}^2}$ $=$

零点修正 $D=\bar{D}-\varepsilon_{千}=$__________(mm)

(3) 用天平称衡物体质量。

天平的规格及技术指标

型号________ 称量________ 分度值________

砝码所在盘位置	左	右	平均	天平的标准差
圆柱体质量 $m_{柱}$/g				$u_m=$分度值$/\sqrt{12}$ $=$
钢球质量 $m_{球}$/g				

注：由于砝码的允差远小于天平感量带来的误差，故此处将之略去。

2. 用流体静力称衡法测定不规则物体密度

实验者自拟数据表格并进行处理。

【数据处理】

规则物体密度及不确定度的计算

(1) 不确定度采用方差合成。

相对不确定度 $$\frac{\sigma_{\rho柱}}{\bar{\rho}_{柱}}=\sqrt{\left(\frac{\sigma_m}{\bar{m}_{柱}}\right)^2+4\left(\frac{\sigma_d}{\bar{d}}\right)^2+\left(\frac{\sigma_h}{\bar{h}}\right)^2}=$$

$$\frac{\sigma_{\rho球}}{\bar{\rho}_{球}}=\sqrt{\left(\frac{\sigma_m}{\bar{m}_{球}}\right)^2+9\left(\frac{\sigma_D}{\bar{D}}\right)^2}=$$

(2) 密度。

圆柱体 $$\bar{\rho}_{柱}=\frac{4\bar{m}_{柱}}{\pi\bar{d}^2\bar{h}}=$$

钢球 $$\bar{\rho}_{球}=\frac{6m_{球}}{\pi\bar{D}^3}=$$

不确定度 $$\sigma_{\rho柱}=\overline{\rho_{柱}}\cdot\left(\frac{\sigma_{\rho柱}}{\rho_{柱}}\right)=$$

$$\sigma_{\rho球}=\overline{\rho_{球}}\cdot\left(\frac{\sigma_{\rho球}}{\rho_{球}}\right)=$$

(3) 测量结果表达。

$$\rho_{柱}=\overline{\rho_{柱}}\pm\sigma_{\rho柱}=$$

$$\rho_{球}=\overline{\rho_{球}}\pm\sigma_{\rho球}=$$

【预习思考题】

1. 用准确度为 0.02mm 的游标卡尺测 2cm 的长度,有效数字有几位? 用千分尺测,又有几位?

2. 天平的操作规程中,哪些规定是为了保护刀口的? 哪些规定是为了保证测量精确度的?

3. 如何调整天平水平? 如何调整零点? 如何检验天平是否等臂?

【思考题】

1. 检查一个千分尺的零点时,看到微分筒上第 48 根刻线与主尺上的读数基准线重合。其零读数是多少? 当测量长度时在该千分尺上的读数为 20.158mm,实际长度为多少?

2. 下面密度 ρ 的结果表达式

$$\rho = 7.8596 \pm 2.48 \times 10^{-2}$$

是否正确? 如有错误,请予改正。

实验 2 自由落体运动实验

仅在重力作用下,物体由静止开始竖直下落的运动称为自由落体运动。由于受空气阻力的影响,自然界中的落体都不是严格意义上的自由落体。只有在高度抽真空的试管内才可观察到真正的自由落体运动——一切物体(如铁球与鸡毛)以同样的加速度运动。这个加速度称为重力加速度。

重力加速度 g 是物理学中的一个重要参量。地球上各个地区的重力加速度随地球纬度和海拔高度的变化而变化。一般说来,在赤道附近 g 的数值最小,纬度越高,越靠近南北两极,则 g 的数值越大。在地球表面附近 g 的最大值与最小值相差仅约 1/300。准确测定重力加速度 g,在理论、生产和科研方面都有着重要的意义。而研究 g 的分布情形对地球物理学这一领域尤为重要。利用专门仪器,仔细测绘小地区内重力加速度的分布情况,还可对地下资源进行勘查。

本实验对小球下落运动的研究,仅限于低速情形,因此,空气阻力可以忽略,可视其为自由落体运动。

【实验目的】

1. 验证自由落体运动方程。
2. 测定当地重力加速度。

【实验原理】

根据牛顿运动定律,仅受重力作用的初速为零的"自由"落体,如果它运动的行程不很大,则其运动方程可用下式表示:

$$s = \frac{1}{2}gt^2 \tag{2-7}$$

其中,s 是该自由落体运动的路程,t 是通过这段路程所用的时间。不难设想,若 s 取一系列数值,只需通过实验分别测出对应的时间 t,即不难验证上述方程。然而,在实际测量时,很难测定该自由落体开始运动的时刻,因此这种设想难以实现。

如果在该自由落体从静止开始运动通过一段路程 s_0 而达到 A 点的时刻开始计时,测出它继续自由下落通过一段路程 s 所用的时间 t,根据公式(2-7)可得

$$s = v_0 t + \frac{1}{2}gt^2 \tag{2-8}$$

这就是初速不为零的自由落体运动方程。其中 v_0 是该自由落体通过 A 点时的速度。式(2-2) 可写作如下形式:

$$\frac{s}{t} = v_0 + \frac{1}{2}gt \tag{2-9}$$

令 $y=s/t$。显然 $y(t)$ 是一个一元线性函数。若 s 取一系列给定值,同样通过实验分别测出对应的 t 值,然后作 $y-t$ 实验曲线即可验证上述方程,这一设想不难实现。

【仪器描述】

自由落体实验仪器装置主要由自由落体装置和计时器两大部分组成。自由落体装置则由支柱、电磁铁、光电门和捕球器构成(图 2-15),其主体是一个有刻度尺的立柱,其底座上有调节螺丝可用来调竖直。立柱上端有一电磁铁,可用来吸住小钢球,电磁铁断电

后,小钢球即自由下落落入捕球器内。立柱上装有两对可沿立柱上下移动的光电门。本实验用的光电门由一个小的红外发光二极管和一个红外接收二极管组成,并与计时器相接。红外发光二极管对准红外接收二极管,二极管前面有一个小孔可以减小红外光束的横截面。小球通过第一个光电门时产生的光电信号触发计时器开始计时,通过第二个光电门时使之终止计时,因此,计时器显示的结果是两次遮光之间的时间,亦即小球通过两光电门之间的时间。

本实验计时器采用"数字存储毫秒计",它的核心是一个单片机,用八个数码管显示有关结果。计时单位为"秒",用科学计数法表示数值。

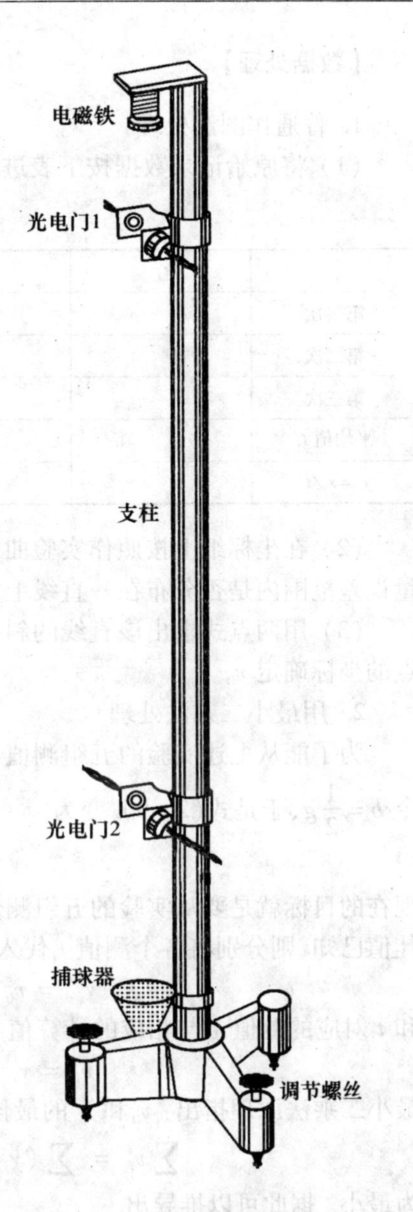

图 2－15　自由落体实验装置

【观测内容及操作要点】

1. 利用铅垂线将支柱调竖直。

2. 将光电门 1 置于这柱上 20cm 处,光电门 2 置于 45cm 处。

3. 接通计时器电源,按红色键使左边第一数码管显示"L"。如果数码管显示数全为零则表示有光电门不通。若显示数为"L",则可开始进行实验。

4. 将小球放在电磁铁下使之被吸住。按"测量"键使小球下落进行测量,两光电门配合计时器完成计时。重复测量 3 次。

5. 按"显示"键即可读出计时结果。重复按"显示"键可依次读出 3 次的计时,此时左边数码管显示的数字表示是第几次测量的结果。最后显示的结果是多次测值的平均值。继续按"显示"键则再从头开始依次显示各次测值。

记录各次测量结果与有关数据,然后按红色键清零。

6. 将光电门 2 下移 25cm,再重复 4 ~ 5 所述操作步骤, 按上述要求共对五种行程进行观测。

【注意事项】

1. 按"测量"键小球下落后,若计时器计时不停,则需重调支架竖直,直到铅垂线通过两光电门,即铅垂线的阴影投射在光电管上。

2. 测量时一定要保证支架稳定不晃动。

【数据处理】

1. 普通作图法处理

(1) 将原始记录数据按下表进行处理。

实验数据记录表

	t_1	t_2	t_3	t_4	t_5
第一次					
第二次					
第三次					
平均值 $\bar{t}_i$					
$y_i = s_i/\bar{t}_i$					

(2) 在坐标纸上按照作实验曲线的规则作 $y(t)$ 曲线。检查各测值点在本实验的测量误差范围内是否分布在一直线上。

(3) 用两点式求出该直线的斜率并确定 g 值。将该实验曲线向左延长找出与 y 轴交点的坐标确定 v_0。

2. 用最小二乘法处理

为了能从上述实验的五组测值 s_i、t_i处理得出 g 的最佳值,可应用最小二乘法处理。令 $b=\frac{1}{2}g$,于是式(2-9) 变为

$$y = v_0 + bt \tag{2-10}$$

现在的目标就是要从实验的五组测值得出式(2-10)中 v_0和 b 的最佳值。若 v_0和 b 的最佳值已知,则分别将各个测值 t_i代入式(2-10) 便可得到对应的各个计算值 y_i',即

$$y_i' = v_0 + bt_i \qquad (i = 1,2,\cdots,5) \tag{2-11}$$

和 t_i对应的测值 y_i与相应的计算值 y_i' 之间的差值用 v_i表示,称之为残差,即残差 v_i为

$$v_i = y_i - y_i' \qquad (i = 1,2,\cdots,5) \tag{2-12}$$

最小二乘法原理指出:v_0和 b 的最佳值应使得上述各残差的平方和为最小,即

$$\sum v_i^2 = \sum (y_i - y_i')^2 = \sum [y_i - (v_0 + bt_i)]^2$$

为最小。据此可以推导出

$$b = \frac{\sum[(t_i - \bar{t})(y_i - \bar{y})]}{\sum (t_i - \bar{t})^2} = \frac{g}{2} \tag{2-13}$$

$$v_0 = \bar{y} - b\bar{t} \tag{2-14}$$

其中 $\bar{t} = (\sum \bar{t}_i)/n$, $\bar{y} = (\sum y_i)/n$

本实验 $n=5$,于是从式(2-13)、式(2-14) 便可得出 v_0和 b 的最佳值。在此基础上作 $y-t$ 曲线,则直线在 Y 轴上的截距为 v_0,直线通过点$(\bar{t},\bar{y})$,直线斜率为 $g/2$。

按下式计算相关系数 r

$$r = \frac{\sum(\Delta t_i \Delta y_i)}{\sqrt{\sum(\Delta t_i)^2}\sqrt{\sum(\Delta y_i)^2}} \tag{2-15}$$

其中，$\Delta t_i = t_i - \bar{t}$；　$\Delta y_i = y_i - \bar{y}$

利用相关系数 r 检验实验数据是否满足线性关系。

【思考题】

1. 物体在流体中运动时所受的阻力有两种：即黏滞阻力和压差阻力。描述流体阻力时的一个关键参数是雷诺数 Re，（$Re=\rho vd/\eta$，其中 ρ、η 是流体的密度和动力黏度，v 与 d 是运动物体的速度和线度）。一般地说，当 $Re<1$ 时，物体所受阻力主要是黏滞阻力，压差阻力可以忽略不计。这时阻力 f 与 v 成正比，而当 Re 较大时，压差阻力则成为主要的了。此时，阻力 f 与 v 不再是线性关系，而是取如下表达式：

$$f = c \cdot \frac{\pi d^2}{4} \cdot \frac{\rho v^2}{2}$$

其中，c 是与雷诺数有关的系数。

本实验中 $Re \approx 10^3$，对于从 1m 高处下落至地面的小球而言，c 可取为 0.46，若小球质量 $m = 1.0\times10^{-2}$ kg，小球线度 $d = 1.30\times10^{-2}$ m，$\eta_{空气} = 18.1\times10^{-6}$ Pa·s，$\rho_{空气} = 1.3$ kg/m^3 估算小球从 1m 高处下落至地面时受到的空气阻力，并与重力数值比较。

2. 如果用体积相同而质量不同的小木球来代替小铁球，试问实验所得到的 g 值是否不同？您将怎样通过实验来证实您的答案呢？

3. 试分析本次实验产生误差的主要原因，并讨论如何减小重力加速度 g 的测量误差。

实验3　单摆法测重力加速度

单摆实验是一个有着悠久历史的实验，伽利略就曾用过单摆测量重力加速度。摆长与周期的一一对应，小摆角情况下周期与摆长的简单关系，这些饶有兴趣的物理现象使得单摆在日常生活和科研中都有着相当的应用价值，如可用于钟表计时等。

单摆法测量重力加速度的实验中，存在着许多影响精密测量的因素，如测周期的误差，本实验采用“数字存储毫秒计”计时，尽可能减少测时误差。

【实验目的】

学会用单摆测重力加速度。

【仪器用具】

单摆实验仪、计时器、米尺

【实验原理】

1. 测重力加速度 g 的单摆原理

把一根轻质且不伸长的细长绳的一端固定，在其另一端悬系一个小金属球，并使之在重力作用下摆动。若线的质量比小球质量小得多，且球的直径比线长小得多，则上述装置可视为单摆。

单摆往返摆动一次所需的时间叫作单摆周期。当摆幅很小时单摆的周期 T 可近似表示为

$$T = 2\pi\sqrt{\frac{L}{g}} \tag{2-16}$$

其中,g 是重力加速度; L 是从摆线的固定点到摆球中心的距离,并称之为单摆的摆长。故只需测出 L 和 T,即可用式(2-16)算出 g。

但有时摆球质心的位置不容易精确确定,会对 L 的测量精度产生影响,故本实验采用改变摆长的方法,在摆线固定端点 O 与摆球之间增加一个可沿尺子移动的卡子 P。当用卡子 P 夹住摆线时可视 P 点为单摆的固定端,于是可用它来改变摆长。分别使摆长为 L_1、L_2,测出对应的 T_1 和 T_2,从式(2-16)可推得

$$T_1^2 - T_2^2 = 4\pi^2(L_1 - L_2)/g \tag{2-17}$$

令 $\Delta L = L_1 - L_2$,于是

$$g = 4\pi^2\Delta L/(T_1^2 - T_2^2) \tag{2-18}$$

其中,ΔL 就是当 L 从 L_1 改变至 L_2 时卡子 P 移动的距离,可以从尺子上精确读出来。

上述方法将测量不易测准的 L 改为测量容易测准的 ΔL,提高了测量精度,并简化了测量过程。用这种方案测 g 还可以部分地消除某些系统误差。

2. 对各项系统误差的考虑

在许多测量中,仅从测量公式本身是看不出系统误差的。在实验中往往会发生这样的情况,即使直接测量的量都排除了系统误差,计算结果仍有系统误差,这是因为存在理论、方法等方面的误差。系统误差需逐项分析,考察其影响并找出修正值,这正是我们下面将要做的:

(1) 复摆的修正　单摆公式(2-16)中,我们假定摆球是一个质点,而且不计摆线质量,实际上,摆线质量 μ 并不等于零,小球半径 r 也不等于零,即任何一个单摆都不是理想的。严格地说:应将其视为绕固定轴摆动的刚体运动即复摆。其周期可用下式表达:

$$T_1^2 = 4\pi^2\frac{L}{g}\left(1 + \frac{2}{5}\frac{r^2}{L^2} - \frac{1}{6}\frac{\mu}{m}\right) \tag{2-19}$$

式(2-19)中,第二、三项为修正项,数量级一般在 10^{-4} 左右。

(2) 摆角的修正　单摆的动力学方程可表述为

$$mL\frac{d^2\theta}{dt^2} = -mg\sin\theta$$

当幅角 θ_m 很小时,$\sin\theta \approx \theta$,则上式化为常见的简谐振动方程,其周期的表达式即为式(2-16),当 θ_m 不太小时,就不能作为简谐振动处理。如果 θ_m 不是很大,则只须考虑到二级近似,其振动周期可表示为

$$T'^2 = 4\pi^2\frac{L}{g}\left(1 + \frac{\theta_m^2}{8}\right) = T_0^2\left(1 + \frac{\theta_m^2}{8}\right) \tag{2-20}$$

(3) 空气浮力与阻力的修正　考虑到空气的浮力和阻力影响,周期将增大。即

$$T''^2 = T_0^2\left(1 + \frac{8}{5}\frac{\rho_0}{\rho}\right) \tag{2-21}$$

其中，ρ_0、ρ 分别为空气和小球的密度。

综合考虑式(2－19)、(2－20)、(2－21)的修正项，并忽略高级小量，最后可得周期 T 与摆长 L 及修正项的关系为

$$T^2 = 4\pi^2 \frac{L}{g}\left(1 + \frac{2}{5}\cdot\frac{r^2}{L^2} - \frac{1}{6}\cdot\frac{\mu}{m} + \frac{1}{8}\theta_m^2 + \frac{8}{5}\cdot\frac{\rho_0}{\rho}\right) \tag{2-22}$$

所以，重力加速度 g 的修正表达式应为

$$g = 4\pi^2\cdot\frac{L}{T^2}\left(1 + \frac{2}{5}\cdot\frac{r^2}{L^2} - \frac{1}{6}\cdot\frac{\mu}{m} + \frac{1}{8}\theta_m^2 + \frac{8}{5}\cdot\frac{\rho_0}{\rho}\right) \tag{2-23}$$

这些修正项数量级都在 10^{-4} 左右，如果要求测得的 g 有四位有效数字，就必须予以考虑。要求测量的准确度越高，就必须考虑更多的修正项。同时，对摆长 L 和周期 T 的测量要求也更高。如果要考虑这些数量级为 10^{-4} 的修正项，则相应 L 和 T 的测量也应精确到 10^{-4} 或更高。实验中对 L 的测量若要达到这样高的精度，是需要采用测高仪来完成测量的，本实验测量的精度主要受测量摆长 L 的限制，精度在 10^{-3} 左右，故可不考虑上述修正项。

【观测内容与操作要点】

1. 调节单摆实验仪底座，使摆线、镜刻线及摆线在镜中的像三者重合。
2. 按下计时器的开关键使显示“H”。
3. 轻轻将摆球沿弧尺往外拉，在不大于 5 度的位置时放手，让其自由摆动。
4. 摆球自由摆动稳定后，按计时器“2”键，再按计时器靠右侧任一按键开始计时，每 100 个周期计一次时间，如此重复 5 次，数据记录表格自行设计。
5. 由式(2－16)计算重力加速度及其不确定度，并写出测量结果的表达式。

【注意事项】

注意将单摆架调竖直，测量时保持稳定不晃动。

【思考题】

1. 本实验测重力加速度时的精度主要受哪些量的测量精度的限制？
2. 如果毫秒计每 10min 慢 0.5s，用它来测单摆周期并计算重力加速度 g，会使 g 偏大还是偏小多少？

【预习思考题】

为什么测量周期 T 时，不直接测量往返一次摆动的周期？试从误差角度来说明。

实验 4　转动惯量的测量

转动惯量是表征物体在转动中惯性大小的物理量，是研究、设计、控制转动物体运动规律的重要参数。如发动机叶片、钟表摆轮和电机转子等的设计，子弹、炮弹的飞行，导弹和卫星的发射与控制，都与转动惯量有密切关系。因此，测定物体的转动惯量具有重

要的意义。

转动惯量的数值大小取决于物体的质量分布和转轴位置。对于形状极简单、密度均匀的刚体,可以通过数学方法算出它绕固定轴的转动惯量;对于形状较复杂的或密度不均匀的刚体,由于用数学方法计算它的转动惯量非常困难,常用实验方法来测定。

测量转动惯量的方法很多,如三线摆、扭摆和转动惯量仪等。本实验采用的是三线摆和气垫转盘,其特点是操作简便,较为实用。

实验 4.1　三线扭摆

【实验目的】

1. 掌握三线扭摆测量转动惯量的原理和方法。
2. 加深对转动惯量的理解。

【仪器用具】

三线扭摆、卡尺、秒表、待测圆环。

【实验原理及仪器描述】

把绕定轴以角速度 ω 转动的刚体看成由许多质点组成,各质点的角速度是 ω,设其中第 i 个质点距转轴的垂直距离为 r_i,其质量为 m_i,那么,它的速度就是 $v_i = r_i\omega$,其动能为

$$\frac{1}{2}m_i v_i^2 = \frac{1}{2}m_i r_i^2 \omega^2$$

刚体转动动能应为各质点动能的总和,即

$$E_k = \sum \frac{1}{2}m_i r_i^2 \omega^2 = \frac{1}{2}\left(\sum m_i r_i^2\right)\omega^2$$

令

$$J = \sum m_i r_i^2 \tag{2-24}$$

则

$$E_k = \frac{1}{2}J\omega^2$$

这里 J 叫做刚体对该转轴的转动惯量。与描述物体平动惯性大小的物理量——质量相当。J 是表征刚体转动惯性大小的物理量。其大小不仅与物体总质量有关,而且与物体的形状、大小、质量分布以及转轴的位置有关,如果物体的质量是连续分布的,则式(2-24)可化为

$$J = \int r^2 \mathrm{d}m \tag{2-25}$$

原则上,任何物体对于已知转轴的转动惯量,均可由式(2-25)求得。对于形状很规则的物体,例如一个内半径为 R_1,外半径为 R_2,质量为 m 的均匀圆环,对于通过圆心且垂直于圆环平面的转轴的转动惯量,可由式(2-25)求得

$$J = \frac{1}{2}m(R_1^2 + R_2^2) = \frac{m}{8}(D_1^2 + D_2^2) \tag{2-26}$$

式中,D_1 为环内径;D_2 为环外径(在下面这个实验里,我们将进行验证)。

三线扭摆如图2-16所示，是一个由三根金属丝悬挂起来的匀质圆盘，这三根线对称地连接在圆盘的边缘上。三根线的上端同样对称地连接在另一直径较小的圆盘上。下方圆盘可绕其与上圆盘的公共轴线作扭转振动，同时，下圆盘的重心在扭摆转动中总是沿轴上下振动。

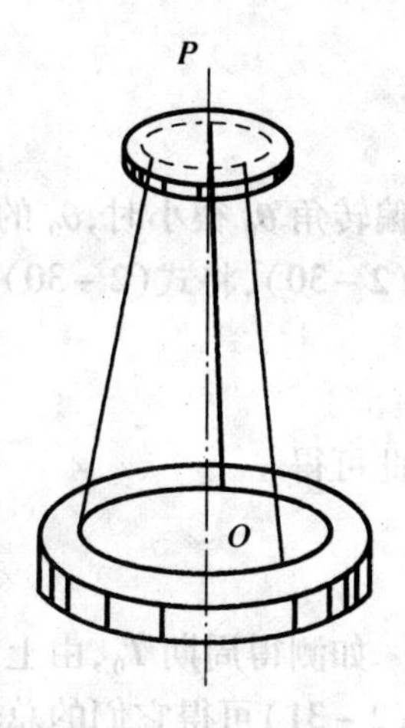

图2-16　三线扭摆

圆盘的摆动周期与其转动惯量的大小有关。

设圆盘的质量是 m_0，当它向某一方向转动时，上升的高度为 h，那么圆盘上升时增加的势能为

$$E_p = m_0 gh$$

式中，g 是重力加速度，当圆盘向另一方向转动至平衡位置时，角速度最大，其值为 ω_0，这时圆盘具有的动能为

$$E_k = \frac{1}{2}J_0\omega_0^2$$

式中，J_0 为圆盘绕中心轴的转动惯量。如果忽略摩擦力，按机械能守恒定律可得

$$\frac{1}{2}J_0\omega_0^2 = m_0 gh \tag{2-27}$$

可把圆盘的运动看作角谐振动，它的角位移 θ 与时间 t 的关系为

$$\theta = \theta_0 \sin\frac{2\pi}{T_0}t$$

式中，θ_0 为振幅，T_0 是一个完全摆动的周期。角速度 ω 是角位移 θ 对时间的一阶导数，可写成

$$\omega = \frac{\mathrm{d}\theta}{\mathrm{d}t} = \frac{2\pi}{T_0}\theta_0\cos\frac{2\pi}{T_0}t_0$$

经过平衡位置时的最大角速度为

$$\omega_0 = \frac{2\pi}{T_0}\theta_0 \tag{2-28}$$

将式(2-28)代入式(2-27)，可得

$$m_0 gh = \frac{1}{2}J_0\left(\frac{2\pi}{T_0}\theta_0\right)^2 \tag{2-29}$$

在图2-17中，H 为上、下两圆盘的垂直距离，r、R 分别为上、下圆盘拴点至圆心的距离，则有

$$h = OO' = \frac{Rr\theta_0^2}{2H} \tag{2-30}$$

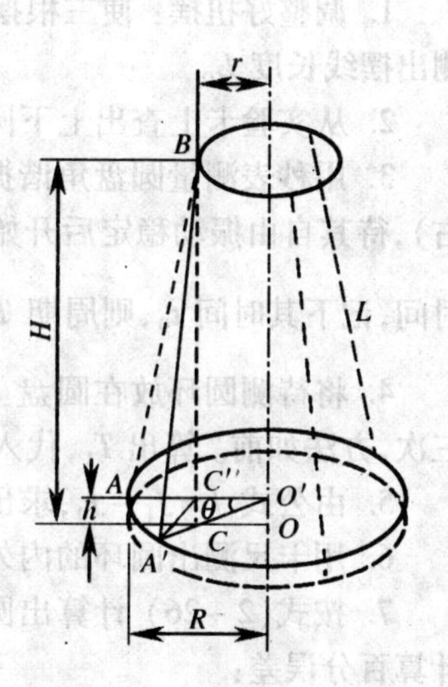

图2-17　三线扭摆原理图

上式的推导过程如下：由图2-17所示，可知：

$$h = OO' = BC - BC' = \frac{BC^2 - BC'^2}{BC + BC'}$$

在△ABC 中，

$$BC^2 = AB^2 - AC^2 = L^2 - (R-r)^2$$

在△$A'BC'$中，

$$BC'^2 = A'B^2 - A'C'^2 = L^2 - (R^2 + r^2 - 2Rr\cos\theta_0)$$

故
$$h=\frac{2Rr(1-\cos\theta_0)}{BC+BC'}=\frac{4Rr\sin^2\dfrac{\theta_0}{2}}{BC+BC'}$$

在偏转角 θ_0 很小时，θ_0 的正弦可近似地等于 θ_0，而上式分母近似等于 $2H$，按此计算可得式(2-30)，将式(2-30)代入式(2-29)，可得

$$m_0 g\frac{Rr\theta_0^2}{2H}=\frac{1}{2}J_0\left(\frac{2\pi}{T_0}\theta_0\right)^2$$

由此可得

$$J_0=\frac{m_0 gRr}{4\pi^2 H}T_0^2 \tag{2-31}$$

如测得周期 T_0，由上式就可算出圆盘的转动惯量 J_0，如在圆盘上放一待测物体，则由式(2-31)可得它们的总转动惯量为

$$J=\frac{mgRr}{4\pi^2 H}T^2 \tag{2-32}$$

式中，m 为待测物体与圆盘的总质量；T 为它们摆动的周期，由此可得该物体的转动惯量为

$$J_{物}=J-J_0 \tag{2-33}$$

当偏转角很小时，可用 L 近似取代 H，在本实验所用仪器的情况下，用 L 取代公式(2-30)、(2-31)、(2-32) 中的 H，对计算结果所增加的误差，可忽略不计。

【观测内容及操作要点】

1. 调整好扭摆：使三根摆线等长，上下圆盘对称轴相合(即将扭摆放平)，并用米尺测出摆线长度 L。
2. 从实验卡上查出上下圆盘悬点半径 R、r 值，并记下圆盘及圆环的质量 m_0 和 m。
3. 用秒表测量圆盘角谐振动周期 T_0的方法是：转动上圆盘，使其转过一角度(5° 左右)，待其自由振动稳定后开始记录。要测量三次，每次测量圆盘连续摆动 100 个周期的时间，记下其时间 t_0，则周期 $T_0=\dfrac{t_0}{100}$，按式(2-31) 求出 J_0及其不确定度。
4. 将待测圆环放在圆盘上，并使圆环和圆盘的对称轴重合。重新使仪器摆动，再测三次，方法如前。算出 T_1，代入式(2-31)，再算出 J_1及其不确定度。
5. 由公式 $J=J_1-J_0$，求出圆环转动惯量 J 及其不确定度。
6. 用卡尺测出圆环的内外直径 D_1，D_2(各测三次)。
7. 按式(2-26) 计算出圆环的转动惯量 $I_{理}$及其不确定度，并与测量结果 J 比较，并计算百分误差：

$$E=\left|\frac{J_{理}-J}{J_{理}}\right|\times 100\%$$

【注意事项】

1. 在启动圆盘作扭转振动时，必须防止出现其他振动。
2. 扭动上圆盘使下圆盘摆动时，注意摆角不要过大(<5°)。

3. 测量周期的正确方法应以盘通过平衡位置时开始计数,并注意起动秒表时计数是零,然后才是1、2……

【预习思考题】

1. 测量周期时为什么要测100个周期的总时间,而不直接去测量一个周期。

2. 为什么要求两盘水平,三根悬线 L 相等。

3. 一个物体的质量是一个唯一确定的值,请问它的转动惯量是否也为一个唯一确定的值。

【思考题】

1. 试分析本实验中引起系统误差和随机误差的原因,并讨论应如何避免或尽量减小之。

2. 三线扭摆实验可否用来验证平行轴定理,如可行,实验可怎样进行?

3. L、D_1、D_2各选用什么仪器测量?是怎样考虑的?L、D_1、D_2 应怎样测量?

实验4.2　气垫转盘

【实验目的】

1. 学习测量转动惯量的方法。

2. 加深对刚体转动惯量、转动惯量定律及角动量守恒定律的理解。

【仪器用具】

气垫转盘、计时器、砝码、微音气泵。

【实验装置】

图2-18为气垫转盘主体。1为气室,其上表面分布有许多气孔。2为定盘,呈一环形腔体,与气室相通,其内侧钻有气孔。3为动盘,置于定盘之内和气室之上。动盘中央为一圆柱,过圆柱的上部窄槽绕有细线4,线两端分别经气垫滑轮5挂有(质量为5克的)砝码桶6。在动盘上表面即圆柱的两侧各分布有九个与中心轴对称的插孔。动盘边缘固定一挡光片7。矩形架两边分别为光电门8和定点发放开关9。10为按键开关插座。气室下接有空心圆管,圆管下部固定在三脚支架上。11为进气口,12为底脚螺丝(用以调水平)。其中光电门外接计时器,进气口与外气源相通。

【实验原理】

由气源(空压机或气泵)提供的气体从进气口输入后,即从气室的上表面及定盘内侧的气孔喷出。由气室喷出的气体向上将动盘托起,由定盘喷出的气体作用在动盘侧面,使其定轴。如在两托盘中分别放上等值砝码,则绕在动盘园柱上的细线就具有了一定的张力 T,动盘即可在此张力提供的力矩作用下做定轴转动。

设合力矩为 M,动盘园柱半径为 r,则 $M=2Tr$。设砝码加托盘的质量为 m,动盘的转

动惯量为 J_0，转动的角加速度为 β，则有

$$mg - T = ma \qquad (2-34)$$

$$2Tr = J_0\beta \qquad (2-35)$$

式中，$\beta = ar$，a 为砝码盘下落的加速度。由式(2-34)、(2-35)可得

$$J_0 = \frac{2mgr}{\beta} - 2mr^2 \qquad (2-36)$$

其中，角加速度 β 可由测量动盘转动一周和两周所需要的时间求得，$2mr^2$ 项当 $a \ll g$ 时可略。得

$$J_0 = \frac{2mgr}{\beta} \qquad (2-37)$$

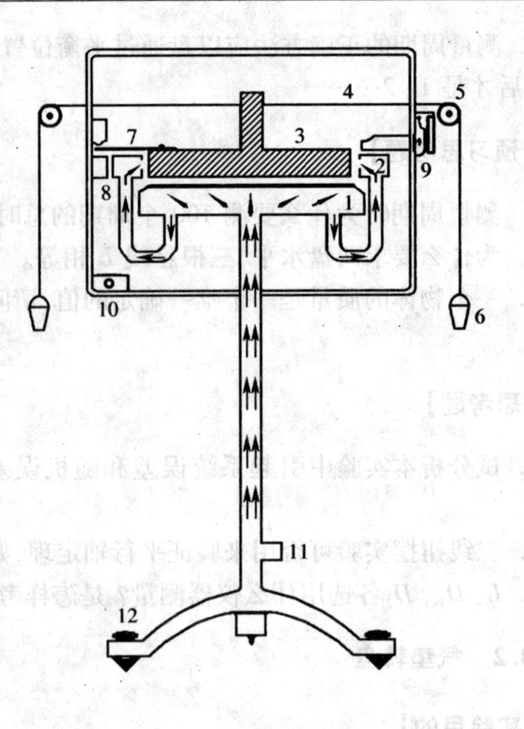

图 2-18　气垫转盘主体

旋转动盘，使细线绕圆柱 3 圈左右，然后按下定点发放开关，挡住挡光片使动盘不动。调节滑轮架方向，使细线与气垫滑轮的轴线垂直。插上按键开关并使计时器置光控、S_2 挡，r 时基置 1ms。测量时抬起定点发放开关，动盘即开始转动，随即把按键开关的键钮按下，当挡光片第一次经光电门时，计时器开始计时，第二次经光电门时计时停止，即可测出动盘转动一周($\theta_1 = 2\pi$)所需要的时间 t_1(可重复多次)。用同种方法使动盘开始转动，并把键钮按下，当挡光片第一次经光电门时开始计时，随后放开键钮，使挡光片第二次经光电门时计时仍继续进行，此后再把键钮按下，当挡光片第三次经光电门时计时停止。于是就测出了动盘以同一初角速度转动两周($\theta_2 = 4\pi$)所需要的时间 t_2。同理转动三周、四周、五周所需要的时间分别为 t_3、t_4、t_5。

设挡光片第一次经光电门时动盘的初角速度为 ω_0，五次测量分别列式，则有：

$$\theta_1 = \omega_0 t_1 + \frac{1}{2}\beta t_1^2 \qquad (2-38)$$

$$\theta_2 = \omega_0 t_2 + \frac{1}{2}\beta t_2^2 \qquad (2-39)$$

$$\theta_3 = \omega_0 t_3 + \frac{1}{2}\beta_3^2 \qquad (2-40)$$

$$\theta_4 = \omega_0 t_4 + \frac{1}{2}\beta t_4^2 \qquad (2-41)$$

$$\theta_5 = \omega_0 t_5 + \frac{1}{2}\beta t_5^2 \qquad (2-42)$$

其中，$\theta_1 = 2\pi$，$\theta_2 = 4\pi$，$\theta_3 = 6\pi$，$\theta_4 = 8\pi$，$\theta_5 = 10\pi$。利用最小二乘法求出 β 的最佳值及 ω_0，将 β 值代入(2-37)式求出 J_0。

【实验内容】

1. 转动定律

由转动定律公式 $M = J_0\beta$ 可知，刚体绕固定轴转动的角加速度与其所受外力矩成正比。若研究此定律，只需改变砝码的质量，依次测出在不同外力矩作用下动盘转动的角加速度，并画出 $M-\beta$ 图，如为一直线即可得出结论。还可通过直线斜率求出动盘的转动惯量 J_0，并与 J_0 的标准值（由外形尺寸及质量求得）比较，算出定值误差。

实验装置采用气垫转盘主体和附件组。测量前先调平气垫转盘主体。调节方法：取下动盘，将水平校准盘放于气室表面上，接通气源，然后调节底脚螺钉，以水平校准盘能够稳定悬浮而不与定盘内壁接触为准。为消除系统误差，可分别测出动盘顺时针转动和逆时针转动的角加速度 β_1 和 β_2，取其平均值 $\bar{\beta} = \dfrac{\beta_1 + \beta_2}{2}$ 作为动盘转动的角加速度。改变砝码质量 m_i，测出动盘在不同外力矩 $M = m_i g 2r$ 作用下绕定周转动的角加速度 β_i，作 $M \sim \beta$ 图，若为一直线，则证明刚体转动定律成立，且直线的斜率即为纲体绕定轴的转动惯量 J。

2. 钢球转动惯量

测钢球的转动惯量时，先把插座插在动盘圆柱的中心插孔上，测出该系统的转动惯量为 J''_0。然后将钢球放于插座的凹面内，测出转动惯量为 J'，则得钢球的转动惯量 $J_2 = J' - J''_0$。

3. 角动量守恒

钢球的对心下落可通过圆柱式定位器加以控制。先将悬有钢球的细线从下向上穿过圆柱式定位器的中心轴通孔（或先使线从上向下通过定位器的中心轴通孔，再用螺丝把线端固定在金属球上）。然后将带有下螺母的圆柱式定位器螺杆从下向上穿过横梁上的调节孔，同时将钢球放入凹盘的凹面内，并使球上部与定位器的下部圆周相接触。再用固定板将定位板夹紧，并在螺杆尾部加上上螺母。通过旋松下螺母、旋紧上螺母，向上提拉定位器，使定位器的下部圆周与球面离开 1mm ~ 2mm，然后用悬线将球提起，经定位器止动后再放下，看球是否落入凹盘中心。如有偏离，可松开上螺母及固定板，通过在横梁的调节孔内移动螺杆或定位板加以校正，直到钢球的下落与凹盘中心对正为止。最后将上、下螺母及固定板拧紧。

4. 平行轴定理

刚体对任一固定转轴的转动惯量 J 等于刚体对通过质心的平行轴的转动惯量 J_C 加上刚体的质量 m' 乘以两平行轴之间距离 d 的平方。即 $J = J_C + m'd^2$，这就是刚体的平行轴定理。实验装置采用气垫转盘主体与附件组。

（1）d 不变，改变刚体的方位　将质量为 m' 的两个长方体铝块对称地置于动盘圆柱两侧的插孔上，使其质心与动盘圆柱中心轴的距离 d 相等且保持不变，然后改变方块的摆法。如图 2－19 所示，使其相互平行、同轴或垂直。

根据平行轴定理，在这三种情况下，两方块对于中心轴的转动惯量应该是相同的。因此，可在恒力矩作用下分别观测在每种情况下系统转动一周或两周所用的时间，进而得出结论。

（2）改变 d，研究 J 与 d^2 的线性关系　将质量为 m 的两个铜圆柱对称地置于动盘圆

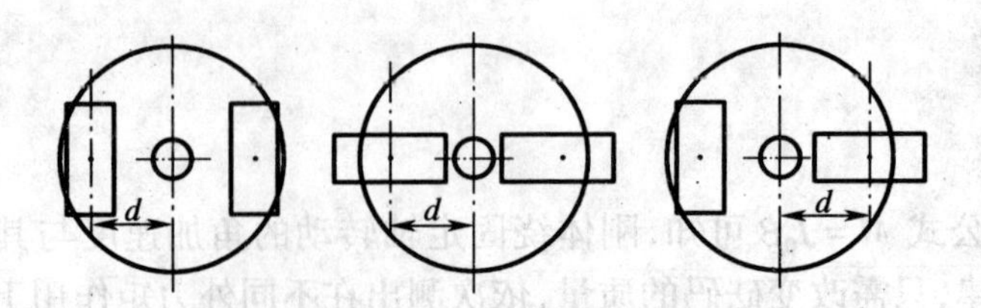

图 2-19 平等轴定理的验证

柱两侧的插孔上,见图 2-20。

设每一圆柱绕自身转轴的转动惯量为 J_C,动盘的转动惯量为 J_0,整个转动系统的转动惯量为 J。由平行轴定理有

$$J - J_0 = 2J_C + md^2 \qquad (2-43)$$

其中:$J = \dfrac{2mgr}{\beta}$。

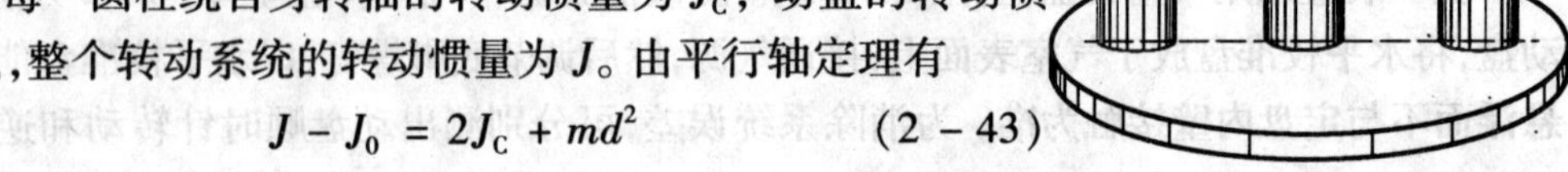

图 2-20 J 与 d^2 的线性关系

只要改变两平行轴间的距离 d,即依次将两圆柱对称地放到第一、第二、……第九个插孔上(孔距为 0.5cm),并分别测出系统转动的 β 值,作出 $\dfrac{1}{\beta} - d^2$ 图线,如为一直线,则平行轴定理得证。

【注意事项】

1. 动盘、凹盘及转动惯量块等配件要严禁磕碰、磨损,并防止变形。
2. 实验开始时要先调平气垫转盘,实验过程中气压及其他实验条件要求稳定不变。

实验 5　弹性模量的测量

任何物体在外力的作用下,都会发生形变,对于弹性物体,若作用的外力不太大时,则在外力作用停止后,由此引起的形变亦随之消失,这种形变称为弹性形变;若作用的外力超过一定限度,则在外力作用停止后,由它引起的形变不能完全消失,这种形变称为范性形变。

人们通常将物体在外力作用下的形变分为四种:拉伸或压缩、剪切、扭转和弯曲。本实验研究金属丝的伸缩弹性形变,并测定表征伸缩弹性形变的重要物理量——弹性模量。

弹性模量的测量方法有很多种,比如像静态测量法、共振法、脉冲波传输法等。在本实验中,就是用静态测量法中的拉伸法和动态测量法中的共振法来测量。

实验 5.1　拉伸法

【实验目的】

1. 用拉伸法测量金属丝的弹性模量。
2. 熟悉光杠杆的构造及用来测量长度的微小变化的原理。
3. 用逐差法处理数据。

【仪器设备】

弹性模量测量仪(除钳夹钢丝的铁架外,还包括光杠杆及固定在三足架上的竖直标尺和望远镜)、千分尺、钢卷尺、砝码等。

【实验原理】

1. 实验证明:当物体受外力作用时,在材料的弹性限度内,其应力(单位面积上所受的力)与相关的应变(受应力后,绝对伸长与原长之比)服从胡克定律。对于长为 l_0 的细长物体,其均匀截面积为 S。当沿长度方向上受均匀拉力为 F 时,其伸长量为 Δl,根据胡克定律有

$$\frac{F}{S}=E\frac{\Delta l}{l_0} \tag{2-44}$$

式中,$\frac{F}{S}$即应力;$\frac{\Delta l}{l_0}$即应变;E 为比例系数,称为材料的弹性模量。

在国际单位制中,E 的单位是牛顿/平方米(N/m^2),即帕斯卡(Pa)。弹性模量 E 为产生单位线性应变时所需的正应力的大小,它反映了物体弹性形变的难易程度。E 越大,刚度越大,即物体发生一定的弹性变形所需的应力越大,或在一定的应力作用下所产生的弹性形变越小。

由式(2-44)可知:欲测 E,则只需要测出对应的 F、S、l_0、Δl。F、S、l_0,三量易直接测出,而 Δl 极其微小,故精确测定它便成为本实验的关键所在。测定 Δl 的方法很多,用光杠杆测量是比较精确而又实用的方法。

2. 用光杠杆测定 Δl 的原理

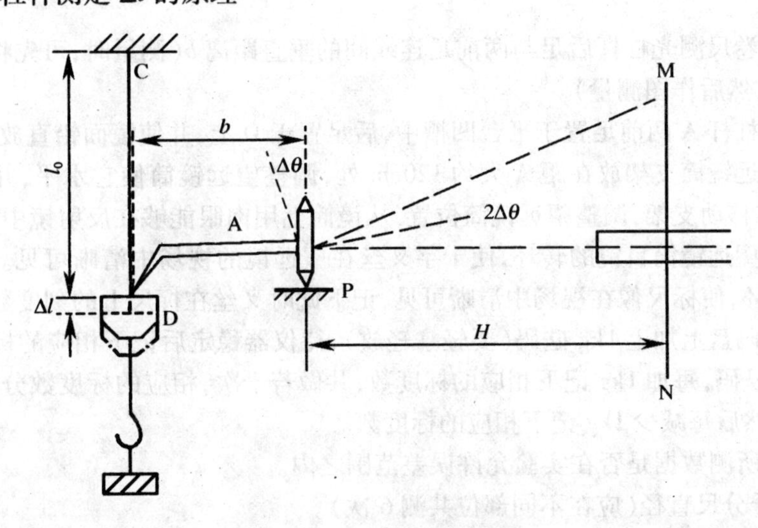

图2-21　光杠杆测量原理

如图2-21所示,A为光杠杆,其后足放在被测钢丝的可移动夹头D上(钢丝上端固定在铁横梁的夹头C上),其前两足置于固定在铁架上的平台P槽中,M为望远镜,N为标尺。当砝码盘T上有两个砝码(即对应于钢丝上原长 l_0)时,标尺上的标度经过光杠杆 A 的反射镜面反射进入镜筒看得标尺刻度的像为 n_0,若加上1kg法码,则钢丝伸长至 l_0 +

Δl，夹头D亦下落Δl，因而光杠杆臂对应转过一微小角度$\Delta\theta$，标尺上的刻度n经光杠杆A时反射镜面反射而进入望远镜筒，于是从望远镜筒读出的刻度为数n。

由几何光学可知，由尺面n到A镜面的入射线与其反射线之间的夹角为2θ，因此由图2-21可得

$$2\Delta\theta \approx \mathrm{tg}2\Delta\theta = \frac{n_1 - n_0}{H}$$

$$\Delta\theta \approx \tan\Delta\theta = \frac{\Delta l}{b}$$

由以上二式可得

$$\Delta l = \frac{b}{2H}(n - n_0) \tag{2-45}$$

式中，b为光杠杆A的臂长；H为A镜面至标尺的垂直距离；$(n-n_0)$为标度差。

综合式(2-44)、(2-45)可得本实验所用的公式如下

$$E = \frac{8Hl_0}{\pi d^2 b}\left(\frac{F}{n - n_0}\right) \tag{2-46}$$

式(2-46)中，H、l_0、b、F、d及$n-n_0$均为待测量，其中测量量d及$(n-n_0)$的精度对实验影响较大。

【实验内容及步骤】

1. 结合讲义，对照仪器，熟悉仪器各部分构造及其应用。

2. 先将法码盘上加上2kg砝码（它不计在增量F内），使钢丝拉直。

3. 调整铁支架足螺丝使其竖直（夹头C和D已将钢丝夹紧），查看D是否能上下行动自如。

4. 用钢卷尺测光杠杆后足与两前足连线间的垂直距离b（测量时，可先将光杠杆三足尖印在纸上，然后作图测量）。

5. 将光杠杆A两前足置于平台凹槽中，后足置于D上，并使镜面铅直放置。

6. 将望远镜筒支架放在距A大约120cm处，调整望远镜筒使它水平，并使标尺垂直镜筒轴，左右移动支架，调整望远镜筒位置，从镜筒上用肉眼能够在反射镜中看到标尺像。

7. 旋转望远镜筒目镜的转环，使十字叉丝在望远镜的视场中清晰可见。再转动望远镜的聚焦转环，使标尺像在视场中清晰可见，记下此时叉丝在标尺上的刻度数n_0。

8. 在砝码盘上加上1kg砝码（要轻拿轻放），待仪器稳定后记下相应的标度数n_1。然后依次增加砝码，每加1kg记下相应的标度数，共做若干次，相应的标度数分别为n_2、n_3、n_4、n_5、…，然后每减少1kg记下相应的标度数。

9. 检查所测数据是否在实验允许误差范围之内。

10. 用千分尺直径（应在不同部位共测6次）。

11. 用钢卷尺测出H和l_0。

【课前预习完成内容】

1. 思考题

(1) 在实验过程中（指从调好望远镜进行读数，记下n_0以后），如果平台、光杠杆、

望远镜的位置有少许移动,对实验有无影响?

(2) 若标尺不垂直于镜筒轴,或镜筒轴很不垂直于光杠杆镜面(即 $\Delta\theta$ 较大)时,这时实验结果有何不同?

2. 导出弹性模量 E 的相对不确定度公式。

3. 自行设计实验数据的记录表格(实验数据记录表、其他数据记录表为设计方案之一,仅供参考)。

实验数据记录表

加载砝码质量/kg	望远镜标尺标度值($\times 10^{-2}$m)			
		增重	减重	平均值
0.000	n_0			
1.000	n_1			
2.000	n_2			
3.000	n_3			
4.000	n_4			
5.000	n_5			

【实验数据处理及结果分析】

处理测量数据并作误差分析,作出完整的实验报告。

为了充分利用所测得的全部数据,以减少误差,提高测量可靠性,下面采用分组逐差法处理上表数据:将 $n_0 \sim n_5$ 六个数据分成 n_0、n_1、n_2 和 n_3、n_4、n_5 两组,然后逐其差如标度差值记录表(设每增加 3kg 的标度差为 N)。

标度差值记录表

$N_i = n_{i+3} - n_i$(cm)	ΔN_i(cm)
$N_1 = n_3 - n_0 =$	$\Delta N_1 = \lvert \overline{N} - N_1 \rvert =$
$N_2 = n_4 - n_1 =$	$\Delta N_2 = \lvert \overline{N} - N_2 \rvert =$
$N_3 = n_5 - n_2 =$	$\Delta N_3 = \lvert \overline{N} - N_3 \rvert =$
$\overline{N} =$	$s_N = \sqrt{\sum \Delta N_i^2 / 2} =$

因而弹性模量公式可写成

$$E = \frac{8Hl_0}{\pi d^2 b}\left(\frac{F}{N}\right) \tag{2-47}$$

其他数据记录表

$H = (\quad \pm \quad)$m;　　$l_0 = (\quad \pm \quad)$m

	1	2	3	4	5	6	平均值	A 类不确定度 s_d	B 类不确定度 u_d	标准偏差不确定度 σ_d
d/mm										

【思考题】

1. 本实验待测各量都是长度,为何采用不同的测量仪器?

2. 在使用逐差法时,如何充分利用所测得的数据?

3. 若增重时,标度数与减重时对应荷重的标度数不相吻哈,其主要原因是什么?

4. 在弹性模量 E 的相对不确定度公式中,指出什么量的测量精度对实验结果影响较大?

实验 5.2 共振法

用静态拉伸法测定弹性模量的方法,因其本身诸多的缺点,自 20 世纪 80 年代已被动力学弹性模量测定方法(也称动态法)所代替,动力学方法是国家技术标准 GB/T 72105—91、GB 2105—80 所推荐的方法。该法能准确反映材料在微小形变时的物理性能、测得值精确稳定,对脆性材料(如石墨、陶瓷、玻璃、塑料、复合材料等)也能测定,该方法测定的温度范围极广。

【实验目的】

1. 用悬丝耦合弯曲共振法测定金属材料的弱性模量;
2. 学习综合应用物理仪器的能力。

【仪器设备】

如图 2-22 所示,1 是函数信号发生器,它发出的声频信号经换能器 2 转换为机械振动信号,该振动通过悬丝 3 传入试棒引起试棒 4 振动,试棒的振动情况通过悬丝 3′传到接受换能器 5 转变为电信号进入示波器显示。调节函数信号发生器 1 的输出频率,如试样共振则能在示波器上看到最大值,此频率即试棒的共振频率(如需测定不同温度下的杨氏模量,需将试样置于变温装置 8 内,炉温由温控器 9 控制调节)。

悬挂式测定装置如图 2-22 所示,两个换能器能在直径为 200mm 高为 140mm 的柱状空间任意位置停留,试样用悬线室温下采用中 0.05mm ~ 0.2mm 棉线、高温下采用钢线或 Ni-Gr 丝,粗硬的悬绒会引入较大误差。

支撑式测定支架如图 2-23 所示,试样放上无需捆绑即能测定,准确、方便且无虚假信号。支架横杆 AB 平行于底板,横杆上有 2 和 5 两个换能器、二者间距可调节,试棒 4 通过特殊材料搭放在两个换能器上,调节函数信号发生器的输出频率使在示波器上显示信号出现最大,此即为试样的共振频率。

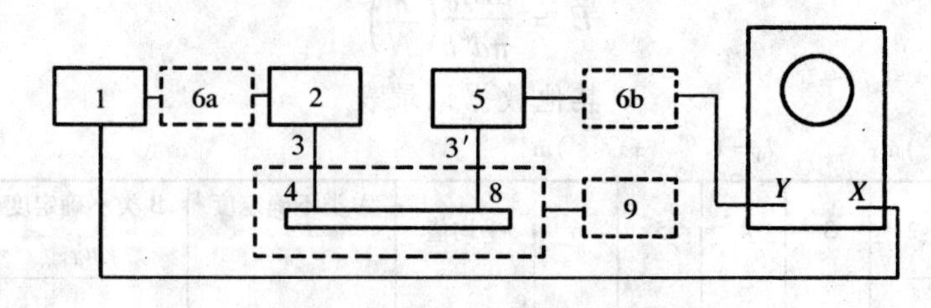

图 2-22 悬挂法测定装置示意

【实验原理】

一根细长棒(长度 L 远大于直径 d)的横振动(又称弯曲振动)满足下列动力学方程

$$\frac{\partial^2\eta}{\partial t^2}+\frac{EI}{\rho S}\frac{\partial^4\eta}{\partial x^4}=0 \qquad (2-48)$$

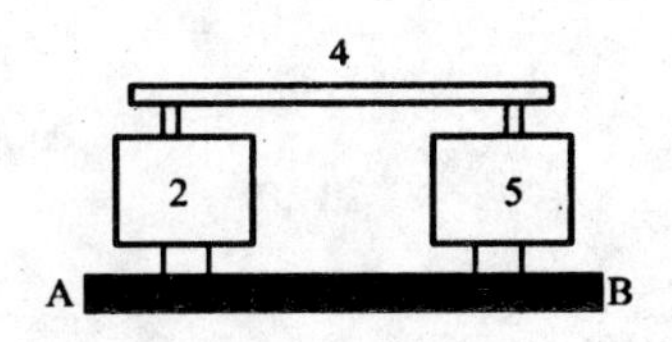

图 2－23　支撑法测定装置

如图 2－24 所示，长棒的轴线沿 x 方向，式中，η 为长棒 x 处的截面的 z 方向位移；E 为该棒的弹性模量；ρ 为材料密度；S 为棒的横截面积，I 为某一截面的惯量矩（$I=\iint z^2\mathrm{d}S$）。式(2－48)的建立参看实验室所提供的资料。

用分离变量法求解式(2－48)。

设 $\eta(x,t)=X(x)\cdot T(t)$，代入式(2－48)得

$$\frac{1}{X}\frac{\mathrm{d}^4X}{\mathrm{d}x^4}=\frac{\rho S}{EI}\frac{1}{T}\frac{\mathrm{d}^2T}{\mathrm{d}t^2}$$

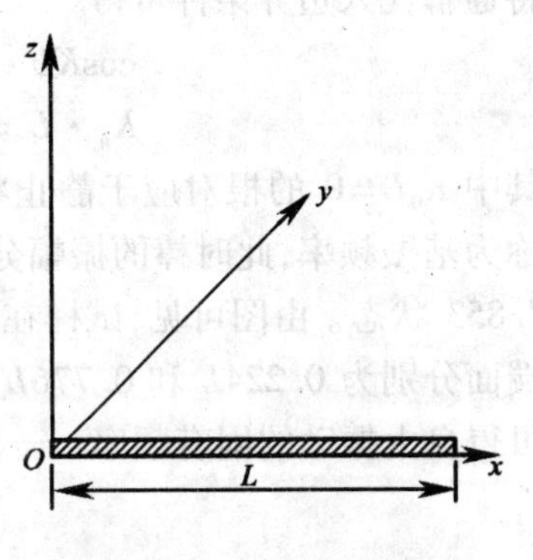

图 2－24　细长棒的放置

等式两边分别是两个变量 x 和 t 的函数，只有在等式两端等于同一个任意常数时才有可能成立。设此常数为 K^4，于是有

$$\frac{\mathrm{d}^4X}{\mathrm{d}x^4}-K^4X=0$$

$$\frac{\mathrm{d}^2T}{\mathrm{d}t^2}+K^4\frac{EI}{\rho S}T=0$$

设棒中每点都做简谐振动，这两个线性常微分方程的通解分别为

$$X(x)=B_1\mathrm{ch}Kx+B_2\mathrm{sh}Kx+B_3\cos Kx+B_4\sin Kx$$

$$T(t)=A\cos(\omega t+\varphi)$$

于是，横振动方程(2－48)的通解为

$$\eta(x,t)=(B_1\mathrm{ch}Kx+B_2\mathrm{sh}Kx+B_3\cos Kx+B_4\sin K_x)\cdot A\cos(\omega t+\varphi) \qquad (2-49)$$

式中

$$\omega=\left(\frac{K^4EI}{\rho S}\right)^{\frac{1}{2}} \qquad (2-50)$$

式(2－50)称为频率公式，他对任意形状的截面、不同边界条件的试样都是成立的。只要用特定的边界条件定出常数 K，代入特定截面的惯量矩 I，就可以得到具体条件下的关系式。

对于用细线悬挂起来的棒，如果悬点是试样的节点（处于共振状态的棒中，位移恒为零的位置）附近，如图 2－25 中 J、J′ 所示位置，则棒的两端处于自由状态，此时，边界条件为：两端横向作用力 F 和力矩 M 均为零，而

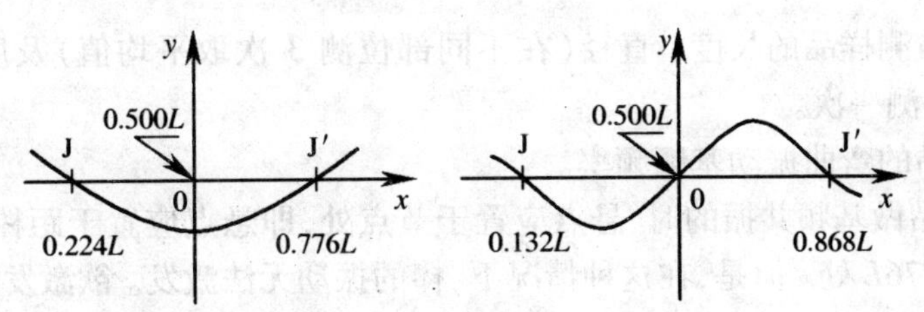

图 2－25　两端自由杆基频弯曲振动波形

$$F = -\frac{\partial M}{\partial x} = -EI\frac{\partial^3 \eta}{\partial x^3}$$

$$M = EI\frac{\partial^2 \eta}{\partial x^2}$$

所以有

$$\left.\frac{d^3X}{dx^3}\right|_{x=0} = 0,\quad \left.\frac{d^3X}{dx^3}\right|_{x=L} = 0,\quad \left.\frac{d^2X}{dx^2}\right|_{x=0} = 0,\quad \left.\frac{d^2X}{dx^2}\right|_{x=L} = 0$$

将通解代入边界条件可得

$$\cos KL \cdot \mathrm{ch} KL = 1 \tag{2-51}$$

$$K_n \cdot L = 0, 4.730, 7.853, 10.996, 14.137\cdots$$

其中 $K_0L=0$ 的根对应于静止状态,因此将 $K_1L=4.730$ 记作第一个根,对应的振动频率称为基振频率,此时棒的振幅分布如图 2-25 左边曲线所示,而右边的曲线对应于 $K_2L=7.853$ 状态。由图可见,试样在作基频振动时,存在两个节点,根据计算,他们的位置距离端面分别为 $0.224L$ 和 $0.776L$ 处,将第一个本征值 $K=4.730/L$ 代入频率公式(2-50),可得自由振动的固有频率——基频

$$\omega = \left[\frac{4.730^4 EI}{\rho L^4 S}\right]^{\frac{1}{2}}$$

解出弹性模量为

$$E = 1.9978\times10^{-3}\frac{\rho L^4 S}{I}\omega^2 = 7.8870\times10^{-2}\frac{L^3 m}{I}f^2$$

对于直径为 d 的圆棒,惯量矩 $I = \iint z^2 dS = \frac{\pi d^4}{64}$ 代入上式可得

$$E = 1.6067\frac{L^3 m}{d^4}f^2 \tag{2-52}$$

此式就是本实验所用的计算公式。

实际测量时,由于不能 $d \ll L$,上式应乘上一个修正系数 K,即

$$E = 1.6067\frac{L^3 m}{d^4}f^2 \cdot K = E_0 \cdot K \tag{2-53}$$

K 可由 d/L 的不同数值和材料的泊松比查表得到。

【实验内容】

1. 连接线路。

2. 测量各被测样品的长度、直径(在不同部位测 3 次取平均值)及质量(见实验卡片),不同样品各测一次。

3. 测量样品的弯曲振动基频频率。

理论上,样品做基频共振的时,悬点应置于节点处,即悬点应置于距棒的两端面分别为 $0.224L$ 和 $0.776L$ 处。但是,在这种情况下,棒的振动无法激发。欲激发棒的振动,悬点必须离开节点位置。这样,又与理论条件不一致,势必产生系统误差。故实验上采用下述方法测定棒的弯曲振动基频频率:在基频节点处正负 30mm 范围内同时改变两悬点位

置,每隔5mm测一次共振频率,画共振频率与悬线位置关系曲线。由图可确定节点位置的基频共振频率。钢棒共振频率在1kHz左右。

4. 利用支撑架,采用“支撑法”测定铜棒(粗、细各一根)的共振频率。

【注意事项】

1. 对悬线千万不要用力拉,否则将会损毁膜片或换能器。悬挂样品、移动悬线位置时,对悬线都应轻放轻移。

2. 交变电信号及相应的测量仪器均有地线,一般黑为地。接线时要注意将信号发生器的地线与示波器的地线接在一起,即要“共地”。

3. 在寻找共振点时,先用频率粗调旋钮调到共振频率附近,再用频率微调旋钮细调,否则共振峰很容易错过!

【数据处理】

1. 由各样品的 L、m、d 值,按实验内容要求设计实验表格。

2. 画 $f-x$ 曲线(f: 钢棒的基频共振频率; x: 两悬线位置与棒的两端点的距离),并确定钢棒在节点位置的共振频率,以确定其动态 E 值。

3. 由两根铜棒的参数,并考虑各测量仪器的精度指标,本实验中:$\Delta f=0.1\text{Hz}$,$\Delta m=0.01\text{g}$,$\Delta L=0.5\text{mm}$,$\Delta d=0.005\text{mm}$,计算 $E(u)$。

4. K 可根据 d/L 的不同数值和材料的泊松比查表得到。钢材的泊松比为0.25,K 值可由表2-5用内插法获得。

表2-5

径长比 d/L	0.02	0.04	0.06	0.08	0.10
修正系数 K	1.002	1.008	1.019	1.033	1.051

【思考题】

1. 在实验中是否发现假共振峰?是何原因?如何消除?是否有新判据?

2. 悬挂时捆绑的松紧、悬丝的长短、粗细、材质、刚性都对实验结果有影响,是何原因?可否消除?

3. 用外推法算出试棒节点的共振频率?

4. 试样的固有频率和共振频率有何不同?有何关系?

【附录A】 一次逐差法及其应用

1. 逐差法及其优点

对同一量进行多次等精度测量,当测量次数趋于无穷大时,其算术平均值则趋近于真值。实际中常遇到自变量是等间距变化的多次测量,按平均值计算会使中间测量值彼此抵消,这样将失去多次测量的意义。为保持多次测量的优越性,充分利用测量数据和减少随机误差,还可以绕过一些具有定值的未知量,求出所需的实验结果,实验中常采用逐差法。

2. 一次逐差法

现以本实验为例加以说明。在钢丝下端每次增加一个 1.000kg 的砝码来改变受力，逐次记录伸长位置，如果共加了 5 次，得 $l_0, l_1, \cdots, l_5$，如果由相邻伸长位置的差值求出 5 个伸长量 δl，然后取平均，得

$$\delta l = \frac{(l_1 - l_0) + (l_2 - l_1) + \cdots + (l_5 - l_4)}{5}$$

由上式可以看出，中间各 l_i 都消去了，只剩下 $(l_5 - l_0)/5$。这表明用这样的方法处理数据时，中间各次测量结果都未起作用。为了充分发挥多次测量的优点，应修改处理数据的方法，把前后数据分为两组，从 0~2 为一组，从 3~5 为另一组，将两组相应的数据相减求出 3 个 $\delta l'$，则

$$\delta l' = \frac{(l_3 - l_0) + (l_4 - l_1) + (l_5 - l_2)}{3} = \frac{1}{3}\sum_{i=0}^{2}(l_{i+3} - l_i)$$

这就是逐差法的一种数据处理方法，其优点之一是充分利用了所测数据，相当于进行了多次重复测量，因而减小了测量的随机误差。

此外，在实验中还可对一元二次或高次方程进行多次逐差，因不常用，在这里不予赘述。

逐差法运算简单，物理内容明确，方法易掌握，因此在实验中常采用，当函数满足多项式的形式及自变量 x 是等间距变化时，逐差法就显示出其独特的优越性。

【附录 B】 共振频率的判断

测定中，激发接收换能器、悬丝、支架等部件都有自己共振频率，都可能以其本身的基频或高次谐波频率发生共振。因此，正确的判断示波器上显示的信号是否为试样真正共振信号成为关键。可用下述判剧作判断。

1. 测试前根据试样的材质、尺寸、质量通过式(2-52)估算出共振频率的数值，先放在支撑支架上，在上述频率附近进行寻找、再上悬挂支架。

2. 换能器或悬丝发生共振时可通过对上述部件施加负荷(例如用力夹紧)，使此共振信号变化或消失。

3. 发生共振时，迅速切断信号源，除试样共振会逐渐衰减外，其余假共振会很快消失。

4. 试样发生共振需要一过程，切断信号源后信号亦会逐渐衰减，它的共振峰有一定频宽，信号亦较强。

试样共振时，可用一细金属丝沿纵向轻碰试样，这时按图 2-25 的规律可发现波腹、波节。或用细硅胶粉撒在试样上，可在波节处发生明显聚集。也可用听诊器沿试样纵向移动，能明显按图 2-25 的规律听出波腹处声大，波节处声小。对一些细长杆状试样，有时能直接看到波腹和波节。

5. 用打火机烧悬丝或试样处，属于悬丝共振能很快消失，属于试样共振频率会发生偏移。

6. 在共振频率附近进行频率扫描时，共振频率两侧信号相位会有突然变化导致李萨如图在 y 轴左右明显摆动。

7. 如试样材质不均匀或呈椭圆形，就会有多个共振频率出现，只能通过更换合格试样解决。

8. 测量时尽可能采用较弱的信号激发，这样发生虚假信号的可能性较小。

9. 用悬挂法吊扎必须牢靠，二根悬丝必须在通过试样直径的铅垂面上。

【附录 C】　物理实验报告（模拟）

实验（5）　弹性模量的测定（Ⅰ）

班　　级＿＿＿＿＿＿＿＿＿＿＿＿＿＿　学　　号＿＿＿＿＿＿＿＿＿＿＿＿＿＿

姓　　名＿＿＿＿＿＿＿＿＿＿＿＿＿＿　实验组别＿＿＿＿＿＿＿＿＿＿＿＿＿＿

实验日期＿＿＿＿＿＿＿＿＿＿＿＿＿＿　成　　绩＿＿＿＿＿＿＿＿＿＿＿＿＿＿

【实验目的】

1. 用拉伸法测量钢丝的弹性模量。

2. 熟悉光杠杆的构造及测量长度的微小变化的原理。

3. 掌握用逐差法处理数据。

【实验仪器】

弹性模量测量仪一台；千分尺（精度为 0.01mm）一把；钢卷尺（精度为 1mm）一只；1kg 的砝码（不确定度为 0.001kg）若干。

【实验原理】

由胡克定律：金属丝在弹性限度内，伸长应变$\frac{\Delta l}{l_0}$与外施应力$\frac{F}{S}$成正比，即

$$\frac{F}{S} = E\frac{\Delta l}{l_0} \tag{a}$$

式中，l_0、S 为金属丝的原长及截面积；F 为在伸长方向上的外力；Δl 为金属丝的伸长量；E 为该金属丝的弹性模量。

由几何光学可知，由 n 到镜面 A 的入射线与其反射线之间的夹角为 2θ，因此，由图 2－21 可得

$$2\Delta\theta \approx \mathrm{tg}2\Delta\theta = \frac{n-n_0}{H}$$

$$\Delta\theta \approx \tan\Delta\theta = \frac{\Delta l}{b}$$

由以上两式可得

$$\Delta l = \frac{b}{2H}(n-n_0) = \frac{b}{2H}N \tag{b}$$

式中，b 为光杠杆 A 的臂长；H 为光杠杆镜面 A 至标尺的垂直距离；$N=(n-n_0)$ 为标度差。

综合（a）、（b）两式可得本实验所用的公式如下

$$E = \frac{8Hl_0}{\pi d^2 b}\left(\frac{F}{N}\right) \tag{c}$$

【实验内容及步骤】

1. 熟悉仪器各部分构造及其应用,尤其是光杠杆的测量原理。

2. 先将砝码盘上加上 2kg 砝码(即底码),使钢丝拉直。

3. 调整铁支架足螺丝使其竖直,并使夹头 D 能上下行动自如。

4. 将光杠杆 A 两前足置于平台凹槽中,后足置于夹头 D 上,并使镜面铅直放置。

5. 将望远镜筒支架放在距 A 大约 120cm 附近处,调整望远镜筒使它水平,并使标尺垂直镜筒轴,左右移动支架,调整望远镜筒位置,从镜筒上沿瞄准器用肉眼能够在反射镜中看到标尺像。

6. 调整望远镜,使标尺像在视场中清晰可见,记下此时叉丝在标尺上的标度数 n_0。

7. 在砝码盘上加 1kg 砝码,待稳定后记下相应的标度数 n_1。然后依次增加砝码,每加 1kg 记下相应的标度数,共做 5 次,相应的标度数分别为 n_0、n_1、n_2、n_3、n_4、n_5,然后每减少 1kg 记下相应的标度数,并记录在表 1 中。

表 1 加减砝码时望远镜标尺标度值记录

加载砝码质量/kg	望远镜标尺标度值/cm			
		增 重	减 重	平均值
0.000	n_0	1.02	1.04	1.03
1.000	n_1	3.38	3.40	3.39
2.000	n_2	5.72	5.75	5.74
3.000	n_3	8.05	8.07	8.06
4.000	n_4	10.43	10.45	10.44
5.000	n_5	12.80	12.80	12.80

8. 用千分尺在钢丝的上、中、下各部位各测两次直径,并记录在表 2 中。

表 2 钢丝直径测量值记录

	1	2	3	4	5	6	平均值
d/mm	0.298	0.297	0.301	0.298	0.296	0.297	0.298

9. 将光杠杆三足尖印在纸上,并用钢卷尺一次测量光杠杆后足与两前足连线间的垂直距离 b; 用钢卷尺测 H 和 l_0 各一次。

$H = 1.185\text{m}$, $b = 6.88 \times 10^{-2}\text{m}$, $l_0 = 0.996\text{m}$。

【实验数据处理】

1. 设每增加 3kg 的标度差为 N,将 $n_0 \sim n_5$ 六个数据分成 n_0、n_1、n_2 和 n_3、n_4、n_5 两组,然后逐其差,如表 3。

表 3　逐差记录

$N_i(\text{cm}) = n_{i+3} - n_i(\text{cm})$	$\Delta N_i(\text{cm})$
$N_1 = n_3 - n_0 = 7.03$	$\Delta N_1 = \lvert \overline{N} - N_1 \rvert = 0.02$
$N_2 = n_4 - n_1 = 7.05$	$\Delta N_2 = \lvert \overline{N} - N_2 \rvert = 0.00$
$N_3 = n_5 - n_2 = 7.06$	$\Delta N_3 = \lvert \overline{N} - N_3 \rvert = 0.01$
$\overline{N} =$ 7.05	$s_N = \sqrt{\sum \Delta N_i^2/2} = 0.025$

A 类不确定度分量为

$$s_N = \sqrt{\sum_{i=1}^{3}(N_i - \overline{N})^2/(n-1)} = \sqrt{\sum_{i=1}^{3}(N_i - \overline{N})^2/(3-1)} = 0.018 \times 10^{-2}\text{m}$$

B 类不确定度分量为

$$u_N = \frac{\Delta}{2\sqrt{3}}\text{m} = \frac{0.1}{2\sqrt{3}} = 0.029 \times 10^{-2}\text{m}$$

上式中 Δ 为示尺的系统误差，因此总不确定度为

$$\sigma_N = \sqrt{s_N^2 + u_N^2} = \sqrt{(0.018 \times 10^{-2})^2 + (0.029 \times 10^{-2})^2}\text{m} = 0.03 \times 10^{-2}\text{m}$$

测量结果为

$$N = N \pm \sigma_N = (7.05 \pm 0.03) \times 10^{-2}\text{m}$$

2. 测量钢丝直径 d 时

A 类不确定度分量为

$$s_d = \sqrt{\sum_{i=1}^{6}(d_i - \overline{d})^2/(n-1)} = 0.0017 \times 10^{-3}\text{m}$$

B 类不确定度分量为

$$u_d = \frac{\Delta}{2\sqrt{3}} = \frac{0.01}{2\sqrt{3}}\text{m} = 0.0029 \times 10^{-3}\text{m}$$

上式中 Δ 千分尺的系统误差，因此总不确定度为

$$\sigma_d = \sqrt{s_d^2 + u_d^2} = \sqrt{(0.017 \times 10^{-3})^2 + (0.0029 \times 10^{-3})^2}\text{m} = 0.003 \times 10^{-3}\text{m}$$

测量结果为

$$d = \overline{d} \pm \sigma_d = (0.298 \pm 0.003) \times 10^{-3}\text{m}$$

3. 所加砝码 $F = 3\text{kg}$ 时的总不确定度估计为 0.005kg，即

$$F = (3.000 \pm 0.005)\text{kg}$$

4. 一次测量光杠杆后足与两前足连线间的垂直距离 b，其总不确定度近似为

$$\sigma_b = \frac{0.001}{2\sqrt{3}} = 0.0003\text{m}$$

故

$$b = (6.88 \pm 0.03) \times 10^{-2}\text{m}$$

5. 在测量光杠杆 A 反射镜面至竖尺间距离 H 和钢丝长度 l_0 时，考虑到在测量时米尺的弯曲及读数的不准确度，两者的不确定度皆约为 0.002m，故有

$$H = (1.185 \pm 0.002)\text{m}$$

$$l_0 = (0.996 \pm 0.002)\text{m}$$

由实验卡片可知本地区重力加速度为

$$g=(9.796\pm0.001)\mathrm{m/s^2}$$

6. 对弹性模量的间接测量值 Y,由式(2－47)可得其相对不确定度为

$$\frac{\sigma_E}{E}=\sqrt{\left(\frac{\partial E}{\partial H}\frac{\sigma_H}{E}\right)^2+\left(\frac{\partial E}{\partial l_0}\frac{\sigma_{l_0}}{E}\right)^2+\left(\frac{\partial E}{\partial F}\frac{\sigma_F}{E}\right)^2+\left(\frac{\partial E}{\partial N}\frac{\sigma_N}{E}\right)^2+\left(\frac{\partial E}{\partial b}\frac{\sigma_b}{E}\right)^2+\left(\frac{\partial E}{\partial d}\frac{\sigma_d}{E}\right)^2+\left(\frac{\partial E}{\partial g}\frac{\sigma_g}{E}\right)^2}$$

$$=\left[\left(\frac{\sigma_H}{H}\right)^2+\left(\frac{\sigma_{l_0}}{l_0}\right)^2+\left(\frac{\sigma_F}{F}\right)^2+\left(-\frac{\sigma_N}{N}\right)^2+\left(-\frac{\sigma_b}{b}\right)^2+\left(-\frac{2\sigma_d}{d}\right)^2+\left(\frac{\sigma_g}{g}\right)^2\right]^{1/2}$$

$$=[7.12\times10^{-7}+1.01\times10^{-7}+2.78\times10^{-6}+1.81\times10^{-5}+1.90\times10^{-5}+4.05\times10^{-4}+1.02\times10^{-4}]^{1/2}$$

$$=2.3\%$$

由式(2－46)代入数据可得

$$E'=\frac{8Hl_0mg}{\pi d^2bN}=\frac{8\times1.185\times0.996\times3\times9.796}{\pi\times(0.298\times10^{-3})^2\times6.88\times10^{-2}\times7.05\times10^{-2}}\mathrm{Pa}$$

$$=2.05\times10^{11}\mathrm{Pa}$$

其总不确定度为

$$\sigma_E=E'\frac{\sigma_E}{E}=2.05\times10^{11}\times2.3\%\,\mathrm{Pa}=0.05\times10^{11}\mathrm{Pa}$$

测量结果的表达形式为

$$E=(2.05\pm0.05)\times10^{11}\mathrm{Pa}$$

【讨论】

1. 对所测数据及结果的不确定度进行说明(略);
2. 对实验方法及测量结果进行分析(略)。

实验6　受迫振动的研究

在机械制造和建筑工程等科技领域中,受迫振动所导致的共振现象引起工程技术人员的注意,这种共振现象既有破坏作用,也有许多实用价值。众多电声器件,是运用共振原理设计制作的。此外,在微观科学研究中,“共振” 也是一种重要研究手段,例如运用核磁共振和顺磁共振研究物质结构等。

表征受迫振动性质的是受迫振动的振幅－频率特性和相位－频率特性。

【实验目的】

1. 研究扭摆的阻尼振动规律,测定不同的阻尼条件下的阻尼因数。
2. 研究在简谐型外力矩作用下扭摆的受迫振动规律,观察共振现象,并描绘扭摆在不同阻尼条件下的幅频特性曲线和相频特性曲线。
3. 研究不同的阻尼对受迫振动的影响。

【实验原理】

振动系统在周期性的外强迫力作用下发生的运动受迫振动。如果所加周期性的外强

迫力按简谐振动规律变化,则可以证明稳定状态的爰迫振动也是简谐振动,此时,振幅将保持恒定,其振幅的大小与外强迫力的幅度、频率、本振动系统的固有频率及外加阻尼的大小有关；而且同时振动系统的振动和外强迫力之间存在有相位差；特别当外强迫力的频率与系统的固有频率相同时,即会产生共振,此时,振动系统达到最大振幅,相关则为 $\pi/2$。

作为外力周期性变化的振动系统的典型模型,本实验是以波尔共振仪上摆轮作扭摆运动来研究其受迫振动规律的,研究这样的振动系统将有助于我们了解实际的振动系统在受迫振动情况下的主要特点。

波尔共振仪的结构如图 2－26 所示。

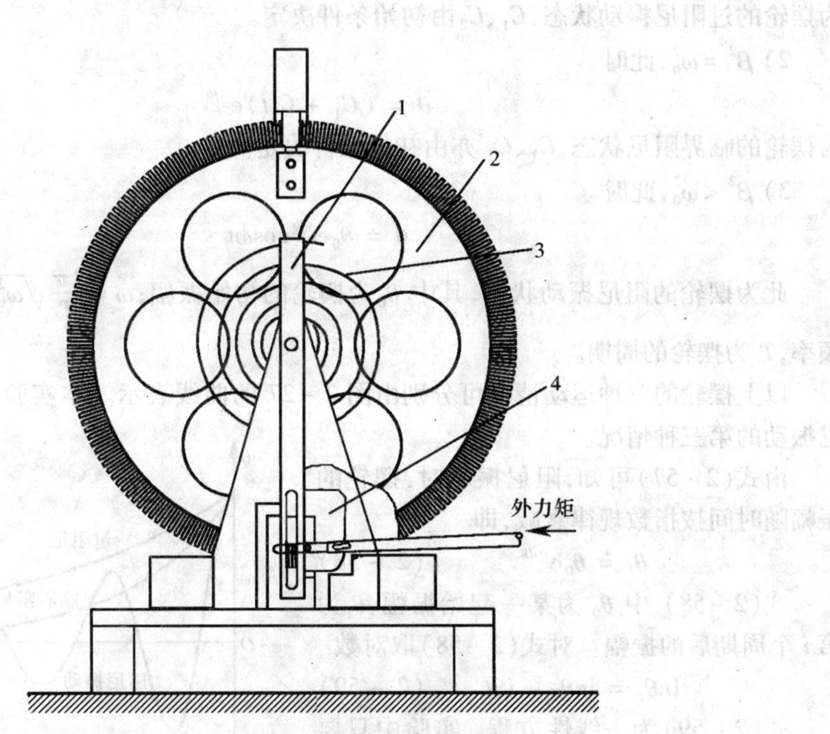

图 2－26　波尔共振仪结构示意图

1—摇杆；2—摆轮；3—盘形弹簧；4—阻尼线圈。

设 J 为波尔共振仪摆轮的转动惯量,摆轮运动时,设摆轮有一任意角位移 θ,则盘形弹簧作用在摆轮上的弹性恢复力矩为 $-k\theta$,其中 k 为盘簧的劲度系数；摆轮运动受到的阻尼矩为 $-b\dfrac{d\theta}{dt}$, b 为阻尼常数, $\dfrac{d\theta}{dt}$ 为摆轮的角速度；当摇杆使盘形弹簧顶部位移一个角度 Ψ 时,其外强迫力矩为 $k\Psi$,由此摆轮的运动方程为

$$J\frac{d^2\theta}{dt^2} = -k\theta - b\frac{d\theta}{dt} + k\Psi \tag{2-54}$$

方程(2－54) 两边除以 J,则式(2－54) 变为

$$\frac{d^2\theta}{dt^2} + \frac{k}{J}\theta + \frac{b}{J}\frac{d\theta}{dt} - \frac{k}{J}\Psi = 0 \tag{2-55}$$

方程(2－55)的解,根据阻尼振动与强迫振动的情况而有所不同。

1. 阻尼振动

若外强迫力矩为零,并令 $2\beta=\dfrac{b}{J}$(β 为阻尼因数),$\omega_0^2=\dfrac{k}{J}$(ω_0为摆轮的固有频率),则下式为摆轮的阻尼振动方程,即

$$\frac{\mathrm{d}^2\theta}{\mathrm{d}t^2}+2\beta\frac{\mathrm{d}\theta}{\mathrm{d}t}+\omega_0^2\theta=0 \tag{2-56}$$

式(2-56)的解,分三种情况讨论:

1) $\beta^2>\omega_0^2$,此时

$$\theta=C_1\mathrm{e}^{-(\beta-\sqrt{\beta^2-\omega_0^2})t}+C_2t\mathrm{e}^{-(\beta-\sqrt{\beta^2-\omega_0^2})t}$$

为摆轮的过阻尼振动状态,C_1、C_2由初始条件决定。

2) $\beta^2=\omega_0^2$,此时

$$\theta=(C_1+C_2t)\mathrm{e}^{-\beta t}$$

为摆轮的临界阻尼状态,C_1、C_2 亦由初始条件决定。

3) $\beta^2<\omega_0^2$,此时

$$\theta=\theta_0\mathrm{e}^{-\beta t}\cos\omega t \tag{2-57}$$

此为摆轮的阻尼振动状态,其中 θ_0为摆轮的初始振幅;$\omega=\dfrac{2\pi}{T}\sqrt{\omega_0^2-\beta^2}$ 为摆轮的圆频率,T 为摆轮的周期。

以上摆轮的三种运动情况可分别由图 2-27 的曲线表示。本实验中,只研究摆轮阻尼振动的第三种情况。

由式(2-57)可知,阻尼振动时,摆轮的振幅随时间按指数规律衰减,即

$$\theta_i=\theta_0\mathrm{e}^{-i\beta t} \tag{2-58}$$

式(2-58) 中 θ_0 为某一起始振幅,θ_i为第 i 个周期后的振幅。对式(2-58)取对数

$$\ln\theta_i=\ln\theta_0-i\beta t \tag{2-59}$$

式(2-59)为一线性方程。实验中只要测得对应于各 iT 的角振幅值,用作图法或线性回归的方法求得相应各不相同阻尼情况下的阻尼因数 β 值。

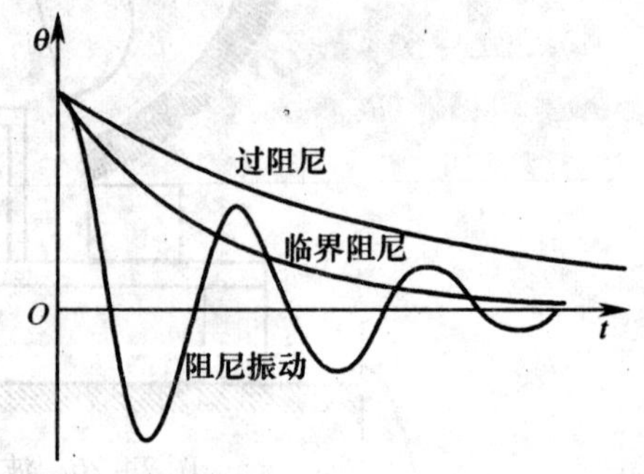

图 2-27 阻尼振动曲线

2. 摆轮的受迫振动

当摆轮在有阻尼的情况下还受到简谐型外力矩的作用时,摆轮的运动方程为

$$\frac{\mathrm{d}^2\theta}{\mathrm{d}t^2}+2\beta\frac{\mathrm{d}\theta}{\mathrm{d}t}+\omega^2\theta=\omega_0^2\Psi \tag{2-60}$$

微分方程(2-60)的通解有两项,其一项为阻尼振动项,经过一定的时间后将衰减消失。第二项为外力矩对摆动做功,向摆轮传递能量,最后达到一个稳定的振动状态。由于实验中所有的测量都是在阻尼振动项衰减到零这样长的时间后进行的,由此可求出摆轮的稳定解。

可以证明,方程(2-60)的稳定解为

$$\theta = \theta_0 \cos\omega t \tag{2-61}$$

式中，θ_0为摆轮作稳定简谐振动时的角振幅，ω 为外力矩的圆频率，且角振幅等于

$$\theta_0 = \frac{M}{\sqrt{(\omega_0^2 - \omega^2)^2 + 4\beta^2\omega^2}} \tag{2-62}$$

式中，外强迫力矩 $M = \omega_0^2 \Psi_0$（Ψ_0为外力矩激励时卷簧的最大幅角）。

摆轮的振动落后于外强迫力矩的相位差为

$$\varphi = \tan^{-1}\frac{2\beta\omega}{\omega_0^2 - \omega^2} \tag{2-63}$$

由式(2-62)和(2-63)可知，在外强迫力矩作用下，达到稳定振动状态时，其振幅和相位差的数值取决于外强迫力矩 M，圆频率 ω，系统的固有频率 ω_0 和阻尼因素 β 等四个参量，而与振动的起始状态无关。

对式(2-62)的角振幅求极值，由 $\frac{\partial}{\partial\omega}[(\omega_0^2 - \omega^2)^2 + 4\beta\omega^2] = 0$ 的极值条件可得出：当强迫力矩的圆频率 $\omega = \sqrt{\omega_0^2 - 2\beta^2}$ 时，θ_0有极大值，即产生共振。共振时，圆频率和振幅分别用 ω_r和 θ_r 表示

$$\omega = \sqrt{\omega_0^2 - 2\beta^2} \tag{2-64}$$

$$\theta_r = \frac{m}{2\beta\sqrt{\omega_0^2 - \beta^2}} \tag{2-65}$$

式(2-64)、(2-65)表明，阻尼因素越小，共振时的圆频率越接近于系统的固有频率，振幅也越大。

其次，(2-63) 式表明，当 $\omega \ll \omega_0$ 时，即外加力矩的圆频率很低时，$\tan\varphi \to 0$ 即 $\varphi \to 0$，摆动的运动和外加力矩同相，ω 在增加时，外加力矩超前摆轮的相差角 φ 也越来越大。

图2-28 和图2-29 分别表示在不同β 值时，受迫振动的角振幅 θ 及相位差 φ，随外加力矩的圆频率变化的幅频特性和相频特性曲线。

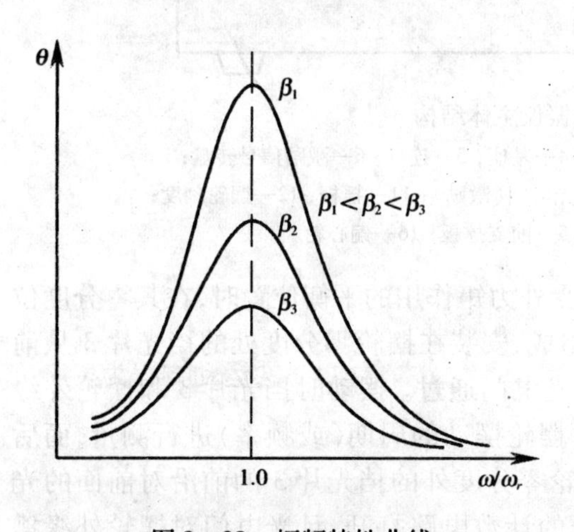

图2-28 幅频特性曲线

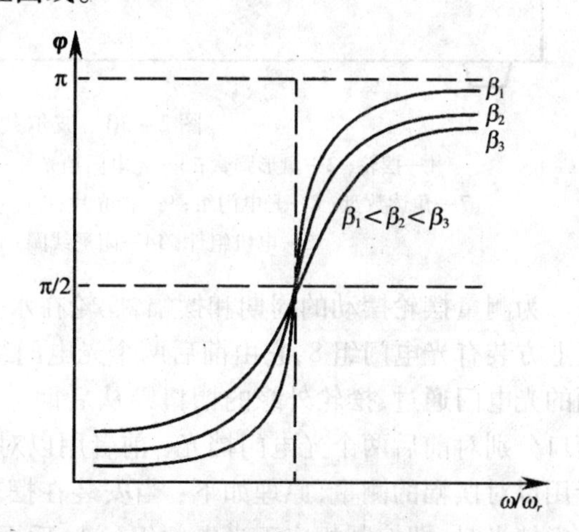

图2-29 相频特性曲线

【实验仪器】

波尔共振仪由振动仪和测探单元两部分组成。

振动仪的结构如图2－30所示。摆轮1为一铜质圆盘,其外缘开有间隔为1°的槽口,摆轮的转轴安装在机架上,它与盘形弹簧2的内端相连,盘形弹簧的外端固定在摇杆11上,由它把外强迫力矩(激励)传递到摆轮上。摇杆11与连杆5相连,连杆5的另一端与偏心轮16相连,偏心轮及带有挡光刻线的有机玻璃激励信号转盘6均安装在电机轴上。电机的转动周期可由调速机构调节,并通过安装在电机角度读数盘7上方的光电门10进行测量。机架下方有一对阻尼用电磁铁,摆轮1悬嵌在铁芯的空隙之内,当电磁铁线圈通以电流后,摆轮在摆动过程中将受到电磁阻尼力的作用,通过改变电流的大小,即可达到改变阻尼大小的目的。

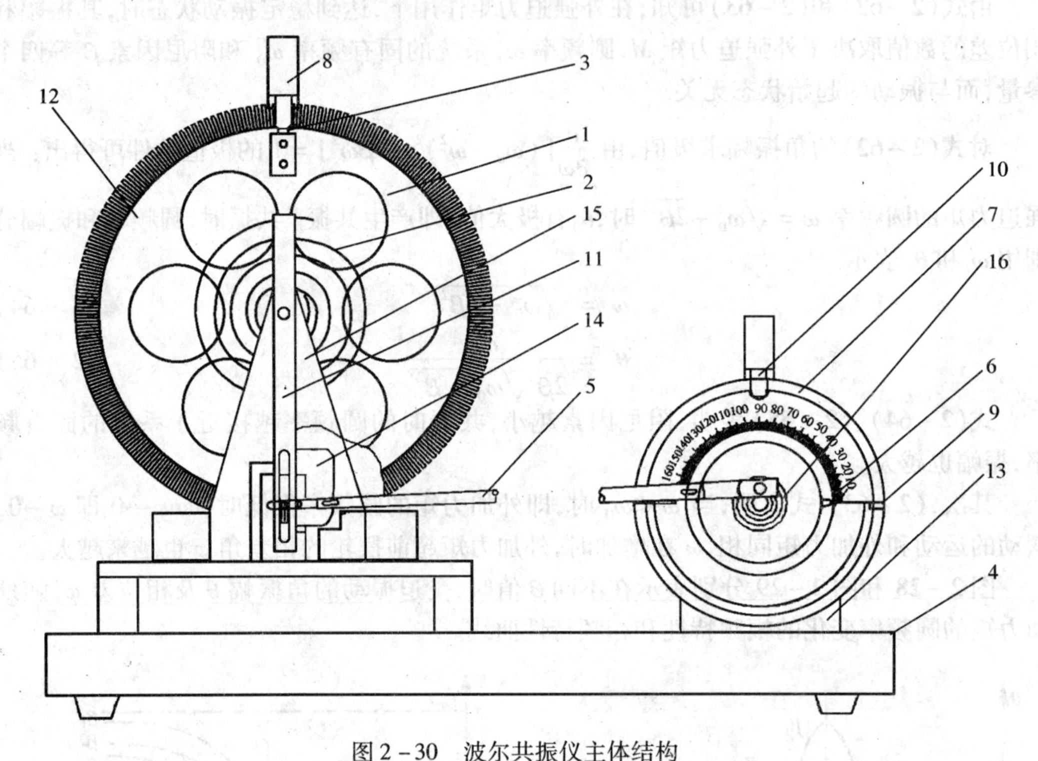

图2－30　波尔共振仪主体结构

1—摆轮；2—盘形弹簧；3—光电门挡光片；4—基座；5—连杆；6—激励信号转盘；
7—角读数盘；8—光电门组；9—挡光片；10—光电门(激励)；11—摇杆；12—摆轮刻度；
13—电机组件；14—阻尼线圈；15—前支撑板；16—偏心轮。

为测量摆轮摆动的周期和摆幅,摆轮在水受外力矩作用的平衡位置时,在其零分度位置上方装有光电门组8,它由前后两个光电门组成,安装在摆轮零分度处的挡光片3从前面的光电门通过,摆轮外缘的槽口则从后面的光电门通过。摆动时挡光片3和摆轮外缘槽口分别对前后两个光电门挡光；前者用以对摆轮摆动的周期(或频率)进行测量,而后者用以对摆幅的测量,原理如下：当安装在摆轮零分度外的挡光片3的前沿对前面的光电门挡光时,即控制相应于光电门组(门)后面的计数电路打开,且光电门对摆轮外缘槽口的挡光状态进行计数,直到摆轮回摆,挡光片3再次挡光时,停止计数,该数除以2即是以角度表示的摆幅值。

受迫振动时,外强迫力矩与摆轮摆动的相差φ的测定,是根据外强力矩和摆轮相继各自向正方向变化时,经过零位的时间差 Δt 换算得到的,假设此时电机驱动的圆频率为 ω,则相差 $\varphi=\dfrac{360°}{T}\Delta t=\dfrac{180°}{\pi}\omega\Delta t$。根据以上的原理,测控单元可直接以角度值显示其相差。

测控单元的前面板如图2-31所示。

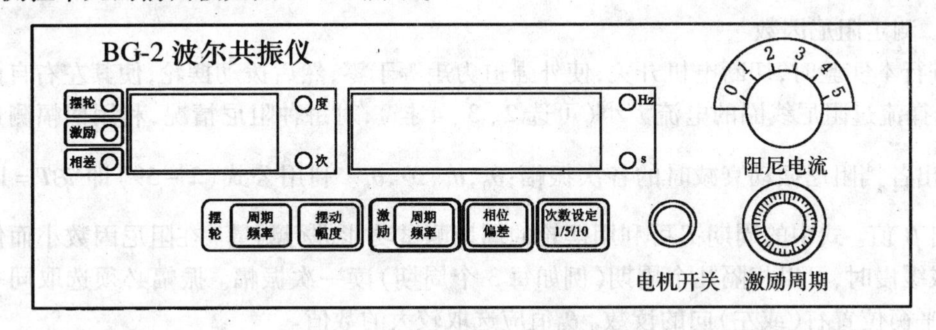

图2-31 测控单元前面板

来自振动仪的三个光电门信号通过九芯航空插头连接到测控单元后面板的"信号输入"端,后面板的"控制输出"插座输出的信号通过电缆分别与振动系统的电动机和阻尼线圈相连,以实现对激励与阻尼的控制。

测控单元前面板各按扭、选择开关及显示屏的功能如下:

1. 激励周期 利用多圈电位器可以精确地改变加于驱动电机上的电压,使电机的转速在实验范围内连续可调。

2. 阻尼电流 用以改变阻尼线圈中电流值,使阻尼力矩的大小作相应变化。

3. 三位显示 可自动显示摆轮摆动的幅度,出厂设定振动次数以及计时过程中递减的次数值、相位差的度数值。

4. 五位显示 可自动显示摆轮和激励源的周期和频率。

5. 功能按键

(1) 摆轮周期(频率) 根据选择,执行摆轮周期或频率的测量和显示。

(2) 摆动幅度 用以检测和显示摆轮的摆动幅度,以角度值显示。

(3) 激励周期(频率) 根据选择,执行摆轮周期或频率的测量和显示。

(4) 相位偏差 用以检测和显示摆轮在稳定摆动时驱动力矩超前摆轮的相差,以角度值显示。

(5) 次数设定 用以在周期测量前设定需要检测的周期次数。可分别选择1、5、10。

6. 功能指示 指示被测的物理量以及量值的单位和检测的次数。

(1) 摆轮 灯亮表明摆轮的摆幅、周期或频率的测量。

(2) 激励 灯亮表明激励源的周期或频率的测量。

(3) 相差 灯亮表明摆轮与激励之间的相位差测量。

(4) 度 指明摆幅和相位差测量中相应的单位。

(5) 次 灯亮指明摆轮或激励过程开始计时并指明周期数的递减进程:在次数设定中,灯亮则表明进行次数设定。

(6) 秒 灯亮表明摆轮或激励周期测量过程结束,并指明周期的单位"s"。

(7) 赫 按下“周期/频率”键,由周期换算成频率时,指明摆轮或激励的频率,单位为“Hz”。

【实验内容】

1. 测定阻尼因数

进行本实验时,切断电机开关,使外强迫力矩等于零,然后拨动摆轮,使其左右自由摆动。选择流过阻尼线圈的电流大小(可选 2、3、4 挡),对每种阻尼情况,利用摆幅测量方法,读出各挡阻尼振动衰减时的各次振幅:$\theta_0, \theta_1, \cdots, \theta_n$。利用公式(2-59)即 $i\beta T = \ln\frac{\theta_0}{\theta_i}$ 可求出 β 值。式中的周期 T 可利用摆轮的周期测试功能进行测量。在阻尼因数小而使振幅衰减缓慢时,可以相隔几个周期(例如每 3 个周期)读一次振幅。振幅必须选取同一方向,即平衡位置右(或左)向的读数。θ_0值应选取较大的数值。

2. 测定受迫振动的幅频特性和相频特性曲线

分别选择 2 至 3 挡不同的阻尼电流,改变电动机的转速,即改变外强力矩的圆频率 ω,每次均在受迫振动达到稳定后,利用激励周期的测试功能,测出外强迫力矩的周期 T(或 ω),再利用摆支幅度及相位偏差的测试功能,分别测出相应的摆幅 ω_0 及相差 φ 值。改变外强迫力矩的圆频率 ω,重复以上的测量。根据测试数据,作出幅频特性 $\theta-\omega/\omega_r$ 曲线及相频特性 $\varphi-\omega/\omega_r$ 曲线。

实验中 ω 的变化由小到大达到共振点附近时,由于曲线变化较大,测量数据点必须加密集些。

根据实验所得到的幅频特性和相频特性曲线,试讨论:

(1) 阻尼因数 β 的大小(即阻尼的大小)对幅频特性曲线的影响。

(2) 相差 φ 随 ω 变化的规律。

【实验数据记录】

摆轮作阻尼振动时的振幅数据表

$T=$ ______

振幅(°)		振幅(°)		$\ln\frac{\theta_i}{\theta_{i+5}}$
θ_0		θ_5		
θ_1		θ_6		
θ_2		θ_7		
θ_3		θ_8		
θ_4		θ_9		
				平均值

幅频特性和相频特性测量数据记录表

$T(n)$	$\omega=\frac{2\pi}{T}(\text{s}^{-1})$	$\varphi(°)$	$\theta(°)$	$\frac{\omega}{\omega_r}$

第3章 热学实验

热学实验是一门研究热现象的重要实验科学。热现象所概括的范围极为广泛，譬如自然界中物质的固、液、气三种存在状态，以及在一定的温度、压强条件下，不同状态之间发生的熔化、凝固、蒸发和凝结等转化过程都属于热现象范围。从本质上说，热现象是物质中大量分子热运动的集体表现，因而遵从分子物理学的统计规律（亦称内摩擦现象），热传导现象和扩散现象等也同属于热现象的范围。

热学实验对热现象的研究主要体现在对温度、热量、热容、比热容和传热系数等基本热学量的测量。热学实验中一般把所研究的物体（气体、液体、固体）以及盛放它们的器具和测量仪器与待测物体有热接触的部分称为实验系统。理想的热学实验系统应该是与外界环境没有热量交换的孤立系统。

由于物质分子的热运动是永不停息的，任何温度的不均匀都会通过分子的热运动来传递热量，以削弱这种不均匀性，最后达到平衡状态。系统内部的这种热平衡运动正是热学实验所要研究的热现象产生的原因之一，而系统与外界环境之间由热运动（或辐射等）引起的热量交换，却会降低实验的测量精度。故相对于力学、电磁学实验而言，热学实验受环境的影响较大。

为了减少外界环境对实验系统的影响，热学实验发展出了有其自身特点的实验仪器、实验方法和实验技能。

3.1 量热器

量热器是热学实验中常用的一种仪器，其主要作用是减少实验系统与外界环境的热量交换，使实验系统成为孤立系统。然后，通过测定系统内物体之间传递的热量，便可求出物质的比热容、化学反应热等热学量。

热量传递的方式有三种，即传导、对流和辐射。因此，若想减少外界环境对系统的影响，必须使系统与环境之间的传导、对流和辐射都尽量减小。量热器通常可满足这样的要求。

量热器的种类很多，随测量的目的、要求以及精度的不同而异。最简单的一种结构如图3－1所示。将一个金属筒放入另一个大筒中的绝缘架上，外筒用绝热盖盖住，并插入带有绝缘柄的搅拌器和温度计，就构成一个量热器。

由于内外筒互不接触，夹层中间充满不易

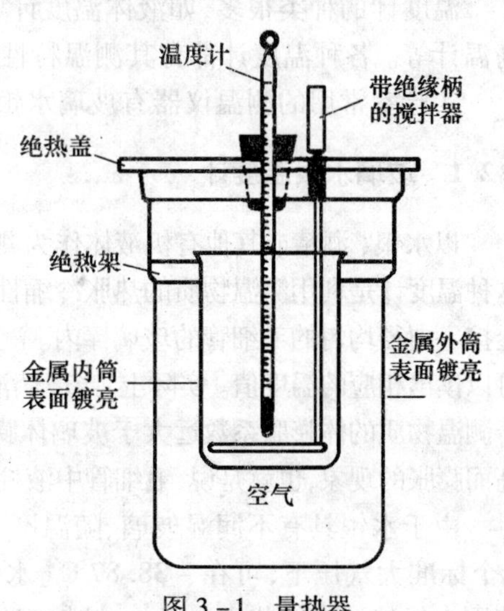

图3－1 量热器

传热的物质(一般是空气),所以内外筒间借传导传递的热量便可以减至很小。

外筒用绝热盖盖住,因而内筒上部的空气不与外界发生对流。同时,由于内筒的外壁及外筒的内外壁都电镀得十分光亮,使得它们发射或吸收热辐射的本领变得很小,使实验系统与环境之间因辐射而传递的热量也可减至最小。因此,在热学实验中常采用量热器,以使实验系统近似地成为一个孤立系统。

使用量热器时,应用搅拌器不停地轻轻搅拌,以便系统内部整体温度均匀,较快地达到平衡系统。

3.2 温度测量仪器

温度是从物体的冷热程度这一直觉观念中引伸出来的。通俗地讲,温度是表示系统的冷热程度的物理量。严格地讲,温度是决定处在同一平衡状态的热力学系统所共有的宏观性质的物理量。所有能够相互处于热平衡的系统,其温度都是相同的。

温度的测量是热学的基本测量之一。一个系统的温度,只有在平衡态时才有意义。因此,测温时必须使系统温度达到稳定而且均匀。

1967 年第十三届国际计量大会对热力学温度单位定义为:热力学温度单位开尔文是水三相点的热力学温度的 1/273.16。除了用开尔文(K)表示热力学温度外,也常使用摄氏温度(℃)。它们之间的关系为

$$\theta = T - T_0 \tag{3-1}$$

式中,θ 为摄氏温度。T、T_0 为热力学温度,$T_0 = 273.15\mathrm{K}$。表示摄氏温度或热力学温度的温差时,单位"摄氏度(℃)"等于单位"开尔文(K)"。

温度的测量通常是通过测量物质的某一种随冷热程度的改变而单值变化的物理性质来实现的。在比较各个系统的温度高低时,并不需要将各系统直接接触,只需用一个作为标准的物体,将它分别与其他物体接触比较即可。这种标准物体,因为有某一状态参量随温度作单值变化,故可用适当方式通过该状态参量的数值来标度温度,这个经过标度的物体称为温度计。

温度计的种类很多,如液体温度计、气体温度计、热电偶温度计、电阻温度计、光测高温计等。各种温度计都有其测温特性及测温范围与误差。

实验室常用的测温仪器有玻璃水银温度计和热电偶温度计。

3.2.1 玻璃水银温度计

以水银、酒精或其他有机液体作为测温物质的玻璃棒状温度计统称为玻璃液体温度计。这种温度计是利用测温物质的热胀冷缩性质来测量温度的。测温液体封闭在一支下端为球泡,上接一内径均匀的毛细管的玻璃棒内。液体受热后,毛细管中的液柱就会升高,从管壁的标度可以读出相应的温度值。实际上,当玻璃液体温度计受热后,测温物质与玻璃都要膨胀。但由于测温物质的体膨胀系数远大于玻璃体膨胀系数,所以温度计能显示测温物质体积随温度升高而膨胀的现象,也就是说,毛细管中液柱长度的变化来自测量物质与玻璃体积变化之差。

由于水银具有不润湿玻璃、随温度上升而均匀地膨胀、热传导性能良好、纯净度高,在 1 个标准大气压下,可在 -38.87℃(水银凝固点)~356.58℃(水银的沸点)较广的温度范围内保持液态等优点。因此,较精密的玻璃液体温度计多为水银温度计。

使用水银温度计时,要保持与被测系统处于平衡。在读数时,视线必须与温度计垂直,以消除刻线与水银弯月面的视差。

水银温度计的一个缺点是,它的零度刻线所代表的实际温度会随时间而发生变化。因为包括玻璃液体温度计在内的几乎所有玻璃制品,成形后在冷却过程中都会在玻璃器壁中产生并保持有永久性应力。经过较长一段时间后,在应力的作用下,会引起温度计稍稍变形,主要是储液泡的体积发生改变,从而出现零点位移。所以,必须经常检查和校正水银温度计的零点,以消除由零点位移而导致的系统误差。

按照对水银温度计进行刻度时在定点槽(或恒温槽)中浸没程度的不同,可将温度计区分为全浸式和局浸式两种:全浸式温度计是将温度计完全浸没在已知温度介质中(或浸没至水银柱上端处),使储液泡和毛细管中全部水银与介质处于相同温度而进行刻度的;局浸式温度计是将储液泡和毛细管的一部分浸没在恒温槽中刻度的。在局浸式温度计温度刻度的背面另刻有一横线,表示测量温度时也应使待测介质浸至横线处。在使用全浸式温度计测量温度时,由于种种原因,常常无法使温度计浸没至所示读数处,从而产生示值误差。为了得到正确的读数值,应利用另一辅助温度计进行露丝校正。即将辅助温度计的水银泡依次等间隔地置于主测温度计外露水银段的不同位置,然后求出外露段平均温度 θ_1。露出段修正值 C_θ 可按下式计算:

$$C_\theta = k(\theta - \theta_1)n \tag{3-2}$$

式中,C_θ 的单位为℃;n 为外露段的长度,以刻度数计算;k 为水银的视膨胀系数;θ 为露出液柱部分理应达到的温度(以主测温度计示值替代)。

按测温场合的不同,水银温度计可分为如下三类:

1. 标准水银温度计

一等标准水银温度计和二等标准水银温度计是用以校正各类温度计的标准仪表。一等标准水银温度计总测温范围为 -30℃ ~300℃,其分度值为0.05℃。用于检定或校正二等标准水银温度计。二等标准水银温度计的测温范围也为 -30℃ ~300℃,但分度值为0.1℃或0.2℃,是用以校正各种常用玻璃液体温度计的标准仪表。标准温度计出厂时,每支温度计均有检定证书。

2. 工作用玻璃水银温度计

在实验室和工业中需要精确测量温度时,可采用工作用玻璃水银温度计(亦称实验玻璃水银温度计),其总测温范围为 -30℃ ~250℃,由6支不同测温范围的温度计组成,分度值为0.1℃或0.2℃,采用全浸式读数。

3. 普通玻璃水银温度计

分度值为1℃或2℃,多数采用局浸方式读数。

使用玻璃液体温度计时要注意:①温度计的储液泡必须与被测温度的物体接触良好。②不能测量比温度计的最大刻度值更高的温度。③储液泡的壁很薄,容易碰破造成污染,使用时应特别小心。

3.2.2　热电偶温度计

1. 结构原理

热电偶亦称温差电偶,它的测温原理基于温差电现象。

热电偶由两种不同成分的金属丝 A、B 的端点彼此紧密接触而组成(图 3-2(a))。当两个接点处于不同温度时,在回路中就有直流电动势产生,该电动势称为温差电动势或热电动势。它的大小只与组成热电偶的两根金属丝的材料、热端温度 t 和冷端温度 t_0 这三个因素有关,而与热电偶的大小、长短及金属丝的直径等无关。当组成热电偶的材料确定后,温差电动势 E 唯一决定于温度 $t-t_0$,一般来说,这一关系较为复杂,即

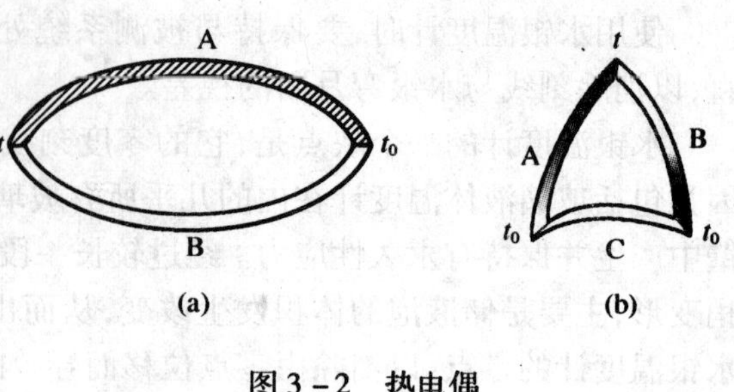

图 3-2　热电偶

$$E = c(t-t_0) + d(t-t_0)^2 + e(t-t_0)^3 + \cdots \tag{3-3}$$

它的一级近似式为

$$E = c(t-t_0) \tag{3-4}$$

式中,c 称为温差系数(或称热电偶常数),其大小决定于组成热电偶的材料。

可以证明,在 A、B 两种金属之间插入第三种金属 C 时,若它与 A、B 的两连接点处于同一温度 t_0(图 3-2(b)),则该闭合回路的温差电动势与上述只有 A、B 两种金属组成回路时的数值完全相同。所以把两根不同成分的金属丝(如 A 为铂、B 为铂—铑合金)的一端焊接在一起,构成热电偶的热端(工作端);将另两端各与铜引线(即第三种金属 C)焊接在一起,构成两个同温度 t_0 的冷端(自由端),铜引线又与测量直流电动势的仪表(如电位差计)相接,这样就组成一个热电偶温度计,如图 3-3 所示。测温时,使热电偶的冷端温度 t_0 保持恒定(通常保持在冰点),将热端置于待测温度处,即可测得相应的温差电动势,再根据事先校正好的曲线或数据表格来求出温度 t。热电偶温度计的优点是热容量小,灵敏度高,反应迅速,且可配以精密的直流电位差计,测量准确度较高。

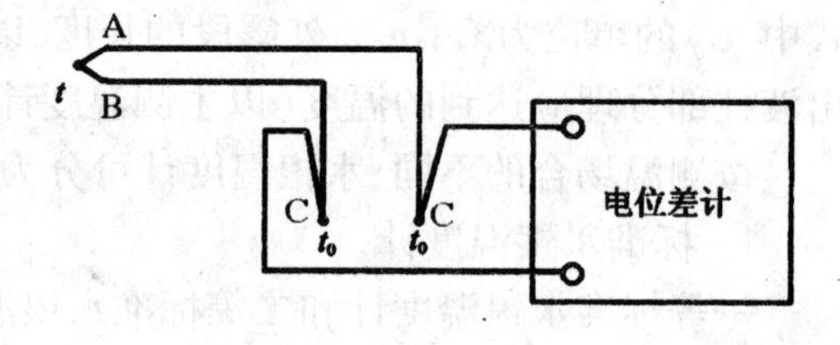

图 3-3　热电偶温度计

2. 使用方法

(1) 热电偶的校准　通常用比较法或定点法对热电偶进行校准。比较法是将待校热电偶与标准温度计同时直接插入恒温槽的恒温区中,改变槽内介质的温度,每隔一定温升观测一次它们的示值,直接用比较法对热电偶进行校准;定点法是利用某些纯物质相平衡时的温度唯一确定的特点(如锡的凝固点,水的沸点等),测出热电偶在这些固定点的电动势,并根据式(3-2)解出各常数 c、d、e 等之值后,便可以确定温差电动势与温度的函数关系。

(2) 测量温差电动势的仪器　热电偶对温度有很强的敏感性,例如对于铜—康铜热电偶,温度每改变 1℃,温差电动势变化 40μV。通常需用电位差计来测量温差电动势,只有在某些要求不太高的场合,才用毫伏表进行测量。

3. 使用时的注意事项

(1) 热电偶的定标是在冷端保持 0℃ 的条件下进行的,若冷端温度很难保持恒定不变,一般应采取温度补偿措施,以消除由于冷端实际温度与定标时冷端温度(0℃)有差异而引起的误差。

(2) 在实际测量时,应使电位差计与待测系统隔开一定距离,以保持与两铜引线相接的两黄铜接线柱处的温度相同,可避免这两接点因温度不同而产生附加的温差电动势。

(3) 热电偶丝不能拉伸和扭曲,否则热电偶容易断裂,并且有可能产生寄生温差电动势,影响热电偶的测温正确性。

常用的铜—康铜热电偶的温差电动势见表3-1。

表3-1 常用的铜—康铜热电偶的温差电动势

温 度/℃	0	10	20	30	40	50	60	70	80	90
-200	-5.54									
-100	-3.35	-3.62	-3.89	-4.14	-4.38	-4.60	-4.82	-5.02	-5.20	-5.38
0	0	-0.38	-0.75	-1.11	-1..47	-1.81	-2.14	-2.46	-2.77	-3.06
0	0	0.39	0.79	1.19	1.61	2.03	2.47	2.91	3.36	3.81
100	4.28	4.75	5.23	5.71	6.20	6.70	7.21	7.72	8.23	8.76
200	9.29	9.82	10.36	10.91	11.46	12.01	12.57	13.14	13.71	14.28
300	14.86	15.44	16.03	16.62	17.22	17.82	18.42	19.03	19.64	20.25
400	20.87									

3.3 干湿球温度计

干湿球温度计由两支相同的温度计A和B组成(图3-4)。温度计B的储液球上裹着细纱布,纱布的下端浸在水槽内。由于水蒸发而吸热,使温度计B所指示的温度低于温度计A所指示的温度。环境空气的湿度小,水蒸发就快,吸收的热量就多,两支温度计所指温度的差就大。反之,环境空气湿度越大,水蒸发就越慢,吸取的热量就越少,而两支温度计指示温度的差就越小。

通常空气中总是含有水蒸气,某温度下空气所能含有的水蒸气的最大值,称为该温度下水的饱和气压。一般以相对湿度即大气中水气压与同温度下水的饱和气压之比来表示空气的湿度。有些湿度计中间有一个标尺筒列出此关系的简表,有些湿度计则是在下方中间的一个转盘中列出。

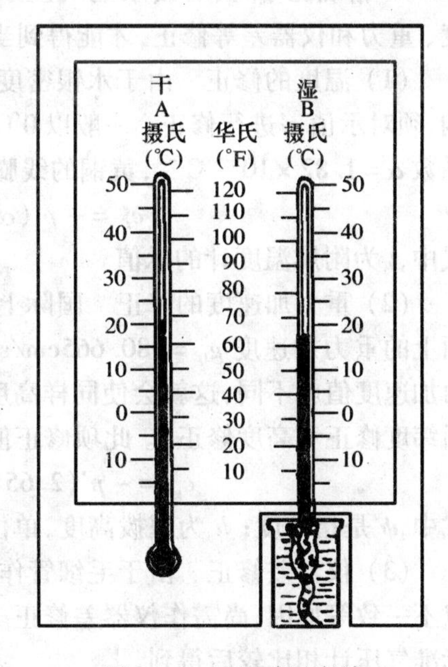

图3-4 干湿球温度计

3.4 气压计

福廷式气压计是一种常用的水银气压计,其结构如图3-5所示。一根长约80cm的玻璃管一端封口,灌满水银后垂直地倒插入水银杯内,当有标准大气压作用在杯内水银面上时,管内水银柱将会下降到距杯内水银面76cm高度。气压变化,则水银柱的高度也随之改变。利用玻璃管旁设置的主尺(米尺)及副尺(即游标)可测量水银柱的高度,从而确定大气压强的数值。米尺的下端连接一象牙针，其针尖是水银柱高度的零点。

测量方法如下：

1. 先记下保护管上温度计的温度示值。然后将通气孔螺钉拧松，使气压计与大气相通。

2. 利用底部水银面调节螺钉升降水银杯，使杯中的水银面恰好与象牙针尖端接触，利用水银面反映的象牙针倒影判断。必须注意：当管中水银上升时，它的凸面格外凸出，反之，当其下降时，它就凸得不很显著。为使凸面有正常形状，减小读数误差，可用手指在保护管上端靠近水银面处轻轻地弹一下，使水银受到振动，就能使凸面保持正常形态。

3. 利用副尺调节螺钉移动副尺（即游标），使游标的下缘（即游标的零线）与管中水银柱的凸面相切。这时，从主尺和游标所得的读数即为大气压示值 p'。

4. 精确测量时，对读取的气压示值 p' 还必须进行温度、重力和仪器差等修正，才能得到当时实际的气压值 p。

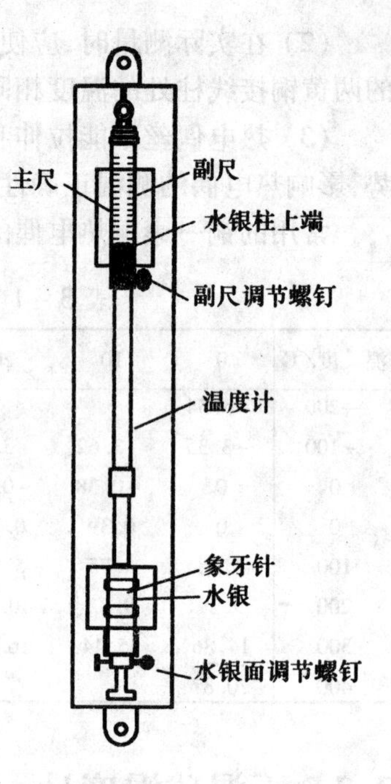

图 3-5 气压计

（1）温度的修正 由于水银密度随温度升高而变小，以及标尺受热而膨胀等因素影响，须对示值 p' 进行修正。一般以0℃时水银密度和黄铜标尺的长度为准，水银的体膨胀系数 $\alpha = 1.82 \times 10^{-4}℃^{-1}$，黄铜的线膨胀系数 $\beta = 1.9 \times 10^{-5}℃^{-1}$，则修正值为

$$c_t = -p'(\alpha - \beta)t = -1.63 \times 10^{-4} p't \tag{3-5}$$

式中，t 为附属温度计的示值。

（2）重力加速度的修正 国际上用水银气压计测定大气压强时，是以纬度45°海平面上的重力加速度 $g_0 = 980.665\text{cm/s}^2$ 为准的。由于各地区纬度不同，海拔高度不同，重力加速度值就不同，这就会使同样高度的水银柱具有不同的压强，因而需作重力修正（包括纬度修正和高度修正）。此项修正值为

$$c_g = -p'(2.65 \times 10^{-3}\cos 2\psi + 3.15 \times 10^{-7} h) \tag{3-6}$$

式中，ψ 是指纬度；h 为海拔高度，单位为 m。

（3）仪器差修正 由于毛细管作用而致水银面的降低，以及象牙针尖位置与标尺零点不一致等原因，尚需作仪器差修正。修正值 c_i 的数据由仪器出厂证明书上给出，也可与标准气压计相比较后得到。

经过各项修正后，可得到实际的大气压值为：

$$p = p' + c_t + c_g + c_i \tag{3-7}$$

实验7 空气摩尔热容比的测定

空气的摩尔热容比 γ 也叫做气体的绝热系数，是一个重要的物理量，γ 值的测定对研究气体的内能、气体分子的运动和分子内部运动规律都是非常重要的。由绝热过程方程可以看出，理想气体作绝热膨胀时，它的温度必然降低；反之，气体绝热压缩时，温度必然升高，据

此我们可以用绝热过程来调节气体的温度,也可以借助绝热过程来获得低温,在生产和生活中广泛应用的制冷设备中,绝热过程起着举足轻重的作用。本实验用绝热膨胀法测定γ值。

【实验目的】

1. 观察热力学过程中气体状态变化及基本物理规律。
2. 掌握用绝热膨胀法测定空气比热容比γ。
3. 了解气体压力传感器和集成温度传感器的原理及使用方法。

【实验器材】

储气瓶(包括玻璃瓶、进气阀、放气阀、橡皮塞)、三位半数字电压表、四位半数字电压表、稳压电源、电阻箱1个、气压计、水银温度计。

【实验原理】

热力学系统同外界无热交换的过程,叫做绝热过程。在用良好的绝热材料隔绝的系统中进行的过程,或由于过程进行得很快,以致与外界没有显著热量交换的过程都可近似地看做绝热过程。

在绝热的准静态过程中,热力学系统状态参量之间存在着一定的关系,称为绝热过程方程。理想气体准静态绝热过程方程有三种等价的表述形式:

$$pV^{\gamma} = \text{常量} \tag{3-8}$$

$$TV^{\gamma-1} = \text{常量} \tag{3-9}$$

$$P^{\gamma-1}T^{\gamma} = \text{常量} \tag{3-10}$$

式中,$\gamma = C_{p,m}/C_{V,m}$是定压摩尔热容与定体摩尔热容之比,称为摩尔摩尔热容比。理论上,根据以上任何一个公式,通过对p、V、T等物理量的测量都能测得γ值。

本实验利用式(3-8)进行测量、计算,可以采用下面的实验过程,设室温为T,大压强为p_0,初始状态为$(p>p_0, T_1=T_0, V_1)$的气体装在一个瓶内。设想瓶内的空气可以分成体积为$V_1{}'$和$V_2{}'$的两部分,通过一个绝热膨胀过程,将V_2的气体放到大气中去,并使留在瓶内的气体由V'_1膨胀到V_1,同时压强降至大气压强p_0,温度降至T_2,瓶内膨胀后的气体,经过一定时间后瓶内温度又升至T_0,这时气体状态为(p_2, T_0, V_1),整个过程如图3-6所示。

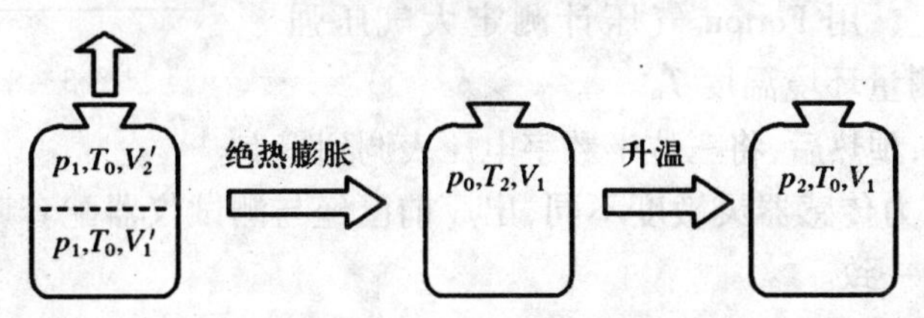

图3-6　实验过程示意图

第一个过程是绝热过程,有

$$\frac{p}{p_0} = \left(\frac{V_1}{V'_1}\right)^{\gamma} \tag{3-11}$$

最终状态与初始状态温度相同,根据理想气体状态方程有

$$p_1 V'_1 = p_2 V_1 \tag{3-12}$$

两式联立,解得

$$\gamma = (\lg p_0 - \lg p_1)/(\lg p_2 - \lg P_1) \tag{3-13}$$

应用图3-7所示的装置,将原处于环境大气压强 p_0 室温 T_0 的空气从进气阀门 C_1 处送入储气瓶内,这时瓶内空气压强增大至 p_1,关闭阀门 C_1,待稳定后空气达到初始状态。

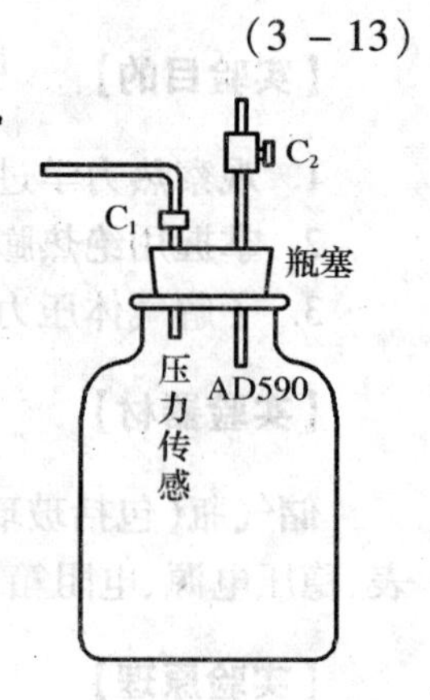

图3-7 实验装置

然后突然打开放气阀门 C_2 向外界放气,这是一个绝热膨胀过程。放气完成后迅速关闭阀门,在关闭活塞 C_2 之后,储气瓶内气体温度逐渐升高至 T_0,这是最终状态。

如果测出大气压强 p_0,瓶内初始压强 p_1 和最终压强 p_2,由式(3-11)可求得摩尔热容比。

实验中温度是由AD590集成温度传感器测量的,实验所用的测温电路见图3-8,串接5kΩ电阻可产生5mV/K信号电压。温度若用量程为0~2.0000V的四位半数字电压表读出,可检测最小0.02℃的温度变化。空气压强由扩散硅压力传感器测量,压力传感器输出信号经放大后输入到数字电压表,由表读出测量电压值 U。当待测气体压强为环境大气压 p_0 时,数字电压表显示为0;当待测气体压强为 $p_0+1.00\text{kPa}$ 时,显示为20mV。仪器测量范围为 $p_0 \sim p_0+10\text{kPa}$,灵敏度为20mV/kPa,采用0~200.0mV电压表时,测量精度为5Pa。例如电压表读数为110.1(mV),大气压强 p_0 为 $1.0248\times10^5\text{Pa}$,则 $p_1=(1.0248+110.1/2000)\times10^5\text{Pa}=1.0798\times10^5\text{Pa}$。

根据理想气体定压摩尔热容 $C_{p,m}$ 和定体摩尔热容 $C_{V,m}$ 之间的关系可以得到

$$\gamma = \frac{C_{p,m}}{C_{V,m}} = \frac{i+2}{i} \tag{3-14}$$

式中,i 为气体分子的自由度。由此可以推算出,在常温下单原子气体 $\gamma=5/3=1.67$;双原子气体 $\gamma=1.40$,可以将此理论值与实验值进行比较。

【实验内容及步骤】

1. 按图3-8连接电路,注意AD590的极性切勿接反;然后接四位半数字电压表;将压力传感器接到三位半数字电压表上。用Forton气压计测定大气压强 p_0,用水银温度计测量环境温度 T_0。

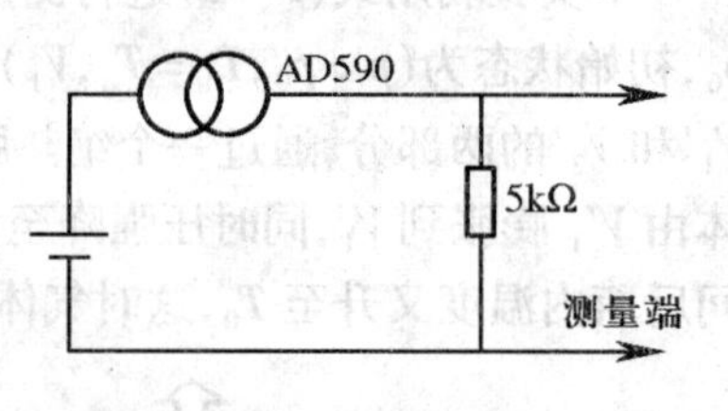

图3-8 测温电路

接通仪器电源,预热后,将三位半数字电压表调到零点。

由于各只硅压力传感器灵敏度不同,出厂前已经与测试仪器配套调试,因此实验前应检查二者编号是否一致。

2. 检查储气瓶,确认不漏气后开始实验。关闭阀门 C_2,打开阀门 C_1,用打气球把空气稳定地打入气瓶内,用传感器测量瓶内空气的压强和温度,待瓶内气体压强均匀稳定时,记录压强 p_0 和温度 T(室温)。

3. 突然打开阀门 C_2(放气),当储气瓶内气体压强降至大气压强 p_0 时(此时放气声消失)迅速关闭阀门 C_2,当储气瓶内气体的温度上升到室温 T_0 时,记录瓶内气体的压强 p_2,用公式(3-13)计算 γ 值。

4. 重复上述过程5次,计算γ的平均值。

5. 将测出的γ值与理论值$\gamma=1.40$比较。

热学实验要求环境温度基本不变,实验中应尽量保证这一条件。例如实验过程中应少走动,尽量避免室内空气对流等。

【分析与思考】

1. 根据实验过程,分析实验误差的来源。

2. 实验过程中要求环境温度基本不变,若温度发生变化,对实验有什么影响?

3. 实验中打开阀门C_2,如何掌握放气结束后关闭阀门的时机?

4. 在$p-V$平面上作出实验过程气体状态曲线图。

实验8 热膨胀系数的测量

物质内部的分子都处于不停地运动中,而分子运动强弱的不同,造成绝大多数材料都表现出热胀冷缩的特性。人们在工程结构设计时,例如在房屋、铁路、桥梁、机械和仪器制造、材料的焊接等行业中一定要考虑到这一因素,如果忽略这一特性,将造成工程结构稳定性差,严重的可造成损毁,使仪表失灵以及在材料焊接中引起缺陷等。

热胀系数的测定在工程技术中是非常重要的,本实验的目的主要是测定金属棒的线胀系数,并学习一种测量微小长度的方法。

【实验原理】

1. 材料的热膨胀系数

各种材料热胀冷缩的强弱是不同的,为了定量区分它们,人们找到了表征这种热胀冷缩特性的物理量,线胀系数和体胀系数。

线膨胀是材料在受热膨胀时,在一维方向上的伸长。在一定的温度范围内,固体受热后,其长度都会增加,设物体原长为L,由初温t_1加热至末温t_2,物体伸长了ΔL,则有

$$\Delta L=\alpha_l L(t_2-t_1) \tag{3-15}$$

$$\alpha_l=\frac{\Delta L}{L(t_2-t_1)} \tag{3-16}$$

上式表明,物体受热后其伸长量与温度的增加量成正比,和原长也成正比。比例系数α_1称为固体的线胀系数。

体膨胀是材料在受热时体积的增加,即材料在三维方向上的增加。体胀系数定义为在压力不变的条件下,温度升高1K所引起的物体体积的相对变化,用α_V表示。即

$$\alpha_V=\frac{1}{V}\frac{\Delta V}{\Delta T} \tag{3-17}$$

一般情况下,固体的体胀系数α_V为其线胀系数α_l的3倍,即$\alpha_V=3\alpha_l$,利用已知的α_l可测出液体的体胀系数(参看附录)。

2. 线胀系数的测量

线胀系数是选用材料时的一项重要指标。实验表明,不同材料的线胀系数是不同的,

塑料的线胀系数最大，其次是金属、殷钢，熔凝石英的线胀系数很小，由于这一特性，殷钢、石英多被用在精密测量仪器中。表 3－2 给出了几种材料的线胀系数。

表 3－2 几种材料的线胀系数

材料	钢	铁	铝	玻璃	陶瓷	殷钢	熔凝石英
α_l/℃$^{-1}$	10^{-5}	10^{-5}	10^{-5}	10^{-6}	10^{-6}	$<2\times10^{-6}$	10^{-7}

人们在实验中发现，同一材料在不同的温度区段，其线胀系数是不同的，例如某些合金，在金相组织发生变化的温度附近，会出现线胀量的突变。但在温度变化不大的范围内，线胀系数仍然是一个常量。因此，线胀系数的测定是人们了解材料特性的一种重要手段。在设计任何要经受温度变化的工程结构（如桥梁、铁路等）时，必须采取措施防止热胀冷缩的影响。

在式（3－15）中，ΔL 是一个微小的变化量，以金属为例，若原长 $L=300$mm，温度变化 $t_2-t_1=100$℃，金属的线胀系数 α_l 约为 10^{-5}℃$^{-1}$，估计 $\Delta L\approx0.30$mm。这样微小的长度变化，普通米尺、游标卡尺的精度是不够的，可采用千分尺、读数显微镜、光杠杆放大法、光学干涉法等。考虑到测量方便和测量精度，我们采用光杠杆法测量。

光杠杆系统是由平面镜及底座，望远镜和米尺组成的。光杠杆放大原理如图 3－9 所示。当金属杆伸长时，从望远镜中可读出待测杆伸长前后叉丝所对标尺的读数 b_1，b_2，这时有

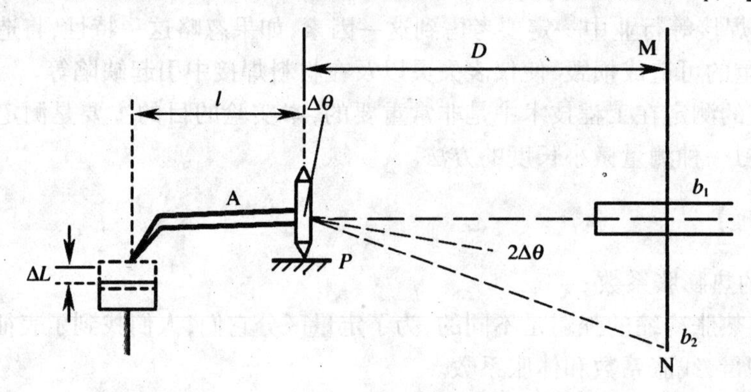

图 3－9 光杠杆原理图

$$\Delta L=\frac{(b_2-b_1)l}{2D} \tag{3-18}$$

将式（3－17）代入式（3－16），则有

$$\alpha_l=\frac{(b_2-b_1)l}{2DL(t_2-t_1)} \tag{3-19}$$

【实验内容】

1. 线胀系数的测定

仪器调节

实验装置图如图 3－10 所示。实验时，将待测金属棒直立在线胀系数测定仪的金属圆筒中，棒的下端要和基座紧密相连，上端露出筒外，装好温度计，将光杠杆的后足尖置于金属棒的上端，二前足尖置于固定台上。在光杠杆前 1m 左右放置望远镜及直尺。调节望远镜，直到看清楚平面镜中直尺的像，反复调节，使标尺成像清晰，且叉丝也清晰，并使像与叉丝之

间无视差，即眼睛上下移动时，标尺与叉丝没有相对移动。

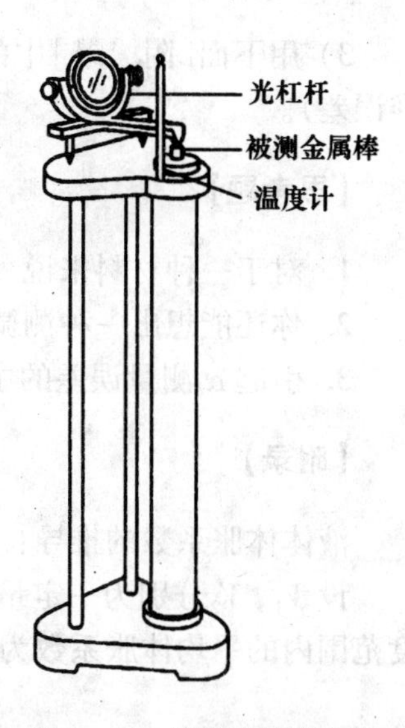

图3-10 线胀系数测定仪

1）读出叉丝横线在直尺上的读数 b_1，记录初温 t_1，蒸汽进入金属筒后，金属棒迅速伸长，待温度计的读数稳定几分钟后，读出望远镜叉丝横线所对直尺的数值 b_2，并记下 t_2。如果线胀仪采用电加热，测量可从室温开始，每间隔 10℃记一次 b 的值，直到 t 达 100℃。然后逐渐降温，重复测以上数据。

2）测量直尺到平面镜间距离，将光杠杆在白纸上轻轻压出三个足尖印痕，用游标卡尺测量其后足尖到两前足尖连线的距离 l。

3）以 t 为横坐标，b 为纵坐标作出 $b-t$ 关系曲线，求直线斜率 k，并由此计算 α_l。

4）用最小二乘法求直线斜率 k，并计算 α_l 的标准误差。

2. 体胀系数的测定（选做）

向膨胀计内灌装待测液体

1）如图3-11所示，将膨胀计浸入温度较高的水浴槽内，膨胀计的玻璃泡部位需浸没在水中，而毛细管部位露出水面。膨胀计内的待测液由于受热膨胀而泄出一部分，因此，其内部的空气变得稀薄了。过几分钟后，将膨胀计迅速从热水中取出，并将其毛细管的开端没入待测液体（水或乙醇）中，由于膨胀计待测液受冷而收缩，待测液体即被吸入膨胀计中。重复上述步骤多次，便可将待测液体灌满膨胀计。灌装液体时要注意：①对不可燃液体，例如水，为了加快灌装速度，可直接将膨胀计在酒精灯上加热，以代替水浴槽。②对可燃液体，水浴温度不宜超过此液体的燃点，而吸灌液体时应将膨胀计浸入冰水混合物中冷却。

2）用分析天平称衡空膨胀计的质量，然后将膨胀计中灌满待测液体，将膨胀计玻璃泡没入恒温水槽B中，如图3-12所示，而它的开口端则没入待测液体中。用搅拌器搅拌恒温槽中的水，当膨胀计内待测液体和恒温槽内水温相同时，用水银温度计测出它们的温度 t_1。取出膨胀计，揩干外部的水，用分析天平称衡它的质量 m_1。然后，提高恒温水槽水温，重复上述操作和测量，测的水温 t_2 和膨胀计质量 m_2。

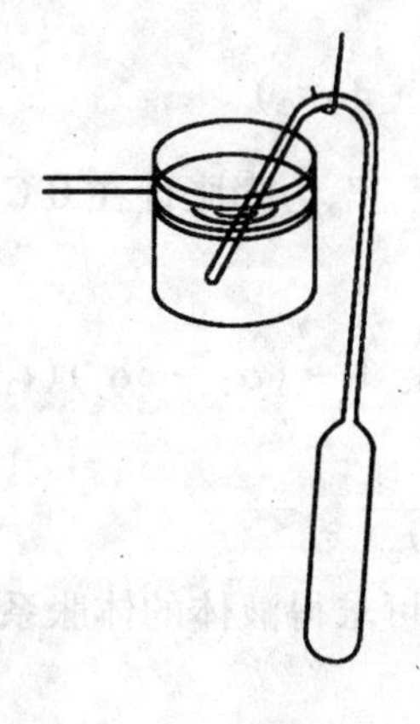

图3-11 膨胀计

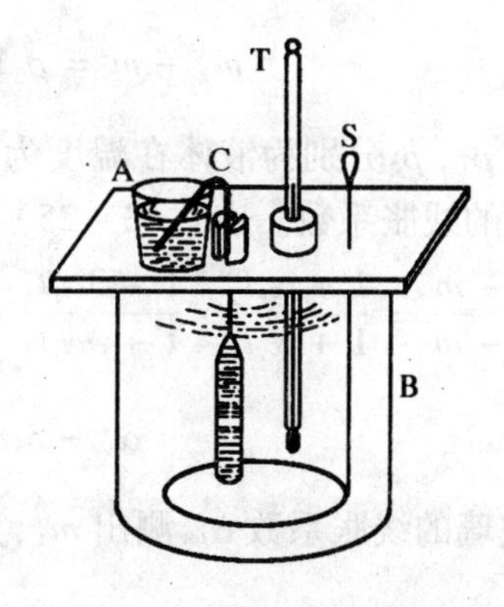

图3-12 液体体胀系数的测定装置

A—盛液标；B—水槽；C—膨胀计；

S—搅拌器；T—温度计。

3）用下面[附　录]中的式（3－27）计算待测液体的体胀系数并进行误差估计（用标准误差）。

【思考题】

1. 对于一种材料来说，线胀系数是否一定是一个常数？为什么？
2. 你还能想出一种测微小长度的方法，从而测出线胀系数吗？
3. 引起 α_l 测量误差的主要因素是什么？

【附录】

液体体胀系数的推导：

设 V_1，V_2 分别为一定量液体在温度 t_1 和 t_2 时（$t_2 > t_1$）的体积，那么液体在 $t_1 \sim t_2$ 温度范围内的平均体胀系数为

$$\alpha_V = \frac{V_2 - V_1}{V_1(t_2 - t_1)} \tag{3-20}$$

若液体在 0℃ 和温度 t 时的密度分别为 ρ_0 和 ρ_t，则对一定质量的液体，有

$$\rho_0 V_0 = \rho_t V_t \tag{3-21}$$

式中，V_0，V_t 份 别为液体温度为 0℃ 和 t 时的体积。由定义可知

$$V_t = V_0(1 + \alpha_V t) \tag{3-22}$$

由式（3－21）、（3－22）可得

$$\rho_0 V_0 = \rho_t V_0(1 + \alpha_V t) \tag{3-23}$$

$$\rho_0 = \rho_t(1 + \alpha_V t) \tag{3-24}$$

设空玻璃膨胀计（带有毛细管的玻璃泡）的质量为 m，而在温度分别为 t_1 和 t_2 时（$t_2 > t_1$），装满某种液体的膨胀计容积分别为 V'_1 和 V'_2，并且盛满液体后膨胀计的质量相应地为 m_1 和 m_2，则有

$$m_1 - m = \rho_1 V'_1 = \frac{\rho_0}{1 + \alpha_V t_1} V'_0(1 + 3\alpha_l t_1) \tag{3-25}$$

$$m_2 - m = \rho_2 V'_2 = \frac{\rho_0}{1 + \alpha_V t_2} V'_0(1 + 3\alpha_l t_2) \tag{3-26}$$

式中，ρ_0，ρ_1，ρ_2 分别为液体在温度为 0℃，t_1，t_2 时的密度，V'_0 为膨胀计在 0℃ 时的容积，α_l 为玻璃的线胀系数。由式（3－25）、（3－26）可得

$$\frac{m_1 - m}{m_2 - m} = \frac{1 + \alpha_V t_2}{1 + \alpha_V t_1} \cdot \frac{1 + 3\alpha_l t_1}{1 + 3\alpha_l t_2} \approx \frac{1 + \alpha_V(t_2 - t_1)}{1 + 3\alpha_1(t_2 - t_1)} \approx 1 + (\alpha_V - 3\alpha_l)(t_2 - t_1)$$

$$\alpha_V - 3\alpha_l = \frac{m_1 - m_2}{(m_2 - m)(t_2 - t_1)} \tag{3-27}$$

如已知玻璃的线胀系数 α_l，测出 m_1，m_2，m 及 t_2，t_1，即可求得液体的体胀系数 α_V。

实验 9　声速的测量

在弹性介质中，频率从 20Hz 到 20kHz 的振动所激起的机械波称谓声波，低于 20Hz

称为次声波，高于20kHz称为超声波。超声波的传播速度，就是声波的传播速度。声速的测量在声波定位、探伤、测距等应用中具有十分重要意义。

【实验目的】

1. 了解超声波的产生，发射和接收方法。
2. 掌握两种测声波在空气中传播速度的方法。
3. 测定空气绝热系数。
4. 进一步熟悉示波器的使用。

【仪器用具】

SW－B超声声速测定仪，DCY－3A功率信号发生器。

【实验原理】

1. 空气中的声速

声速是声波在弹性介质中的传播速度，其大小仅决定于介质的性质，而与声波的频率无关，声波在空气中的传波速度可表示为

$$v = \sqrt{\frac{\gamma RT}{M}} \tag{3-28}$$

式中，$\gamma = \frac{C_p}{C_V}$ 为比热容比；R 为摩尔气体常数；M 为气体摩尔质量；T 为热力学温度。由式(3－28)可见，温度是影响空气中声速的主要因素。如果忽略空气中的水蒸汽和其他夹杂物的影响，在0℃时的声速

$$v_0 = \sqrt{\frac{\gamma RT}{M}} = 331.5\mathrm{m\cdot s^{-1}} \tag{3-29}$$

在温度 t 时的声速

$$v_t = v_0\sqrt{\frac{273.15+t}{273.15}} = 331.5\sqrt{1+\frac{t}{273.15}} \tag{3-30}$$

由波动理论知道，波的频率 f，波速 v 和波长之间有以下关系

$$v = f\lambda \tag{3-31}$$

因此，只要知道频率和波长，即可求出声波速度。本实验由功率信号发生器直接读出 f，用驻波法和行波法测定 λ 然后由式(3－31)求得 v。

由于超声波具有波长短、定向发射性好、功率大、抗干扰性强等优点，因此，在超声波段测量声速较为方便。在图3－13所示的声速测量实验装置中，声速测定仪上 S_1 和 S_2 是两只结构相同的压电换能器，激发换能器 S_1 受到功率信号发生器输出的正弦电压的激励而发射超声波，接受换能器 S_2 把接受到的声波转换成正弦电压信号，输入示波器后供观测。

2. 声波波长的测定

(1) 驻波法(共振干涉法)

由 S_1 发射的频率为 f 的平面波，经空气传播到达接受器 S_2，如果 S_1 和 S_2 的端面平

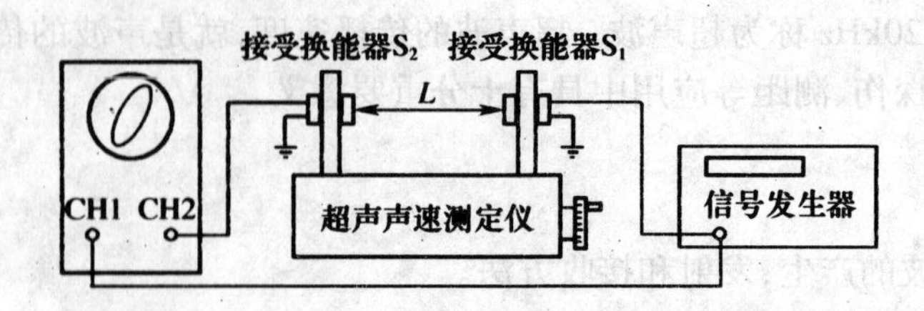

图 3－13 实验装置图

行，入射波在 S_2 表面垂直反射，入射波和反射波相互干涉。理论证明，只有当 S_1 和 S_2 之间距离 L 等于声波半波长的整数倍时，即

$$L = n\frac{\lambda}{2} \qquad (n = 1,2,3,\cdots) \tag{3-32}$$

才能在 S_1 和 S_2 之间的空气柱中发现稳定的驻波共振现象，驻波的幅度达到极大。驻波中波节与波节（波腹与波腹）之间的距离为半波长。示波器屏上显示的电压信号也相应极大。由式（3－32）可知，只要测得多组声压极大值之间的位置，即可算出 λ，将 λ 值代入式（3－31）可求得 v。

空气柱中驻波的波节与波腹分布如图 3－14 所示，S_2 处位移最小为波节，同时该处气体密度最小，声压亦最大（声压即声波所造成的附加压强）。

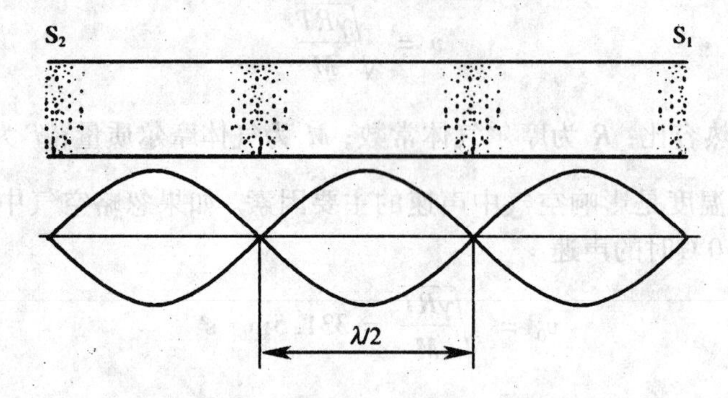

图 3－14 驻波的波节和波腹分布

（2）相位比较法

1）李莎如图形法 参看图 3－13，发出的超声波通过空气到达 S_2，所以在同一时刻 S_1 处的波和 S_2 处的波有一相位差，其相位差 φ 与发射波的波长 λ，S_1 和 S_2 间的距离 L 有如下关系

$$\varphi = \frac{2\pi}{\lambda} \tag{3-33}$$

由式（3－33）可见，S_1 和 S_2 之间的距离 L 每改变一个波长，相位差就改变 2π。

由振动理论知，同频率不同位相的两个相互垂直的谐振动合成时，可以得到最简单的李莎如图形；当两个同频率的谐振动的相位差从 $0\sim\pi$ 变化时，图形会由斜率为正的直线变为椭圆继而再变到斜率为负的直线，如图 3－15 所示。

移动 S_2，当示波器荧光屏相邻两次显示正、负斜率直线时，所对应的声速测定仪 S_2 位置的读数差，就是声波半波长 $\lambda/2$。

2）双线示波器法 判断相位差并且测定波长，也可以利用双线示波器直接比较 S_1

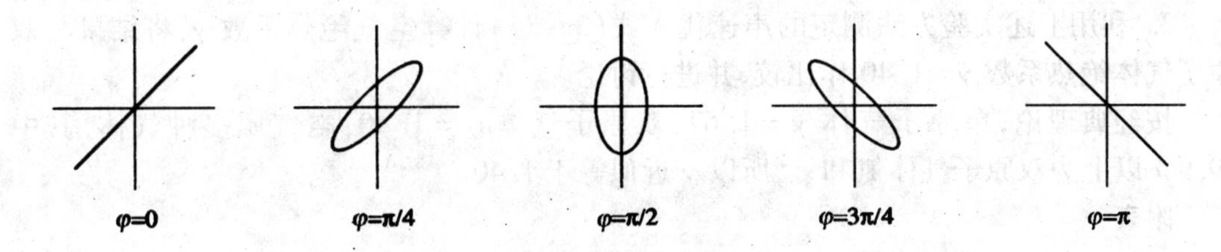

图3－15 李莎如图形

的信号和 S_2 的信号，同时沿传播方向移动 S_2 寻找相同点来测出波长（图3－16）。

3. 气体绝热系数的测定

理想气体中声波的传播可以认为是一绝热过程，其传播速度 $v_t=\sqrt{R\gamma T/\mu}$，即

$$\gamma=\mu v_t^2/RT \tag{3-34}$$

由式（3－34）知，对一定温度下的气体，只要测出声速即可求出绝热系数 γ。

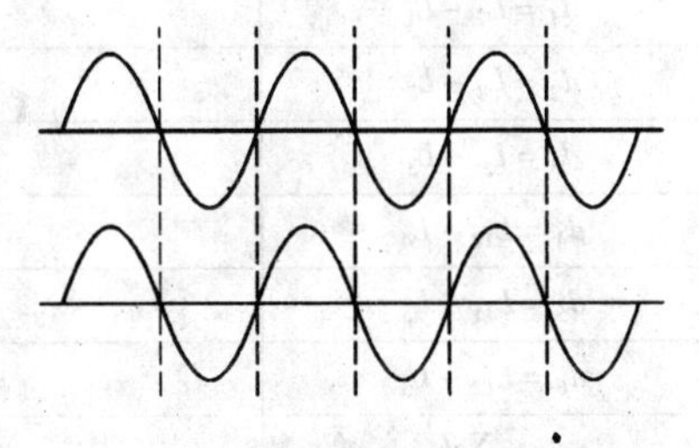

图3－16 双线相位比较示意图

【实验内容及步骤】

1. 接线

将激发换能器 S_1 接通功率信号发生器的正弦波输出，接受换能器 S_2 接通示波器CH1，CH2接功率信号发生器的正弦波输出，调节信号发生器的频率 f_1 使激发换能器处于谐振状态（示波器接受到的信号达到最大）。开机约10min，待信号源工作稳定后再开始实验。

在谐振频率处用驻波法测波长和声速。

将示波器方式钮选择在CH2，同时将触发源也设在CH1。转动声速测定仪手轮移动 S_2，观察荧光屏上信号电压幅值的变化，了解波干涉现象。测量时，先将 S_2 靠近 S_1，然后使 S_2 逐渐左移，测出相继出现的12个信号电压幅值为极大值时所对应的声速测定仪的读数 $L_1,L_2,\cdots,L_{12}$，重复测三次。

2. 重新调节信号发生器，使谐振频率为 f_2，重复以上的测量步骤，读出 $L'_1,L'_2,\cdots,L'_{12}$ 计算出声速 v'_t 将其与 f_1 测值比较并得出结论。

3. 相位比较法

（1）李莎如图形法 将示波器X－Y开关接通，改变 S_2 的位置，观察李莎如图形变化情况。测出12个相继出现的正负斜率直线所对应的声速测定仪的读数。

（2）双线相位比较法 关闭X－Y开关，并将示波器方式钮拨在双踪位置，触发源置于CH2，然后改变与 S_2 距离，测出12个相同点所对应的声速测定仪的读数。

（3）应用逐差法 分别计算李莎如图形法和双线相位比较法测得的声波波长的平均值 λ，用式（3－31）求出声速 v。

【实验数据处理】

1. 记录实验室室温 t，代入式（3－30），求出空气声速理论值 v_t，与上述实验测量值进行比较（计算百分误差），并对结果进行讨论。

2. 利用上述实验方法测定的声速代入式(3－34)计算空气绝热系数γ,将结果与双原子气体绝热系数$\gamma=1.40$作比较,并进行讨论。

按经典理论,单原子气体$\gamma=1.67$,双原子气体$\gamma=1.40$,空气属多种气体,其中99.9%以上为双原子气体氮和氧,所以γ近似等于1.40。

附表:

实验数据记录表

$d_i=d_{i+6}-L_i$		Δd_i	
$d_1=L_7-L_1$		$\Delta d_1=\lvert\bar{d}-d_1\rvert$	
$d_2=L_8-L_2$		$\Delta d_2=\lvert\bar{d}-d_2\rvert$	
$d_3=L_9-L_3$		$\Delta d_3=\lvert\bar{d}-d_3\rvert$	
$d_4=L_{10}-L_4$		$\Delta d_4=\lvert\bar{d}-d_4\rvert$	
$d_5=L_{11}-L_5$		$\Delta d_5=\lvert\bar{d}-d_5\rvert$	
$d_6=L_{12}-L_6$		$\Delta d_6=\lvert\bar{d}-d_6\rvert$	
$\bar{d}=\dfrac{\sum d_i}{6}$		$s_d=\sqrt{\sum(\Delta d_i)^2/5}$	

实验10 落球法测液体的动力黏度

液体的动力黏度是液体黏滞性大小的量度,又称内摩擦系数或黏度,是反映液体流动规律的重要物理量之一。在机器润滑、液体传送、液压传动及舰艇航行与导弹飞行等工程技术和科学研究中,都必须考虑液体黏滞情况。因此,测定液体的动力黏度有着实际的意义。

测定液体动力黏度的常用方法有:① 转筒法:利用外力矩与内摩擦力矩平衡,建立稳定的速度梯度来确定动力黏度;② 毛细管法:通过测量一定时间内流过毛细管的液体体积来确定动力黏度;③ 落球法:利用小球在液体中恒速下落的受力关系(斯托克斯公式)测定液体的黏动力黏度。

本实验采用落球法(又称斯托克斯法),这是一种最基本的方法,适用于测量黏滞系数较大的液体。

【实验目的】

1. 观察液体的黏滞现象。用斯托克斯法测液体的黏滞系数。
2. 正确理解雷诺数与斯托克斯公式的修正。
3. 学习数据处理的逐次逼近。

【仪器用具】

玻璃圆筒、小球、秒表、米尺、千分尺、磁铁、镊子、温度计、密度计。

【实验原理】

液体的黏滞现象也称内摩擦现象。主要体现在流动的流体中,相邻两层流体的速度不同就会产生切向力,使流速较快的液层减速,又使流速较慢的液层加速,形成一对阻碍两层流体相对运动的等值反向的摩擦力,称为内摩擦力或黏滞力。

实验表明,黏滞力 F 正比于两层间接触面积 S 及该处的速度梯度 dv/dx,即

$$F = \eta S \cdot dv/dx \tag{3-35}$$

此即牛顿黏滞定律。式中,dv/dx 是垂直于流速方向各流层间的速度梯度；S 是两个液层间的接触面积；η 称为动力黏度,单位为帕斯卡·秒(Pa·s),它只决定于流体本身的性质和温度。对于液体来说,黏滞性随温度升高而减小,气体则相反。

英国数学家与物理学家斯托克斯1851年导出了关于球形物体在流体中所受阻力的公式,即斯托克斯公式

$$F = 6\pi\eta r \cdot v \tag{3-36}$$

式中,r 与 v 分别是球体的半径和速度。不应混淆的是：F 并非是球体与液体之间的阻力,而是球面附着的一层液体与不随小球运动的液体间的黏滞力。

式(3-36)是在球体半径很小,运动速度很小,流体各方面都无限广阔且不产生涡流条件下推导出来的。

当质量为 m 体积为 r 的小球在密度为 ρ_0 的液体中下落时,作用在小球上的力有3个：重力 mg(竖直向下)、液体的浮力 $\rho_0 Vg$ 与液体的动力(后两者均竖直向上)(图3-17)。

小球刚开始下落时,速度 v 很小,阻力不大,小球加速下落。随着速度的增加,阻力也逐渐增大,当速度达到某一定值时,阻力与浮力之和与重力等值反向,此时,小球的加速度等于零而以匀速下落,此匀速运动的速度称为收尾速度。当小球达到收尾速度时,有

$$mg = \rho_v g + 6\pi\eta vr$$

即

$$\frac{4}{3} \cdot \pi r^3(\rho - \rho_0)g = 6\pi\eta vr$$

$6\pi\eta vr$

$\rho_6 Vg$

v

m

mg

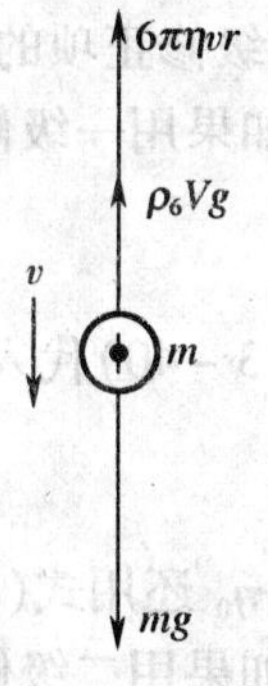

图3-17　小球在液体中下落时的受力分析

式中,ρ 为小球的密度。

整理可得

$$\eta = \frac{2}{9}\frac{(\rho - \rho_0)gr^2}{v} \tag{3-37}$$

因为流体放在容器中,不是无限宽广的(图3-18),若小球沿内半径为 R(直径为 D)的圆筒中心轴线下落,筒内液体密度为 ρ_0,考虑器壁的影响应对斯托克斯公式加以修正,式(3-37)变为

$$\eta = \frac{2}{9}\frac{(\rho - \rho_0)gr^2}{v\left(1 + 2.4\dfrac{r}{R}\right)\left(1 + 3.3\dfrac{r}{H}\right)} \tag{3-38}$$

或

$$\eta = \frac{1}{18} \cdot \frac{(\rho - \rho_0)gd^2}{v\left(1 + 2.4\dfrac{d}{D}\right) \cdot \left(1 + 3.3\dfrac{d}{2H}\right)} \tag{3-39}$$

式中,d 为小球的直径。

在导出斯托克斯公式时,曾假定小球半径很小,速度也很小,它们可以归结于要求雷诺数 Re 很小。雷诺数是流体力学中的一个非常重要的物理量,用下式表示

$$Re = \frac{dv\rho_0}{\eta} \tag{3-40}$$

要求 Re 很小的条件是因为在解方程时略去了有 Re 因子的非线性项,如果考虑 Re,则方程的解应为:

$$F = 6\pi\eta rv\left(1 + \frac{3}{16}Re - \frac{19}{1080}Re^2 + \cdots\right) \tag{3-41}$$

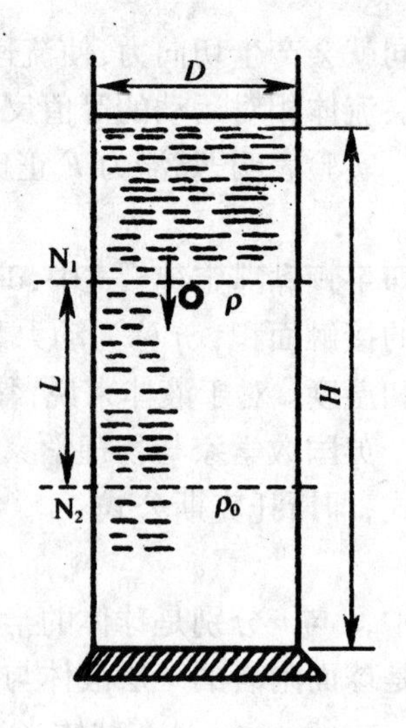

图 3-18　落球法测液动力黏度的装置

式(3-41)称为奥西思—果尔斯公式。括号内第二、三项分别称为一级修正项和二级修正项,若雷诺数 $Re=0.1$,则零级解[式(3-37)]与一级解[式(3-41)中取一级修正]相差约2%,二级修正项约为 2×10^{-4} 可忽略不计;若 $Re=0.5$,则零级解与一级解相差10%,二级修正项约为0.5%,还可忽略不计;$Re\approx1$ 时,二级修正项约为2%。可见随 Re 的增大,二级修正项的影响明显增大,而不能再忽略了。

如果用一级修正,即

$$F = 6\pi\eta_1 rv\left(1 + \frac{3}{16}Re\right) \tag{3-42}$$

将式(3-40)代入并考虑式(3-38)式(3-42)的修正,则有

$$\eta_1 = \eta_0 - \frac{3}{16}\rho_0 dv \tag{3-43}$$

式中,η_0 还用式(3-38)或(3-42)计算解出的结果,η_1 是一级修正后的结果。

如果用二级修正,即取

$$F = 6\pi\eta_2 rv\left(1 + \frac{3}{16}Re - \frac{19}{1080}Re^2\right) \tag{3-44}$$

则有

$$\eta_2 = \frac{1}{2}\eta_1\left(1 + \sqrt{1 + \frac{19}{270}\left(\frac{\rho_0 dv}{\eta_1}\right)^2}\right) \tag{3-45}$$

式中,η_1 为式(3-44)之结果,η_2 为二级修正后的结果。

实验证明,当 $Re<0.5$ 时,η 可取一级修正的值 η_1,当 $0.5<Re<5$ 时,η 可取二级修正值 η_2,当 Re 再大时,就不宜采用落球法测量液体的黏滞系数了。以上数据处理方式称为逐次逼近法。

【观测内容与操作要点】

圆筒内盛待测液体,其深度为 h。圆筒上有两条标志线 N_1 和 N_2,其间距为 L。小球从漏斗落下,到 N_1 处应已作匀速运动。小球落到底后,可利用磁铁吸引沿筒壁将小球移至圆筒口附近,再用摄子夹住取出。

1. 判断小球下落到 N_1 处时是否已达到匀速。

2. 使小球沿筒轴线下落,测出它通过 N_1、N_2 之间的时间,重复测3次。并测出 d、L、

h、R,从卡片上记下ρ和ρ_0,按式(3－38)计算η_0,并记录室温。

3. 用不同直径的小球作实验，分别计算雷诺数Re,并计算η_1和η_2。

4. 远离圆筒中心轴下落时,对比收尾速度的偏离情况。

【注意事项】

1. 筒要竖直,流体必须静止。球要圆,其表面应干净光滑,并用待测液浸润。

2. 估计误差时,可忽略式(3－38)中修正项本身的误差。

3. 所计算的雷诺数应与所要求的η相对应。

【预习思考题】

1. 如何判断小球已进入匀速运动阶段？能否从理论上估算？如何设法从实验中测定？

2. 实验时,是否可以不要标线N_1和N_2？若测出的是小球从N_1到筒底的时间,正确吗？

【思考题】

1. 根据式(3－37)推出估算η的相对误差公式,指出造成各项误差的主要原因是什么,应如何改进。

2. 试分析采用不同密度和不同半径的小球做该实验时对于实验结果的误差影响。

3. 在特定液体中,当小球半径减小时,它下落的收尾速度如何变化？小球密度增大时,情况又如何？

第4章　电磁学实验

电磁测量是测量技术的一个重要组成部分，它包括了对电流、电压、电阻、电量、电容、电感、磁场强度以及其他各种电磁量的测量。配合适当的换能器（或传感器），还能把非电磁量转变为电磁量来进行测量。因而，它是现代生产和科学研究中应用极为广泛的一种实验方法和实用技术。

物理课程中电磁学实验的目的是通过学习电磁学中基本物理量常用的测量方法，例如伏安法、模拟法、电桥法、补偿法等，使学生获得必要的电磁学实验知识以及实验技能的训练，培养学生具有以下实验技能：能看懂电路图，能正确联接线路，能分析、判断并排除简单电路常见故障，会分析误差及其来源并正确处理数据，能按实验要求设计简单电路等。

电磁学实验离不开电源和各种电测器具、器件。特别是随着现代科学技术的发展，许多电磁学测量器具已经标准化、系列化。因此，熟悉和了解基本的电磁学测量器具、器件是一个科技工作者应当具备的一种技能。常用的基本电磁器件及测量器具包括电源、标准电池、电阻器、开关、电压表、电流表、检流计、数字电表和万用表等。

4.1　电源

电源是把其他形式的能转变为电能的装置，分直流电源和交流电源两种。

4.1.1　交流电源

一般用符号“AC”或“～”表示交流电。在电路中交流电源用符号“－⊝－”表示。通常由市电网提供的交流电源有380V和220V两种，频率都为50Hz。实验室常用交流电源为220V。市电提供的交流电源的电压常随网路中用电情况而改变。若要求电压稳定，则需要接交流稳压器。交流稳压器有磁饱和式的，也有电子式的，使用时应注意它们的额定功率值，不可超载使用。交流电表上的读数指示一般是有效值，例如，～220V就是指有效值电压为220V，其峰值电压为$\sqrt{2}\times 220\mathrm{V}=310\mathrm{V}$。

4.1.2　直流电源

一般用符号“DC”或“——”表示直流电。常用的直流电源有干电池、蓄电池和晶体管稳压电源等。使用直流电源时正负极不能接错。

干电池、蓄电池是一种将化学能转变为电能的装置，其主要部分包括正、负电极和电解质。干电池有多种规格，其中常用的甲电池电动势为1.5V，其额定供电电流由电池的体积大小而定。例如，一号甲电池的额定电流为300mA。每节汽车用铅蓄电池的正常电动势为2V，额定供电电流为2A。干电池或蓄电池都可以根据需要串联或并联使用。它们的电动势都随使用时间的延长而逐渐下降。因此，干电池使用一段时间后便报废了。而蓄电池当电动势下降到1.8V时，及时充电便可重复使用。

晶体管直流稳压电源是一种把市电220V交流电经过变压、整流、自动稳定后再输出的电子仪器。它可将输出电压受电网波动及负载变化的影响减小到所需的程度。由于晶体管直流稳压电源具有电压稳定性好、内阻小、功率大、输出连续可调、使用方便等优点，因而在实验室中愈来愈多地取代了化学电池。稳压电源输出的直流电压和电流值可由仪器上的电表读出。使用时要注意它的最大允许输出电压和电流，切不可超过而导致烧毁稳压电源。如常用的WYJ－30型直流稳压电源，最大允许输出电压为30V，最大允许输出电流为3A。WYJ－15A型最大允许输出电压为15V，最大允许输出电流为5A。在开启电源前和使用完毕，都应旋至输出值为最小的位置。有些电源中装有保护电路，在过载时可使电源不输出电压。所以，若拨通电源开关后，旋动“输出电压”旋钮，而没有电压指示，那么只需按一下面板上的“复位”电键，电源就可恢复正常输出。在实验室使用电源应注意以下几点：

1）弄清实验所用电源是直流还是交流，所需电压电流有多大，会不会超过电源的额定值。若电压低于所需值，可考虑用几个电源串联使用。若额定电流太小，则可将几个相同的电源并联起来使用。

2）使用任何电源都不能使电源短路，既不能使两极直接接通，以免电流过大即刻烧毁电源，也不能将电源正负极接错。

4.2 标准电池

标准电池是直流电动势的标准器，它具有稳定而准确的电动势。它的内阻高，绝不能当作一般直流电源来使用，只能作为测量电位差的量具，在电位差计中用于校正电位差计的工作电流，使之标准化。

常用的标准电池是一种汞镉电池，有“H”形封闭玻璃管式和单管式两种。前者只能直立，切忌翻倒。

标准电池内所用的化学物质均经过严格提纯，化学成分非常确定，用量也十分标准。标准电池的正负极由汞及硫酸亚汞制成，负级由镉汞合金制成。正负极均用铂丝作引出线引出，电解液通常为硫酸镉溶液。标准电池按电解液的浓度又分为饱和式和不饱和式两种。饱和式的电动势最稳定（即在恒温下可长时间不变），但对温度变化比较敏感。不饱和式标准电池的电动势稳定性比饱和式要低得多，因此，只能按较低的标准制造。不饱和式的优点是电动势随温度的变化小，通常在允许的工作温度范围内都不需要进行温度修正。

“H”型饱和式标准电池的内部结构如图4－1所示。正负极上沉有硫酸镉晶体以保持管内硫酸镉溶液的饱和状态。

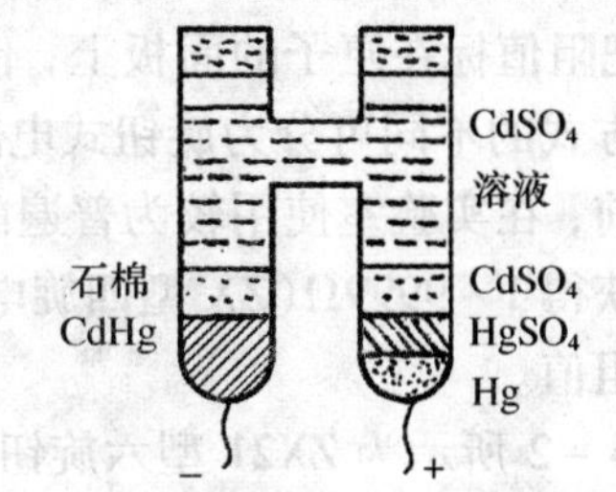

图4－1 饱和标准电池的内部结构

饱和标准电池的电动势 E_N 随使用时的温度而改变，即 E_N 是温度 t 的函数。饱和标准电池在20℃时的电动势 $E_{N20}=1.01855\sim1.01868\text{V}$，实际使用时应根据当时的温度予以修正。1986年以前采用的饱和标准电池在0～40℃范围内的电动势——温度（即 E_N-t）修正公式为

$$E_N(t)=E_{N20}-[39.94(t-20)+0.929(t-20)^2-0.0090(t-20)^3+0.00006(t-20)^4]\times10^{-6}\text{V} \quad (4-1)$$

1986年颁布的新的国家计量检定规程，将 E_N-t 公式改为

$$E_N(t)=E_{N20}-[39.9(t-20)+0.94(t-20)^2-0.009(t-20)^3]\times10^{-6}\text{V} \quad (4-2)$$

一般认为"电池"的内阻都很低，但标准电池的内阻却很大。常用的标准电池内阻在100Ω量级。新标准规定，0.01级饱和标准电池新出厂时内阻 $r_N\leqslant1000\Omega$。使用中的电池内阻要求不大于3000Ω，教学实验中多年来未经检定的电池内阻可能大于此数。由此可见，在电位差计实验中使用标准电池时，r_N 对检流计灵敏度的影响是不可忽略的。

标准电池的准确度和稳定度与使用和维修情况有很大关系。不注意正常的使用和维护，不仅会降低标准电池的准确度与稳定度，而且还可能损坏标准电池。因此，在使用和存放时必须遵守以下几点：

1）使用和存放地点的温度与湿度应符合标准电池说明书的要求。同时，温度的波动应该尽量小些。

2）应防止阳光照射及其他光源、热源、冷源的直接作用。

3）不能过载。通过标准电池的电流不得超过1μA。严禁用电压表或万用表直接测量其端电压。

4）不应摇晃和振动，更不能倒置。

4.3 电阻器

电阻器分固定电阻和可变电阻两大类。电磁学实验中最常用的可变电阻器有电阻箱和滑线变阻器。

4.3.1 电阻箱

电阻箱是一种数值可以调节的精密电阻组件。在实验室常把它作为标准电阻使用。它由若干个用高稳定锰铜合金丝绕制的数值准确的固定电阻元件组合而成，装在一个匣子里，把阻值标在匣子的面板上，借助插头或旋钮以选择不同的电阻值。因而，电阻箱按取值方式的不同可分为旋钮式电阻箱和插头式电阻箱。

目前，在实验室使用较为普遍的电阻箱是旋钮式电阻箱。它借助几个旋钮角位置的变换来获得1～9999Ω（ZX型四旋电阻箱）或0.1～99999.9Ω（ZX21型六旋钮电阻箱）的各种电阻值。

图4-2所示为ZX21型六旋钮电阻箱的面板示意图。在箱面上有六个旋钮和四个接线柱，每个旋钮的边周上都标有0、1、2、3…9等数字。在每个旋钮旁边的面板上标有倍率×.1、×1…×10000，并用点或箭头来取值。读数时只要将旋钮上对准点或箭头的数

字乘以各旋钮的倍率后相加，即为电阻箱的总电阻取值。四个接线柱旁标有 0、0.9Ω、9.9Ω、99999.9Ω 等字样，其中标有“0”字样的接线柱为公共接线柱，其他三个接线柱下面的数字表示用该柱和公共接线柱取电阻时电阻值的调节范围。图 4-2 所示电阻箱，若以 0 与 99999.9Ω 两接线柱取值，则总电阻为$(3 \times 0.1 + 4 \times 1 + 5 \times 10 + 6 \times 100 + 7 \times 1000 + 8 \times 10000) = 87654.3\Omega$。若以 0 与 9.9Ω 两接线柱取值，则电阻为 4.3Ω。0.9Ω 与 9.9Ω 两个接线柱是为取低阻时避免电阻箱其余部分的接触电阻和导线电阻的影响而加设的。

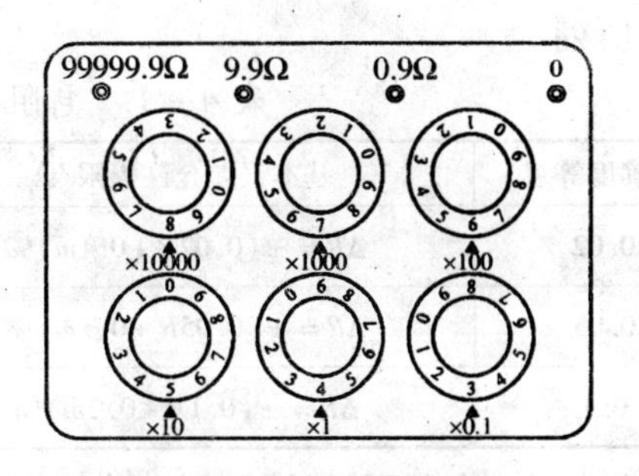

图 4-2 ZX21 型六旋钮电阻箱

电阻箱的主要规格是：

1. 总电阻

即电阻箱的最大电阻值。例如 ZX21 型电阻箱的最大电阻值为 99999.9Ω。

2. 额定功率

指电阻箱每个电阻的功率额定值。一般电阻箱的额定功率为 0.25W，可由它计算额定电流

$$I = \frac{\sqrt{W}}{R} \tag{4-3}$$

式中，I 为额定电流；W 为额定功率；R 为电阻箱指示的电阻值。可见，电阻值越大的挡，允许通过的最大电流越小。电流超过额定值时，会烧毁标准电阻元件，或由于温升过高而降低标准电阻的精度。故使用电阻箱时，不允许超过其额定功率。

3. 准确度等级

电阻箱根据其误差的大小分为若干个准确度等级，一般分为 0.01、0.02、0.05、0.1、0.2、0.5、1.0 七级，它是表示电阻值相对误差的百分数。例如，0.1 级的电阻箱，当取值为 879.0Ω，其级别误差 $879.0 \times 0.1\% = 0.9\Omega$。

不同级别的电阻箱规定允许的接触电阻标准亦不同。例如，0.1 级规定每个旋钮的接触电阻不得大于 0.002Ω，在电阻较大时，它带来的误差微不足道。但是在电阻值较小时，这部分误差却是不可忽略的。例如，对一个六钮电阻箱，用 0 和 99999.9Ω 接线柱而电阻取值为 0.5Ω 时，接线电阻导致的相对误差为

$$\frac{6 \times 0.002}{0.5} = 2.4\%$$

需改用 0.9Ω 接线柱取值，方可减少多个旋钮带来的接触误差。使接触电阻的相对误差降至

$$\frac{1 \times 0.002}{0.5} = 0.4\%$$

为了减小接触电阻，电阻箱应经常擦洗。否则其接触电阻将超过其规定允许值。

4. 电阻箱的基本误差

(1)符合部颁标准(D)36-61 规定的电阻箱，其基本误差允许极限的计算公式如表

4－1 所列。

表 4－1 电阻箱的基本误差允许极限

准确度等级	基本误差允许极限/Ω	准确度等级	基本误差允许极限/Ω
0.02	$\Delta R=\pm(0.02R+0.1m)\%$	0.2	$\Delta R=\pm(0.2R+0.5m)\%$
0.05	$\Delta R=\pm(0.05R+0.1m)\%$	0.3	$\Delta R=\pm(0.5R+m)\%$
0.1	$\Delta R=\pm(0.1R+0.2m)\%$		

表中，m 为所用两接线柱间的十进盘个数，R 为其示值。

（2）符合部标 JB 1393—1974 规定的电阻箱，基本误差允许极限的计算公式为

$$\Delta R=\pm(a\%R+b)(\Omega) \tag{4-4}$$

式中，a 为准确度等级；R 为电阻箱接入电阻值(Ω)；b 为系数。当 $a\leqslant 0.05$ 级时，$b=0.002\Omega$；当 $a\geqslant 0.1$ 级时，$b=0.005\Omega$。

例如，图 4－2 所示 ZX21 型电阻箱若按部标 JB 1393—1974 生产，则其面板示值的基本误差允许极限的计算公式为

$$\Delta R=\pm(0.1\%\times 87654.3+0.005)=\pm 9\times 10\Omega$$

（3）符合国标 GB 3949—1993 规定的电阻箱，其基本误差允许极限的计算公式为

$$\Delta R=\pm\sum C_i\%R_i \tag{4-5}$$

式中，C_i 为第 i 挡用百分数表示的等级指数；R_i 为第 i 挡的示值。

例如，按国标 GB 3949—1993 生产的 ZX21 型电阻箱规格如表 4－2 所列。

表 4－2 ZX21 型电阻箱规格

步进值/Ω		×0.1	×1	×10	×100	×1000	×10000
等级指数	%	5	0.5	0.2	0.1	0.1	0.1
	ppm(10^{-6})	50000	5000	2000	1000	1000	1000
	科学标记法	5×10^{-2}	5×10^{-3}	2×10^{-3}	1×10^{-3}	1×10^{-3}	1×10^{-3}

图 4－2 所示 ZX21 型电阻箱面板示值的基本误差允许极限为

$$\Delta R=\pm(80000\times 0.1\%+7000\times 0.1\%+600\times 0.1\%+50\times 0.2\%+4\times 0.5\%+0.3\times 5\%)$$
$$=\pm 9\times 10\Omega$$

4.3.2 滑线变阻器

滑线变阻器的结构如图 4－3 所示。粗细均匀的电阻丝密绕（图中为显示得清楚、间距较大）在瓷管上，两端分别与固定在瓷管上的接线柱 A、B 相联，电阻丝上涂有绝缘层使各圈电阻丝之间相互绝缘，在瓷管上方装有一根和瓷管平行的金属棒，其中一端与接线柱相联。在棒上套有一金属滑动接触器，它紧压在电阻圈与金属棒之间，接触器与线圈接触处的绝缘层已被刮掉。因此沿金属棒移动接触器的位置，即可改变 AC（或 BC）间的电阻值。

滑线变阻器的规格是：

1. 全电阻

即 AB 间的总电阻。

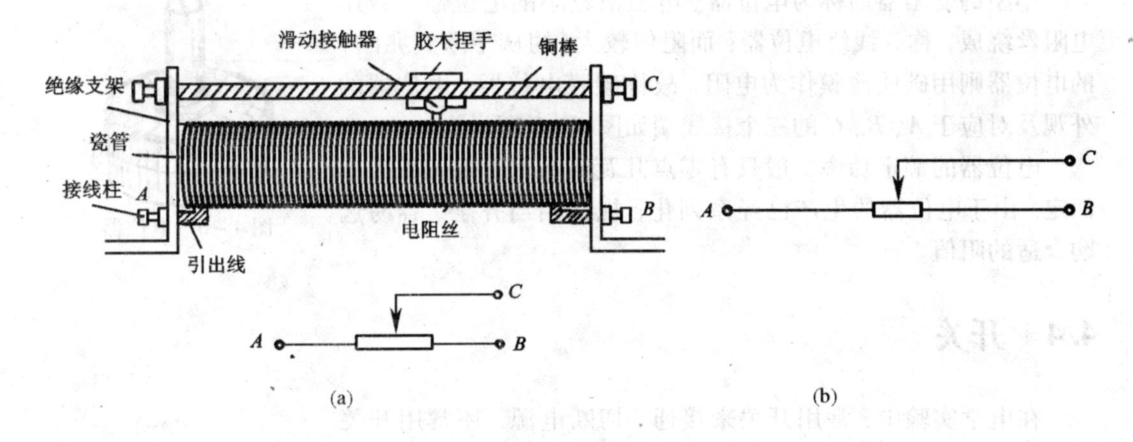

图 4-3 滑线变阻器

2. 额定电流

即变阻器所允许通过的最大电流。

滑线变阻器在电学线路中有两种连接方式，即制流电路和分压电路。

1）制流电路 如图 4-4 所示，将变阻器 A、C 端接入串联回路，B 端空着不用，当滑动 C 点时，可以改变回路的总电阻，因此电流也随之改变。变阻器的这种接法可控制回路的电流，因而称为制流电路(亦称限流电路或限流器)。当 C 点滑至 B 端时，变阻器全部电阻串入回路，回路电流降至最小值。当 C 滑至 A 端时，$R_{AC}=0$，回路电流最大。

为保证安全，在接通电源前，一般应使 C 滑到 B 端使 R_{AC}最大，电流最小。以后逐步减小电阻，使电流增至所需值以保护电源和电表等。

2）分压电路 如图 4-5 所示。变阻器的两个固定端分别与电源的两电极相联，滑动端 C 和一个固定端 A(或 B)作为电压输出端。接通电源后，假若电源内阻很小而可忽略。AB 两端的电压 U_{AB}就等于电源电压。输出电压 U_{AC}是 U_{AB}的一部分，因而称其为分压电路(亦称分压器)。随着滑动端 C 位置的改变，U_{AC}也就改变。当 C 滑至 B 端，$U_{AC}=U_{AB}$，输出电压最大。当 C 滑至 A 端，$U_{AC}=0$，所以输出电压可调节在从零到电源电压的任意数值上。

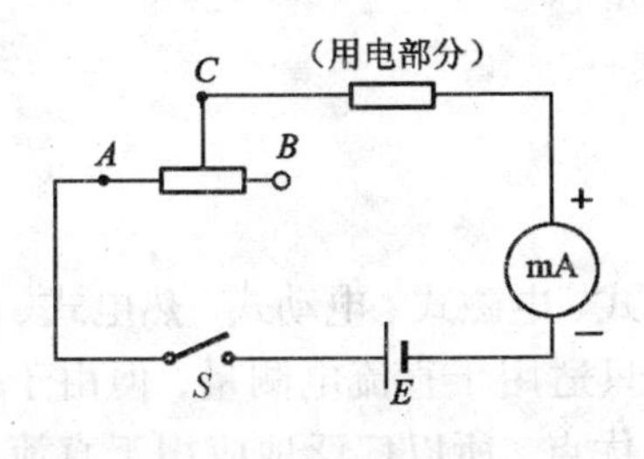

图 4-4 制流电路

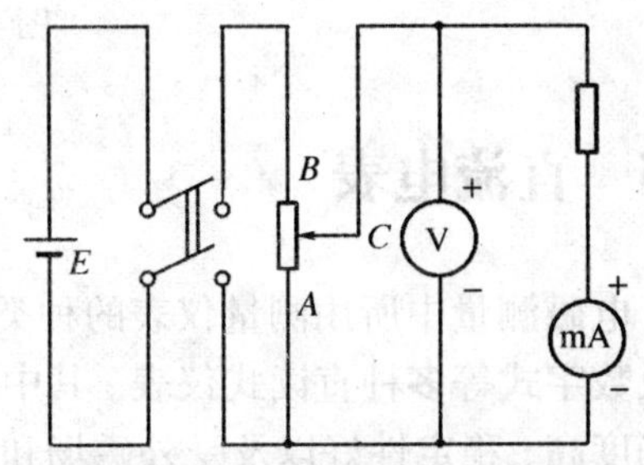

图 4-5 分压电路

为保证安全，在接通电源时，一般应使 $U_{AC}=0$，以后再逐步滑动 C 使电压增至所需值。在选用滑线变阻器时，应注意全电阻(即 AB 间电阻的大小)和额定电流，不允许变阻器在超过额定电流的状态下工作。

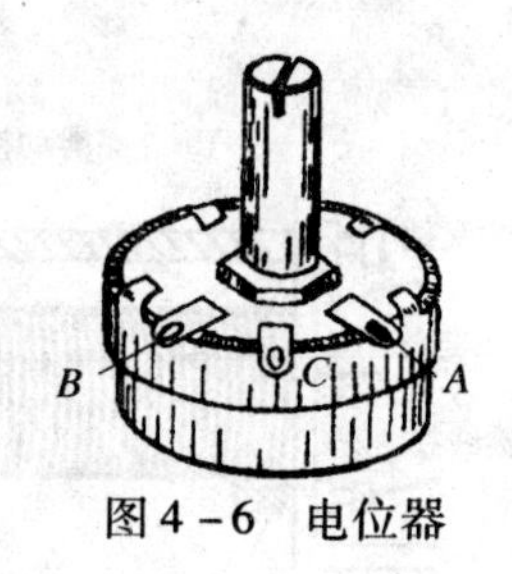

图 4-6 电位器

小型的变阻器通称为电位器。电阻值较小的电位器多数用电阻丝绕成，称为线绕电位器；而阻值较大(约从千欧到兆欧)的电位器则用碳质薄膜作为电阻，故称碳膜电位器。电位器的外观及对应于 A、B、C 的三个接线端如图 4-6 所示。

电位器的额定功率一般只有零点几瓦到数瓦，视体积大小而定。由于电位器的生产已经系列化，规格相当齐全，容易选购合适的阻值。

4.4 开关

在电学实验中，常用开关来接通、切断电源，还常用开关来连接部分电路或电路中的元件。开关的形式有多种，如闸刀式、插塞式、按钮式、拨动式及船形开关等。在实验线路中，最常用的是闸刀式与插塞式开关，后 3 种常用于仪器装置上。闸刀开关又分为单刀单向、单刀双向、双刀双向及双刀换向开关等(图 4-7)。双刀换向开关的作用可用图 4-8 来说明。开关的双刀掷向 B、B'时，A 与 B、A'与 B'接通，电流沿 $ABC'RCB'$流动，电流自下向上流过电阻 R；当双刀掷向 CC'时，电流沿 $ACRC'A'$流动，电流自上而下流经电阻 R，改变了方向，故称其为双刀换向开关。

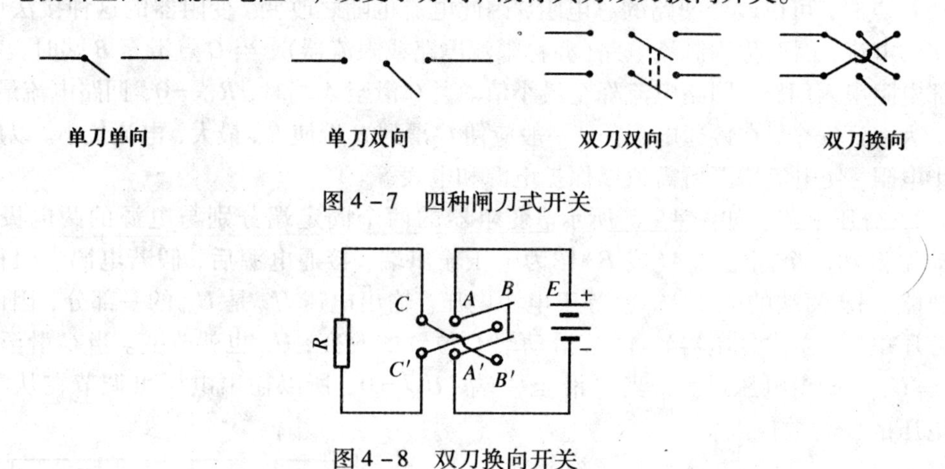

图 4-7 四种闸刀式开关

图 4-8 双刀换向开关

4.5 直流电表

电磁测量中所用测量仪表的种类很多，如磁电式、电磁式、电动式、热电式、感应式以及数字式等多种直读式仪表。其中，磁电式仪表只适用于直流电测量，但由于它具有准确度高、稳定性好以及受外磁场和温度影响小等优点，所以广泛地应用于直流电的测量。物理实验中使用的电表大都是磁电式仪表。

4.5.1 表头

磁电式电表的测量机构，亦称为表头。其内部构造可以简单地用图 4-9 表示。在永久磁铁的两个极上连着带圆筒孔腔的极掌。极掌中间有一圆柱形铁芯固定在底座上，其作用是使极掌与铁芯间形成以转轴为中心呈均匀辐射状的强磁场。长方形线圈固定在上下轴上，并可以在铁芯与极掌间转动而不触碰铁芯与极掌。在上轴上固定有指针。在线圈框的端部还与一对以锡青铜或磷青铜制成的螺线游丝的一端相联。游丝的另一端与整个测量结构的固定部分相连接。这对游丝是用来产生反抗力矩的，也起着将电流引向线圈的作用。当电流流经游丝而通过线圈时，线圈就受磁力矩的作用而偏转，直到跟游丝的反扭转力矩平衡时为止。线圈偏转角度的大小与所通过电流成正比，电流方向不同，偏转方向也不同。这就是磁电式测量机构的基本工作原理。

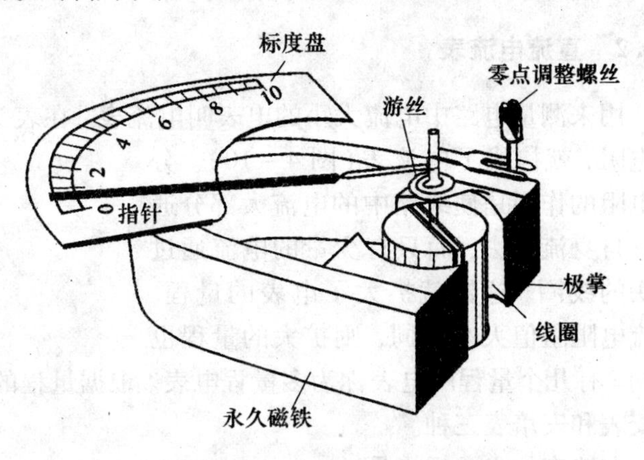

图4－9　表头的内部构造

磁电式表头的主要规格是：

1. 满度电流 I_g

指表头达到满偏时的电流值。磁电式表头的满度电流 I_g 很小，数量级一般在 $10^2\ \mu A$ 左右。满度电压也只有零点几伏。

2. 内阻

指电表测量机构的线圈电阻与引线电阻之和。

3. 分度值

为电表指针偏转一小格所需通入的电流，其倒数称为表头的灵敏度。

4. 准确度等级

电表的准确度等级是根据仪表的基本误差定出来的。所谓基本误差就是指在标准技术条件下规定的正常条件下，由于电表的结构设计、加工制造、材料性质等不尽完善，例如，活动部分在轴承里的摩擦、游丝的弹性不均匀、磁铁间隙中磁场不均匀以及表盘分度不准确等，使电表的示值具有一定的误差。在规定的正常条件下，仪表刻度尺上的每条刻线都是有绝对误差的，不同的刻度线对应的误差也不同，其中有一个最大的绝对误差。电表的准确度等级就是用这个最大的绝对误差与电表量程的百分比来表示的。

因此，电表指针指示任一测量值所包含的基本误差的允许极限为

$$\Delta X = \pm X_m \cdot a\% \tag{4-6}$$

式中，a 为准确度等级；X_m 为电表的量程。

根据国家标准(GB 776—1976)的规定，准确度等级分为0.1、0.2、0.5、1.0、1.5、2.5和5.0七级。而新的国家标准(GB 7676—1987)规定的电表的基本误差允许极限的计算公式为

$$\Delta X = \pm X_N \cdot C\% \tag{4-7}$$

式中，C 为用百分数表示的等级指数，分为0.05、0.1、0.2、0.3、0.5、1、1.5、2、

2.5、3 和5 共11 级；X_N 为基准值，此值可能是测量范围的上限、量程或其他明确规定的量值。

4.5.2 直流电流表

用来测量电路中电流大小的电表叫电流表。在表头的线圈上并联一个阻值很小的分流电阻，就构成了电流表(图4－10)。分流电阻的作用是使线路中的电流大部分通过它自身流过去，而只有少量的电流通过表头的线圈，这样就扩大了电表的量程。分流电阻阻值大小不同，则扩大的量程也不同。有几个量程的电表称为多量程电表。根据量程的不同，电流表大致可分为微安表、毫安表和安培表三种。

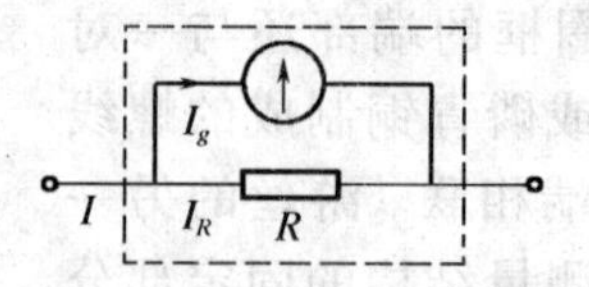

图4－10 电流表的构造

电流表的主要规格是：

1. 量程

指针偏转至满刻度时的电流值。

2. 内阻

电流表正负两接线柱之间的电阻，即表头内阻与并联的分流电阻的并联电阻值。一般说来，安培表的内阻在1Ω以下，毫安表的内阻在100Ω～200Ω范围内，微安表的内阻在1000Ω～3000Ω范围之内。

3. 准确度等级

(同磁电式表头)。

4.5.3 直流电压表

用来测量电路中两点间电压大小的电表叫电压表。与表头线圈串联一个高阻值的分压电阻，就构成了电压表(图4－11)。串联的高电阻起着限制电流的作用，使绝大部分的电压加载在附加串联电阻上。在表头上串联的附加电阻不同，则可以测量的最大电压也不同，因而可得到不同量程的电压表。

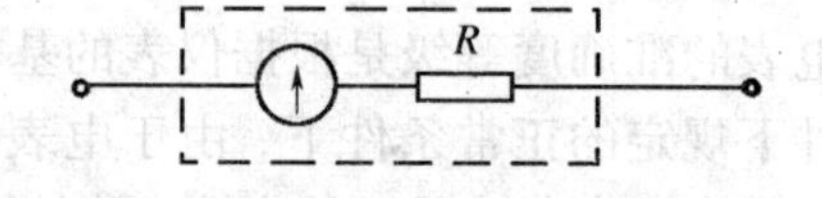

图4－11 电压表的构造

电压表的主要规格是：

1. 量程

指针偏转满刻度时表示的电压值。

2. 内阻

电压表正负两接线柱之间的电阻，即表头内阻与串联附加分压电阻的总和。对于一个电表来说，表头的满度电流 I_g 是相同的，而 $\frac{1}{I_g}=\frac{R}{U}$，所以对同一个电压表的各个量程的每伏欧姆数是相同的，电压表内阻一般用欧姆每伏(Ω/V)表示。各量程的内阻可用下式计算：

$$内阻 = \Omega/V \times 量程 \tag{4-8}$$

3. 准确度等级

(同磁电式表头)。

使用电流表和电压表应注意以下几点:

1) 选择合适的量程:根据被测电流或电压值的大小选择量程，使得指针偏转超过所选量程的1/2，最好超过2/3处。如果量程选得太大，指针偏转太小，会造成较大的测量误差。

【例】 用一只2.5级，量程为0~0.6~3A的电流表测量某一电流，测值为0.50A，求测量误差。

若用3A量程来测量，表盘刻度尺上任一读数的最大绝对误差为

$$\Delta I_1 = 2.5\% \times 3\text{A} = 0.075\text{A}$$

$$相对误差\ E_1 = \frac{0.075\text{A}}{0.500\text{A}} = 15\%$$

若用0.6A的量程来测量，则最大绝对误差

$$\Delta I_2 = 2.5\% \times 0.6\text{A} = 0.015\text{A}$$

$$相对误差\ E_1 = \frac{0.015\text{A}}{0.500\text{A}} = 3\%$$

此例说明，用同一电表测量同一量值，由于采用不同的量程，得到的结果也大不相同，可见选择量程之重要。

当然，量程选择太小，则相对过大的电流或电压会损坏电表。在不知道被测电流或电压的大小时，应选用较大的量程，然后再根据指针的偏转情况选择合适的量程。

2) 零点调整:使用电表前，应注意指针是否与零刻度线重合。若不重合，应调整表盖上的机械零位调节器，使指针指零。

3) 电表极性:电表上红色或标有"+"号的接线柱为电流流入端，又称正极端，应接电路高电位点。黑色或标有"-"号的接线柱为电流流出端，又称负极端，应接电路低电位点。直流电表指针偏转方向取决于电流方向，切莫接错极性，以免撞坏指针。

4) 电表的接入方法:电流表使用时应串联在被测电路中，电压表使用时应并联在被测电路段的两端。

5) 视差问题:为减小读数误差，读数时视线应垂直于标度盘表面。精度高的电表在刻度线盘附有反光镜面，当指针在镜中的像与指针重合时，读数才是准确的。

4.5.4 欧姆表

用来测量电阻大小的电表称为欧姆表。它由表头固定电阻 R_1 和可变电阻 R_0 串联构成(图4-12)，R_x 为待测电阻。

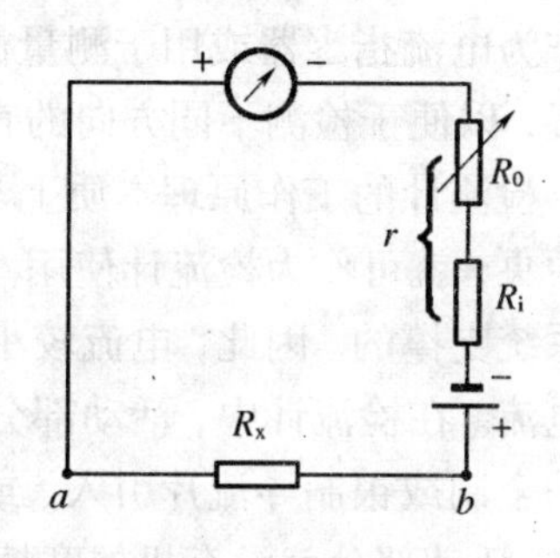

图4-12 欧姆表

用欧姆表测电阻时，首先要调零，即将 a、b 两点短接(相当于 $R_x = 0$)，调节可变电阻 R_0，使表头指针偏转到满刻度。这时电路中的电流即为表头的满度电流 I_g，由欧姆定律可得

$$I_g = \frac{U}{R_g + R_0 + R_i} \tag{4-9}$$

式中，R_g 为表头内阻。可见，欧姆表的零点是在表头标度尺的满刻度处，正好跟电流表与电压表的零点相反。

当 a、b 端接入待测电阻 R_x 后，电路中的电流为

$$I = \frac{U}{R_g + R_0 + R_i + R_x} \tag{4-10}$$

当电池端电压 U 保持不变时，待测电阻 R_x 和电流 I 有一一对应的关系，即接入不同的电阻 R_x，表头的指针就指出不同的偏转读数，如果表头的标度尺预先按已知电阻分度，就可以直接用来测量电阻。因为待测电阻 R_x 越大，电流 I 就越小，当 $R_x=\infty$ 时(相当于 a、b 开路)$I=0$，即表头的指针指在零位。所以，欧姆表的标度尺为反向刻度，且刻度是不均匀的，电阻 R_x 越大，刻度线间隔越小(图 4－13)。

待测电阻 $R_x=0$ 时，电路中通过的电流应恰为表头的满度电流 I_g，这是通过调节可变电阻 R_0 的大小来实现的。因电池的电动势在使用过程中会不断下降，内阻会上升，故每次测量前，都应先短接 a、b 端调零(即调节 R_0 使表头满偏)。为防止 R_0 调得过小而烧坏电表，固定电阻 R_i 被用来限制电流。

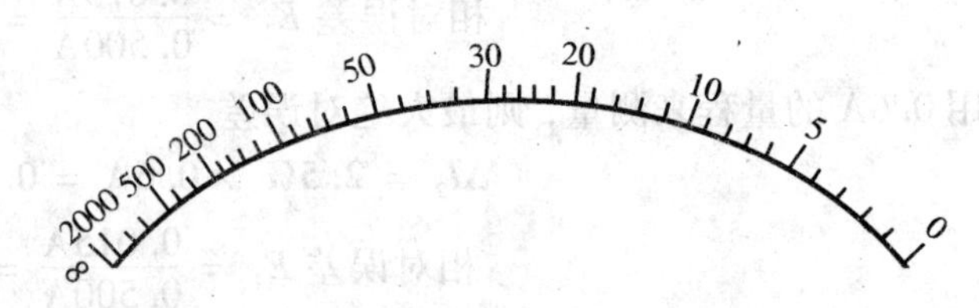

图 4－13 欧姆表的标度尺

当 $R_x = R_g + R_0 + R_i$ 时

$$I_{xg} = \frac{1}{2}\frac{U}{R_g + R_0 + R_i} = \frac{1}{2}I_g$$

指针恰好偏转到标尺满度的一半处，即位于标度盘的正中央。所以，把 $R_g+R_0+R_i$ 称为欧姆表的中值电阻。由于在欧姆表标度尺中间部分读得的电阻值的测量误差较小，所以使用欧姆表时，指针所指示被测电阻之值尽可能在全刻度起的 20%～80% 弧度范围内。多量程欧姆表各挡具有不同的中值电阻值。

4.5.5 检流计

检流计是专门用来检测电路中有无电流通过的电表，常用于电桥、电位差计等仪器中作为电流指零器或用于测量微小电流及电压。检流计标度尺的零点一般在刻度的中央位置，以便于检测不同方向的直流电。

检流计的工作原理本质上与磁电式表头相同。事实上，将表头的指针零点置于标度尺中央，就可作为检流计使用。只不过在普通的磁电式表头中，活动部分是用轴尖—轴承系统支撑的。因此，电流较小时转动力矩不能克服轴承中的摩擦，故而无法检测出微小电流。在检流计中，活动部分是装在悬丝上或拉丝上的(图 4－14)，线圈电流用无力矩的金制或银制导流片引入，或者直接经过拉丝引入。反抗力矩是靠拉丝的扭转产生，这样，活动部分就没有机械摩擦存在。因此，只需很小的转动力矩就能使活动部分发生可察觉的偏转。

检流计的主要规格有：

1. 分度值(亦称检流计常数)

即检流计指针偏转1个刻度对应的电流值，单位为A/格，其倒数为检流计的灵敏度。灵敏度越高，对微弱电流的反映越敏感，仪器性能也越好。

2. 内阻 R_g

一般在20Ω~2000Ω范围之内。

3. 临界外电阻 $R_{外临}$

一般的电表内部装有电磁阻尼线圈，通电后指针很快摆到新的平衡位置，读数很方便。但检流计的阻尼问题要求使用者在外部线路中解决，即通过调节外电路电阻 $R_外$ 来改变电磁阻尼程度，以控制检流计线圈的运动状态。随 $R_外$ 大小的不同，线圈共有三种运动状态：

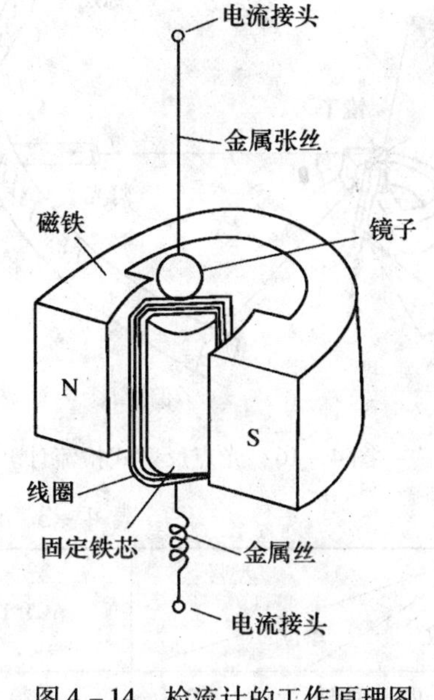

图4-14 检流计的工作原理图

1）欠阻尼状态：当 $R_外$ 较大时，线圈作振幅逐渐衰减的振动，需经过较长时间才能停在新的平衡位置，如图4-15中曲线Ⅰ。

2）过阻尼状态：当 $R_外$ 较小时，线圈缓慢地趋向平衡位置，且不会越过平衡位置，如曲线Ⅱ。利用这一特性，常在检流计两端并联一个开关K，当K闭合时，$R_外=0$，电磁阻尼很大，线圈的运动立即变得非常缓慢，可以方便调零过程。因而将K称为阻尼开关或短路开关。

3）临界状态：当 $R_外$ 适当时，线圈能很快到达平衡点而又不产生围绕新平衡点的振动，如曲线Ⅲ，即处于欠阻尼与过阻尼状态之间的临界状态。这时对应的 $R_外$ 叫做临界外电阻 $R_{外临}$。显然，检流计工作于临界状态最便于测量。

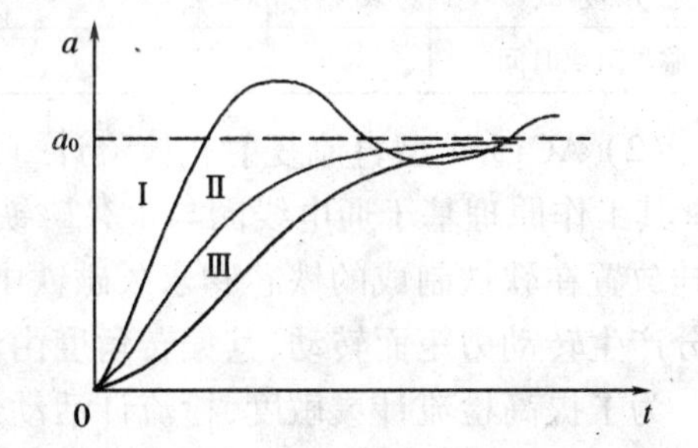

图4-15 检流计线圈的三种运动状态

根据灵敏度的高低(或检流常数的大小)，检流计可分为指针式和光点反射式(“光”指针式)两类。以多次反射的光线作指针，不仅使指针长度增加，而且避免了指针的质量(惯性)对灵敏度的影响，使灵敏度大幅度提高(图4-16)。

(1) AC5型指针式检流计 AC5型指针式检流计属于便携型磁电式结构，其面板示意图如图4-17所示。AC5型检流计有四种不同性能的系列产品，主要技术数据见表4-3。

使用要点：①将检流计的接线柱端钮按其“+”“-”标记接入电路内。②将锁扣移向白色圆点位置，并用零位调节器将指针调至零位。③按下“电计”旋钮，检流计即被接入电路，如需将检流计长期接入电路时，可将“电计”按钮按下，并顺时针方向旋转一角度即可，需断开检流计时，可将“电计”按钮反向旋转一角度即可弹起。④若使用中指针不停地摆动时，按一下“短路”按钮指针便立即停止。⑤检流计应用完毕后，必须将锁扣转向红色圆点位置，并松并“电计”及“短路”按钮。

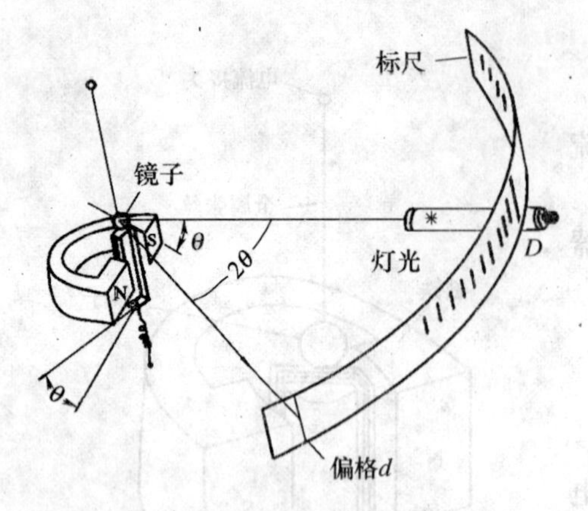

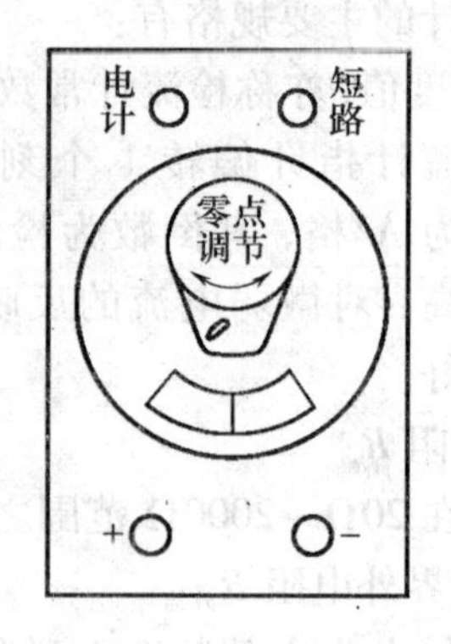

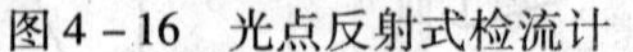
图 4-16 光点反射式检流计　　图 4-17 AC5 型检流计面板图

表 4-3 AC 型检流计主要技术数据

参数 \ 型号	单位	AC5/1	AC5/2	AC5/3	AC5/4
内 阻	Ω	<20	<50	<250	<1200
外临界电阻	Ω	<150	<500	<3000	<14000
分 度 值	A/格	$<5\times10^{-6}$	$<2\times10^{-6}$	$<7\times10^{-7}$	$<4\times10^{-7}$
临界阻尼时间	s	2.5			

（2）AC15/4 型直流复射式检流计　AC15/4 型直流复射式检流计属于便携型磁电结构。其工作原理基于通电线圈与永久磁铁所产生磁场之间的相互作用。活动线圈由拉丝悬挂放置在软铁制成的铁芯和永久磁铁中间，当电流通过拉丝流经线圈时，检流计活动部分产生转动力矩而转动，其偏转角度由流过线圈的电流和拉丝的反作用力矩所决定。

为了提高检流计灵敏度，检流计活动部分上装有一小平面镜。利用光线多次反射光学系统，把带有准丝的光斑反射到标度尺上，这就把检流计线圈偏转读数加以放大。因而可以在较小的表壳内制造成高灵敏度的检流计。

4.6 数字电表

数字电表是一种新型的电测仪表，在测量原理、仪器结构和操作方法上都与磁电式电表不同。数字电表具有准确度高、灵敏度高、测量速度快的优点。

数字电压表和电流表的主要规格是量程、内阻和准确度。数字电流表的内阻很低。数字电压表则内阻很高，一般在 MΩ 以上，但要注意其内阻不能再用磁电式电压表中统一的欧姆每伏来表示。

数字电压表的基本误差公式为：

$$\Delta = \pm a\% U_x \pm n \tag{4-11}$$

或

$$\Delta = \pm a\% U_x \pm b\% U_m \tag{4-12}$$

式中，Δ 为绝对误差值；U_x 为测量指示值，U_m 为测量时所使用的量程满度值；a 为误差的相对项系数，b 为误差的固定项系数；n 表示最后一位数字单位值的几倍。

从式(4-11)和(4-12)中可看出，数字电表的绝对误差分为两部分。式中第一项为可变误差部分，式中第二项为固定误差部分，与被测值无关。由式(4-11)和(4-12)可得到测量值的相对误差为

$$E = \pm a\% + \frac{n}{U_x} \tag{4-13}$$

或

$$E = \pm a\% + b\% \frac{U_m}{U_x} \tag{4-14}$$

上两式说明，满量程时，相对误差最小。随测值的减小相对误差逐渐增大。因此，在使用数字电表时，应选合适的量程，使其略大于被测量，以减小测量值的相对误差。

4.7 万用电表

万用电表是一种较为常见的电学仪表，它的用途很广，可用来测量交流电压、直流电压、直流电流、电阻等，还可用来检查电路。它的结构简单，使用方便，但准确度稍低。

万用电表分为指针式和数字式两类。指针式主要由表头、转换开关和测量电路三部分组成。数字式主要由液晶显示器、转换开关和测量电路(采用超大规模集成电路)三部分组成。万用表的型号很多，但结构和原理基本相同。

4.7.1 500 型万用电表

500 型万用电表是一种高灵敏度、多量限的携带式整流系仪表。它共有 24 个测量量限，能分别测量交流电压、直流电压、直流电流、电阻及音频电平，适宜于无线电、电信及电工中测量检查之用。其面板分布如图 4-18 所示。本仪表适合在气温 0~40℃，相对湿度 85% 以下的环境中工作。

1. 主要性能

(1) 仪表的测量范围及精度等级见表 4-4。

(2) 仪表规定在水平位置使用，防外界磁场性能等级为Ⅲ级。

2. 使用方法

(1) 使用前需调整调零器“S_3”，使指针准确地指示在标度尺的零位上。

(2) 直流电压测量　将测试杆短杆插在插口“K_1”和“K_2”内，转换开关旋钮“S_1”旋至“$\underline{V}$”位置上，转换开关旋钮“S_2”旋至欲测量直流电压的相应量限位置上，再将测试杆长杆跨接在被测电路两端。注意“+”极性测试杆应接在电路高电位端。

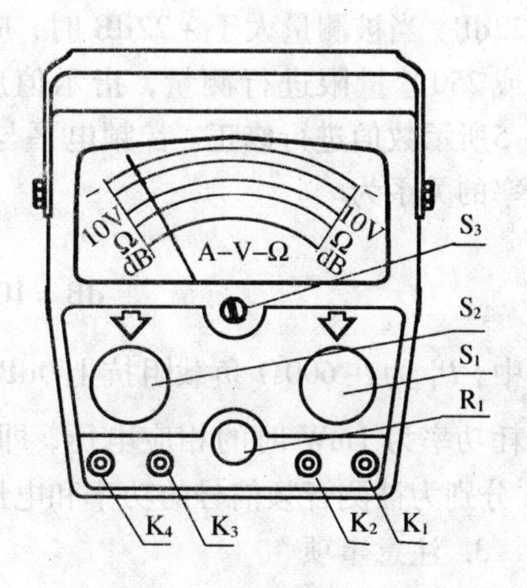

图 4-18　500 型万用电表

表 4－4 500 型万用电表主要性能

测量范围		灵敏度/Ω·V^{-1}	精度等级	基本误差	基本误差表示法
直流电压/V	0～2.5～10～50～250～500	20000	2.5	±2.5%	以标度尺工作部分上量限的百分数表示之
	2500	4000	5.0	±5.0%	
交流电压/V	0～10～50～250～500	400	5.0	±5.0%	
	2500	400	5.0	±5.0%	
直流电流/mA	0～0.05～1～10～100～500		2.5	±2.5%	
电阻/kΩ	0～2～20～200～2×10^3～20×10^3		2.5	±2.5%	以标度尺工作部分长度的百分数表示之
音频电平	－10dB～＋22dB				

测量 500V～2500V 电压时，将测试短杆插在"K_1"和"K_4"插口中。

（3）交流电压测量　将开关"S_1"旋至"$\underset{\sim}{\mathrm{V}}$"位置上，开关旋钮"$S_2$"旋至欲测量交流电压值相应的量限位置上，所测交流电压频率范围为 45Hz～1000Hz，测量方法与直流电压的测量相似。当被测电压为非正弦波时，仪表的指示值将因波形失真而引起误差。

（4）直流电流测量　将开关旋钮"S_2"旋至"$\overline{\mathrm{A}}$"位置上，开关旋钮"S_1"旋至欲测量直流电流值相应的量限位置上，然后将测试杆串接在被测电路中（注意电流应从仪表的"＋"端流入），就可显示被测电路中的直流电流值。

（5）电阻测量　将开关"S_2"旋到"Ω"位置上，开关旋钮"S_1"旋到"Ω"量限内，先将两测试杆短路，使指针向满度偏转，然后调整"0Ω"调整器"R_1"使指针指示在欧姆标度尺的"0Ω"位置上，再将两测试杆分开，测量未知电阻的阻值。

当短路测试杆调节电位器"R_1"不能使指针指示到"0Ω"时，表示电池电压不足，应尽早取出更换新电池。

（6）音频电平测量　测量方法与测量交流电压相似。将测试杆插在"K_1、K_3"插口上，转换开关旋钮"S_1"、"S_2"，分别旋至"$\underset{\sim}{\mathrm{V}}$"和相应的交流电压量限位置上。音频电平刻度系根据 0dB＝1mW，600Ω 输送标准而设计。标度尺指示值范围为 －10dB～＋22dB，当被测量大于＋22dB 时，应在 50 $\underset{\sim}{\mathrm{V}}$ 或 250 $\underset{\sim}{\mathrm{V}}$ 量限进行测量，指示值应按表 4－5 所示数值进行修正。音频电平与电压、功率的关系为

表 4－5 电平修正值

量限/$\underset{\sim}{\mathrm{V}}$	按电平刻度增加值/dB	电平的范围/dB
50	14	＋4～＋360
250	28	＋18～＋50

$$\mathrm{dB} = 10\log P_2/P_1 = 20\log U_2/U_1 \tag{4-15}$$

式中，P_1 为在 600Ω 负载阻抗上 0dB 的标称功率，$P_1 = 1\mathrm{mW}$；U_1 为在 600Ω 负载阻抗上消耗功率为 1mW 时的相应电压，即 $U_1 = \sqrt{P_1 Z} = \sqrt{0.001\times600}\,\mathrm{V} = 7.75\times10^{-1}\mathrm{V}$；$P_2$、$U_2$ 分别为被测音频信号的功率和电压。

3. 注意事项

（1）仪表在测试时，不能旋转开关旋钮。

（2）测量电路中的电阻阻值时，应将被测电路的电源切断，如果电路中有电容器，应先将其放电后才能测量。切勿在电路带电情况下测量电阻。

（3）测量前必须检查转换开关所置的位置是否与测量要求相符，不能搞错，否则会烧毁仪表。

（4）每次用毕后，应将开关旋钮"S_1"、"S_2"都旋到"0"位置。

（5）测量交直流2500V量限时，应将测试杆一端固定接在电路地电位上，将测试杆的另一端去接触被测高压电源，测试过程中应严格执行高压操作规程，必须带高压绝缘手套，地板上应铺置高压绝缘板。

4.7.2 DT9202型数字万用表

DT9202型数字万用表是一种操作方便、读数精确、功能齐全、体积小巧、携带方便的袖珍式大屏幕液晶显示三位半数字万用表，可用来测量直流电压/电流、交流电压/电流、电阻、电容、二极管正向压降、晶体三极管 *hFE* 参数及电路通断等，可供工程设计、实验室、生产试验、工场事务、野外作业和工业维修等应用。

1. 主要性能

（1）直流基本精度　±0.5%。

（2）快速电容测试，1pF～20μF自动调零。

（3）具备全量程保护功能。

（4）通断测试有蜂鸣音响指示。

（5）过量程指示　最高位显示"1"，其余消隐。

（6）最大显示值　1999（即三位半数字）。

（7）电池不足指示　在液晶显示屏左上方显示出特殊的符号。

（8）具有自动关机功能　开机之后约15min会自动切断电源，以防止仪表使用完毕忘关电源。在仪表自动关机后，重复电源开关操作即可继续开机。

（9）工作温度0～40℃，存储温度－10℃～50℃。

（10）电源　9V电池一节。

2. 技术指标

DC电压/电流、AC电压/电流、电阻、电容、二极管测试、音响通断测试及晶体三极管 *hFE* 参数测试的测量范围及性能见表4－6～表4－14。

表4－6　DC电压测量

量程/V	准确度	分辨力/mV
0.2	±（0.5%读数＋1个字）	0.1
2		1
20		10
200		100
1000	±（0.8%读数＋2个字）	1

注：输入阻抗：所有量程为100MΩ

表4－7　DC电流测量

量程/mA	准确度	分辨力/μA
2	±（0.8%读数＋1个字）	1
20		10
200	±（1.2%读数＋1个字）	100
20000	±（2%读数＋5个字）	10000

注：最大输入电流10A（20A输入最多15s）

表4-8 AC电压测量

量程/V	准确度	分辨力/mV
0.2	±(1.2%读数+3个字)	0.1
2	±(0.8%读数+3个字)	1
20		10
200		100
750	±(1.2%读数+3个字)	1000

注 输入阻抗:同DC电压 频率范围:40Hz~400Hz(200V和750V量程为40Hz~100Hz)显示:平均值(正弦有效值)

表4-9 AC电流测量

量程/mA	准确度	分辨力/μA
2	(±1%读数+3个字)	1
		10
20		
200	±(1.8%读数+3个字)	100
20	±(3%读数+7个字)	10

注:最大输入电流:同DC电流 频率范围:40Hz~400Hz 显示:平均值(正弦波为有效值)

表4-10 电阻测量

量程/kΩ	准确度	分辨力/Ω
0.2	(±0.8%读数+3个字)	0.1
2	±(0.8%读数+1个字)	1
20		10
200		100
2000		1000
20000	±(1%读数+2个字)	10000
200000	±[5%(读数-10个字)+10个字]	100000

注:开路电压:约0.6V(200MΩ,开路约2.8V)

表4-11 电容测量

量程/μF	准确度	分辨力/pF
0.002	±(2.5%读数+3个字)	1
0.02		10
0.2		100
2		1000
20		100000

注:测试频率:400Hz 测试电压:40mV

表4-12 二极管测试

量程	说明	测试条件
	显示二极管近似正向电压值	正向直流电流约1mA,反向直流电压约3V

表4-13 音响通断测试

量程	说明	测试条件
0)))	导通电阻<30Ω时机内蜂鸣器响	开路电压约0.6V

表4-14 晶体三极管 *hFE* 参数测试

量程	说明	测试条件
hFE	可测NPN型或PNP型晶体三极管 *hFE* 参数 显示范围0~1000β	基极电流10μA U_{ce}约3V

3. 使用操作要点

(1)所有量程均由一个旋转开关选择。根据被测信号测量范围,将此开关置于所要求的位置。如被测信号的值未知,一般先将量程开关置于最大挡位置,然后再变小直到获得满意的读数为止。如果只显示“1”，说明已超过量程，须调高量程挡级。

(2) 黑笔始终插入“COM”孔。测 DCV、ACV、电阻、二极管和通断时，红笔插入 VΩ 孔。当测电流时，若 DC 或 AC 电流小于 200mA 时，红笔插入“A”插孔；若 DC 或 AC 电流大于 200mA 时，将红笔插入“20A”插孔。

(3) 检测在线电阻时，须确认已关断电源，同时电容已放完电，方能进行测量。当用 200MΩ 挡进行测量时应注意，在此量程，二表笔短接时读数为 1.0，这是正常现象，此读数是一个固定的偏移值。如被测量电阻为 100MΩ 时，读数为 101.0，正确的阻值应是显示值减去 1.0，即 101.0 - 1.0 = 100.0。

(4) 用 F 挡测量电容时，在接上电容器之前，显示可以缓慢地自动校零。把待测电容连到电容输入插孔(不用测试表笔)，并注意在插进测试孔之前，电容器务必放电。

(5) 用测二极管挡进行二极管测量时，若输入端开路，显示值为“1”。将测试笔跨接在待测二极管上，本表显示值为正向压降伏特值，此时通过器件的电流为 1mA 左右，当二极管反接时(红表笔为“ + ”极)，则显示过量程“1”。

(6) 用0)))挡进行音响通断检查时，将表笔跨接在欲检查之电路的两端，若被检查两点之间的电阻值小于 30Ω，蜂鸣器便会发出音响。注意被测电路必须在切断电源状态下检查通断，因为任何负载信号都会使蜂鸣器发声，导致误判。

(7) 用 hFE 挡进行晶体管 hFE 测量时，应先认定晶体三极管是 PNP 型还是 NPN 型，然后再将被测管 E、B、C 三脚分别插入面板对应的晶体三极管插孔内，本表即可显示近似 hFE 值。

数字万用表是一部精密电子仪表，使用时切勿误接量程，以免内外电路受损。不要接到高于 DC1000V 或 AC750V 以上的电压上去。

【附录】 电磁学实验规则

在做电磁学实验时，为了保护实验者安全和防止仪器损坏，同时也为使实验能顺利地进行，学生必须遵守下列实验规则：

1) 根据实验线路和具体设备，在接线前首先估计电路中可能出现的电流和电压的大小，初步判断所用电表和其他实验器件的规格是否适用。在把握不大的情况下，尽可能先用大量限，最后根据实际情况改用适当的量限。

2) 接线前，应根据便于操作和读数的原则布置好仪器，而后按回路接线法接线。

3) 接线时不得首先接通电源，以免损坏仪器仪表或发生短路事故。对直流电源可只接一个电极，待整个电路接好后，经检查无误再接上另一个电极。电线要接牢，防止短路。

4) 接好线路，自己检查认为无误后，再请教师检查，经许可后方能闭合电源开关，进行实验。

5) 实验因故中断或停止(如更改线路的某一部分或改变电表量程等)，都必须断开电源开关。实验发生事故或异常现象，应立即切断电源，并向教师报告。

6) 实验完毕，应断开电源开关，将实验数据给教师审阅，认为合格后，方可拔去电源、拆除线路，并归整好仪器。

实验11 改装电表及其校准

实验室常用的电表大部分是磁电式仪表，其测量机构的可动线圈和游丝只允许通过微安级或毫安级的电流。用这种测量机构直接构成的电表叫表头，其满度电流和电压都很小。未经改装的表头，一般只能测量很小的电流和电压，若想测量较大的电流或电压，就必须对其进行改装:并联或串联电阻以扩大其量程。电表经过改装或经过长期使用后，为确定其准确度等级或减少使用误差，必须进行校准。

【实验目的】

1. 了解电流表、电压表的构造原理及规格。
2. 学会用比较法校准电表。
3. 学习掌握按回路接线法。

【仪器用具】

微安表头、直流电流表、直流电压表、电阻箱、滑线变阻器(大小各1)、开关、直流电源、导线(粗2根，细若干)。

【实验原理】

1. 将微安表头改装成为安培表

用微安表测量电流时，应将微安表串联于待测电路中，使待测电流流过微安表而被测出。但微安表满度电流一般只有几百微安，因而无法测量较大的电流。当微安表两端并联一电阻后，则电流只有一部分流经表头，另一部分则流过并联电阻 R_p(图4－19)，并联电阻 R_p 起了分流作用，称为分流电阻，这种由微安表和分流电阻构成的整体(图中用虚线框住的部分)就是改装后的电流表。选用不同大小的 R_p，就可以得到不同量程的电流表。同理，此方法也适于将其他量程的电流表改装为较大量程电流表。

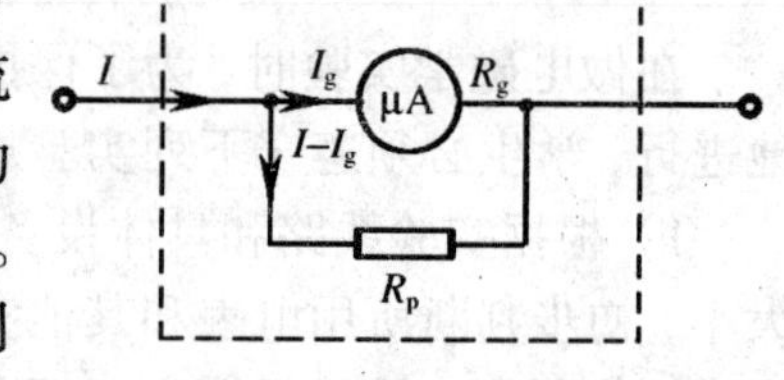

图4－19 改装微安表头为安培表

若要将量程为 I_g，内阻为 R_g 的电流表量程扩大 n 倍，改为量程为 I 的电流表，则流过分流电阻 R_p 的电流为

$$I_p = I - I_g = nI_g - I_g = (n-1)I_g$$

根据欧姆定律

$$R_gI_g = R_p(n-1)I_g$$

则分流电阻

$$R_p = \frac{R_g}{n-1} = \frac{I_g}{I-I_g} \cdot R_g \tag{4-16}$$

2. 将微安表头改装成电压表

表头的满度电压很小，一般为零点几伏，为了测量较大的电压，可在表头上串联一

大小适当的电阻 R_s(图 4-20)，使一部分电压降落在表头上，另一部分电压降落在 R_s 上。表头和串联电阻 R_s 所组成的整体(图中虚线框内部分)作为扩程后的电压表可用于测量较大的电压。串联电阻 R_s 起分压作用，称为分压电阻。如果要将原电流量程为 I_g、内电阻为 R_g 的表头改装为量程为 U 的电压表，则根据欧姆定律，电压为

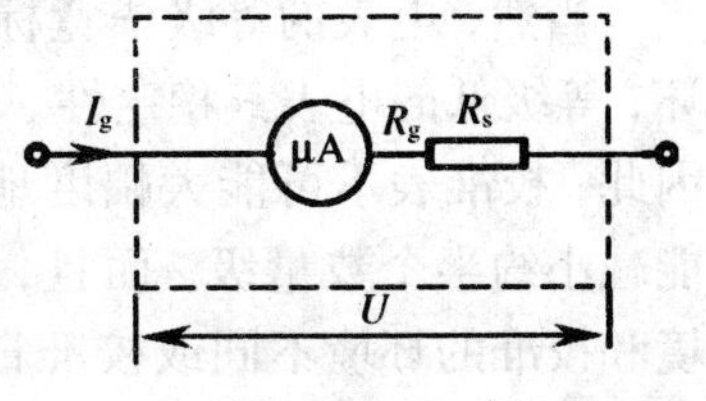

图 4-20 改装微安表头为电压表

$$U = I_g(R_g + R_s)$$

则分压电阻

$$R_s = \frac{U}{I_g} - R_g \tag{4-17}$$

式(4-17)还可写为下面形式：

$$\frac{R_g + R_s}{U} = \frac{1}{I_g} \tag{4-18}$$

式(4-8)表明电压表内阻与相应量程之比是一常数，它等于表头满度电流的倒数，称为欧姆每伏数，单位是 Ω/V，是电压表的一个重要参数。知道电压表的欧姆每伏数，就可以计算各量程的内阻，即

$$内阻 = 量程 \times 欧姆每伏数 \tag{4-19}$$

例如，一个量程为 0～1.5V～7.5V～15V 的电压表，若其欧姆每伏数是 1000Ω/V，则对应量程的内阻分别为 1500Ω、7500Ω、15000Ω。

一个表头可改装成多个量程的电流表和电压表，其方法是多接头式，每个接头处只需分别并联或串联适当大小的电阻即可。使用多量程电表时，应注意每个接头处所标量程的数值，如果超过量程，就有可能损坏电表。

3. 电表的标称误差和校准

标称误差是指电表的读数与准确值的差异。电表构造上各种不完善的因素引入的误差，使得电表上的每条刻度线都存在着绝对误差。选取其中最大的绝对误差除以量程，就可得到该电表的标称误差，即

$$标称误差 = \frac{最大的绝对误差}{量程} \times 100\%$$

根据标称误差的大小，电表准确度分为不同的等级，电表的等级常标在电表的面板上，例如 0.2 表示该表的准确度等级为 0.2，其标称误差不大于 0.2%，允许最大绝对误差是量程的 0.2%。

为确定标称误差，应对电表进行校准。根据电表准确度级别的不同，校准电表的方法也有很大的差异。对于准确度等级较高的电表，宜采用补偿法校准(即用电位差计来校准)；而对于准确度等级较低的电表，则通常用准确度等级较高的电表作标准表用对比法来校准。方法是依次读出待校准电表某刻度指示值 I_x 和标准表对应的指示值 I_s，得到该刻度的修正值 $\delta I_x = I_s - I_x$。以 I_x 为横坐标，δI_x 为纵坐标，将相邻两个校准点以直线段连接，从而画出电表的校准曲线。整个图形为折线状，如图 4-21 所示。

当然，电表的等级毕竟标志着电表结构的好坏，等级低的电表其稳定性、重复性都相对较差。因此，校准表不可能大幅度地减小误差，一般只能减小约半个数量级。而且，如果电表使用的环境和校准的环境不同或校准日期过久，校准数据也会失效。

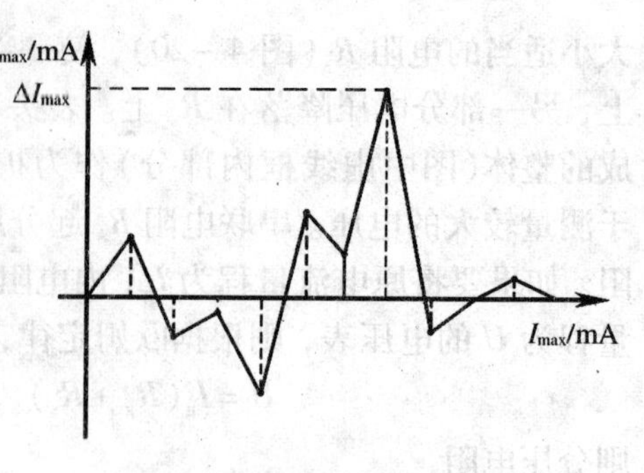

图 4－21 电表校准曲线

校准电表时，要使标准电表的误差相对于被校表的误差可以忽略。因此，标准电表的误差应小于被校表的1/5。即以 0.1 级表校准 0.5 级表，0.5 级表校准 2.5 级，……以此类推。

【观测内容及操作要点】

1. 将量程为 100μA 的微安表头改装成 10mA 的毫安表

（1）由式(10－1)计算出分流电阻 R_p 的数值，表头内阻由实验室给出。

（2）用回路接线法按图 4－22 接线，R_p 用旋钮式电阻箱，用粗导线将其与微安表并联，形成图 4－22 虚线框内的改装表，并调准电表机械零点。由于校准时电流要有较大变化范围，故采用分压、制流混合电路。接线期间，滑线变阻器 R_{01} 的滑动端应滑至下端，接好线后先自行检查，再经教师复查后方可接通电源。

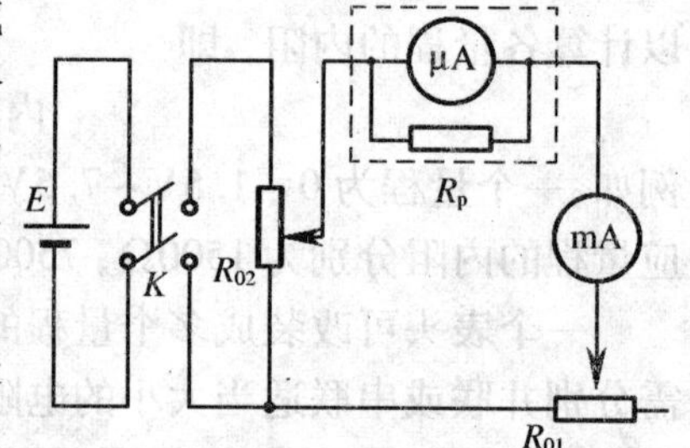

图 4－22 改装安培表的实验线路

（3）校准量程调节两滑线变阻器的阻值，使改装表的指针指到满量程，看这时标准表的读数是否也刚好为 10mA，若有差异，可微调 R_p 使两表同时到达满偏。记下此时电阻箱上的读数 R_p'，R_p'为分流电阻的实际值。

（4）校准刻度　改装表刻度的校准，可均匀地取包括零刻度和满量程在内的 6 个校准点。调节滑线变阻器，使电流从小到大变化，并依次记下改装表在校准点时标准表的对应读数。填入数据记录表格。

（5）作改装电流表的校正曲线，并计算改装表的等级。

2. 将量程为 100μA 的微安表改装成 0～1V 的电压表

（1）根据公式(4－17)计算扩程电阻 R_s。

（2）用回路接线法如图 4－23 接线。分压电阻 R_s 采用旋钮电阻箱，与微安表头串联接线形成图 4－23 虚线框中待校准的改装伏特表。控制电路采用分压电路，其中阻值较大的滑线电阻 R_{01} 用于粗调、阻值较小的 R_{02} 用于细调。接线时滑线变阻器的两滑动头之间的阻值应保持最小，经检查无误后，方可接通电源。

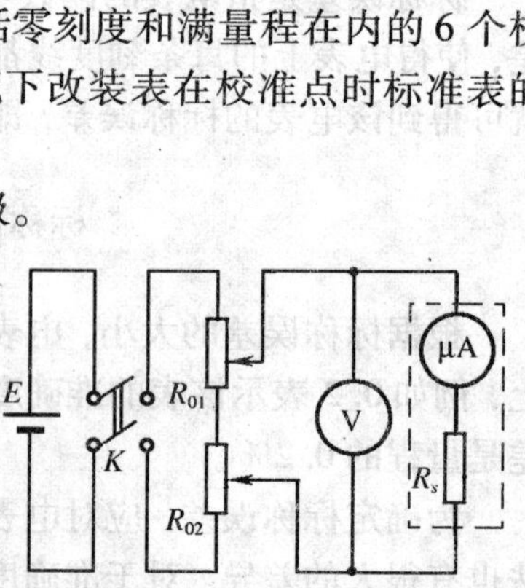

图 4－23 改装电压表的实验线路

（3）校准量程　同校准改装电流表量程一样，若和设计值有差异，可调分压电阻

R_s，以符合设计值。

(4) 校准刻度　改装电压表刻度的校准可均匀地取包括零刻度和满量程在内的 6 个校准点。校准过程同改装电流表刻度校准类似，数据填入记录表格。

(5) 作改装电压校准曲线。

【注意事项】

1. 实验所用电表的正负极不可接错。

2. 分流电阻 R_p 的接线必须保证接触良好，千万不能断开，否则流过表头的电流过大，会烧坏表头。

【数据记录与处理】

1. 改装电流表

计算值 R_p = ________(Ω) 实际值 R_p' = ________(Ω) 相对误差 = ______%

改装表读数 I_x/mA						
标准表读数 I_s/mA						
$\delta I_x = I_s - I_x$/mA						

$$\delta I_m = \_\_\_\_\_\_\_\_\ \text{mA} \qquad \frac{\delta I_m}{10\text{mA}} = \_\_\_\_\_\_\_\_\%$$

2. 改装电压表

计算值 R_s = ________(Ω) 实际值 R_s' = ________(Ω) 相对误差 = ______%

改装表读数 U_s/V						
标准表读数 U_x/V						
$\delta U_x = U_s - U_x$/V						

$$\delta U_m = \_\_\_\_\_\_\_\_\ \text{V} \qquad \frac{\delta U_m}{1\text{V}} = \_\_\_\_\_\_\_\_\%$$

3. 在坐标纸上分别作出改装电流表和改装电压表的校准曲线。

【预习思考题】

1. 改装电流表时，分流电阻 R_p 为什么要用粗导线将其与表头并联？

2. 开始实验接通电源时，应使电表两端的加载电压最小，以保护电表。图 4－22、图 4－23 中滑线变阻器的滑动端应置于何处才能使输出电流或电压最小？

【思考题】

1. 为校准量程而调节分流电阻 R_p 或分压电阻 R_s 时，改装电流表和改装电压表中哪一个的响应更为灵敏？若改装表已达到满量程时，标准表还未到，则应分别怎样调节 R_p(或 R_s)？

2. 改装后的电表其级别与原电表是否相同？为什么？

3. 对于指针式仪表，在外界条件不变情况下，被测的量由零向上限方向平稳增加和由上限向零方向平稳减少时，对应同一分度线两次测量值之间差值，称为仪表的示值升降差，选其最大值作为该仪表的变差。变差产生的主要原因是活动部分轴尖与轴承的摩擦以及游丝的弹性效应，变差属于未定系统误差，不能用修正值的方法加以消除，只能估计出它的误差限。变差属于仪表的基本误差，对一般指针式仪表，变差不应超过其基本误差的绝对值。

在本实验中，电流（或电压）由小到大和由大到小各做一遍，若两者完全一致说明什么？若两者不一致又说明什么？

实验 12　用惠斯通电桥测电阻

电桥是一种用比较法进行测量的仪器，测量通常是在平衡条件下将待测量与已知量进行比较从而确定待测量数值。电桥具有精确度高、使用方便等特点。根据电源的不同，电桥可分为直流电桥和交流电桥两大类。

直流电桥主要用来测电阻，有单臂电桥和双臂电桥两种。交流电桥除了测量电阻外，还可测电容、电感、频率等。通过换能器，一些非电学量，如温度、湿度、压力等也可借助电桥来测量。另外在自动控制中，电桥也有着广泛的用途。

直流单臂电桥亦称惠斯通电桥，是电桥中最基本的一种，主要用于精确测定 $10^0\Omega \sim 10^6\Omega$ 范围内的中值电阻。

【实验目的】

1. 了解惠斯通电桥的基本原理及特点。
2. 掌握用惠斯通电桥测量电阻的方法。
3. 了解电桥灵敏度。

【仪器用具】

检流计、比例臂电阻、待测电阻、电源、电阻箱、QJ23 型携带式直流电桥。

【实验原理】

1. 惠斯通电桥的线路原理

图 4－24 为简单的直流单臂电桥的线路略图。其中，R_x 为待测电阻，R_1、R_2 和 R_0 是已知电阻。R_0 的阻值是可调的。G 是检流计，E 为电源。R 是用来调节 A、B 两点间电位差的可变电阻器。

用电桥测电阻 R_x 是应用电桥平衡时的条件。调节电阻 R_0 使通过检流计 G 的电流为零，此时电路中 C、D 两点的电位相等，电桥达到平衡，于是，A、C 间电位降必然与 A、D 之间电位降相等，同理 C、B 间电位降必与 D、B 间电位降相等，因而有关系式：

$$I_1R_1 = I_xR_x \qquad I_2R_2 = I_0R_0$$

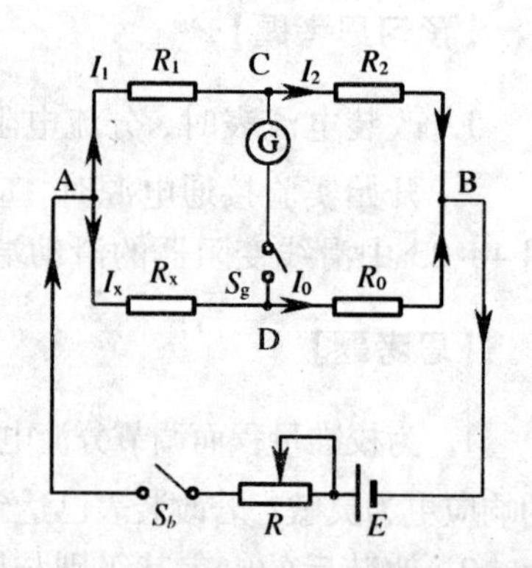

图 4－24　惠斯通电桥的线路原理图

同时，因电桥平衡时，检流计 G 指示为“0”，即 D、C 之间无电流通过，这样流经电阻 R_2 的电流 I_2 必定等于流经电阻 R_1 的电流 I_1，即 $I_2=I_1$。同样，流经电阻 R_1 的电流 I_1 必定等于流经电阻 R_x 的电流 I_x，即 $I_0=I_x$。

由上面二式比较可得电桥的平衡条件为

$$\frac{R_x}{R_1}=\frac{R_0}{R_2}$$

即

$$R_x=\frac{R_1}{R_2}R_0 \tag{4-20}$$

由此可见，只要知道电桥平衡时的 R_0 和比值 R_1/R_2，即可求得 R_x。通常将 R_1、R_2 称为比例臂，R_1/R_2 称为倍率，R_0 称为比较臂。

2. 电桥灵敏度与测量误差

式(4-20)表示出了电桥的平衡条件，但实际上电桥是否达到真正的平衡状态，调节时是由检流计有无偏转来判断的。实验所用检流计的指针偏转 1 格所对应的电流大约为 10^{-6}A，当通过它的电流比 10^{-7}A 还要小时，指针的偏转小于 0.1 格，人眼很难觉察出来，也就是说检流计的灵敏度是有限的，因而会给测量带来误差。假设在电桥$R_1/R_2=1$ 平衡时，有 $R_x=R_0$。若 R_0 相对其平衡值有一微小改变量 ΔR_0，电桥将失去平衡，检流计支路中将有电流 ΔI_g 流过。但若 ΔI_g 小得使检流计觉察不出来，则电桥仍会被认为是处于平衡状态，因而得出 $R_x=R_0+\Delta R_0$ 的结果。ΔR_0 就是由于检流计灵敏度不够而导致的测量误差。为了定量分析电桥灵敏度与测量误差的关系，我们引入电桥相对灵敏度 S 的概念

$$S=\frac{\Delta n}{\Delta R_x/R_x} \tag{4-21}$$

其中，Δn 是由于电桥偏离平衡而引起的检流计的偏转格数，$\Delta R_x/R_x$ 是待测电阻值偏离平衡值的相对改变量。从理论可以证明，若仅考虑灵敏度的绝对值时，在电阻的相对改变量相等的条件下，任意一个桥臂的电阻的相对改变量引起的检流计指针偏转是相同的，也就是说，改变任一个桥臂的电阻所测得的电桥相对灵敏度都是相等的。又因为 R_x 通常不能改变，所以，实际中常以改变 R_0 的方法来测量电桥相对灵敏度，即

$$S=\frac{\Delta n}{\Delta R_0/R_0} \tag{4-22}$$

例如，当比较臂电阻 R_0 的相对改变量 $\Delta R_0/R_0$ 为1%，若检流计偏转 1 格，则灵敏度 $S=1$ 格/1% =100 格。S 越大，说明电桥越灵敏，由于电桥灵敏度不够所引起的误差也就越小。通常我们可以觉察到 1/10 格的偏转，即 $\Delta n=0.1$ 格。因而对于给定的电桥装置，由于灵敏度有限给测量结果带来的相对误差为

$$\frac{\Delta R_{xS}}{R_{xS}}=\frac{\Delta R_{0S}}{R_{0S}}=\frac{\Delta n}{S}=\frac{1}{10\cdot S} \tag{4-23}$$

因此，已知灵敏度 S 后，便可按上式求出与灵敏度有关的测量误差范围。

3. 电桥法测电阻的误差分析

误差主要来源于电桥各臂电阻的系统误差，电桥灵敏度导致的测量误差，存在于电桥测量系统中的寄生热电势和接触电势引起的误差(其产生原因与消除的办法参见本实验附录)。

【观测内容及操作要点】

本实验分别用自组电桥和箱式电桥测量两个数量级分别为 $10^3\,\Omega$ 和 $10^2\,\Omega$ 的未知电阻。

1. 用自组电桥测量待测电阻

(1) 按图 4 – 25 接线。当刚接通电路时，由于通常电桥处于远离平衡点的位置，这时通过检流计支路的电流较大，调节 R_0 使电桥趋近平衡位置。记下电桥平衡时 R_0 的读数和比例臂的倍率。

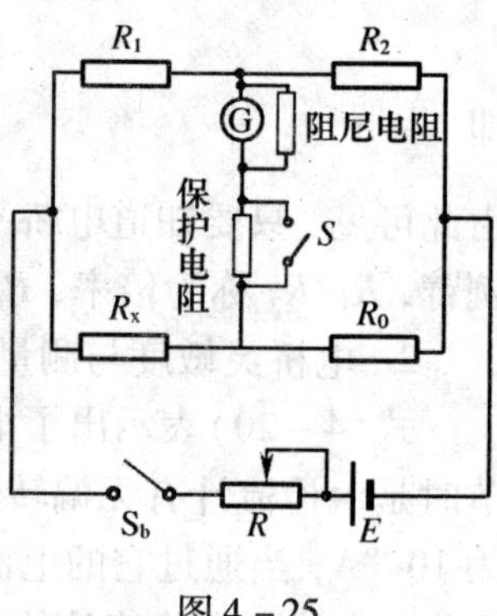

图 4 – 25

(2) 比例臂 R_1/R_2 有三种选择，即 1∶10、1∶1 和 10∶1。测量时，若不知 R_x 的大致值，则应先选 1∶1。比较臂 R_0 为四钮电阻箱，比例臂倍率的选择应使电桥平衡时 R_0 的首位其读数不为零。

(3) 电桥灵敏度的测量当电桥达到平衡后，使 R_0 改变 $\Delta R_0'$ 值，从而使检流计正好偏转 1 格，则电桥灵敏度为

$$S = 1\text{ 格}\left/\frac{\Delta R_0'}{R_0} = \frac{R_0}{\Delta R_0'}(\text{格})\right.$$

(4) 等比例臂情况下，可采用交换比例臂的方法进一步提高测量准确度。

(5) 改变电源极性，观察热电势对测量的影响。

2. 用箱式电桥测量未知电阻

(1) 将金属片接在“外接”处，然后调节检流计调零旋钮，使检流计指针指零，将待测电阻接于电桥的“R_x”两接线柱上。

(2) 合理选用比例臂，以使测量结果得到较高的测量准确度。

(3) 先按按钮“B”，后按按钮“G”以接通电路(注意，断开电路时，要先放开“G”，再放开“B”，这样操作可防止在测量感性元件的阻值时损坏检流计)。调节 R_0 的四个旋钮，直至指针指零。此时通过检流计的电流为零，电桥平衡，可按式(4 – 20)计算待测电阻，按式(4 – 25)计算其不确定度(用 σ 表示)。

调节电桥平衡时，G 键只是短暂使用，按下 G，一旦指针偏转很大则立即松开，以免损坏电表。

(4) 电桥使用完毕，检查按钮“B”和“G”是否已放开，并将金属片接至“内接”处。

【注意事项】

1. 开关应短时间接通，特别是在测量额定功率较小的电阻时，通电时间长会导致电阻发热，引起阻值变化。

2. 略增、减 R_0 数值，如指针分别向两边偏转，说明平衡点判断正确。否则为由电路故障引起的“假平衡”。

【预习思考题】

1. 在自组惠斯通电桥中，若无论如何调节 R_0 及倍率，检流计指针始终偏在零点的

一侧，可能是什么问题？应怎样处理才能使电桥达到平衡？

2. 在自组电桥实验中，若仪器正常，连接线路也正确，但其中有一根导线是断线，问测量时会出现何种情况？如何用万用表检查线路？如何用一根好导线迅速找出断线？

3. 当电桥达到平衡后，将检流计与电源互换位置，电桥是否仍保持平衡？试证明之。

4. 说明QJ23型电桥检流计接线柱“内接”和“外接”的作用。电桥使用完毕，为什么一定要将“内接”接线柱短路？

【思考题】

1. 用电桥测量电阻，若工作电源不太稳定，稍有波动，对测量结果是否有影响？如果电源电压过低，对测量结果是否有影响？如果电源电压过高，又有什么问题？

2. 除了用电桥法测量电阻之外，你知道测量电阻还有哪些方法？试比较它们的优缺点。

3. 惠斯通电桥比例臂倍率的选取原则是什么？为什么要这样选择？

4. QJ23型电桥中按钮“B”和“G”的作用是什么？应按怎样的顺序操作？为什么？

【附录】

1. 电桥的灵敏度

在电桥偏离平衡时，应用基尔霍夫定律，可以推出电桥的灵敏度为

$$S=\frac{S_g\cdot E}{(R_1+R_2+R_x+R_0)+\left(2+\frac{R_2}{R_1}+\frac{R_x}{R_0}\right)R_g}=S_g\cdot S_k$$

式中，S_g为检流计灵敏度($S_g=\Delta n/\Delta I_g$)；R_g为检流计内阻；E为电源电压；S_k称为电桥的线路灵敏度。

$$S_k=\frac{E}{(R_1+R_2+R_x+R_0)+\left(2+\frac{R_2}{R_1}+\frac{R_x}{R_0}\right)R_g}$$

由灵敏度表达式可知，电桥灵敏度S为检流计灵敏度S_g和线路灵敏度S_k之积。提高电源电压E，选择灵敏度高、内阻低的检流计，适当减小桥臂电阻$(R_1+R_2+R_x+R_0)$，尽量使电桥四臂阻值相等，使$\left(2+\frac{R_2}{R_1}+\frac{R_x}{R_0}\right)$值最小，均可提高灵敏度。在实验中，上述提高灵敏度的方法应根据具体情况灵活应用。

当然不是说灵敏度越高越好。因为灵敏度太高，其抗干扰能力便会很差，在测量过程中不易调节，而且灵敏度过高也会使整个测量装置的成本增加。

实验中判断一个电桥装置的灵敏度是否够用的原则是：根据装置的测量精度，在比较臂R_0首位不为零的条件下，其末位有一个或几个该单位的改变量时，检流计若有可觉察的偏转，则电桥装置的灵敏度便可满足测量要求。

2. 存在于电桥测量系统中的寄生热电势和接触电势引起的误差

本来直流电桥的平衡状态与电源电压的大小和极性无关，但由于测量系统中寄生热电势和接触电势的存在，指示器指零的状态就不再与电桥相对臂阻值乘积相等的条件完全对应。因此，若仍然以检流计示零的状态作为 $R_x/R_0=R_1/R_2$ 的标志，就会使测量结果产生一定的系统误差。但热电势和接触电势的符号仅与构成电路的金属种类及其在电路中的位置和温度差有关，并且是恒定的，因而由这些电势在电桥中引起的电流的方向也是恒定的。所以，若工作电流为某一方向时，与它相加，对测量结果产生正误差；当工作电流反向时，与它相减，产生负的误差。因此，可利用换向开关改变工作电流方向，进行两次测量，对两次测量结果取平均值，就可把热电势和接触电势引起的误差消除。

在自组电桥中可变换电源极性来消除该误差。用箱式电桥测量时，比例臂、比较臂等，线路已被装入箱内，不可更改，故以上误差均被包括在箱式电桥的级别误差内。

3. QJ23 型携带式直流电桥

QJ23 型电桥面板如图 4－26 所示。该电桥比例臂采用十进率固定值，由一个旋钮调节，分为 0.001，0.01，0.1，1，10，100，1000 七挡。比较臂为四钮电阻箱，由四个转盘电阻串联而成，四个转盘下面分别标有 ×1000，×100，×10，×1 字样，R_0 的数值为四个转盘上读数的总和。电桥内附检流计，与检流计有关的接线柱有三个，并标有“内接”、“外接”和配有短路金属片。使用内附检流计时，短路金属片应接到“外接”位置。若内附检流计灵敏度不够高，将“内接”检流计用短路片短路，在“外接”接线柱上连接外检流计。电桥内附三节干电池，电压为 4.5V。若用外界直流电源时，先将底部铭牌打开，取出内装干电池，然后再把外接电源接到“B”接线柱上，按钮“B”和“G”分别用于测量时接通电源和检流计，且揿下后顺时针旋转可以锁住。待测电阻接在“R_x”两接线柱上。若检流计不指零，可用“调零”旋钮调节。

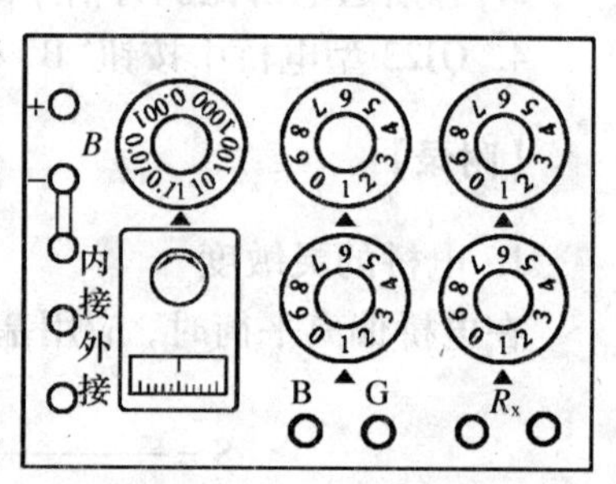

图 4－26 QJ23 型携带式直流电桥面板图

为了确保测量结果的精确度，R_0 的电阻值一般不小于 1000Ω，即测量时不应使桥臂 R_0 中的“×1000”转盘示数为零，也就是说必须保证 R_0 有四位有效数字。测量范围的变化则主要由变换比例臂的数值来完成。

当电桥平衡时，待测电阻 R_x 的阻值为

$$R_x = \text{比较臂读数盘读数之和} \times \text{比例臂的倍率} \tag{4-24}$$

QJ23 型直流单臂电桥符合部颁标准（JB 1391—1974），其基本误差的允许极限为

$$\Delta R = \pm K(a\% \cdot R + b \cdot \Delta R');\ \sigma = \Delta R/\sqrt{3} \tag{4-25}$$

式中，K 为电桥的倍率；a 是准确度等级；R 为比较臂的示值；$\Delta R'$ 为比较臂最小步进值；b 为系数，$a \leqslant 0.02$ 级，b 为 0.3；$a \geqslant 0.05$ 级，b 为 0.2。QJ23 型直流单电桥的准确度见表 4－15。

表 4 – 15　QJ23 型电桥的准确度

比例臂	测量范围/Ω	检　流　计	准确度等级	电源电压/V
×0.001	1 ~ 9.999	内附	2	内附 4.5
×0.01	10 ~ 99.99		0.5	
×0.1	100 ~ 999.9		0.2	
×1	1000 ~ 9999		0.2	
×10	$(10 \sim 99.99) \times 10^6$	外接高灵敏度检流计	0.5	外接 6
×100	$(101 \sim 999.9) \times 10^6$		0.5	外接 15
×1000	$(1 \sim 9.999) \times 10^6$		2	

实验 13　用双臂电桥测低电阻

电阻按阻值的大小可分为三类：阻值在 1Ω 以下的电阻为低值电阻，如电机电枢绕组的电阻，各种分流器电阻等；阻值在 $1 \sim 1 \times 10^5 \Omega$ 之间的电阻为中值电阻；阻值在 $1 \times 10^5 \Omega$ 以上的为高值电阻。对于阻值不同的电阻，测量的方法也不尽相同，它们都有本身的特殊矛盾和解决的方法。用惠斯通电桥测量中电阻，忽略了导线本身的电阻和接触点的接触电阻总称附加电阻的影响。当用它来测低电阻时，就不能忽略了，因为附加电阻一般约为 $10^{-2}\Omega \sim 10^{-5}\Omega$ 数量级，若待测电阻在 $10^{-1}\Omega$ 数量级以下时，就无法得出正确的测量结果了。为了消除附加电阻的影响，改进 3 单臂电桥的线路设计，发展而成了双臂电桥（又称开尔文电桥），它适用于阻值在 $10^{-5}\Omega \sim 10^{2}\Omega$ 范围内的电阻的测量。

【实验目的】

1. 了解测量低电阻的特殊矛盾和解决方法。
2. 了解双臂电桥的设计思想与结构。
3. 学习使用双臂电桥测量低电阻。

【仪器用具】

QJ44 型携带式直流双臂电桥、不同材料导体棒、米尺、千分尺等。

【实验原理】

1. 双臂电桥的工作原理

在惠斯通（单臂）电桥电路中，不可避免地存在着接触电阻（$10^{-6}\Omega \sim 10^{-2}\Omega$）和接线电阻（$10^{-5}\Omega \sim 10^{-2}\Omega$）。用惠斯通电桥测量 1Ω 以下的低电阻时误差很大，以致无法得到正确的测量结果。为消除这些附加电阻的影响，应先清楚它们是如何影响测量结果的。

图 4 – 27 所示为惠斯通电桥原理图。测低阻时，R_1、R_2 仍可用较高的电阻，因此，和 R_1、R_2 相连的导线电阻与接触电阻可以忽略不计，R_x 为待测低电阻。R_0 也应该用低电阻。因此，与 R_x、R_0 相连的四根导线和三个接点的接触电阻对测量结果的影响便不能忽略了。为了消除 A、B、C 三个接点接触电阻的影响，我们先看图 4 – 28，根据欧姆定律

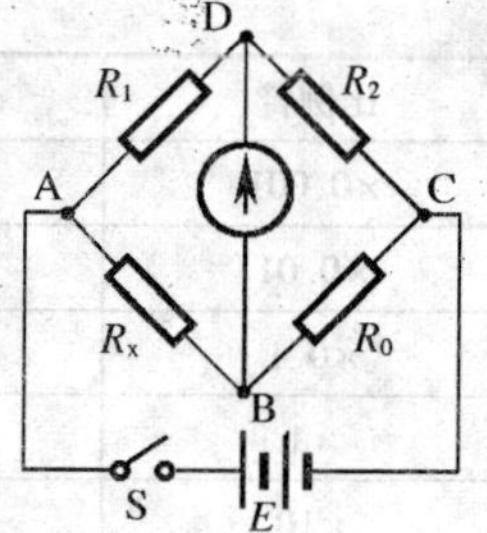

图 4-27 惠斯通电桥原理图

$R=\frac{U}{I}$ 用伏安法测金属棒电阻 R 的情况。一般的接线方法如图 4-28(a)所示，考虑到接线电阻和接触电阻，通过电流表的电流 I 在接头 A 处分为 I_1、I_2 两支，I_1 流经电流表和金属棒间的接触电阻 r_1 再流入 R；I_2 流经电压表和电流表接头处的接触电阻 r_3 再流入电压表，同理，当 I_1 和 I_2 在 B 处汇合时，I_1 先通过金属棒和变阻器间的接触电阻 r_2，I_2 则先经过电压表和变阻器间的接触电阻 r_4 才能汇合。因此，r_1、r_2 应算作与 R 串联，r_3、r_4 应算作与电压表串联，故得出等效电路如图 4-28(b) 所示。于是，电压表指示的电压值包括了 r_1、r_2 和 R 两端的电位降，由于 r_1、r_2 的阻值和 R 具有相同的数量级，甚至有的比 R 还大几个数量级，所以用电压表的读数作为 R 上的电压值来计算电阻，就不会得到准确的结果。

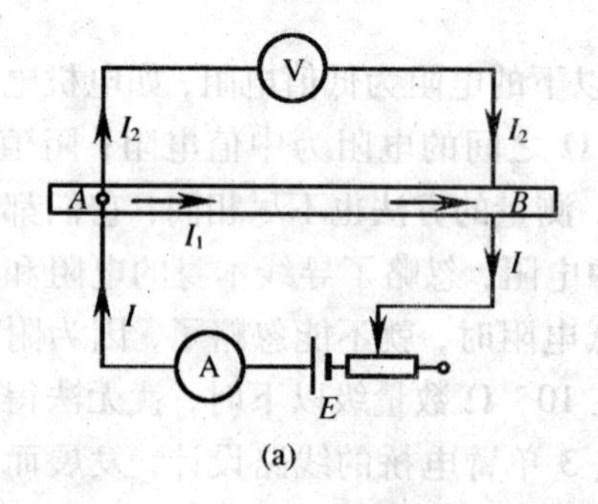

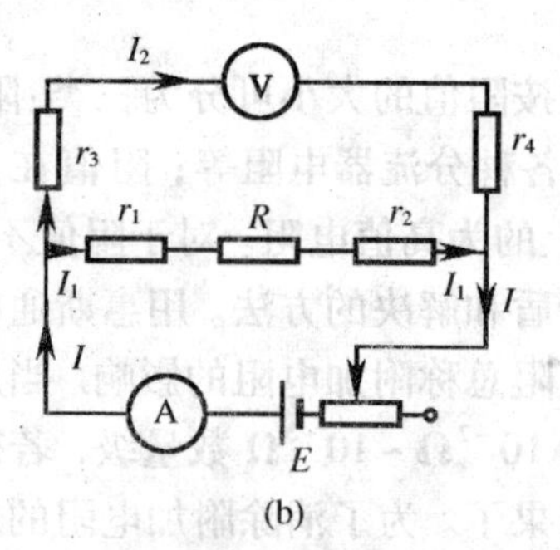

图 4-28 伏安法测电阻的两端接线法及等效电路

如果把图 4-28(a)的连接方法改为图 4-29(a)所示的样式，那么经过同样的分析可知，虽然接触电阻 r_1、r_2、r_3、r_4 仍然存在，但由于所处的位置不同，构成的等效电路就改变成图 4-29(b)所示。由于电压表的内阻远大于 r_3、r_4 和 R，所以电压表和电流表的读数可以相当准确地反映电阻 R 上的电位降和经过它的电流，因而利用欧姆定律就可以算出 R 来。

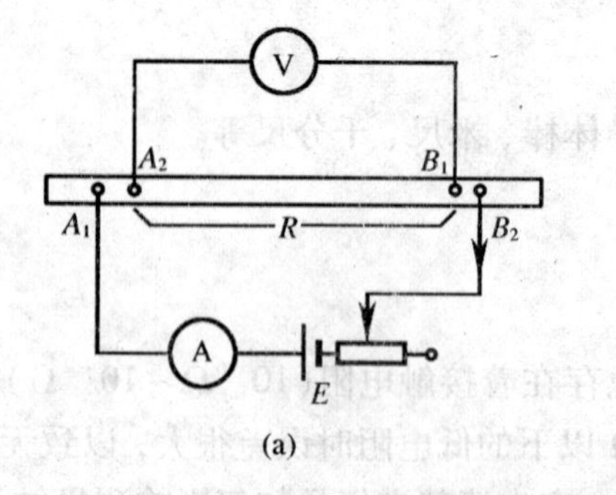

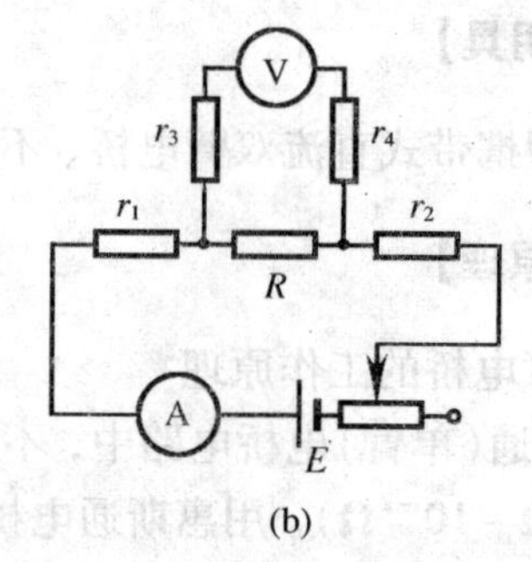

图 4-29 伏安法测电阻的四端接线法及等效电路

由上可知，在测量低电阻时，将通电流的接线端(简称电流接头)A、D 和量电压的接线端(简单称电压接头)B、C 分开，并且把电压接头放在里面，就可以避免附加电阻的影响。这种把两个接线端 A、B 分成 4 个接线端 A_1、A_2、B_1、B_2 的电阻就称为四端电阻。

例如，一些级别较高的标准电阻上一般都有两对接线端，就是为这样的目的设置的。

把这一理论应用于电桥电路，就发展成双臂电桥（图4－30），R_x、R_0 分别是待测和标准电阻。

为避免图4－27单电桥中A到 R_x 和C到 R_0 的导线电阻，可将这两条导线尽量缩短，最好缩短为零，使A点与 R_x 直接相接，C点与 R_0 直接相接（图4－30（a）），为消去A、C两点的接触电阻，进一步将A点分成 A_1、A_2 两点，C分为 C_1、C_2 两点。显然，图中 A_1、C_1 两点的接触电阻可并入电流的内阻，A_2、C_2 两点的接触电阻 r_1、r_2 分别并入 R_1、R_2 中。但图4－27中B点处的接触电阻和由B到 R_x 及 B 到 R_0 的导线电阻因影响太大而不能并入低电阻 R_x、R_0 中，因而需对图4－27电桥改良，在图4－30（a）线路中增加了 R_3 和 R_4 两个电阻，让B点移至跟 R_3、R_4 及检流计相联，这样就只剩下 R_x 和 R_0 相联的附加电阻了，为消除这一附加电阻的影响，将 R_x 与 R_0 相联的两个接点各自分开，成为 B_1、B_2 和 B_3、B_4，就可以把 B_2 和 B_4 的接触电阻 r_3、r_4 并入较高的电阻 R_3、R_4 中。B_1 与 B_3 之间则用短粗导线相连，该导线电阻与接触电阻的总和假设为 r。下面还将证明，适当调节 R_1、R_2、R_3、R_4 和 R_0 的阻值，就可以消去附加电阻 r 对测量结果的影响，由此我们得到经过改进后形成的双电桥的等效电路图，如图4－30（b）所示。

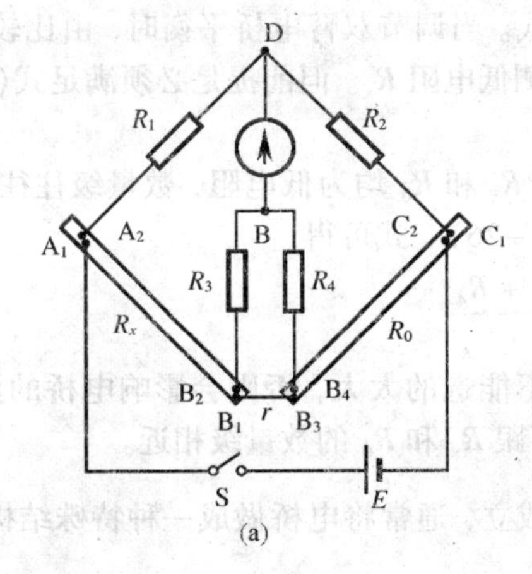

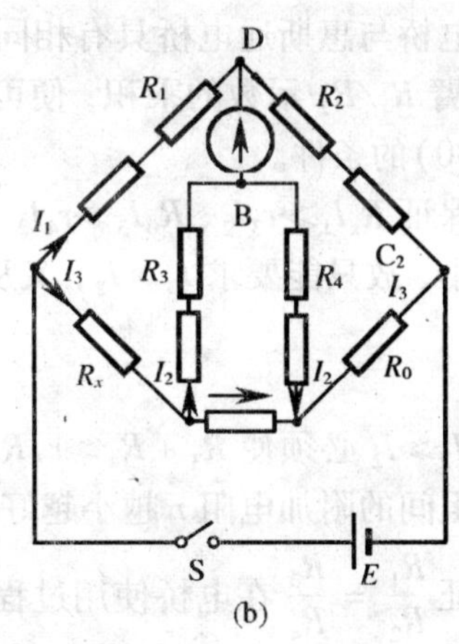

图4－30 双臂电桥及其等效电路

现在我们来推导双电桥的平衡条件。调节 R_1、R_2、R_3、R_4 和 R_0 使流过检流计的电流为零，即电桥达到平衡。此时经过 R_1 和 R_2 的电流相等，用 I_1 表示；通过 R_3 和 R_4 的电流也相等，用 I_2 表示；通过 R_x 与 R_0 的电流也相等，用 I_3 表示。因为B、D两点的电位相等，故有

$$\begin{cases}(R_1+r_1)I_1=R_xI_3+(R_3+r_3)I_2\\(R_2+r_2)I_1=R_0I_3+(R_4+r_4)I_2\\(R_3+r_3+R_4+r_4)I_2=r(I_3-I_2)\end{cases}\tag{4-26}$$

一般 R_1、R_2、R_3、R_4 均取几十欧姆或几百欧姆，而接触电阻、接线电阻 r_1、r_2、r_3、r_4 均在0.1Ω以下，故由方程前两式得

$$\begin{cases}R_1I_1=R_xI_3+R_3I_2\\R_2I_2=R_0I_3+R_4I_2\\(R_3+R_4)I_2=r(I_3-I_2)\end{cases}\tag{4-27}$$

应该注意，从式(4－26)化简为式(4－27)必须满足：

$$\begin{cases} R_x I_3 \gg r_3 I_2 \\ R_0 I_3 \gg r_4 I_2 \end{cases} \tag{4-28}$$

这两个条件。若不满足这两个条件，即 $R_x I_3$、$R_0 I_3$ 跟 $r_3 I_2$；$r_4 I_2$ 具有相同的数量级或更大，则只忽略 $r_3 I_2$、$r_4 I_2$，而保留 $R_x I_3$ 和 $R_0 I_3$，就是不正确的。

联立求解得

$$R_x = \frac{R_1}{R_2} R_0 + \frac{rR_4}{R_3 + R_4 + r}\left(\frac{R_1}{R_2} - \frac{R_3}{R_4}\right) \tag{4-29}$$

从式(4－29)可看出，双臂电桥的平衡条件与惠斯通电桥平衡条件的差异在于多出了第二项。分析该项发现，若满足辅助条件：

$$\frac{R_1}{R_2} = \frac{R_3}{R_4} \tag{4-30}$$

则该项为零，双臂电桥的平衡条件变为

$$R_x = \frac{R_1}{R_2} R_0 \tag{4-31}$$

可见双臂电桥与惠斯通电桥具有相同的表达式。当调节双臂电桥平衡时，由比较臂电阻 R_0 与比例臂 R_1/R_2 示数的乘积，便可求得待测低电阻 R_x。但前提是必须满足式(4－28)与式(4－30)的条件。

怎样保证 $R_x I_1 \gg r_3 I_2$、$R_0 I_3 \gg r_4 I_2$ 呢？因为 R_x 和 R_0 均为低电阻，数量级往往比 r_3 和 r_4 还要略小，故只能要求 $I_3 \gg I_2$，又从方程(4－26)三式可得

$$\frac{I_3}{I_2} \approx \frac{R_3 + R_4}{r}$$

要使 $I_3 \gg I_2$ 必须使 $R_3 + R_4 \gg r$，R_3 与 R_4 不能选的太大，否则会影响电桥的灵敏度，所以两低阻间的附加电阻 r 越小越好，至少要跟 R_x 和 R_0 的数量级相近。

为保证 $\frac{R_1}{R_2} = \frac{R_3}{R_4}$ 在电桥使用过程中始终成立，通常将电桥做成一种特殊结构，即将两对倍率 R_1/R_2 和 R_3/R_4，采用双十进电阻箱，在这种电阻箱里，两个相同十进电阻的转臂联接在同一转轴上，因此，在转臂的任一位置上都保持 R_1 和 R_3 相等，R_2 和 R_4 相等。上述电桥装置在惠斯通电桥基础上又增加了倍率 R_3/R_4，并使之随原有倍率 R_1/R_2 作相同变化，用以消除附加电阻 r 的影响，故称之为双臂电桥。

2. 导体电阻的特性

(1) 导体的电阻率　导体电阻的大小与该导线材料的物理性质和几何形状有关。实验表明，对于由一定材料制成的横截面均匀的导体，它的电阻 R 与长度 l 成正比，与横截面积成反比。写成等式有

$$R = \rho \frac{l}{S} \tag{4-32}$$

式中的比例系数 ρ 由导体的材料决定，叫做材料的电阻率。对于截面为圆形的导体：

$$\rho = R\frac{\pi d^2}{4l} \tag{4-33}$$

式中，d 为圆形导体的直径。

（2）导体电阻的温度系数　各种导体的电阻率都随温度变化，纯金属的电阻率随温度的变化比较规则。当温度的变化范围不大时，电阻率与温度之间近似地存在着如下的线性关系：

$$\rho = \rho_0(1 + \alpha t) \tag{4-34}$$

式中，ρ_0 为0℃时的电阻率；α 为电阻的温度系数。

多数纯金属的 α 值近似等于0.004，也就是说温度每升高1℃，这些金属的电阻率就大约增加0.4%。而温度每升高1℃，金属的长度只膨胀0.001%左右。显然电阻率的这种变化要比金属的线膨胀显著得多。因此，在考虑金属导体的电阻随温度变化时，我们可忽略掉导体几何尺寸的变化。于是，在式(12－9)两端都乘以 $\dfrac{l}{S}$ 可得

$$R_t = R_0(1 + \alpha t) \tag{4-35}$$

其中，R_0 表示0℃时的电阻。

【观测内容及操作要点】

1. 测量导体的电阻率

（1）将待测导体棒接成“四端电阻”，如图4－31所示，电阻的电流端接在 C_1、C_2 接线柱上，电压端接在 P_1、P_2 接线柱上，用双电桥测量 P_1、P_2 之间的电阻 R。

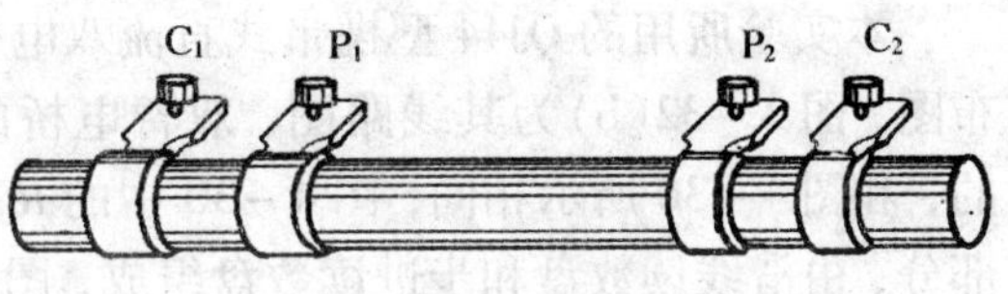

图4－31　四端电阻

（2）接通电流放大器电源开关“S_1”，预热5min后调零，并将“灵敏度”旋钮调至最低。测量中调节平衡应先从低灵敏度开始，按下B、G调节步进盘和滑线盘使电桥平衡，然后逐步将灵敏度调到最大，并随即调节电桥平衡，从而得到读数 R_0 与 R_1/R_2。

（3）电源按钮“B”一般应间歇使用。

（4）测量完毕，应先掀开“G”，再掀开“B”，并将开关“B_1”拨向“断”位置。

（5）为消除热电动势和接触电动势对测量结果的影响，可以改变电源的极性，正、反向各测一次。

（6）用千分尺测量导体棒直径 d，用米尺测量 P_1、P_2 间距 l，各重复五次。

（7）用式(4－33)计算导体电阻率 ρ。

2. 测量导体电阻的温度系数

（1）将待测导体棒接成“四端电阻”浸入油池。

（2）按内容“一”中的方法测量室温下的电阻 R_1，并从温度计上读出此时的温度 t。

（3）加热油池，温度每升高5℃，测量一次电阻，共测量10个点。

（4）以温度 t 为横坐标，电阻 R_i 为纵坐标作出一条直线，据式(4－35)可从图中求得截距 R_0 及斜率 k，由斜率可求得温度系数 $\alpha = k/R_0$。

（5）也可用最小二乘法处理数据。

【注意事项】

1. 连接用的导线应该短而粗，各接头必须干净并且接牢，避免接触不良。

2. 由于通过待测电阻的电流较大，在测量的过程中通电时间应尽量短暂，一方面减轻电源负担，一方面避免电阻棒的连续发热影响测量结果的准确性。

3. 测电阻的温度系数时，温度计的读数和电桥的读数要尽量做到同步。

【预习思考题】

1. 双臂电桥与惠斯通电桥有哪些异同？

2. 在双臂电桥电路中，是怎样消除接线电阻和接触电阻的影响的？试做简单说明。

【思考题】

1. 如果四端电阻的电流端和电压端接反了，对测量结果有什么影响？

2. 用双电桥测低阻时，如果被测低电阻的两个电压端引线电阻较大（例如引线过细或过长），对测量的准确度有无影响？

【附录】

QJ44 型携带式直流双臂电桥

本实验所用的 QJ44 型携带式直流双电桥如图 4－32 所示，图 4－32(a)为其面板分布图，图 4－32(b)为其线路图，双臂电桥的型号虽不尽相同，但它们的原型都是一样的，和图 4－30 所示相同，图 4－30 中的 R_0 在图 4－32 中被分为连续可变和阶跃可变两部分，由滑线读数盘和步进读数盘组成，图 4－32 中倍率读数有 100、10、1、0.1、0.01 五挡，为图 4－30 中 R_1/R_2 和 R_3/R_4 的值。

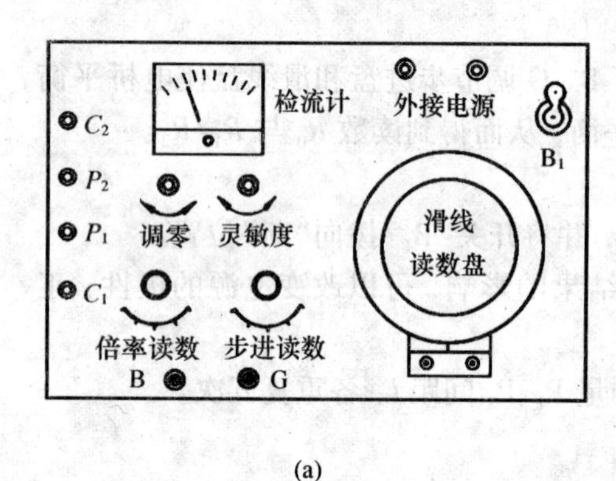

(a)

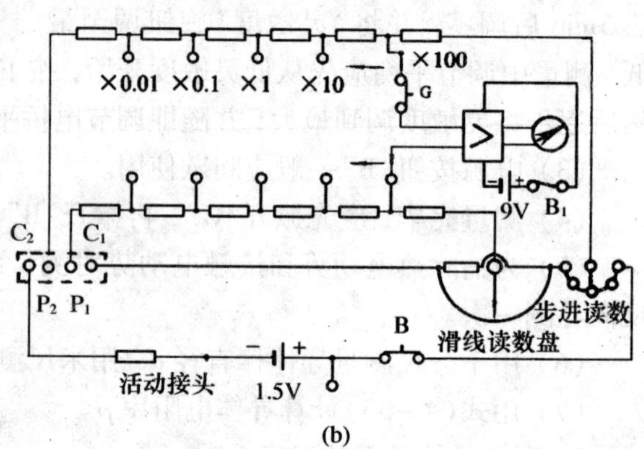

(b)

图 4－32 QJ44 型直流双臂电桥

QJ44 型双电桥符合部标 JB 1391—1974 规定，在环境温度为(20 ± 5)℃，相对湿度小于 80% 等条件下，在基本量程限(0.001Ω ~ 11Ω)范围内，测量基本误差允许极限为

$$\Delta R_x = 0.2\% R_{max} \quad (4-36)$$

式中，0.2 是准确度等级。

R_{max}是在所用的倍率(R_1/R_2)下最大可测电阻值。与倍率读数对应的测量范围及基本误差极限如表 4－16 所示。

表4-16　QJ44型双臂电桥的测量范围与基本误差极限

倍率	量程/Ω	R_{max}/Ω	$\Delta R=2\% R_{max}$/Ω
×1	1.1 ~ 11	11	0.22
$\times 10^{-1}$	0.11 ~ 1.1	1.1	0.022
$\times 10^{-2}$	0.011 ~ 0.11	0.11	0.0022
$\times 10^{-3}$	0.0011 ~ 0.011	0.011	0.00022
$\times 10^{-4}$	0.00011 ~ 0.0011	0.0011	0.000022

实验14　用滑线式电位差计测电池电动势及内阻

电位差计亦称电势差计，是一种根据补偿原理制成的高精度和高灵敏度的比较式电磁测量仪器。测量电位时它不像电压表那样从待测线路中分流，而是采用补偿原理，使被测的未知电压最终不会受该测量仪器的影响而发生变化，其测量结果的准确度主要依赖于准确度极高的标准电池、标准电阻以及高灵敏度的检流计。所以，用电位差计测量电压的准确度可达到0.01%或更高。

电位差计是精密测量中应用最广的仪器之一，不但可用来精确测量直流电动势和电压，配合标准电阻也可测量电流和电阻，还可用来校准精密电表和直流电桥等直读式仪表。电位差计所采用的补偿原理还常用于一些非电量的测量仪器及自动测量和控制系统中。

本实验将用滑线式电位差计测量干电池的电动势及内阻。滑线式电位差计简单直观，虽准确度较差，但对理解电位差计工作原理很有帮助。

【实验目的】

1. 了解电位差计的工作原理及其结构和特点。
2. 学会用滑线式电位差计测量电动势和电压。
3. 进一步强化电磁学实验误差分析的能力。

【仪器用具】

滑线电阻器、标准电池、待测干电池、电阻箱、单刀开关、双刀双掷开关、保护电阻、滑线变阻器、检流计。

【实验原理】

1. 补偿原理

用电压表测量电压时，由于其内阻有限，电压表总是要从被测电路中吸收一小部分功率，即分走一部分电流，从而不可避免地要破坏被测电路的原始工作状态，无论电压表制作的如何精良，其所测结果也都不再是原来的数值。这种纯粹由测量方法所造成的误差叫做方法误差。

能不能在不影响被测电路状态的条件下准确地测定待测电压，或者使电源内部没有电流通过而测定该电源的电动势呢？答案是肯定的。其方法就是采用补偿法，在图 4－33 所示电路中，E_x 是待测电源电动势，E_0 是可调的电源电动势，E_0 通过检流计与 E_x 接成一闭合回路。当调节 E_0 的大小，使得检流计指针不偏转，即电路中没有电流时，则有 $E_x=E_0$。E_x 和 E_0 在回路中产生的电流相互补偿，使得在该回路中电流为零，我们称电路达到补偿状态。在补偿状态下，若已知 E_0 的数值，就可求得 E_x，这种测量电动势的方法便称为补偿法。

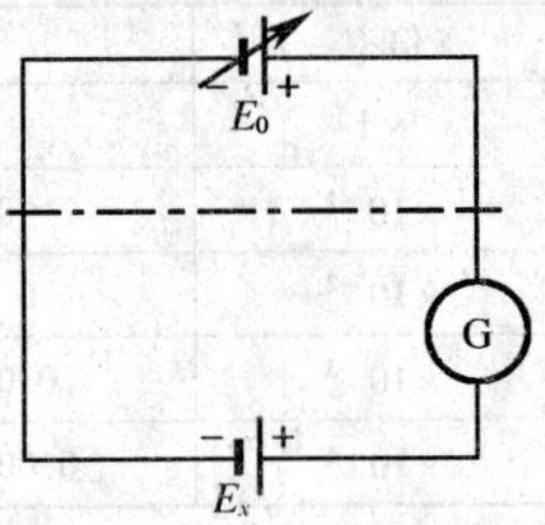

图 4－33 补偿原理

同理，将 E_x 换成待测电压，即将 E_0 与检流计组成的测量支路并联在被测电路中的待测段上，调节 E_0 达到补偿，由于检流计和 E_0 不分流，即测量支路和被测线路之间无电流，便可在不影响电路原电流分布的情况下，精确测得待测电压，避免了方法误差。如果检流计具有足够的灵敏度，可使待测 E_x 或 U_x 之测量结果的准确度与 E_0 的准确度十分接近。因此，为了用补偿法对待测电动势或电压进行高精度的测量，必须解决以下两个关键问题，即①要有灵敏度足够的检流计。②要有可以调节的标准电动势 E_0。

直流电位差计就是基于补偿原理由以上两部分构成的。

2. 直流电位差计的工作原理

直流电位差计的原理线路见图 4－34。它可分为三个回路：

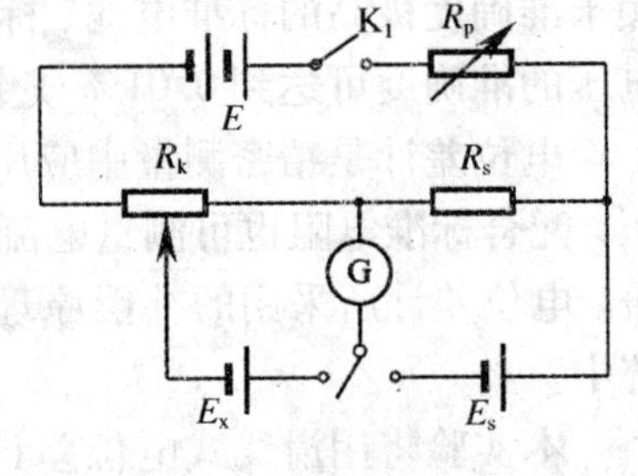

图 4－34 直流电位差计的工作原理

（1）工作电流调节回路（辅助回路） 由工作电源 E、电流调节电阻 R_p、标准电阻 R_s 和补偿电阻 R_k 组成，调节 R_p 可以改变回路的电流。

（2）校准工作回路 由标准电池 E_s、标准电阻 R_s 及检流计组成。

（3）测量回路（亦称补偿回路） 由补偿电阻 R_k、待测电源 E_x（或待测电压 U_x）及检流计组成。测量时，选择开关 S_2 首先合向 E_s 端，调节 R_p，直到检流计指零为止，使 R_s 两端的电压降 $U_s=I_pR_s$ 与标准电池电动势 E_s 大小相等，相互补偿。I_p 为工作电流，此时：

$$I_p=\frac{E_s}{R_s} \tag{4-37}$$

然后将开关 S_2 合向待测电源，在保持 R_p 值不变的条件下，调节补偿电阻 R_k 的值，直至检流计重新指零。此时被测电动势

$$E_x=I_pR_k \tag{4-38}$$

将式(4－38)代入式(4－39)，即得

$$E_x=\frac{R_k}{R_s}E_s \tag{4-39}$$

由以上可知，电位差计的测量原理是以比较法为基础，其测量结果是经两次比较获得的。第一次是调定工作电流，即把标准电池的电动势与标准电阻 R_s 上的电压降比较，第二次是测量未知电动势，即把已知的补偿电压同未知的电动势相比较，比较是通过检

流计指零完成的，因此，为保证测量的准确度，整个测量装置要有足够的灵敏度。

3. 滑线式电位差计的具体线路与特点

滑线式电位差计具有结构简单、直观、便于分析讨论等优点，是理想的教学仪器。本实验用它来测量一节干电池的电动势，并通过测量该电池向负载电阻供电时的路端电压，从而计算出它的内阻。测量线路如图4-35所示，与电位差计的原理图4-34相似，用一根粗细均匀的电阻丝AB取代了补偿电阻R_k和标准电阻R_s，集二者功能于一身，简化了线路。图中与检流计并联的40Ω电阻是为了使补偿回路的电阻接近检流计的临界电阻。保护电阻R_b是在电位差计远离平衡点时，保护检流计不被大电流烧坏而接入的，调节电位差计接近平衡点时，应将R_b用开关K_3短路，以便不影响装置的灵敏度。

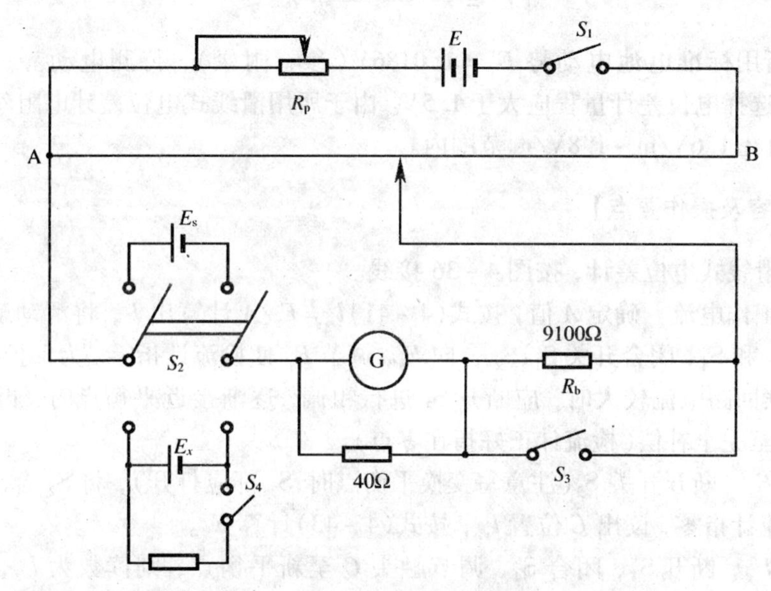

图4-35　滑线式电位差计测电池电动势及内阻

本实验所用标准电池的电动势$E_s=1.0186$V，电阻丝AB长度为1m，阻值约40Ω，固定在有刻度线的木板上。AC之间的电阻是与AC两点的距离成正比的，即$R_{AC}=rl$，r为单位长度的电阻值。

校准工作电流I_p时，调节AC长度为l_s，将S_1闭合，双刀双掷开关K_2合向E_s一侧，调节R_p使得检流计指零，则

$$E_s = I_p \cdot r \cdot l_s \tag{4-40}$$

定义$A=I_pr$为工作电流标准化系数，单位为V/m。则式(4-40)改写为

$$E_s = A \cdot l_s \tag{4-41}$$

因为在测量过程中，工作电流I_p是要保持不变的，所以A值自然也维持不变，因而可用电阻丝AC间的长度(力学量)来反映待测电动势(电学量)的大小。校准好工作电流后，电阻丝就像一把"电压尺"，可以"丈量"等于或小于其两端电压降U_{AB}的电动势与未知电压。

测量时，将S_2向下合向E_x，调节滑动触点C至一新平衡位置l_{x1}，使检流计再度指零(注意不再调节R_p)，则待测电动势为

$$E_x = A \cdot l_{x1} \tag{4-42}$$

比较式(4－41)、式(4－42)可得

$$E_x = \frac{l_{x1}}{l_s} E_s \tag{4-43}$$

当开关 S_4 闭合时，调节滑动触头 C，至一新的平衡位置 l_{x2}，使检流计再度指零。由 E_x 和 R 电阻形成回路，存在电流，因而电位差计测量的是待测电池的端电压 U_x

$$U_x = \frac{l_{x2}}{l_s} E_s \tag{4-44}$$

对该回路应用欧姆定律，可得待测电池内阻为

$$r_x = \frac{(E_x - U_x)}{U_x} \cdot R \tag{4-45}$$

本实验所用标准电池电动势 $E_s = 1.0186\mathrm{V}$（参看附录），待测电动势一般不高于 1.5V，因此，选择电位差计量程应大于 1.5V。由于所用滑线式电位差计电阻丝长 1m，所以，可取 A 值在 1.6V/m～1.8V/m 范围内。

【观测内容及操作要点】

1. 自组滑线式电位差计，按图 4－36 接线。

2. 校准工作电流　确定 A 值，按式(4－41)$l_s = E_s/A$ 计算出 l_s，将滑动触头 C 置于 l_s 处，断开 S_3 和 S_4，闭合开关 S_1，S_2 合向 E_s，调节 R_p 使检流计指零。为保护检流计，远离平衡点补偿回路电流较大时，应断开 S_3 进行粗调，逐渐接近平衡点时，再将 S_3 闭合进行细调，直至完全补偿（检流计正好指在零点）。

3. 测量 E_x　断开开关 S_3（注意每变换平衡点时，S_3 都应打开），将 S_2 合向 E_x，调节触头 C 使检流计指零，读出 C 位置 l_{x1}，按式(4－43)计算 E_x。

4. 测量 U_x　断开 S_3、闭合 S_4，调节触头 C 至新平衡点，则读数为 l_{x2}，按式(4－44)、(4－45)计算 U_x、r_x。

5. 重复测量　将过程(2)～(5)重复 3 遍。

【注意事项】

1. 标准电池和待测电池正负极性不能接错。

2. 电位差计每次测量前都必须校准工作电流，校准与测量的时间间隔越短越好。

3. 一定要保证触头 C 与电阻丝 AB 接触良好。

4. 每次移动触头 C 时，开关 S_3 要断开，即注意粗、细调配合。

5. 电阻丝 AB 不能任意拨动，以免影响长度与均匀性。

【预习思考题】

1. 叙述用补偿法测电源电动势的原理及其特点。

2. 为什么要进行电位差计工作电流标准化的调节？A 值的物理意义是什么？当校准工作电流之后，在测量 E_x 和 U_x 时，电阻 R_p 为什么不能再调节？

3. 在图 4－36 所示的工作电源、校准电池和待测电动势中，如果其中有一个的极性

接反，会产生什么后果？

【思考题】

1. 电位差计有哪几个回路？其作用如何？

2. 用电位差计测量未知电动势的方法比用伏特表测量的方法优越在何处？

3. 工作电源的不稳定对电位差计的测量有何影响？假定工作电源输出的电压 E 在工作电流标准化之后增大了1%，即 $\Delta E=\frac{E}{100}$，试问对测量结果的影响如何？

4. 检流计的灵敏度对电位差计测量的准确度有何影响？若检流计的最小刻度为 $2\mu A$,内阻为 $1k\Omega$，试问由于检流计的灵敏度给测定值带来的系统误差有多大？

【附录】

电位差计的灵敏度

在已平衡的电位差计中，若与标准电池或被测电动势相平衡的补偿电压变化为 ΔU 时，检流计将偏转 Δn 格，则定义电位差计整个装置的灵敏度为

$$S=\frac{\Delta n}{\Delta U}=\frac{\Delta n}{\Delta I_g}\cdot\frac{\Delta I_g}{\Delta U}=S_g\cdot S_1 \qquad (4-46)$$

其中，$S_g=\Delta n/\Delta I_g$ 为检流计的灵敏度；$S_1=\frac{\Delta I_g}{\Delta U}$称为电位差计的线路灵敏度。可见，整体灵敏度 S 为各局部灵敏度的乘积，而且这一关系也适用于其他测量装置。

如果整体灵敏度低，显然不可能有高准确度的测量，但也不是说灵敏度越高越好，因为灵敏度太高，抗干扰能力就差，在测量过程中不易调节。另外，灵敏度过高，也会使整个测量装置的成本增加，带来不必要的消费。如何恰当地选择整体灵敏度，我们有这样一条原则，即任何测量装置的灵敏度阈都应小于仪器的基本允许误差限的1/3。就电位差计而言，在平衡状态下与能引起人眼感觉到的所指示的最小变化所对应的电压变化量，被称为电位差计的灵敏度阈(或灵敏度下限)，以 Ω_k 表示

$$\Omega_k\leqslant\frac{1}{3}E_{\lim} \qquad (4-47)$$

式中，$E_{\lim}$ 为装置的基本允许误差限。

例如，要求用直流电位差计测量一个数量级为毫伏的电压，并要求测量误差小于0.01%，那么整个测量装置应该有怎样的灵敏度呢？

首先，根据已知条件可计算出测量结果的绝对误差限：

$$E_{\lim}\leqslant U_x\times0.01\%\leqslant0.0001\,\text{mV}$$

这要求所使用的电位差计至少应具有5位读数，且最小分度值为0.0001mV，而整个装置的灵敏度阈 $\Omega_k=\frac{1}{3}E_{\lim}\approx0.00003\,\text{mV}$。根据灵敏度阈的定义，当有相当于 Ω_k 值的补偿电压变化时，检流计应有可察觉的偏转。通常人眼分辨率为$\frac{1}{10}$mm，因此，电位差计的总体灵敏度应为

$$S=0.1\,\text{mm}/0.00003\,\text{mV}=3\times10^4\,\text{mm/mV}=3\times10^7\,\text{mm/V}$$

由此可见，当对测量结果准确度的要求和测量范围确定之后，测量装置的总体灵敏度也就确定了。但局部灵敏度如何搭配呢？由于磁电式检流计灵敏度过高会造成工作不稳定，且造价昂贵，因此，应该合理选择或设计线路，使电位差计的线路灵敏度 S_l 提高一些，以降低对检流计灵敏度的要求。那么电位差计的线路灵敏度与哪些因素有关呢？如图 4－36 所示。当电位差计、补偿电压有一定变化量 ΔU 时，补偿回路中流过检流计的电流有 ΔI_g 的变化，$\Delta I_g=\dfrac{\Delta U}{r_x+R_g+R_{sc}}$ 因此，线路灵敏度为

$$S_l=\frac{\Delta I_g}{\Delta U}=\frac{1}{r_x+R_g+R_{sc}} \tag{4-48}$$

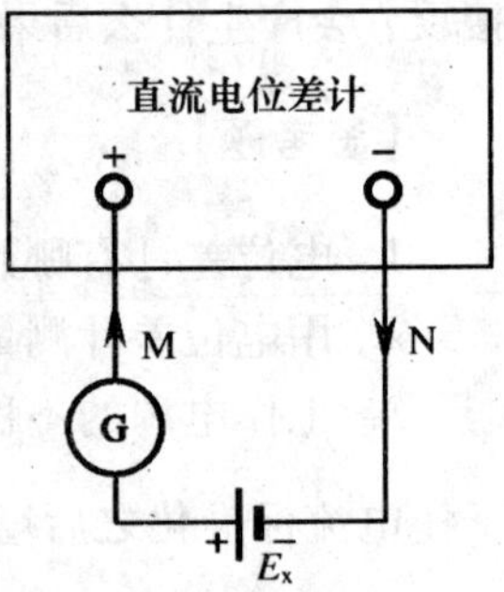

图 4－36　直流电位差计测量示意图

其中，r_x 为待测电源的内阻或被测电路的输出电阻，R_g 为检流计内阻，R_{sc} 为电位差计的输入电阻，即图 4－36 中从 M、N 两点沿箭头方向看去时，电位差计呈现的电阻。

由式(4－48)可知，为提高电位差计的线路灵敏度，要求补偿回路总电阻 $R=r_x+R_g+R_{sc}$ 要尽可能小。但为了使测量较快地完成，检流计应工作在临界阻尼或稍欠一点阻尼的状态下，因此，补偿回路总电阻应接近检流计的全临界阻尼电阻 r_k 的阻值。

实验 15　用箱式电位差计测量热电偶的温差电动势

热电偶的重要应用之一是测量温度。其测温原理基于温差电效应，该效应可将热学量转换成电学量来测量。热电偶与水银温度计等测温器件相比，不仅测温范围广（－200℃～2000℃）、灵敏度和准确度高、结构简单、制作方便，而且其热容量小、响应快、对测量对象的状态影响小，可用来做温度场的定量测量。由于热电偶能直接将温度转换成电动势，因而非常适用于自动调温和控温系统。

无论是测温还是校准，热电偶温度计都是以测量温差电动势来进行的，而一般金属热电偶的温差电动势很小，数量级只有毫伏，需用低电势电位差计来测量。

【实验目的】

1. 掌握 UJ31 型低电位直流电位计的使用方法和调试技巧。
2. 了解热电偶的测温和校准原理。

【仪器用具】

UJ31 型低电位直流电位差计、检流计、电源、可调温节电炉、温度计。

【实验原理】

1. 热电偶及其测温原理

若将两根不同的金属或合金丝的端点互相连接（接点焊接或熔接）成为一闭合回路（图 4－37），当两接点有不同的温度时，回路中将产生电动势，称为温差电动势。这种现象称之为热电效应或温差电效应，这种闭合回路称为热电偶。热电偶就是基于这种效应

来测温的。

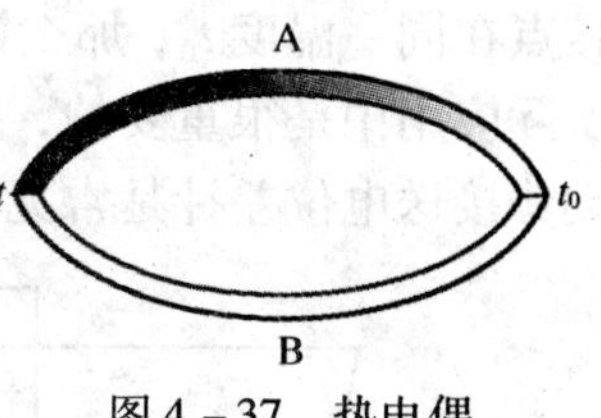

图4-37　热电偶

热电偶回路中产生的温差电动势是由汤姆逊电动势和珀耳帖电动势联合组成的。

汤姆逊电动势是因为同一导体的两端温度不同，高温端的电子能量比低温端的电子能量大，所以高温端跑向低温端的电子数目比低温端跑向高温端的要多。这种自由电子的从高温端向低温端的扩散，使得高温端因电子数减少而带正电，低温端因电子堆积而带负电，从而在高、低温端之间产生一个从高温端指向低温端的电场。该电场将阻滞电子从高温端向低温端扩散，而将电子从低温端向高温端搬运直至两种运动最后达到动态平衡，使导体两端保持一个电势差，该电势就是汤姆逊电动势，它的大小只与导体材料和两端温度有关，与导体形状无关，因此，用同一种材料的两导体组成的闭合回路(假设图4-37中A材料与B材料相同)，汤姆逊电动势反向且相等，在回路中的作用相互抵消，不能形成稳恒电流。

珀耳帖电动势亦称接触电动势。当两种不同导体A、B接触时，由于材料不同，两导体内电子密度也不同，电子向接触面两边扩散的程度也就不同。若A导体的电子密度小于B导体，则接触处电子从A扩散到B的数目比从B向A扩散的少，结果A因得到电子而带负电，B因失去电子而带正电。因此，在接触区形成由B到A的电场，这个电场对电子从B到A的扩散起阻滞作用，而对从A到B的扩散起加速作用，达到动态平衡后，使接触面间产生稳定的电势差，这就是珀耳帖电动势。接触电动势的大小除与两种导体的材料有关外，还与接触点的温度有关，温度越高，接触电势差也就愈大。若图4-38中$t=t_0$，则仅靠接触电势，回路中也不可能产生稳恒电流。因为两接触点处的接触电动势等值而反向，使得该回路总电动势为零。

因此，热电偶回路中温差电动势的大小除了和组成电偶的材料有关，还决定于两接触点的温度差$t-t_0$，当制作电偶的材料确定后，温差电动势的大小就只决定于两个接触点的温度差，一般说，电动势和温差的关系非常复杂，若取二级近似，可表为如下形式：

$$E=c(t-t_0)+d(t-t_0)^2 \tag{4-49}$$

式中，t为热端温度；t_0是冷端温度；而c、d是电偶常数，它们的大小仅决定于组成电偶的材料。粗略测量时，可取一级近似：

$$E=c(t-t_0) \tag{4-50}$$

式(4-50)中，c称为温差电系数，代表温差1℃时的电动势。

2. 热电偶测温原理

热电偶可用来测量温度。测量时，使电偶的冷端接头温度保持恒定(通常保持在冰点0℃)，另一端与待测的物体相接触，再用电位差计测出电偶回路的电动势，如图4-38(a)所示，如果该电偶的电动势与温差之间的关系事先已标定好，根据已知的$\varepsilon-\Delta t$曲线，就可以求出待测温度。图4-38(b)是另一种测温线路，这种接法比较简单，但由于室温本身并不很固定，而且连接电位差计的两接头处的温度也可能有微小差别，所以这种接法准确度稍差，只能用于要求不高的测温场合。

使用热电偶时，总要在热电偶回路中接入电位差计，因而电路回路实际上都接了第三种金属(电位差计的电阻丝)，从理论上可以证明，只要第三种金属与热电偶的两个焊

接点在同一温度 t_0，那么第三种金属的接入对回路的温差电动势并无影响。这一性质在实际应用中是很重要的，例如图 4－38(c)所示为常用的测温线路，即用铜丝 3 将温差电动势接送电位差计是常见的用法。

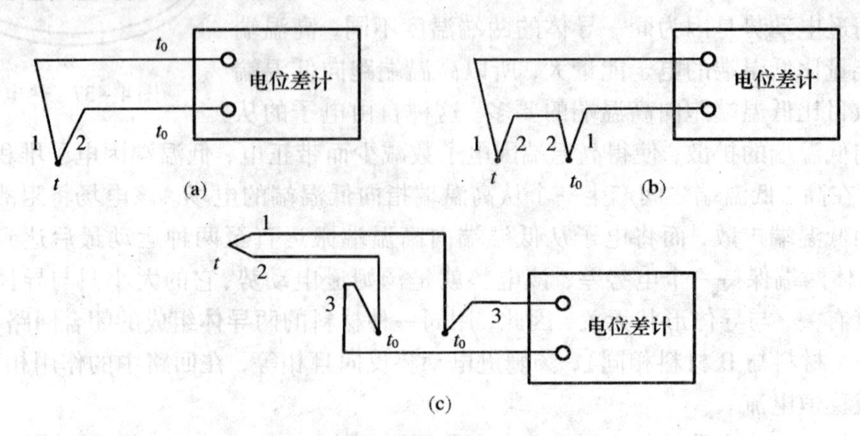

图 4－38　热电偶的三种测温线路

3. 热电偶的定标

用实验的方法测量热电偶的热电动势与冷热端温度差之间的关系曲线，称为对热电偶定标。定标的方法有两种：

(1) 固定点法　即利用适当的纯物质，在一定的气压下，把它们的熔点或沸点作为已知温度，测出热电偶在这些温度下对应的电动势，从而得到 $E-\Delta t$ 关系曲线。利用最小二乘法以多项式拟合实验曲线，可求得 c、d 等常数。用这种方法定标点温度稳定、准确，已被定为国际温标的重要复现、校标的基准。

(2) 比较法　即用一标准的测温仪器，如标准水银温度计或高一级的标准热电偶，与待定热电偶一起放置在同一个能调温的盛有水或油溶液的容器中进行对比，亦可做出 $E-\Delta t$ 定标曲线。这种定标方法，设备简单、操作简便，是最常用的一种定标方法。本实验则用此法来对铜—康铜热电偶进行定标。

热电偶对温度有很强的敏感性，例如对于康铜热电偶，温度每改变 1℃，温差电动势约变化 40μV，通常用电位差计来测量温差电动势，只有在要求不太高的场合下才用毫伏表测量，在实际测量时，应使电位差计与待测物体隔开一定距离，以保持与两铜引线相接的仪器的两黄铜接线柱处的温度相同，可避免两接点因温度有差异而产生附加的温差电动势。

【观测内容及操作要点】

1. 了解并准备仪器设备

电位差计的工作原理见实验 14。

在电位差计未接入线路前，先将选择开关 K_2 旋至“断”的位置，将量程开关 K_0 旋至“×1”位置，将粗、细和短路按键全部松开。

2. 接线(按图 4－39)

接线时应注意面板上各接线柱的极性。检流计为光点指示，要接上 220V 电源并调零。

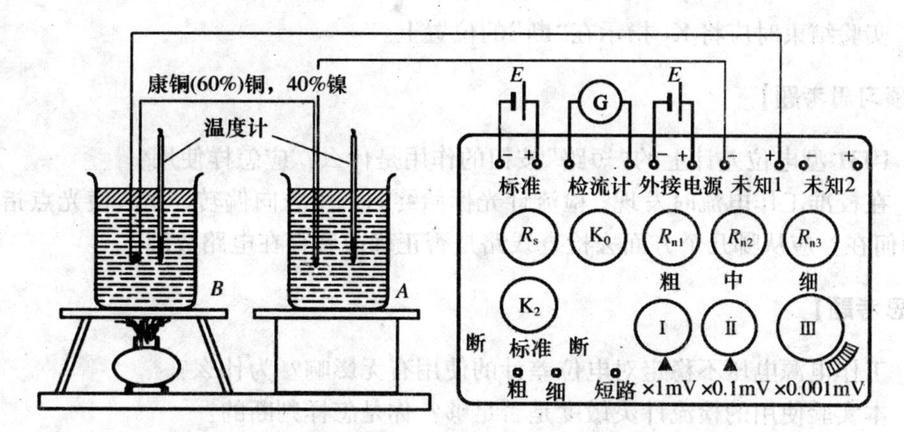

图 4-39　UJ31 型电位差计面板布置图及实验线路图

3. 校准工作电流

（1）按下面公式算出室温下标准电池的电动势

$$E_s(t) = E_s(20) - [39.9(t-20) + 0.94(t-20)^2 - 0.009(t-20)^3] \times 10^{-6}\text{V}$$

其中，$E_s(20)$ 是20℃时标准电池的电动势；$E_s(20) = 1.0186\text{V}$；t 为室温。调节 R_s 示值与 $E_s(t)$ 相等。

（2）旋转 S_2 至“标准”位置。断续按下“粗”按钮，依次调节 R_{n1}、R_{n2} 和 R_{n3}，使检流计指零；再按下“细”按钮，依次调节 R_{n1}、R_{n2} 和 R_{n3}，使检流计精确指零。

4. 温度及温差电动势的测量

记下热端温度起始值。若冷端不是冰水混合物，也需记下冷端温度 t_0。

将操作步骤开关旋至“未知 1”，按先后次序使用“粗”“细”按钮。调节读数盘Ⅰ、Ⅱ、Ⅲ，当检流计指示到零位时，三个测量盘 R_x 上的总和即为被测温差电动势的值。

用可控硅电炉控制电热杯缓慢升温，每隔5℃记一次温度 t。与此同时，调节读数盘（每升温5℃，温差电动势约增加0.2mV）使检流计示零，测出升温后的温差电动势。

【数据处理与作图】

室温 = ________℃　　冷端温度 t_0 = ________℃

热端温度 t/℃								
温差电动势/mV								

以 $t - t_0$ 为横坐标，E 为纵坐标作图。作图时必须保证测量结果最终所应保留的有效数字位数。

利用所作曲线，求出电偶常数 C。

【注意事项】

1. 本实验用到220V交流电源及电炉，要注意人身安全，并防止火灾。

2. 本实验用到的电路接线时应注意极性，特别是标准电池极性不能接反。不允许用一般电表测标准电池电动势。

3. 使用电位差计时，校准与测量的时间间隔越短越好。

4. 实验结束时应将 K_2 指示在“断”的位置上。

【预习思考题】

1. UJ31 型电位差计上的“短路”按钮的作用是什么？应怎样使用？

2. 在校准工作电流时发现，检流计光标始终向一个方向偏转，无法使光点指零，试问原因何在？应从哪几个方面去检查线路是否正确或者存在电路故障？

【思考题】

1. 工作电源电压不稳定对电位差计的使用有无影响？为什么？

2. 本实验使用的检流计灵敏度是否足够？你是怎样判断的？

【附录】

1. UJ31 型直流电位差计

UJ31 型低电位差计是一种双量程、低电势电位差计，其测量范围(×1 挡)1μV ~ 17.1mV，(×10 挡)10μV ~ 171mV，准确度等级为 0.05 级，工作电源电压为 5.7V ~ 6.4V，图 4 – 39 所示为其面板布置图。

最上面的五对接线柱从左至右分别接标准电池、检流计、工作电源、两组未知电动势。面板上各旋钮、开关及调节盘的名称作用及操作注意事项见表 4 – 17。

2. 箱式电位差计的基本误差

(1) 符合部标 JB 1390—1974 规定的直流电位差计，其基本误差允许极限的计算公式为

$$\Delta U_x = \pm (a\% U_x + b\Delta U)$$

式中，a 为准确度等级；U_x 为测量盘示值；ΔU 为最小测量盘步进值或滑线盘最小分度值；b 为系数(表 4 – 18)。

表 4 – 17 UJ31 型电位差计各部分标记、名称、特点及作用

标记与名称		作用、特点及操作注意事项
总控	K_2:操作步骤选择开关	K_2 是一多挡转换开关。校准电位差计时，应旋至“标准”位置，使标准电阻 R_s 上的电压降与外接标准电池相补偿。测量未知电动势时，旋至“未知 1”或“未知 2”。不用时，旋至“断”位置
	K_1(粗细)、短路:检流计按钮开关	用于控制外接检流计的按钮开关。标有 K_1 的开关有两个，分别标记为“粗”和“细”，操作时，应先按“粗”按钮，这时检流计接有 10kΩ 电阻；待检流计几乎不偏转时，再按下“细”按钮进行细调。按下“短路”钮时，检流计被短路，能止住光标(或指针)的摆动
测量	K_0:量程选择开关	测量前预先选定 未知电动势 = 测量盘读数 × 倍率
	Ⅰ、Ⅱ、Ⅲ:测量盘	即补偿电阻 R_x 被分为Ⅰ(×1)、Ⅱ(×0.1)、Ⅲ(×0.001)三个电阻调节盘，已按×1 时的电压值标定分度，电位差计处于补偿状态时，可直接从三个转盘上读出未知电动势

（续）

标记与名称		作用、特点及操作注意事项
校准	R_s：温度补偿盘	是为补偿温度不同时标准电池电动势的变化而设置的。校准前根据室温求出标准电池电动势 E_n，再将 R_s 盘旋至对应位置，该盘已直接按电池电动势标定了分度
	R_{n1}、R_{n2}、R_{n3}：工作电流调节盘	“校准”电位差计时，旋转“粗、中、细”这三个工作电流调节盘，使检流计指零。这时工作电流为 $I_0=10.000\text{mA}$

表4－18　直流电位差计的 b 值

实验室型			携带型
$\dfrac{\Delta U}{\Delta U_1}\geq 0.5a\%$	$\dfrac{\Delta U}{\Delta U_1}<0.5a\%$	测量盘有滑线盘	$b=1$
$b=0.5$	$b=1$	$b=1$	
ΔU_1 为最高位测量盘步进值			

UJ31 型电位差计的准确度等级为 $a=0.05$，$b=1$，在环境温度与20℃相差不大的条件下，其基本差限

$$\Delta U_x=\pm(0.05\%U_x+\Delta U)$$

式中，当倍率为“×10”时，$\Delta U=5\mu\text{V}$；当倍率为×1 时，$\Delta U=0.5\mu\text{V}$。

（2）符合国标 GB 3927—1983 规定的电位差计，其基本误差允许极限的计算公式为

$$\Delta U=\pm\frac{c}{100}\left(\frac{U_N}{10}+U\right)$$

式中，c 为用百分数表示的等级指标，U_N 为基准值（即该量程内最大的整数幂），U 为标度盘示值。

符合新国标的有 UJ33a 型直流电位差计等。

实验16　用电子式冲击电流计测互感

【实验目的】

1. 了解电子式冲击电流计的工作原理及使用方法。
2. 掌握利用冲击电流计测互感的方法。

【仪器用具】

电子式冲击电流计、标准互感、待测互感、直流毫安表、电阻箱、变阻器、单刀开关等。

【实验原理】

1. 电子式冲击电流计工作原理

磁电式冲击电流计已经沿用200多年了，经过长期不断改进，使其具有测量精度较

高、测量方法多样的特点，一直是磁测领域内的主要测量仪器。近年来，由于生产自动化的不断普及，这种电流计难于适应自动检测的需要，已日趋被淘汰，而电子积分器有取而代之之势。目前已有多种产品问世，其功能几乎可完全取代前者，因此可称后者为“电子式冲击电流计”。

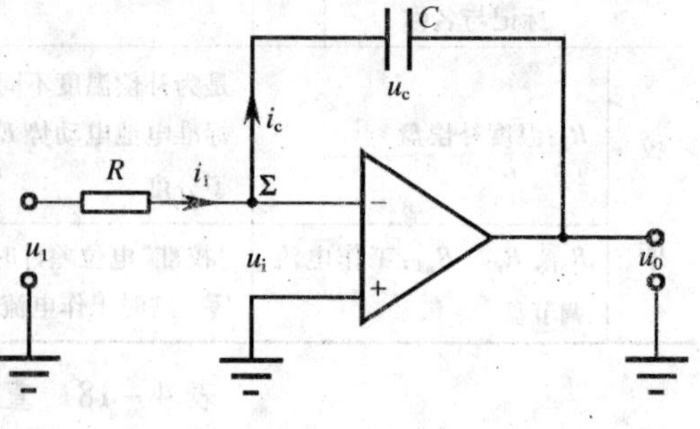

图 4-40 电子积分器原理电路

图 4-40 为电子积分器的一种原理电路，其中放大器采用场效应管输入型集成运算放大器。理想的集成运算放大器模型认为：其输入电阻为无穷大，其开环增益 K 为无穷大（所谓开环增益是指放大器的输出对其输入无作用用时的放大倍数），据此又可推出以下结论：

推论一：如图 4-40 所示，有

$$i_1 = -i_c \tag{4-51}$$

推论二：已知在集成运算放大器的线性工作区内有 $u_0 = -Ku_i$，其中 u_i 为放大器的输入电压，u_0 为放大器输出电压，其值为小于电源电压的一个有限值。故当 K 可视为无限大时 u_i 几乎等于零，即图中的“Σ”点几乎与地等电势，因此常称此点为“虚地点”。

由推论二可知 $i_1 = u_1/R$，$u_c = -u_0$，而 $i_c = C\mathrm{d}u_c/\mathrm{d}t = -C\mathrm{d}u_0/\mathrm{d}t$，故式(4-51)可改写为

$$u_1/R = -C\mathrm{d}u_0/\mathrm{d}t$$

或

$$\mathrm{d}u_0 = -(1/RC)u_1\mathrm{d}t \tag{4-52}$$

式(4-52)两边积分，即可得

$$u_0 = -\frac{1}{RC}\int_0^t u_1\mathrm{d}t \tag{4-53}$$

可见该电路的输出与输入电压对时间的积分成正比，故称之为“积分电路”。一般场效应管输入型集成运算放大器（如 LF353）其输入电阻为 $10^{12}\,\Omega$，其影响完全可忽略不计，但一般的集成运算放大器的开环增益 K 约为 10^5，其影响往往不能完全忽略，故当 u_1 为一单位阶跃信号时，积分器的输出为

$$u_0 = -K(1 - \mathrm{e}^{-t/\tau}) \tag{4-54}$$

其中 $\tau = (1+K)RC$。当 $t \ll \tau$ 时，u_0 可以近似表示为

$$u_0 = -\frac{Kt}{\tau} + \frac{K(t/\tau)^2}{2} \tag{4-55}$$

其中第二项即为积分器的运算误差，采用相对误差表示为

$$E = \frac{\Delta u_0}{u_0} = \frac{t}{2\tau} = \frac{t}{2(1+K)RC} \tag{4-56}$$

一般不难作到使其小于 0.5%。

集成运算放大器的失调电压和失调电流使积分器很快进入“饱和状态”，以致于不能工作。采用人工调零不仅费时，而且很难使其工作稳定。国内外产品多采用自稳零运算放大器，但其仍不能消除被测电路中温差电势等因素对积分造成的不良影响。本实验中所使用的电子式冲击电流计，是采用单片机来实现自动调零，能同时解决上述问题。

2. 互感原理

如图4-41(a)所示，L_1、L_2 为相邻两线圈，L_1 为原线圈，L_2 为副线圈。当 L_1 中的电流发生变化时，L_2 中将引起电动势 E_2（反之亦然），这种现象称为互感现象，且电动势 E_2 在数值上和 L_1 中的电流变化率成正比，即

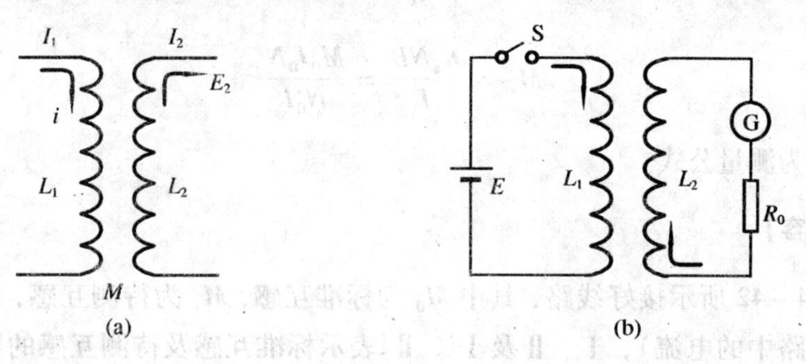

图4-41 互感原理

$$E_2 = M\frac{\mathrm{d}i}{\mathrm{d}t} \tag{4-57}$$

式中，比例系数 M 称为互感系数，简称“互感”，它决定于线圈的形状、匝数、相对位置及周围介质的磁导率。当线圈的形状、匝数、相对位置及周围介质的磁导率一定时，M 为常数。

3. 测量原理

如图4-41(b)所示，将次级线圈 L_2 和冲击电流计 G 组成一闭合回路，这样，当电流 i_1 发生变化时，在次级线圈 L_2 中将有感应电动势 E_2 及感应电流 i_2 产生，且有

$$E_2 = i_2 R = M\frac{\mathrm{d}i_1}{\mathrm{d}t} \tag{4-58}$$

式中，R 为 L_2 本身电阻和 R_0 及电流计内阻之和。

设 L_1 中的电流 i 在 τ 时间内由 i$_1$ 变到0，则通过 L_2 回路中的总电量为

$$q = \int_0^\tau i_2 \mathrm{d}t \tag{4-59}$$

将式(4-58)中 i_2 代入式(4-59)可得

$$q = \int_0^\tau i_2 \mathrm{d}t = \int_0^\tau \frac{M}{R}\frac{\mathrm{d}i_1}{\mathrm{d}t}\mathrm{d}t = \frac{M}{R}\int_0^{I_1}\mathrm{d}i_1 \tag{4-60}$$

即

$$q = \frac{M}{R}I_1 \tag{4-61}$$

若测冲击常数时所用的标准互感为 M_0，通过电流为 I_0，断电时冲击电流计显示读数为 N_0，则有

$$q_0 = \frac{M_0 I_0}{R} = KN_0 \tag{4-62}$$

即

$$K_q = \frac{M_0 I_0}{N_0 R} \tag{4-63}$$

其中 K_q 为该冲击电流计测电量的冲击常数。测待测互感 M_x 时，通过电流为 I，断电时冲击电流计显示数为 N，则

$$q = \frac{M_x I}{R} = K_q N \tag{4-64}$$

即

$$M_x = \frac{K_q NR}{I} = \frac{M_0 I_0 N}{N_0 I} \tag{4-65}$$

式(4-65)即为测量公式。

【实验内容】

1. 按图4-42所示接好线路，其中 M_0 为标准互感，M_x 为待测互感，R 为滑线变阻器(可调节回路中的电流)，Ⅰ、Ⅱ及Ⅰ′、Ⅱ′表示标准互感及待测互感的原级线圈和次级线圈的接线端。

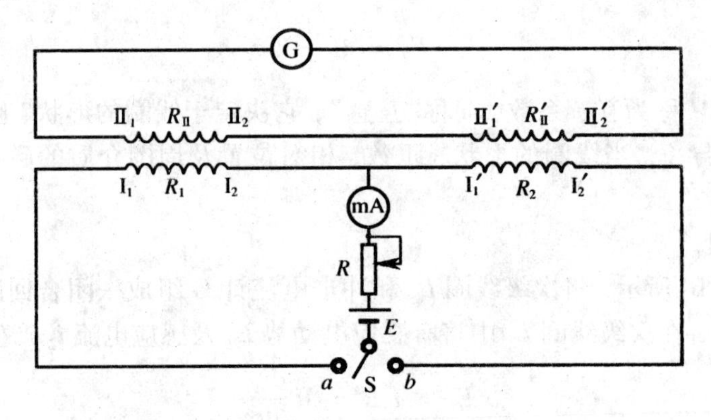

图4-42 测量互感电路

2. 测冲击常数 K_q

先将开关S接向 a，调节滑线变阻器 R 的滑动端，适当选取电流 I_0 的值(当断开开关S时，应使冲击电流计的读数接近满度)，将冲击电流计清零复位，断开开关S，记录此时冲击电流计上所显示的数值，重复测量数次。

3. 测量待测互感系数 M_x

将开关S接向 b 端，调节变阻器 R 的滑动端，适当选取电流 I_1 的值(应使断开开关S时，冲击电流计显示的数值接近满度)，将冲击电流计清零复位，断开开关S，记录此时冲击电流计上所显示的数值，重复测量数次，并依所测数据可求得互感系数 M_x。

【实验数据处理及结果分析】

1. 计算冲击常数 K_q。

2. 由实验内容3中所测得的数据及已计算出的冲击常数 K_q，计算待测互感系数 M_x。

3. 冲击电流计回路中的总电阻为 $R = R_g + R_0 + R_1$，其中 R_g、R_0、R_1 分别为冲击电流计的内阻、标准互感器次级线圈的电阻和待测互感器次级线圈的电阻。

实验17　用冲击电流计测量电容和高电阻

【实验目的】

1. 测量电容器的电容；
2. 用放电法测量高电阻。

【仪器用具】

电子式冲击电流计、标准电容器、待测高电阻、待测电容、毫伏表、开关、稳压电源等。

【实验原理】

电子式冲击电流计原理见实验15。

1. 测冲击常数

给电容充电达到稳态时

$$q = CU \tag{4-66}$$

冲击电流计放电时

$$q = KN \tag{4-67}$$

K 为冲击常数，N 为冲击电流计读数。

$$K = \frac{CU}{N} \tag{4-68}$$

2. 测电容量

$$C = \frac{KN}{U} \tag{4-69}$$

3. 测量高电阻原理

高电阻一般是指阻值在 $10^6\Omega$ 以上的电阻，其阻值可用冲击法测量。测量电路如图4-44所示。将待测电阻 R_x 与一标准电容 C_0 并联，先对电容充电，其上带 q_0，然后将充放电开关 S_2 放在中间位置，电容器将通过高电阻放电，经过一定时间间隔 t 后，电容器上剩余电荷电量为

$$q = q_0 e^{-\frac{t}{R_1 C_0}} \tag{4-70}$$

对式(4-70)两边取对数可得

$$R_x = \frac{t}{C_0 \ln(q_0/q)} \tag{4-71}$$

由 $q_0/q = N_0/N$，式(4-71)式可写成

$$R_x = \frac{t}{C_0 \ln(N_0/N)} \tag{4-72}$$

式中，N 与 N_0 分别为 q 和 q_0 通过冲击电流计读数。取放电时间按 $\tau = C_0 R_x$，使放电时间在 $0 \sim \tau$ 间均匀取值，测出对应的 N，作 $\ln N - t$ 图，得到一条直线，其截距 $b_1 = \ln N_0$，斜率 $K = -\frac{1}{R_x C_0}$，由 K 和 C_0 值可以算出高电阻 R_x。

【观察内容及操作要点】

1. 测定冲击电流计的冲击常数

（1）按图 4 – 43 所示接好线路，其中 C_0 为标准电容。

（2）先将 S_2 接向 a，调节滑线变阻器的滑动端，适当选取电压 U 的值，给电容充电，充电时间大约 1min。然后将 S_2 迅速由 a 掷到 b，电容器对冲击电流计放电（当 S_2 由 a 接向 b 时，冲击电流计的读数接近满度值），记录电压值和冲击电流计显示值。

2. 测待测电容

用两个待测电容及其串、并联分别代替图 4 – 43 所示的标准电容，重复操作要点 1。

3. 测高电阻

按图 4 – 44 接电路图（电容取待测电容中大的那一个）。

1）重复 1 中的(2)步。

2）充电约 1min，把开关从 a 打开，等待 3min，再把开关合向 b，读出冲击电流计读数。

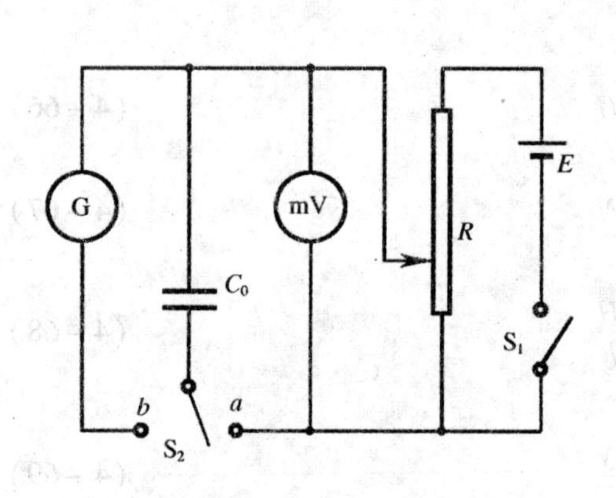

图 4 – 43　测电容电路

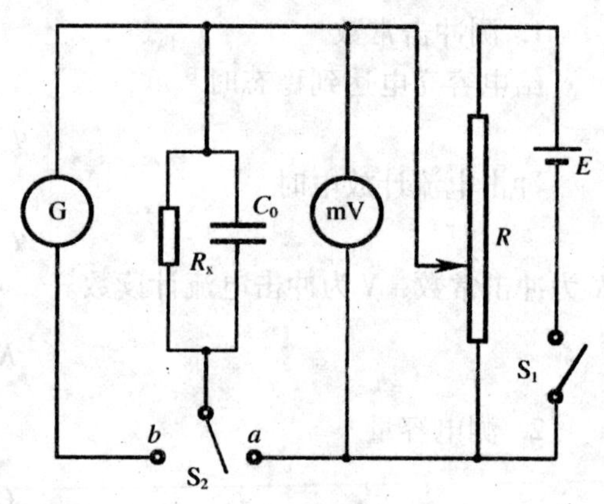

图 4 – 44　测量高电阻电路

【实验数据处理及结果分析】

1. 记录下所用的电路元件的技术指标及实验数据（实验数据记录表格可参照“测量电容实验数据记录表”自行设计）。

2. 根据测量结果计算有关数据，在计算电容时，应对结果作误差分析。

3. 分析引起测量误差的原因并作出完整的实验报告。

4. 将实验中所测的串、并联等值电容值与电容器串、并联公式计算的结果相比较。

测量电容实验数据记录表

电容器	充电电压/mV	冲击电流计读数
标准电容 C_0		
待测电容 C_{x1}		
待测电容 C_{x2}		
C_{x1}、C_{x2}串联		
C_{x1}、C_{x2}并联		

实验18　模拟示波器基础实验

电子示波器(简称示波器)可分为模拟电路示波器与数字电路示波器。示波器能直接观察电信号的波形，也能测量信号的电压和频率。一切可以转化为电压的电学量和非电学量(如温度、位移、速度、压力、光强、磁场、频率等)均可用示波器来观察测量。

示波管电子射线质量小、惯性小，可以在很高的频率范围内工作。正因为示波器能够快速直观地显示各物理量相对时间变化的关系，所以是一种用途极为广泛的现代测量仪器。

示波器的种类很多，功能也各异，如可同时观测两个信号的双踪示波器，具备"记忆"功能的存储示波器。本实验作为示波器的基础实验。以YB4320型通用电子示波器为例，来介绍模拟示波器的基本结构、原理与使用方法。

【实验目的】

1. 了解示波器的基本结构和原理。
2. 学会示波器的基本用法。

【仪器用具】

示波器、标准信号发生器、待测信号发生器。

【实验原理】

模拟示波器的规格和型号很多，但基本原理是相同的，都包括示波管，垂直放大器(Y放大)，水平放大器(X放大)，扫描、整步装置和直流电源等基本组成部分(图4-45)。

1. 示波管

示波管又称阴极射线管，英文缩略语为CRT，主要包括电子枪、两对互相垂直的偏转板和荧光屏三个部分，全都密封在玻璃外壳内，里面抽成真空，图4-46所示为示波管基本结构。

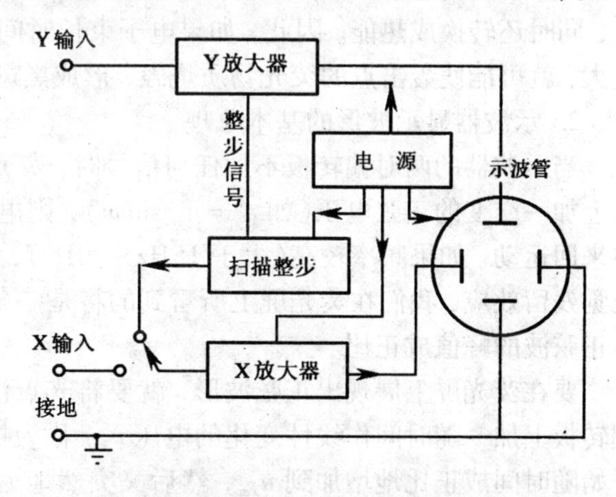

图4-45　示波器的组成

(1) 电子枪　它由灯丝、阴极、控制栅极、第一阳极和第二阳极五部分组成。灯丝通电后变得炽热从而加热阴极，阴极是一个表面涂有氯化物的金属圆筒，被加热后发射电子。由于阳极电位高于阴极，所以电子被阳极加速形成射线。当高速电子撞击在荧光屏上会使荧光物质发光，在屏上就能看到一个亮点，控制栅极是一个顶端有小孔的圆筒，套在阴极外面，它的电位比阴极低，对阴极发射出来的电子起控制作用，只有初速较大的电子

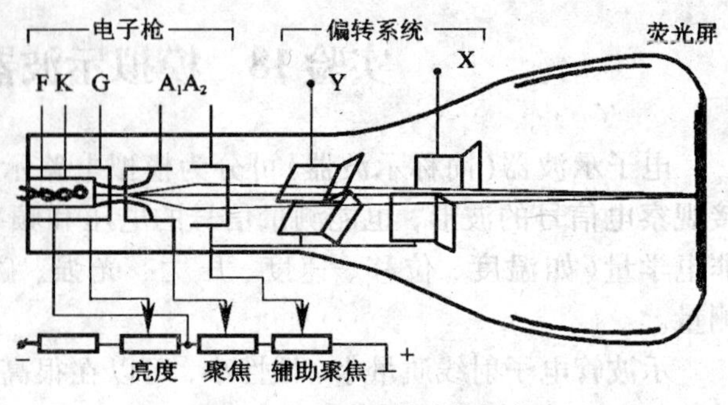

图 4-46 阴极射线管结构

F—灯丝；K—阴级；G—控制栅极；A_1—第一阳级；A_2—第二阳极；Y—竖直偏转板；X—水平偏转板。

才能穿过栅级顶端的小孔，然后在阳极加速下奔向荧光屏。示波器面板上的"辉度"调节，实际上就是通过调节栅极和阴极之间电位差以控制射向荧光屏的电子流密度，从而改变屏上的光斑亮度来实现的。第一阳极和第二阳极的作用一方面使电子加速，另一方面构成聚焦电场，对从栅极射出的方向不同的电子起汇聚作用。改变第一阳极的电压可改变电场分布，从而改变电子束在荧光屏上的聚焦程度，所以称为聚焦电极。示波器面板上的"聚焦"旋钮，其作用即为调节第一阳级的电位，第二阳极电位也会改变电场分布，从而对电子束在荧光屏上的聚焦产生影响。

(2) 偏转系统　为使电子束能达到荧光屏上的任何一点，在示波管内装有两对相互垂直的偏转板，第一对是垂直偏转板(Y 向偏转)，第二对是水平偏转板(X 偏转板)，在偏转板上加以适当电压，电子束通过时，其运动方向受电场力的影响而发生偏转，从而使电子束在荧光屏上产生的光斑的位置也发生变化。一般情况下，Y 偏转板的灵敏度高于 X 偏转板。

(3) 荧光屏　在荧光屏的内表面涂有一层荧光物质，电子射线打在它上面可以使它受激发光，形成光斑。不同的荧光物质发出的可见光的颜色不一样(有黄、绿、蓝、白之分)，发光过程的延续时间(即"余辉时间")也不同，选用由短余辉示波管组成的高频示波器常用来观测频率高的周期信号波；而研究频率较低的周期性现象与非周期的瞬态现象时，选用余辉时间较长的长余辉示波器(亦称慢扫描示波器)。

在荧光屏上有刻度，供测定光点位置用。在荧光屏上电子束的动能不仅转换成光能，同时还转换成热能。因此，如果电子束长时间轰击在荧光屏上的某一点或电子密度过大，就可能使轰击点的荧光物质烧毁，形成黑斑。

2. 示波器显示波形的基本原理

当示波器的两对偏转板不加任何信号时，荧光屏的光点是静止的，如果只在垂直转板上加一交变的正弦电压(如 $u_y = u_{ym}\sin\omega t$)，则电子束的亮点将随电压的变化在竖直方向来回运动。如果频率较高(大于 15Hz ~ 20Hz)，则由于荧光物质的余辉现象和人眼的视觉残留效应，我们在荧光屏上所看到的将是一条竖直的亮线(图 4-47)，线段的长度与正弦波的峰值成正比。

要在荧光屏上展现出正弦波形，就要将光点沿水平方向展开，为此，必须同时在 X 偏转板上加一随时间作线性变化的电压 u_x，称为扫描电压(图 4-48)。其特点是从 $-u_{xm}$ 开始随时间成正比地增加到 u_{xm}，然后又突然地返回到 $-u_{xm}$，此后再重复地变化。这种扫描电压随时间变化的关系曲线形同"锯齿"，故称锯齿波电压。图 4-45 中用"扫描整步器"方框表示可产生锯齿波扫描电压。示波器面板上设有"扫描选择"、"扫描微调"等旋钮，可用来调节锯齿波电压的周期或频率。如果单独把锯齿波电压加在 X 偏转板上而 Y 偏转板上不加任何电压信号，那么如果频率足够高，则荧光屏也将显示一段水平亮线，此线即为“扫描线”，一般称为时间基线。

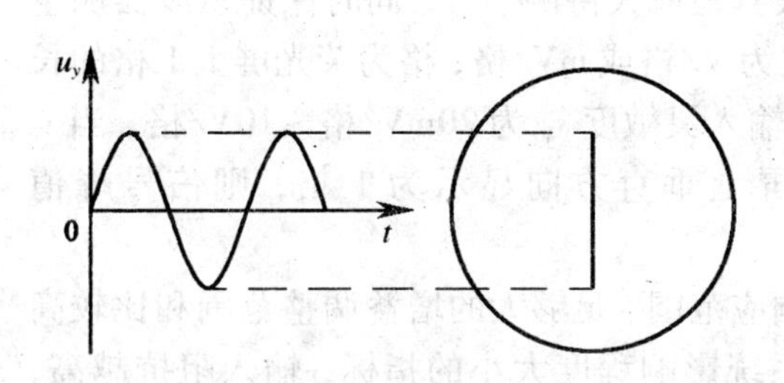

图4－47　垂直转板上加正弦电压

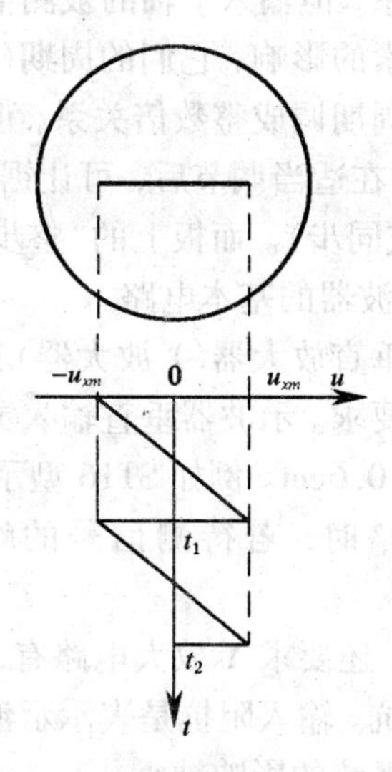

图4－48　水平偏转板上加扫描电压

如果在 y 轴加正弦电压 u_y 的同时，在X偏转板上加锯齿电压，则电子束将受到垂直与水平两个方向的电场作用力，电子束既有 y 方向偏转，又有 x 方向的偏转，其运动是两个相互垂直运动的合成。若扫描电压和正弦电压周期完全一致，荧光屏上显示的图形将是一个完整的正弦波(图4－49)。

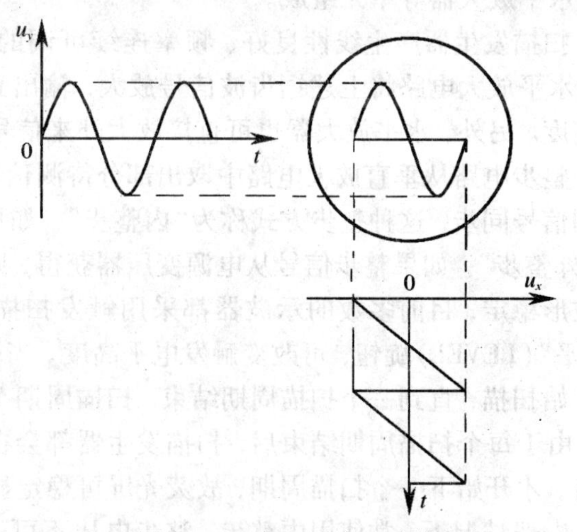

图4－49　相互垂直运动的合成

3. 从示波器的整步分析图4－49可看出，当扫描电压 u_x 的周期 T_x 为正弦电压 u_y 的周期 T_y 的整数倍时，即

$$T_x = nT_y \quad (n = 1, 2, 3, \cdots) \tag{4-73}$$

锯齿波频率 f_x 为正弦波频率 f_y 的 n^{-1}。即

$$f_x = f_y/n \quad (n = 1, 2, 3, \cdots) \tag{4-74}$$

在第一个扫描周期，亮点描出 n 个完整的正弦曲线后迅速返回原来开始的位置，又开始第二次扫描，于是又描出一条与前一条完全重合的正弦曲线。如此重复，荧光屏上将显示出一条稳定的正弦曲线(n 个周期)。如果正弦波和锯齿波的周期稍有不同或不成整数倍关系，那么，由于每次扫描开始时波形曲线上的起点均不一样，第二次扫描描出的曲线将与第一次不重合，第三次与第二次不同……荧光屏上将出现移动着的不稳定图形或图形很复杂。

为在荧光屏上得到所需数目的完整的被测电压波形，可调节“扫描选择”和“扫描微调”，来改变锯齿波电压的周期 T_x(或频率 f_x)，使之与被测信号的周期 T_y(或频率 f_y)成合适的关系，但输入 y 轴的被测信号与示波器内部的锯齿电压是互相独立的。由于环境或其他因素的影响，它们的周期(或频率)可能发生微小的改变，虽然可通过调节扫描旋钮再次将周期调成整数倍关系，但过一会儿波形又会移动起来。为此示波器内装有扫描整步装置,在适当调节后，可让锯齿波电压的扫描起点自动跟着被测信号改变，这就称为整步(或同步)。而板上的“整步(或同步)调节”旋钮即为此而设。

4. 示波器的基本电路

(1) 垂直放大器(Y 放大器)其功能为不失真地放大待测信号，同时保证示波器测量灵敏度的要求。示波器垂直输入灵敏度的单位为V/格或mV/格，格为荧光屏上1格的长度，1格=0.6cm。例如ST16型示波器的垂直输入灵敏度 s_y 为20mV/格～10V/格。当 s_y 取50mV/格时，若待测信号的峰值在荧光屏上垂直方向显示为1格，则信号峰值为50mV。

此外，还要求Y放大电路有一定的频率响应范围、足够大的增益调整范围和比较高的输入阻抗。输入阻抗是表示示波器对被测系统影响程度大小的指标，输入阻抗越高，则对被测系统的影响越小。

(2) 水平时基扫描系统　它由触发同步放大器整形电路、扫描发生器及其控制电路、水平放大器等单元组成。

扫描发生器产生线性良好、频率连续可调的锯齿波信号，作为波形显示时间的基线。水平放大电路将上述锯齿波信号放大，输出到X偏转板上，以保证扫描基线有足够的宽度。另外，水平放大器也可直接放大外来信号，这样示波器作为X—Y显示之用。

整步电路从垂直放大电路中取出部分待测信号，输入到扫描发生器，迫使锯齿波与待测信号同步，这种整步方式称为“内整步”。如果整步电路信号从仪器外部输入，则称为“外整步”。如果整步信号从电源变压器获得，则称为“电源整步”。为了有效地使显示的波形稳定，目前多数的示波器都采用触发扫描电路来达到整步的目的。操作时调节“电平”(LEVEL)旋钮，可改变触发电平高度。当待测电压达到触发电平时，扫描发生器便开始扫描，直到一个扫描周期结束。扫描周期 T_x 长短由“扫描选择”及“微调”旋钮控制。由于每个扫描周期结束后，扫描发生器都会在受到待测电压再次达到同相位触发电平时，才开始下一个扫描周期，故荧光屏可稳定显示出待测电压的波形。

一般情况下，常使用内整步。整步电压不可过大，否则尽管图形是稳定的，但不能获得被测信号的完整波形。

(3) 直流电源　由它为示波管及其控制电路提供合适的电源，使仪器能够正常工作。例如ST16型示波器直流电源部分，需为仪器各部分个别提供6.3V、±15V、+60V、+200V和－1200V的电压。

5. 李萨如图形的基本原理

在示波器X偏转板上加上锯齿波电压进行扫描时，在一个扫描周期内，扫描电压随时间成正比地增加，因此锯齿电压扫描的过程又称为线性扫描。除了线性扫描外，在X偏转板(即x轴输入端)上也可以加上其他波形的扫描电压，称为非线性扫描。

如果在示波器的X和Y偏转板上分别输入频率相同或成简单整数比的两个正弦电压，则屏幕上将出现特殊形状图形，这种图形称为李萨如图形。图4－50所示为 f_y: f_x = 2: 1的李萨如图形。频率比不同时将形成不同的李萨如图形，图4－51所示为频率比成简单整数比的几组李萨如图形。分析几组李萨如图形可得如下规律：如果作一个限制光点 x、y 方向变化范围的虚线方框，则图形与此框相切时，横边上的切点数 n_x 与竖边上的切点数 n_y 之比，恰好等于 y 和 x 输入的正弦信号频率之比，即 $f_y: f_x = n_x: n_y$，但若出现图 b 或 f 所示的图形，即在图形端点与虚线方框相接时，应把一个端点计为 1/2 个切点。因此，利用李萨如图形能方便地比较两正弦信号的频率。若已知其中一个信号的频率，数出图上的切点数 n_x 和 n_y，便可算出另一待测信号的频率。

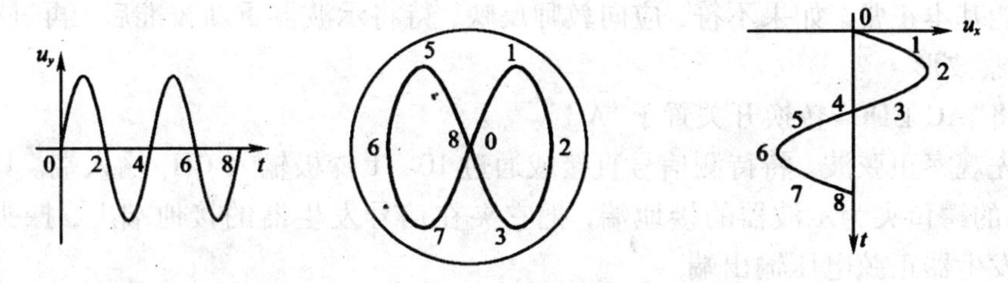

图 4－50　f_y：f_x＝2：1 的李萨如图形

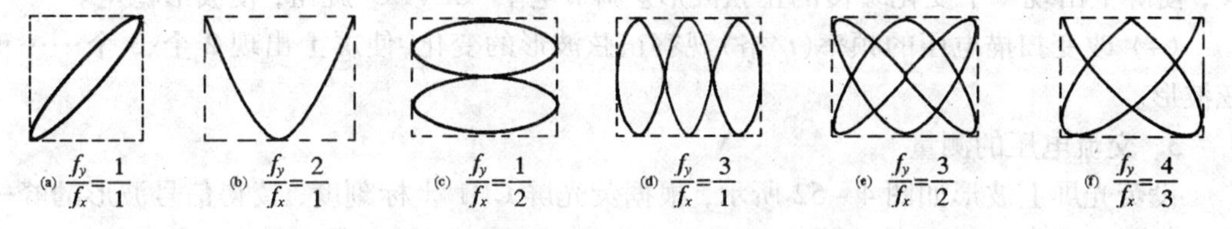

图 4－51　频率比成简单整数比的李萨如图形

【观测内容与操作要点】

1. 示波器使用前的检查

（1）将示波器面板上各控制器置于表 4－19 中的位置。要轻轻地调节旋钮，不宜用力过大，以免损坏仪器。

表 4－19　示波器面板上各控制器的初始位置

项目	编号	设置	项目	编号	设置
电源(POWER)	(6)	弹出	辉度(INTENSITY)	(2)	顺时钟 1/3 处
聚焦(FOCUS)	(3)	适中	垂直方式(MODE)	(35)	CH1
继续(CHOP)	(37)	弹出	CH2 反相(INV)	(33)	弹出
垂直位移(POSITION)	(34)(36)	适中	衰减开关(VOLTS/DIV)	(7)(12)	0.5V/div
微调(VARIABLE)	(12)(7)	校准位置	AC－DC－接地(GND)	(8)(9) (13)(15)	接地(GND)
触发源(SOURCE)	(25)	CH1	耦合(COUPLING)	(24)	AC.
触发极性(SLOPE)	(21)	+	交替触发(TRIG ALT)	(23)	弹出
电平锁定(LOCK)	(27)	按下	释抑(HOLDOFF)	(30)	最小(逆时钟方向)
触发方式	(28)	自动	TIME/DIV	(17)	0.5ms/div
扫描非校准(SWP UNCAL)	(18)	弹出	水平位移(POSITION)	(32)	适中
×5 扩展(×5MAG)	(31)	弹出	X－Y	(26)	弹出

（2）打开电源开关“Power”，指示灯应有绿光显示，稍待片刻，仪器进入正常工作。

（3）顺时针调节辉度旋钮，此时屏上显示出不同步的方波校准信号。辉度不能太大，以免损坏荧光物质。

（4）将电平旋钮反时针转动直至方波稳定（同步），然后将方波移至荧光屏中间。将CH1灵敏度“微调”旋钮和CH2扫描“微调”旋钮顺时针旋足，如果屏上显示的方波CH1坐标刻度为5div（大格），方波周期在CH2坐标刻度为10div（电网频率为50Hz），则说明示波器性能基本正常。如果不符，应向教师反映，待将示波器重新校准后，再进行测量。

2. 观察波形

（1）将“AC⊥DC”转换开关置于“AC”。

（2）先观察正弦波。将待测信号直接或通过10∶1探极输入CH_1输入端。具体接法如下：探头的鳄鱼夹为示波器的接地端，把它夹在信号发生器的接地端上，探头的探针夹在信号发生器正弦电压输出端。

（3）调节V/格选择开关，使屏上波形的垂直幅度在坐标刻度以内。调节t/格扫速开关，使屏上出现一个变化缓慢的正弦波形。调节电平“LEVEL”旋钮，使波形稳定。

（4）改变扫描电压的频率（t/格）观察正弦波形的变化，使屏上出现2个、3个……正弦波形。

3. 交流电压的测量

设荧光屏上波形如图4－52所示，根据荧光屏CH1坐标刻度，读得信号波形的峰—峰值为D_y（格），在图4－52中$D_y=4$格。如果V/格挡极标称值为0.2V/格，且CH1输入端为直接输入，则$u_{p-p}=0.2\times4=0.8\text{V}$。

如果信号是通过了10∶1探级输入，则

$$u_{p-p}=0.2\times4\times10=8\text{V}$$

电压峰—峰值的测量要注意选择适当的V/格值，即在满足波形在坐标刻度以内的前提下，尽可能选择小的V/格值，使所显示的波形尽可能大些，以提高测量精度。

4. 正弦电压信号频率的测量

图4－52中PQ两点间的时间间隔t就是正弦电压u_i的周期，根据荧光屏x轴坐标刻度，读得信号波形PQ两点的水平距离为D_x格（图中$D_x=4$格），如果t/格扫描开关挡级的标称值为0.5ms/格，$t=0.5/\text{格}\times D_x\text{格}=0.5\times4.0\text{ms}=2.0\text{ms}$，正弦电压的周期$T_y=t=2.0\text{ms}$

$$f_y=1/T_y=1/2.0\text{ms}=50\times10\text{Hz}$$

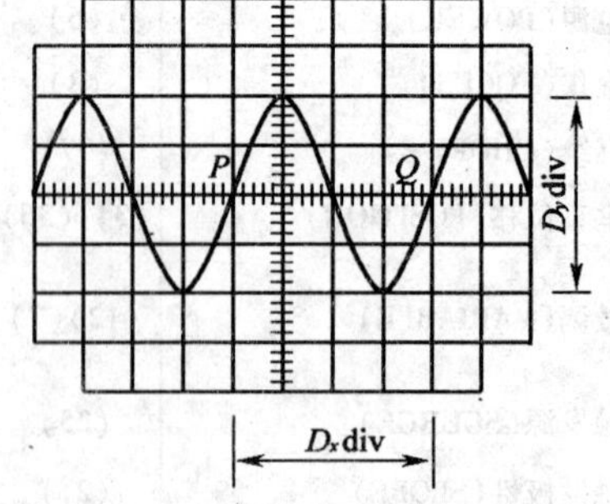

图4－52 交流电压的测量

5. 应用振动合成法测量正弦交流电信号的频率

维持被测的y输入信号不变，其频率已在测量步骤4中测出。将示波器的X－Y控制键按下，将另一信号发生器输出的正弦交流电信号接至示波器的CH1输入端。调节f_x，观察示波器屏幕上波形的变化，当f_y∶f_x＝1∶1、1∶2、2∶1、3∶1等关系时，将在屏幕上出现典型的李萨如图形，据此可更准确地测定频率f_y。

【预习思考题】

1. 如果打开示波器的电源开关后，在屏幕上既看不到扫描线，又看不到光点，可能有哪些原因？应分别作怎样的调节？

2. “电平”旋钮的作用是什么？什么时候需要调节它？观察李萨如图形时，能否用它把图形稳定下来？

【思考题】

1. 为提高示波器的读数准确度，在实验中应注意哪些问题？用示波器测量信号的电压峰—峰值和周期，其测定值能得到几位有效数字？为什么？

2. 示波器能否用来测量直流电压？如果能测，则应如何进行？

3. 如果被测信号幅度太大(在不引起仪器损坏的前提下)，则在屏上看到什么图形？

【附录】

YB4320F 示波器

YB4320 示波器的面板布置如图 4－53 所示。

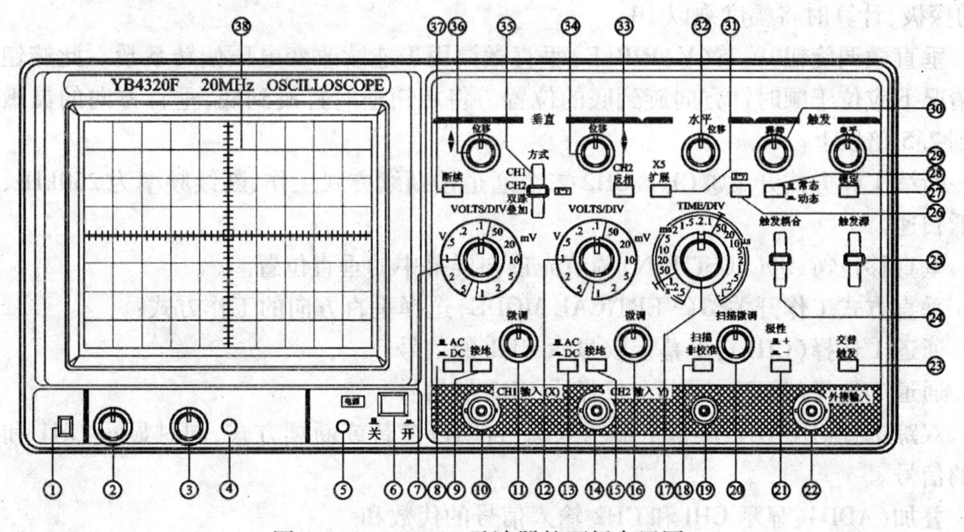

图 4－53 YB4320 示波器的面板布置图

1. 主机电源

电源开关⑥(POWER)将电源开关按键弹出即为“关”位置，将电源线接入，按电源开关键，接通电源。

电源指示灯⑤电源接通时，指示灯亮。

辉度旋钮②(INTENSITY)控制光点和扫描线的亮度，顺时针方向旋转旋钮，亮度增强。

聚焦旋钮③(FOCUS)用辉度控制钮将亮度调至合适的标准，然后调节聚焦控制钮直至光迹达到最清晰的程度。虽然调节亮度时聚焦电路可自动调节，但聚焦有时也会轻微变化，如果出现这种情况，需重新调节聚焦旋钮。

光迹旋转④(TRACE ROTATION)由于磁场的作用,当光迹在水平方向轻微倾斜时,该旋钮用于调节使光迹与水平刻度平行。

显示屏㊳仪器的测量显示终端。

校准信号输出端子①(CAL)提供 1kHz ±2% ,$2V_{p-p}$ ±2% 方波作本机 Y 轴、X 轴校准用。

2. 垂直方向部分(VERTICAL)

通道 1 输入端⑩[CH1 INPUT (X)]该输入端用于垂直方向的输入,在 X - Y 方式时,作为 X 轴输入端。

通道 2 输入端⑭[CH2 INPUT (Y)]和通道 1 一样,但在 X - Y 方式时,作为 Y 轴输入端。

交流—直流—接地⑧、⑨、⑬、⑱(AC、DC、GND)输入信号与放大器连接方式选择开关:

交流(AC):放大器输入端与信号连接由电容器来耦合。

接地(GND):输入信号与放大器断开,放大器的输入端接地。

直流(DC):放大器输入与信号输入端直接耦合。

衰减器开关⑦⑫(VOLTS/DIV)用于选择垂直偏转系数,共 12 挡。如果使用的是 10:1 的探极,计算时将幅度乘以 10。

垂直微调旋钮⑪、⑮(VARIBLE)垂直微调用于连续改变电压偏转系数。此旋钮在正常情况下应位于顺时针方向旋到底的位置。将旋钮逆时针旋到底,垂直方向的灵敏度下降到 2.5 倍以上。

断续工作方式开关㊲CH1、CH2 二个通道按断续方式工作,断续频率为 250kHz,适用于低扫速。

垂直移位㊱、㉞(POSITION)调节光迹在屏幕中的垂直位置。

垂直方式工作开关㉟(VEBTICAL MODE)选择垂直方向的工作方式:

通道 1 选择(CH1):屏幕上仅显示 CH1 的信号。

通道 2 选择(CH2):屏幕上仅显示 CH2 的信号。

双踪选择(DUAL):屏幕上显示双踪,自动以交替或断续方式,同时显示 CH1 和 CH2 上的信号。

叠加(ADD):显示 CHl 和 CH2 输入信号的代数和。

CH2 极性开关㉝(1NVERT):按此开关时 CH2 显示反相信号

CH1 信号输出端㊽(CH1 OUTPUT):输出约 100mV/div 的通道 1 信号。当输出端接 50Ω 匹配终端时,信号衰减一半,约 50mV/div。该功能可用于频率计显示等。

3. 水平方向部分(HORIZONTAL)

主扫描时间系数选择开关⑰(TIME/DIV):共 20 挡,在 0.1/μs ~ 0.5s/div 范围选择扫描速率。

X - Y 控制键㉖:按入此键,垂直偏转信号接入 CH2 输入端,水平偏转信号接入 CH1 输入端。

扫描非校准状态开关键⑱:按入此键,扫描时基进入非校准调节状态,此时调节扫描微调有效。

扫描微调控制键⑳(VARIBLE):此旋钮以顺时针方向旋转到底时,处于校准位置,扫描由 Time/div 开关指示。此旋钮逆时针方向旋转到底,扫描减慢 2.5 倍以上。当按键⑱未按入,旋钮⑳调节无效,即为校准状态。

水平移位㉜(POSITION):用于调节光迹在水平方向移动。顺时针方向旋转该旋钮向右移动光迹,逆时针方向旋转向左移动光迹。

扩展控制键㉛(MAG×10):按下去时,扫描因数×10 扩展[YB4320F 为(×5)]。扫描时间是 Time/div 开关指示数值的 1/10 (1/5)。

接地端子⑲:示波器外壳接地端。

4. 触发系统(TRIGGER)

触发源选择开关㉕(SOURCE):通道 1 触发(CH1,X－Y):CH1 通道信号为触发信号,当工作方式在 X－Y 方式时,拨动开关应设置于此挡;通道 2 触发(CH2):CH2 通道的输入信号是触发信号;电源触发(LINE):电源频率信号为触发信号;外触发(EXT):外触发输入端的触发信号是外部信号,用于特殊信号的触发。

交替触发㉓(TRIG ALT):在双踪交替显示时,触发信号来自于两个垂直通道,此方式可用于同时观察两路不相关信号。

外触发输入插座㉒(EXT INPUT):用于外部触发信号的输入。

触发电平旋钮㉙(TRIG LEVEL)用于调节被测信号在某选定电平触发,当旋钮转向"＋"时显示波形的触发电平上 升,反之触发电平下降。

电平锁定㉗(LOCK):无论信号如何变化,触发电平自动保持在最佳位置,不需人工调节电平。

释抑㉚(HOLDOFF):当信号波形复杂,用电平旋钮不能稳定触发时,可用"释抑"旋钮使波形稳定同步。

触发极性按钮㉑(SLOPE):触发极性选择。用于选择信号的上升沿和下降沿触发。

触发方式选择㉘(TRIG MODE)自动(AUTO):在"自动"扫描方式时,扫描电路自动进行扫描。在没有信号输入或输入信号没有被触发同步时,屏幕上仍然可以显示扫描基线;常态(NORM):有触发信号才能扫描,否则屏幕上无扫描线显示。当输入信号的频率低于 50Hz 时,请用"常态"触发方式。

实验 19　霍尔效应及其应用

置于磁场中的载流体,如果电流方向与磁场垂直,则在垂直于电流和磁场的方向会产生一个附加的横向电场,这个现象是霍普斯金大学研究生霍尔于 1879 年发现的,后被称为霍尔效应。如今,霍尔效应不但是测定半导体材料电学参数的主要手段,而且利用该效应制成的霍尔器件已广泛用于非电量电测、自动控制和信息处理等方面。在工业生产要求自动检测和控制的今天,作为敏感元件之一的霍尔器件,将有更广阔的应用前景。

【实验目的】

1. 了解霍尔效应实验原理以及有关霍尔器件对材料要求的知识。
2. 学习用"对称测量法"消除副效应的影响,测量试样的 $V_H - I_S$ 和 $V_H - I_M$ 曲线。

3. 确定试样的导电类型、载流子浓度以及迁移率。

【实验原理】

霍尔效应从本质上讲是运动的带电粒子在磁场中受洛仑兹力作用而引起的偏转。当带电粒子(电子或空穴)被约束在固体材料中,这种偏转就导致在垂直电流和磁场的方向上产生正负电荷的聚积,从而形成附加的横向电场,即霍尔电场。对于图4-54所示的半导体试样,电场的指向取决于试样的导电类型。对N型试样,霍尔电场逆y方向,P型试样则沿y方向,有

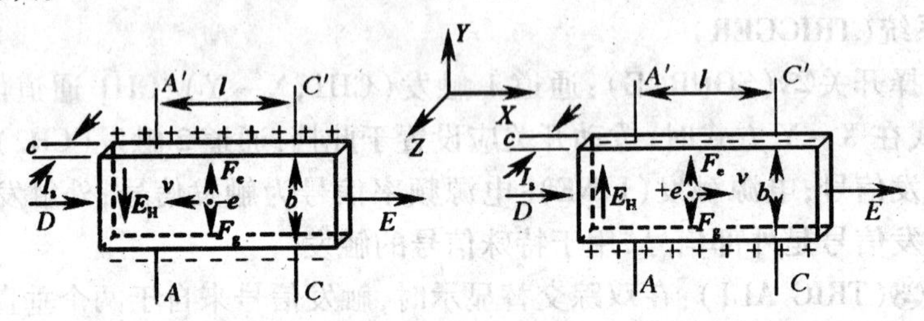

图4-54 样品示意图

$$I_S(x)、B(z)\begin{cases}E_H(y)<0\ (\text{N 型})\\E_H(y)>0\ (\text{P 型})\end{cases}$$

显然,该电场阻止载流子继续向侧面偏移,当载流子所受的横向电场力eE_H与洛仑兹力$e\bar{v}B$相等时,样品两侧电荷的积累就达到平衡,故有

$$eE_H = e\bar{v}B \tag{4-75}$$

其中E_H为霍尔电场,$\bar{v}$是载流子在电流方向上的平均漂移速度。

设试样的宽为b,厚度为d,载流子浓度为n,则

$$I_S = ne\bar{v}bd \tag{4-76}$$

由(4-75)、(4-76)两式可得

$$V_H = E_H b = \frac{1}{ne}\frac{I_S B}{d} = R_H\frac{I_S B}{d} \tag{4-77}$$

即霍尔电压V_H(A、A′电极之间的电压)与$I_S B$乘积成正比与试样厚度d成反比。比例系数R_H称为霍尔系数,它是反映材料霍尔效应强弱的重要参数,只要测出V_H(V),并且知道I_S、B和d可按下式计算R_H。

$$R_H = \frac{V_H d}{I_S B} \tag{4-78}$$

根据R_H可进一步确定以下参数:

1) 由R_H的符号(或霍尔电压的正、负)判断样品的导电类型,判断的方法是按图4-54所示的I_S和B的方向,若测得的$V_H = V_{AA'} < 0$,(即点A的电位低于点A'的电位),则R_H为负,样品属N型,反之则为P型。

2) 由R_H求载流子浓度n:即$n = 1/|R_H|e$。应该指出,这个关系式是假定所有的载流

子都具有相同的漂移速度得到的。严格一点讲,考虑载流子的速度统计分布,需引入 $3\pi/8$ 的修正因子(可参阅黄昆、谢希德著《半导体物理学》)。

3)结合电导率的测量,求载流子的迁移率 μ、电导率 σ 与载流子浓度 n 以及迁移率 μ 之间有如下关系

$$\sigma = ne\mu \tag{4-79}$$

即 $\mu = |R_H|\sigma$,通过实验测出 σ 值即可求出 μ。

根据上述可知,要得到大的霍尔电压,关键是要选择霍尔系数大(即迁移率 μ 高、电阻率 ρ 亦较高)的材料。因 $|R_H| = \mu\rho$,就金属导体而言,μ 和 ρ 均很低,而不良导体 ρ 虽高,但 μ 极小,因而上述两种材料的霍尔系数都很小,不能用来制造霍尔器件。半导体 μ 高,ρ 适中,是制造霍尔器件较理想的材料,由于电子的迁移率比空穴的迁移率大,所以霍尔器件都采用 N 型材料,其次,霍尔电压的大小与材料的厚度成反比,因此,薄膜型的霍尔器件的输出电压较片状要高得多。就霍尔器件而言,其厚度是一定的,所以实用上采用

$$K_H = \frac{1}{ned} \tag{4-80}$$

来表示器件的灵敏度,K_H 称为霍尔灵敏度,单位为 mV/(mA · T)或 mV/(mA · kGs)。

【实验内容及步骤】

1. 霍尔电压 V_H 的测量

应该说明,在产生霍尔效应的同时,因伴随着多种副效应,以致实验测得的 A、A' 两电极之间的电压并不等于真实的 V_H 值,而是包含着各种副效应引起的附加电压,因此,必须设法消除。采用电流和磁场换向的对称测量法,基本上能够把副效应的影响从测量的结果中消除,即 I_S 和 B(即 I_M)的大小不变,并在设定电流和磁场的正、反方向后,依次测量由下列四组不同方向的 I_S 和 B 组合的 A、A' 两点之间的电压 V_1、V_2、V_3 和 V_4,即

$$+I_S \quad +B \quad V_1$$

$$+I_S \quad -B \quad V_2$$

$$-I_S \quad -B \quad V_3$$

$$-I_S \quad +B \quad V_4$$

然后求上述四组数据 V_1、V_2、V_3 和 V_4 的代数平均值,可得

$$V_H = \frac{V_1 - V_2 + V_3 - V_4}{4} \tag{4-81}$$

通过对称测量法求得的 V_H,虽然还存在个别无法消除的副效应,但其引入的误差甚小,可以略而不计。

2. 电导率 σ 的测量

σ 可以通过图 4-54 所示的 A、C(或 A'、C')电极进行测量,设 A、C 间的距离为 l,样品的横截面积为 $S = bd$,流经样品的电流为 I_S,在零磁场下,若测得 A、C(A'、C')间的电位

差为 $V_\sigma(V_{AC})$，可由下式求得 σ

$$\sigma = \frac{I_S l}{V_\sigma S} \tag{4-82}$$

因为具体实验是在 TH－H 实验仪上进行的，所以按图 4－55 连接测试仪和实验仪之间相应的 I_S、V_H 和 I_M 各组连线，I_S 及 I_H 换向开关投向上方，表明 I_S 及 I_H 均为正值（即 I_S 沿 x 方向，B 沿 z 方向），反之为负值。V_H、V_σ 切换开关投向上方测 V_H，投向下方测 V_σ。（样品电极及线包引线与对应的双刀开关之间的连线已接好）。

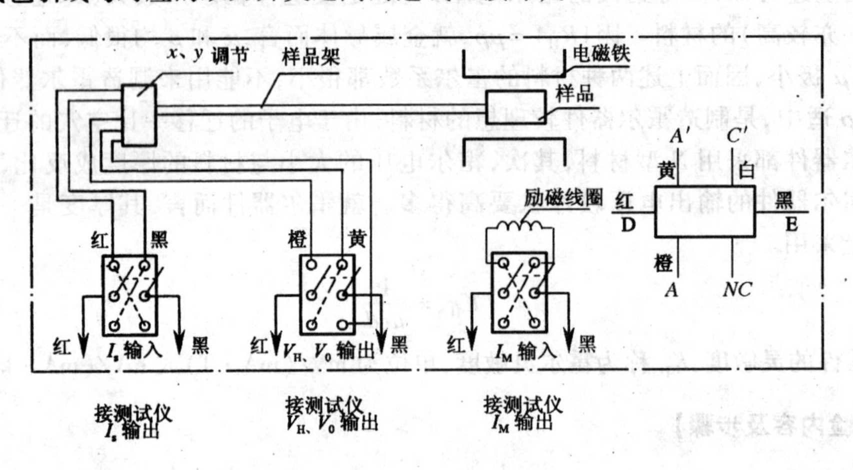

图 4－55 霍尔效应实验仪示意图

为了准确测量，应先对测试仪进行调零，即将测试仪的"I_S 调节"和"I_M 调节"旋钮均置零位，待开机数分钟后 V_H 显示不为零，可通过面板左下方小孔的"调零"电位器实现调零，即"0.00"。

3. 测绘 $V_H - I_S$ 曲线

将实验仪的"V_H、V_σ"切换开关投向 V_H 侧，测试仪的"功能切换"置 V_H。

保持 I_M 值不变（取 $I_M = 0.600$A），测绘 $V_H - I_S$ 曲线，记入下表中。

实验数据表 $I_M = 0.600$A I_S 取值：1.00mA～4.00mA

I_S = (mA)	V_1(mV)	V_2(mV)	V_3(mV)	V_4(mV)	$V_H = \frac{V_1 - V_2 + V_3 - V_4}{4}$(mV)
	$+I_S + B$	$+I_S - B$	$+I_S - B$	$+I_S + B$	
1.00					
1.50					
2.00					
2.50					
3.00					
4.00					

4. 测绘 $V_H - I_M$ 曲线

实验仪及测试仪各开关位置同上。

保持 I_S 值不变，（取 $I_S = 3.00$mA），测绘 $V_H - I_M$ 曲线，记入下表中。

实验数据表 $I_S=3.00\text{mA}$ I_M 取值:0 . 300mA ~0. 800mA

$I_m=(\text{A})$	$V_1(\text{mV})$	$V_2(\text{mV})$	$V_3(\text{mV})$	$V_4(\text{mV})$	$V_H=\frac{V_1-V_2+V_3-V_4}{4}(\text{mV})$
	$+I_S+B$	$+I_S-B$	$-I_S-B$	$-I_S+B$	
0. 300					
0. 400					
0. 500					
0. 600					
0. 700					
0. 800					

5. 测量 V_σ 值

将"V_H、V_σ"切换开关投向 V_σ 侧，功能切换置 V_σ，在零磁场下，取 $I_S=2.00\text{mA}$，测量 V_σ。

6. 测定样品的导电类型

将实验仪三组开关均投向上方，即 I_S 沿 X 方向，B 沿 Z 方向，取 $I_S=2\text{mA}$，$I_M=0.6\text{A}$，测量 V_H 大小及极性，判断样品导电类型。

7. 求样品的 R_H、n、σ 和 μ 值。

【注意事项】

1. 严禁将测试仪的励磁电源"I_M 输出"误接到实验仪的"I_S 输入"或"V_H、V_σ 输出"处，否则通电后，霍尔元件将遭损毁。

2. 霍尔片性脆易碎、电极很细易断裂，严防被撞击或用手触摸，切勿随意改变 Y 轴的高度，以免霍尔片受损。

3. 开、关机前，应将"I_S 调节"和"I_M 调节"旋钮逆时针方向旋到底，使其输出趋于零，然后才可接通或切断电源！

【预习思考题】

1. 列出计算霍尔系数 R_H、载流子浓度 n、电导率 σ 及迁移率 μ 的计算公式，并注明单位。

2. 如已知霍尔样品的工作电流 I_S 及磁感应强度 B 的方向，如何判断样品的导电类型。

实验 20　用示波器测软磁材料的磁滞回线

【实验目的】

1. 学习测量磁滞回线的方法。

2. 根据磁滞回线确定磁性材料的饱和磁感应强度 B_s、剩磁 B_r 和矫顽力 H_C 的数值。

【仪器设备】

ST16 型示波器、带线圈的锰锌铁氧体圆环(待测样品)、磁滞回线实验仪、交流电源等。

【实验原理】

1. 磁滞性质

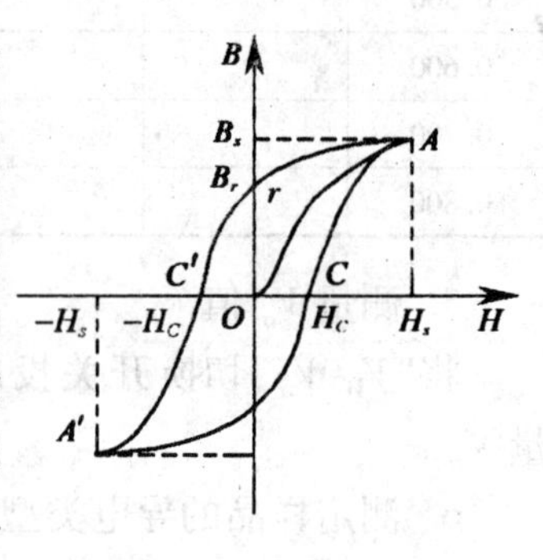

图 4-56 磁滞回线

铁磁材料除了具有高磁导率外，另一重要的特点就是磁滞。当材料磁化时，磁感应强度 B 不仅与当时的磁场强度 H 有关，而且与以前的磁化状态无关(图 4-56)，曲线 OA 表示铁磁材料从没有磁性开始磁化，磁感应强度 B 随 H 增加，称为初始磁化曲线。当 H 增加到某一值 H_s 时，B 的增加极为缓慢，和前段曲线相比，可看成 B 不再增加，即达到磁饱和。当磁性材料磁化后，如使 H 减小，B 将不沿原路返回，而是沿另一条曲线 Ar 下降。如果 H 从 H_s 变到 $-H_s$，再从 $-H_s$ 变为 H_s，B 将随 H 变化而形成一条磁滞回线。其中 $H=0$ 时 $B=B_r$，B_r 称为剩余磁感应强度。要使磁感应强度为零，就必须加一反向的磁场强度 $-H_C$，H_C 称为矫顽力。按一般分类，矫顽力小的称为软磁材料，矫顽力大的称为硬磁材料。

由上可知，要测定材料的磁滞回线，需根据磁化过程测定材料内部的磁场强度 H_r 及其相应的磁感应强度 B。

利用示波器测动态磁滞回线的原理如图 4-57 所示。将样品制成闭合的环形，其上均匀地绕有励硝线圈 N_1 及副线圈 N_2。交流电压 u 加在励磁线圈上，线路中加了一取样电阻 R_1。将 R_1 的电压加在示波器的 x 输入端上，副线圈 N_2 与一电子积分器相联，电子积分器的输出电压 u_c 加在示波器的 y 输入端上。这样的电路之所以能显示和测量磁滞回线，是因为以下原因：

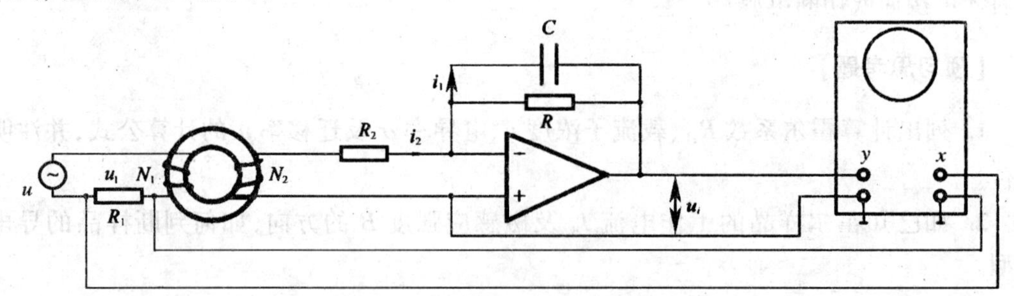

图 4-57 动态磁滞回线测量原理图

(1) u_1(x 输入)与磁场强度成正比　设环状样品的平均周长为 l，励磁线圈的匝数为 N_1，励磁电流为 i_1(交流电的瞬时值)，由安培环路定理有 $Hl=N_1i_1$，即 $i_1=Hl/N_1$，而 $u_1=R_1i_1$，所以可得

$$u_1 = \frac{R_1 l}{N_1}H \tag{4-83}$$

式中，R_1、l 和 N_1 均为常数，可见 u_1 与 H 成正比，它表明示波器荧光屏上电子束在 x 轴方向偏转的大小与样品中的磁场强度成正比。

（2）u_c（y 输入）在一定条件下与磁感应强度成正比　设样品的截面积为 S，由法拉弟电磁感应定律，在匝数为 N_2 的副线圈中感应电动势为

$$E_2 = -\frac{d\psi}{dt} = -N_2 S\frac{dB}{dt} \tag{4-84}$$

若副线圈回路中的电流为 i_2，则有

$$E_2 = R_2 i_2 \tag{4-85}$$

将关系式 $i_c = \frac{dq}{dt} = C\frac{du_c}{dt} \approx i_2$ 代入式(4－85)得

$$E_2 = R_2 C\frac{du_c}{dt} \tag{4-86}$$

将式(4－86)与式(4－84)比较，不考虑负号(在交流电中负号相当于位相差为 π)时应有

$$N_2 S\frac{dB}{dt} = R_2 C\frac{du_c}{dt}$$

将上式两边对时间积分整理后可得

$$u_c = \frac{N_2 S}{R_2 C}B \tag{4-87}$$

式中，N_2、S、R_2 和 C 皆为常数，可见 u_c 与 B 成正比，即示波器荧光屏电子束在竖直方向偏转的大小与磁感应强度成正比。

实际测量线路如图4－58所示。为了使 R_1 上的电压降 u_1 与流过的电流 i_1 二者的瞬时值成正比(位相相同)，R_1 必须是无电感或电感极小的电阻。为了操作安全和调节方便，在线路中采用了一个隔离降压变压器T以避免后面的电路元件与220V市电直接相连。调压变压器用来调节输入电压以控制励磁电流的大小。

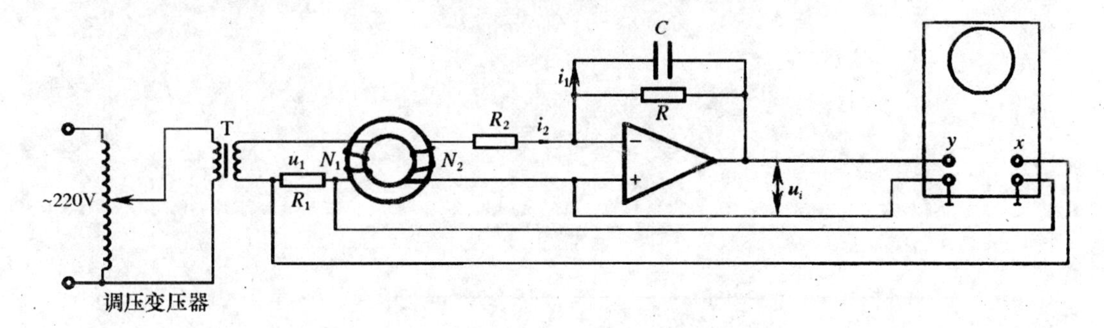

图4－58　磁滞回线测量电路

【观察内容及操作要点】

1. 显示和观察动态磁滞回线

（1）按实验仪上所给电路图连接线路，并接上示波器。

（2）样品退磁：把“u 选择”旋钮从0旋到3V，再从3V旋到0。

（3）把“u选择”调到2.2V，调节示波器x和y轴的灵敏度，显示合适的磁滞回线。

2. 测基本磁化曲线

（1）开机或按RESET键后，显示“P”，按功能键，显示待测样品磁化绕组匝数$N=50$，待测样品平均周长$l=60$mm（如改写上述参数，可来回操作数位键和数据键，以下相同），按“确认”显示“1”。

（2）依次按“功能”键，“确认”键，可输入以下参数：待测样品的横截面积$S=80\text{mm}^2$，励磁电流的取样电阻$R=2.50\Omega$，H和B的倍数设定值为3（即H与B的实际值为H与B的显示值分别乘以10^4和10^2）积分电阻$R_2=10.0\text{k}\Omega$，积分电容$C_2=20.0\mu\text{F}$，每周期采样点数n，测试信号的频率f。

（3）按“功能”，显示“TEST”时，按“确认”将进行自动采样，稍等片刻后出现“GOOD”采样成功，否则显示“BAD”！采样结束后，依次按确认键读出H对应的B值。

（4）依次按“功能”和“确认”键读出，矫顽力H_C、剩磁B_r、磁滞损耗H、B的最大值H_m、B_m、H、B的相位差，PHR。

3. 测$\mu-H$曲线，依次测定$u=0.5$，1.0，1.2，…，3.0V时的十组H_m和B_m。

【实验数据处理及结果分析】

1. 用坐标纸绘制基本的磁化曲线。
2. 用坐标纸绘制$\mu-H$曲线。

第5章　光学实验

5.1　光学仪器的使用和注意事项

5.1.1　光学仪器的特点

光学仪器的关键部件是它的光学元件，如各种透镜、棱镜、反射镜、分划板等，大多数都是光学玻璃制品。它们的光学表面都是经过仔细的研磨和抛光，有些还镀有一层或多层薄膜。对这些元件的光学性能（如表面粗糙度、平行度、折射率、反射率、透射率等）都有一定的要求，而它们的力学性能和化学性能可能很差，若使用和维护不当，则会降低光学性能甚至损坏报废。光学仪器的机械系统一般由基座、导轨、螺旋凸轮、限动器、密封装置等机构组成。通过这些机械装置，达到固定光学零件的目的，并可使光学系统按设计要求做移动或转动，这些机械部分大都经过精密加工（如迈克尔逊干涉仪、分光仪、读数显微镜等），因此，大部分光学仪器精度高，价格贵，使用前必须了解它的工作性能、使用方法、注意事项，否则，容易造成不应有的损坏，以致影响教学工作的正常进行。

5.1.2　注意事项

光学仪器是比较精密的仪器，它的光学元件及机械部分都容易被损坏。造成损坏的常见原因有破损（如跌落、振动、挤压）、磨损、污损、发霉、腐蚀等。因此，在使用光学仪器时，必须遵守以下规则：

1. 必须在了解仪器的使用方法和操作要求后才能使用仪器。

2. 轻拿、轻放，勿使仪器受到振动，特别要防止摔落。光学元件使用完毕，要放回原处，不要随便乱放。

3. 任何时候都不能用手触摸元件的光学表面（光线在此表面反射或折射）。如必须用手拿光学元件时，只能接触非光学表面部分，即磨砂面，如透镜的边缘、棱镜的上下底面等。

4. 光学表面有轻微的沾污时，不要私自处理，必须在教师指导下，对于没有镀膜的光学表面，可用洁净的镜头纸轻擦，若光学表面有较严重的沾污时，应由实验室管理人员清洗。

5. 光学仪器应防潮，因为光学元件的表面如果凝集了潮湿的空气和化学气体后易引起生霉和生雾，使光学元件腐蚀。所以实验过程中不能对着光学元件说话、打喷嚏和咳嗽，更要防止其他溶液溅落在光学表面上。

6. 调整光学仪器时，要耐心细致，动作要轻，严禁盲目和粗鲁操作。

7. 要了解电源和操作条件是否符合光学仪器使用条件。

8. 仪器上的所有锁紧螺钉不要拧得过紧。

9. 光学仪器的机械部分在使用过程中若发现异常，应立即停止操作，经检修正常后才能继续使用,否则会降低仪器精度,严重的会损坏仪器。

10. 光学仪器装配很精密,拆卸后很难复原,因此严禁私自拆卸仪器。

5.2 消视差调节

光学实验中,经常要测量像的大小或确定像的位置。测量物体的大小时,必须将量度标尺与被测物体紧贴在一起,否则,读数将随观测方位的不同而有所改变,难以测准。可是在光学实验中被测物往往是一个看得见摸不着的像,怎样才能确定标尺和待测像是紧贴的呢？利用“视差”现象就可以帮助解决这个问题。

拿两支铅笔,将它们前后相隔一定距离排成竖行,且两支铅笔互相平行。用一只眼睛去观察,当眼睛左右(或上下)移动时(眼睛移动方向应与被观察铅笔垂直),就会发现两支铅笔有相对位移,这种现象称为“视差”。仔细观察还会看到,离眼近的铅笔其移动方向与眼睛移动方向相反;离眼远的则移动方向相同。若将两铅笔紧贴,则无上述现象,即无“视差”。光学实验中常要利用视差现象来判断待测像与参考物(针尖、叉丝)或两个像是否在同一平面上。若待测像和参考物间有视差,则应该稍稍调节像或参考物位置,同时微微转动眼睛观察,直到它们之间无视差后方可进行定位或测量。这一调节步骤常称之为“消视差”调节。在光学实验中,“消视差”调节常常是测量前必不可少的操作步骤。

5.3 常用光源

5.3.1 钠光灯

钠光灯工作时,在可见光区域发射出两条极强的黄色谱线,波长分别为589.0nm和589.6nm,通常称为双钠线。因两条谱线很近,实验中可认为是较好的单色光源。通常取它们的中心近似值589.3nm作为单色光源的标准参考波长,许多光学常数常以它作为基准。由于它的强度大,光色单纯,因此,钠光灯是实验室中最重要的常用单色光源之一。

国产的钠光灯分低压和高压两种,其工作原理都是金属蒸气弧光放电,实验室中常用的是低压钠光灯。

使用钠光灯时应注意:

1) 钠灯点燃后需等一段时间才能正常使用(起燃时间5min~6min)。

2) 钠灯点燃后不要轻易熄灭它,因为忽燃忽熄容易损坏。另外,正常使用也有一定消耗,使用寿命在500h左右,所以在使用时应尽量将使用时间集中。

3) 钠灯工作时不得撞击或振动,否则灼热的灯丝容易震坏。

5.3.2 水银灯

水银灯(又称汞灯)是利用水银蒸气放电发光灯的总称。按其工作时的水银蒸气压的高低,可分为低压水银灯、高压水银灯和超高压水银灯。

通常在一个大气压或小于一个大气压下工作的水银灯称为低压水银灯,其辐射能量几乎集中在253.7nm这一谱线上,因此,它只能作为紫外光源使用。高压水银灯的水银

蒸气压可从 10^5Pa 至 32.8×10^5Pa,由于增加管内水银蒸气压可提高灯的发光效率,因而大大提高了灯的亮度,激发更多的谱线是光学实验中比较理想的标准光源。超高压水银灯的水银蒸气一般都在 32.8×10^5Pa 以上,由于水银蒸气压的提高,使可见光区发射谱线展宽,并大大增加,所以可作为各种光学仪器和投影系统等的高亮度光源。下面着重介绍高压水银灯的结构、工作电路及使用注意事项。

一般的高压水银灯的构造如图 5－1(a)所示。将一圆柱形石英管抽成真空,外有玻璃壳起保护作用,管内两端各有一个主电极,在一个主电极旁还有一辅助电极。为了使主电极易于放出热电子,其上涂有氧化物,管内充有水银和少量的惰性气体(如氩气)。高压水银灯的工作电路如图 5－1(b)所示,辅助电极通过一只电阻 R 与不相邻的主电极相接。当水银灯接入电路后,由于辅助电极与相邻主电极之间的距离很近。在强电场作用下,产生辉光放电,放电电流由电阻 R 限制。辉光放电产生了大量的电子和离子,这些带电粒子在两主电极电场作用下产生高气压的弧光放电,当水银全部蒸发后才开始稳定,灯管正常发光。由此可见,高压水银灯从启动到正常工作需要一段预热时间,5min～10min,熄灭后冷却也需 5min～10min。为了克服气体放电过程中负的电阻效应使灯管不能稳定工作甚至烧毁,在电路中根据灯管工作电流选用适当的限流器 L,以稳定工作电流。

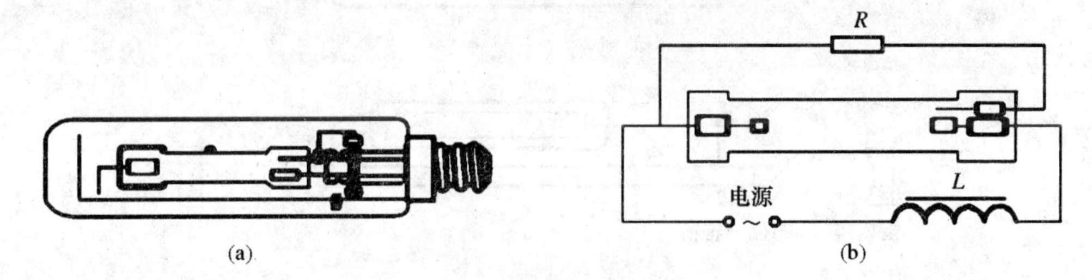

图 5－1　高压水银灯

高压水银灯在紫外、可见和近红外区域都有辐射。在可见,光区域占总辐射的 37%,其中一半集中在绿线 546.1nm 和黄线 577.0nm、579.1nm,因此,高压水银灯是光学实验室的标准光源。水银灯谱线的波长见表 5－1。

使用高压水银灯的注意事项:

1) 水银灯在使用中不可直接接 220V 电源,否则要烧毁。

2) 水银灯熄灭后不能立刻开启。因为灯熄灭后,内部还保持着较高的水银蒸气压,要等灯管冷却,水银蒸气凝结后才能再次点燃,否则将影响其使用寿命。

3) 水银灯的紫外线很强,不可用眼直视。

表 5－1　水银灯谱线的波长　　单位:nm

波长	颜色	相对光强	波长	颜色	相对光强
404.7	紫	强	491.0	蓝绿	中
407.8	紫	中	546.1	绿	很强
410.8	紫	弱	577.0	黄	强
433.9	蓝紫	弱	579.1	黄	强
434.8	蓝紫	中	612.3	红	弱
435.8	蓝紫	很强	623.4	红	中

5.3.3 激光光源

激光是20世纪60年代出现的新型光源,已被广泛应用于物理实验室,除了做教学演示外,还在光的干涉、衍射和偏振等现象的研究方面获得了重要应用。和普通光源相比,激光具有以下特点:光谱亮度高,能量高度集中;方向性好;单色性强;相干性好。因此,实验室常用它做强的定向光源和单色光源。

实验室常用的激光光源是氦-氖激光器。它由激光工作物质、激励装置和光学谐振腔三部分组成。其结构示意图如图5-2所示,气体放电管内充有He、Ne混合气体在激励作用下产生受激辐射形成激光,经谐振腔加强到一定程度后,从谐振腔的一块反射镜发射出去。谐振腔的两块反射镜可以是凹球面镜、平面镜,或一凹球面镜和一平面镜。有的激光器将反射镜安装在管外,以便调节与更换,如图5-2(b)。如果使放电管的窗口与管轴成布儒斯特角,则发出的光是完全偏振光。

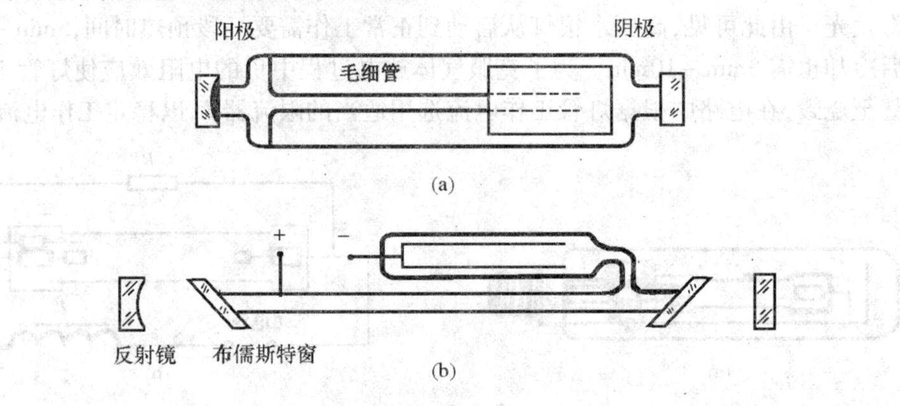

图5-2 He-Ne激光器

He-Ne激光器的电极用钴制成,两端加2kV~3kV直流电压,管长10cm~100cm,毛细管内径1mm~5mm。反射镜的反射峰值配合在632.8nm,以抑制其他波长的谐振,使632.8nm输出为最大。从这类He-Ne激光器可获得连续输出0.5mm到几十毫瓦的单色红光。使用激光器时应严格遵守操作规程进行安全操作,禁止用手直接触摸电极和导线,并要注意眼睛不能直接正对光源,以防受到伤害。

5.4 分光仪的调节和使用

分光仪(又称分光计)是用来精确测定光波经过光学元件(棱镜、平面镜、光栅等)后的偏转角的测角仪器,常跟其他仪器配合用来研究光学现象(光的反射、折射、衍射和偏振等)或测定折射率、光波波长等。熟悉分光仪的使用具有很大的实用价值。

5.4.1 分光仪结构

JJY型1′分光仪由五个部分组成,即三脚架座、自准直望远镜、载物平台、平行光管和读数圆盘。图5-3是它的结构示意图,下面介绍各主要部件。

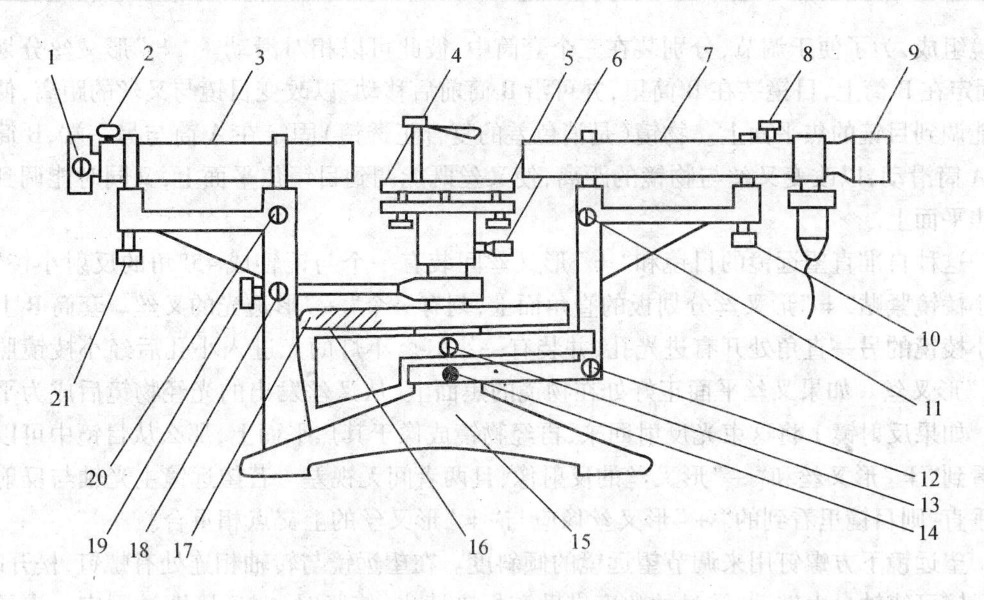

图 5－3　JJY 型 1′分光仪的结构示意图

1—狭缝宽度调节螺钉；2—狭缝装置固定螺钉；3—平行光管；4—载物平台；
5—载物台调平螺钉(3 只)；6—载物台锁紧螺钉；7—望远镜；8—目镜锁紧螺钉；
9—目镜视度调节手轮；10—望远镜倾角调节螺钉；11—望远镜水平调节螺钉；
12—望远镜微调螺钉；13—转座与度盘固定螺钉；14—望远镜固定螺钉；
15—底座；16—游标盘；17—刻度圆盘；18—游标盘微调螺钉；
19—游标盘固定螺钉；20—平行光管水平调节螺钉；21—平行光管倾角调节螺钉。

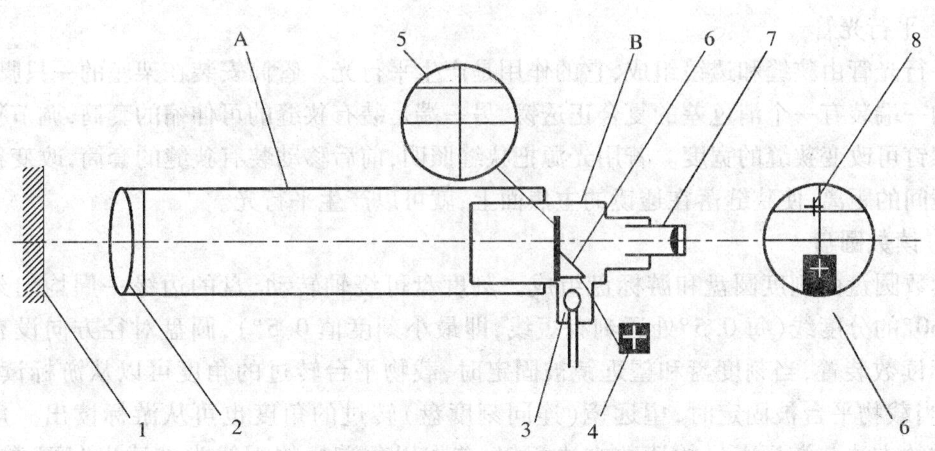

图 5－4　自准直望远镜结构示意图

1—反射镜；2—物镜；3—小电珠；4—＋形叉丝；5—⫧形分划板；
6—小棱镜；7—目镜；8—＋形反射像。

1. 三脚架座

它是整个分光仪的底座，架座中心有一垂直方向的转轴。望远镜、读数圆盘和载物平台均可绕该轴转动。在一个底脚的立柱上装有平行光管。

2. 望远镜

分光仪中采用的是自准直望远镜，其结构如图 5－4 所示。它由物镜、叉丝分划板和目镜组成，为了便于调节，分别装在三个套筒中，彼此可以相对滑动。“ ǂ ”形叉丝分划板5固定在B筒上，目镜装在B筒里，并可沿B筒前后移动，以改变目镜与叉丝的距离，使叉丝能调到目镜的焦平面上。物镜（是消色差的复合正透镜）固定在A筒与另一端，B筒可沿A筒滑动，以改变叉丝与物镜的距离，使叉丝既能调到目镜焦平面上，又同时能调到物镜焦平面上。

这种自准直望远镜的目镜和“ ǂ ”形叉丝间装有一个与镜轴成45°角的反射小棱镜。在小棱镜紧贴“ ǂ ”形叉丝分划板的直角面上，刻有一个“ + ”形透光的叉丝。套筒B上正对小棱镜的另一直角处开有进光孔，并装有一小灯。小灯的光进入小孔后经小棱镜照亮“ + ”形叉丝。如果叉丝平面正好处在物镜的焦面上，从叉丝发出的光经物镜后成为平行光。如果反射镜1将这束光反射回来，再经物镜成像于其焦平面上，那么从目镜中可以同时看到“ ǂ ”形叉丝和“ + ”形叉丝的反射像，且两者间无视差。若望远镜主光轴与反射镜面垂直，则目镜里看到的“ + ”形叉丝像应与“ ǂ ”形叉丝的上交点相重合。

望远镜下方螺钉用来调节望远镜的倾斜度。在望远镜与转轴相连处有螺钉，松开时，望远镜可绕轴自由转动，转过的角度借助游标来读出；旋紧时，望远镜即被固定。为了准确地对准狭缝，还可以调节微动螺钉。

3. 载物平台

载物平台是用来放置待测光学元件的平台。平台下方装有三个螺钉，这三个螺钉的中心形成一个正三角形，用来调节平台的倾斜度。松开载物台锁紧螺钉时，载物平台可以绕中心轴旋转或升降；旋紧螺钉和游标盘止动螺钉时，借助立柱上的调节螺钉可以对载物台进行微调。

4. 平行光管

平行光管由狭缝和透镜组成，它的作用是产生平行光。管筒安装在架座的一只脚上，管筒的一端装有一个消色差的复合正透镜，另一端是装有狭缝的可伸缩的套筒，调节狭缝宽度螺钉可改变狭缝的宽度。若用光源把狭缝照明，前后移动装有狭缝的套筒，改变狭缝和透镜间的距离，使狭缝落在透镜的主焦面上，就可以产生平行光。

5. 读数圆盘

读数圆盘由刻度圆盘和游标盘组成。刻度盘可绕轴转动，盘的边缘一周均匀刻着0°~360°的分度线（每0.5°处还刻有短线，即最小刻度值0.5°），圆盘对径方向设有两个游标读数装置，当刻度盘和望远镜被固定时，载物平台转过的角度可以从游标读出。反之，当载物平台被固定时，望远镜（连同刻度盘）转过的角度也可从游标读出。角游标读数的方法与游标卡尺的读数方法相似，首先以角游标的零线为准读出“度”数，再找游标上与刻度盘正好重合的刻线，即为所求之“分”数。读数时应注意，当望远镜沿角度增加方向转动某角度φ，且过读数盘中的360°时，实际转角应为$\varphi=(360°+\theta_{终})-\theta_{起}$，当望远镜沿角度减小方向转动角度$\varphi$，且过读数盘360°时，则转角应为$\varphi=(360°-\theta_{终})+\theta_{起}$。

为了提高读数的精度，消除刻度盘与分光仪中心轴之间的偏心差，每次测量都应从刻度盘两侧左、右游标读数，再取其平均值。这个平均值可作为望远镜（或载物台）转过的角度，并且消除了偏心差（参看[附注]）。

5.4.2　分光仪调节

为了精确测量,必须把分光仪调好。调节的要求是:使平行光管发出平行光,望远镜接受平行光(即聚焦于无穷远);平行光管和望远镜的光轴与仪器转轴垂直。调节前,应对照实物和结构图熟悉仪器,了解各个调节螺钉的作用。为了便于调节望远镜,光轴和平行光管光轴与分光仪中心轴严格垂直,可先用目视法进行粗调,使望远镜、平行光管和载物平台大致垂直于中心轴,然后分别对各部分进行调节。

1. 调节望远镜

(1) 使望远镜聚焦于无穷远。

① 调节目镜视度手轮,改变目镜与叉丝的距离,使叉丝位于目镜焦面上,看清"ǂ"形叉丝。

② 接通目镜附近小灯的电源,使光线通过小三棱镜,将"+"形叉丝照亮,然后将平行平面反射镜垂直放在平台上。譬如把平面镜放在平台两螺钉 b_1、b_2 的中垂线上(图5-5),调节 b_1 或 b_2,可以改变镜面对望远镜轴线的倾斜度。先用眼睛判断,尽可能使镜面垂直于望远镜光轴,然后缓慢地转动台盘,从望远镜中找到由镜面反射回来的光片。若找不到光片,说明镜面的倾斜度不合适,必须重新调节。

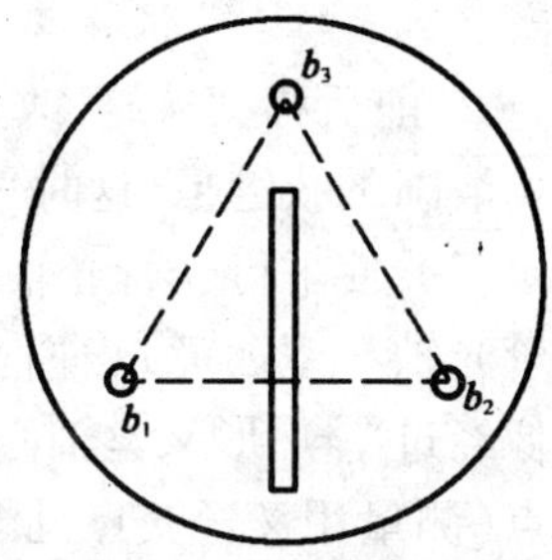

图5-5　平面镜的放置

③ 找到光片后,前后移动叉丝套筒,改变叉丝平面到物镜间的距离,使"+"形叉丝的像和"ǂ"形叉丝均能看清楚,见图5-6(a)。

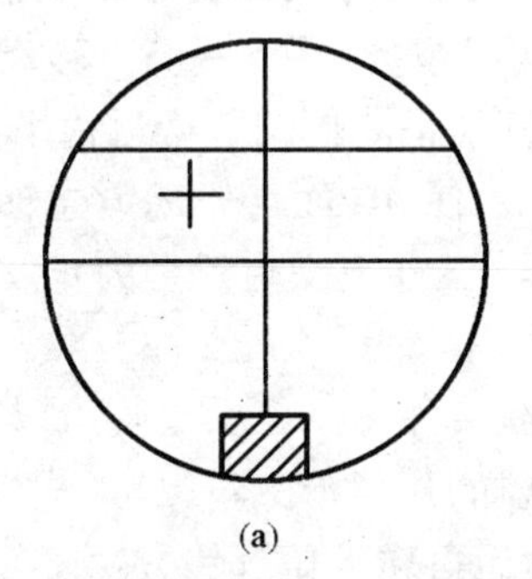
(a)

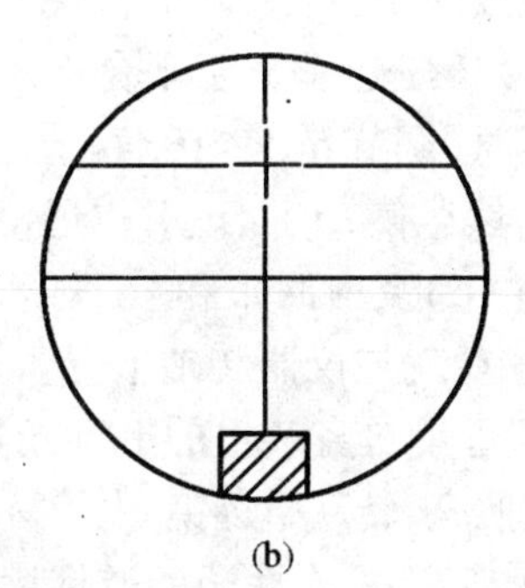
(b)

图5-6　自准直的调节

这时可以认为望远镜已对无穷远聚焦,即能观察平行光,因为此时"ǂ"形叉丝和"+"形叉丝像必与物镜的焦平面重合,在以后的调节中不能再改变望远镜与叉丝间的距离,否则需重复上述调节。

(2) 使望远镜光轴垂直于仪器转轴。当看清楚由平面镜反射回来的"+"形叉丝像与"ǂ"形叉丝像的上方交点一般不重合,调节平台下的螺钉 b_1 和望远镜下螺钉,使"+"形叉丝像与"ǂ"形叉丝上方交点重合,见图5-6(b),说明反射镜面与望远镜的光轴已垂直。但望远镜的光轴未必与仪器转轴垂直,需把台盘转180°(平面镜也随着转180°),再进行检验。如果望远镜光轴与仪器转轴不垂直,可以用逐次逼近法,即先调节平台螺钉(b_1 或 b_2),使得"+"形叉丝的像与"ǂ"形叉丝上方交点间的距离移近一半,再调节望远镜下的螺钉使之重合,然后再把台盘转过180°重复上述调节若干次,直到反射镜的任一面正对望远镜时,“+”形叉丝的像与“ǂ”形叉丝上方交点都重合,则说明镜面已平行于仪器转轴,望远镜的光轴垂直于仪器的转轴了(此后,望远镜下的螺钉(10)不能再调节)。上述调节完成后,应将平面镜再转 60°调节平台螺钉 b_3,使平台法线与仪器转轴平行。

2. 调节平行光管

(1) 调节平行光管使其产生平行光。

① 用目视法把平行光管大致调节到与望远镜光轴相一致。松开狭缝并成竖直位置,再使平行光管对向光源以照亮狭缝,将已聚焦于无穷远的望远镜(作为标准)正对平行光管。

② 前后移动狭缝,改变狭缝到物镜间的距离,使狭缝位于物镜焦面上,从望远镜中便看到清晰的狭缝像,这时平行光管发出的光即为平行光。

(2) 使平行光管光轴与仪器转轴垂直。仍用已调好的望远镜光轴为标准,只要平行光管光轴与望远镜光轴平行,则平行光管光轴必定与仪器转轴垂直。先使铅直位置的狭缝像经过“ǂ”形叉丝轴心交点,然后使狭缝转 90°,如果狭缝像仍通过“ǂ”形叉丝轴心交点(测量用叉丝交点见图 5-6),即表示平行光管光轴与望远望光轴平行。否则,可调节平行光管下的螺钉,以达到此目的。

5.4.3 练习内容

测定三棱镜的顶角 A

1. 调节三棱镜(要求三棱镜主截面垂直于仪器转轴)

把三棱镜放在平台上,调节待测顶角 A 的两个侧面与仪器转轴平行。为了便于调节,可以将三棱镜三边垂直于平台下三个螺钉的连线位置(图 5-7)。转动台盘先使 AB 面正对望远镜时,调节 b_1 使 AB 面与望远镜光轴垂直(不能再调节望远镜下的螺钉 10,否则前功尽弃),然后使 AC 面正对望远镜,调节螺钉 b_2 使 AC 面与望远镜光轴垂直,直到两个侧面(AB 和 AC)反射回来和“+”形叉丝像与“ǂ”叉丝上交点重合为止。这样,三棱镜的镜面 AB 和 AC 就与仪器转轴平行。

2. 利用望远镜自身产生的平行光测三棱镜顶角 A

叉线已被照亮,转动望远镜,先使棱镜 AB 面反射的“+”形叉丝像与“ǂ”形叉丝上交点重合,记下刻度盘上左、右两边的游标读数 θ_1、θ_2,然后再转动望远镜,使 AC 面反射的“+”形叉丝像与“ǂ”形叉丝像上交点重合,记下 θ_1'和 θ_2'(注意 θ'_1 和 θ'_2 不能颠倒),分别算出从 θ_1 至 θ_1'的角位移 φ_1 和从 θ_2 至 θ_2'的角位移 φ_2,则可得出 A 的补角(图 5-8)。

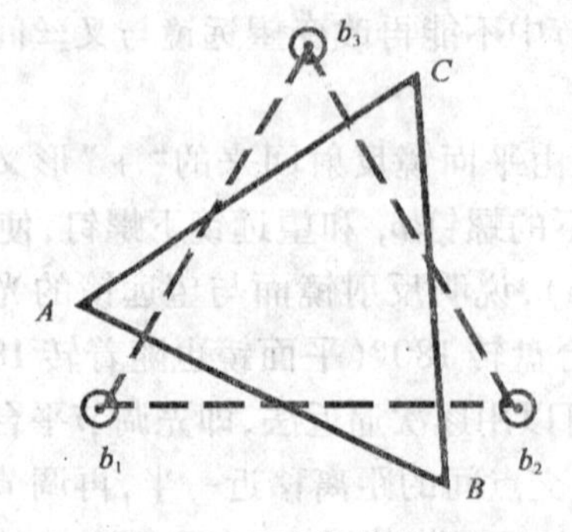

图 5-7 等边棱镜的放置

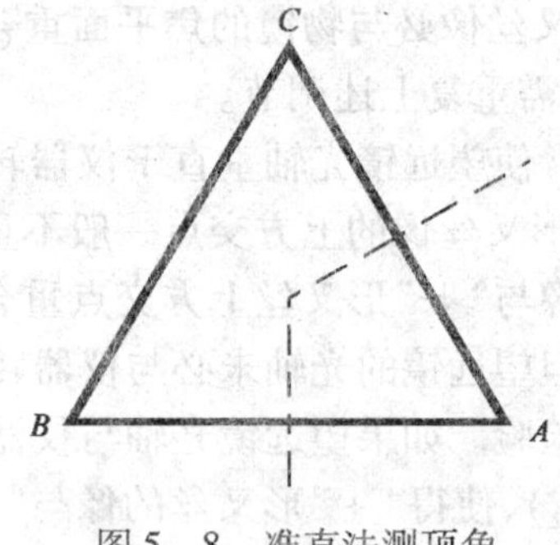

图 5-8 准直法测顶角

$$\varphi = \frac{1}{2}(\varphi_1 + \varphi_2)$$

故可得

$$A = 180° - \varphi$$

注：本次实验着重学习分光仪的调节方法，若时间充分，可重测 A 角。

5.4.4　注意事项

1. 分光仪调节过程中，应先理解各部分的作用和各旋钮（或螺钉）的作用，不要盲目动手，调节动作要轻。

2. 所用光学元件的光学面不得用手触摸，要轻拿轻放，以免损坏。

3. 狭缝的刀口是经过精密研磨制成的，为避免损伤，只有在望远镜中看到狭缝像的情况下，才能调节狭缝的宽度。

4. 测量中要正确使用微调螺钉，以便提高调节效率和测量准确度。

5. 在记录测量数据前，要检查分光仪的几个止动螺钉是否锁紧，若未锁紧，测量的数据会不可靠。

5.4.5　预习思考题

1. 分光仪由哪几部分组成？各部分的主要作用是什么？如何正确使用？

2. 分光仪调节的要求是什么？调节原理是什么？怎样才能调节好？

3. 使望远镜聚焦于无穷远的主要步骤是什么？怎样判断望远镜已适合于观察平行光？为什么？

4. 为什么分光仪要用两个游标读数。

5.4.6　思考题

1. 调节望远镜光轴使其垂直于分光仪转轴时，为什么要旋转平台180°使平面镜两平面先后都与望远镜光轴垂直？只调一面行吗？

2. 调好望远镜光轴与仪器转轴垂直后，拧平台的螺钉，会不会破坏这种垂直性？

3. 为什么望远镜光轴与平面镜面垂直时，在目镜内应看到“＋”形叉丝像与“$\ddagger$”形叉丝的上交点重合？

4. 试设计一种调节方法，使调节望远镜光轴与仪器转轴垂直的过程最迅速。

【附录】　消偏心差

为了提高读数的精度，每次读数都需要从读数圆盘的两边（即左游标、右游标）进行，目的是为消去读数圆盘的中心与仪器转轴中心不重合所产生的偏心差。读数圆盘上的刻度均匀地刻在圆周上，当读数圆盘中心与转轴中心重合时，由读数圆盘两边左、右游标读出的转角刻度值相等。而当读数圆盘偏心时，由两游标读出的转角刻度值就不相等了（图5－9）。用 AB 的刻度读数，则偏大，用 $A'B'$的刻度读数又偏小。

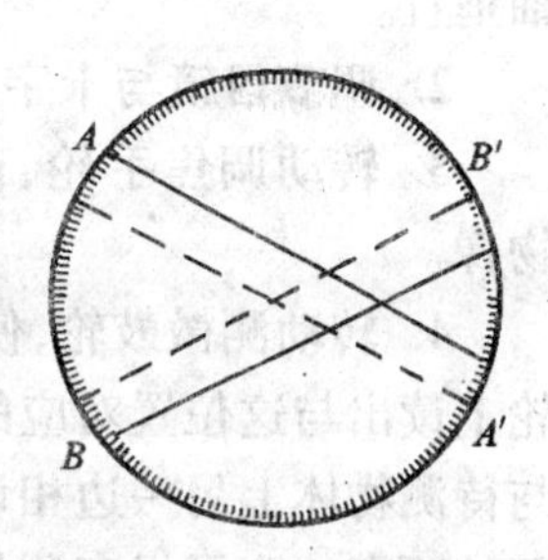

图5－9　偏心差示意图

由平面几何很容易证明

$$\frac{1}{2}(\widehat{AB}+\widehat{A'B'})=\text{实际转角值}$$

此式说明，用左右两个游标读出的转角刻度数值的平均值就是实际转角值。

5.5 读数显微镜

读数显微镜由显微镜和读数装置组成，可直接用来精确地测量长度，也可作观察使用。如测孔距、直径、刻线距离及刻线宽度。配用牛顿环还可以测定光的波长和透明介质的曲率半径等（参见实验22、29）。

5.5.1 结构

读数显微镜的形式比较多，物理实验室常用的是JCD3型读数显微镜，其外形结构如图5－10所示，主要由螺旋测微装置和附有叉丝的显微镜两部分组成。转动测微鼓轮可带显微镜移动并读出相应的位置。测量时，显微镜中的叉丝依次对准被测物像上的两个位置，即可从标尺和测微鼓轮上分别读出对应的读数，两读数之差就是被测物体上两位置间的距离，读数的原理与螺旋测微计的读数原理相同。

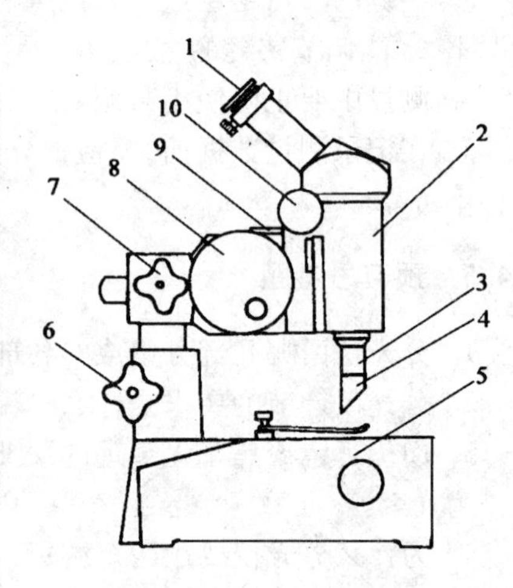

图5－10 读数显微镜

1—目镜；2—镜筒；3—物镜组；4—半反射镜组；5—底座；6、7—锁紧手轮；8—测微鼓轮；9—标尺；10—调焦手轮。

显微镜是由目镜、物镜和十字叉丝组成。在物镜下面装有半反射镜组，可以将光线反射在载物平台上。旋转手轮可以使显微镜筒上下移动，达到调焦的目的。转动测微鼓轮一周，可使显微镜平移1mm。测微鼓轮的圆周等分为100小格，鼓轮转过一小格，显微镜相应平移0.01mm。

5.5.2 使用方法

1. 将被测物体放在载物平台上（显微镜的物镜的正下方），要求被测表面与镜筒的光轴垂直。

2. 调节目镜与十字分划板的间距进行视度调整，使十字叉丝清晰。

3. 转动调焦手轮，改变镜筒到被测物体的间距，以便在目镜中看到一个清晰的物像。

4. 转动测微鼓轮，使十字分划板的纵丝和待测物体一边相切，从读数标尺和测微鼓轮上读出与这位置对应的读数 A，然后沿同方向转动测微鼓轮，使十字分划板的纵丝恰好与待测物体上另一边相切，读得 A'。两读数之差 $L=|A-A'|$ 就是待测物体上这两个位置间的距离。为了提高测量精度，可采用多次测量，取其平均值。

5.5.3 注意事项

1. 读数显微镜是较精密的测量仪器,未经许可不得随便搬动,使用时要防止振动及碰撞。

2. 每次测量时,测微鼓轮只能沿同一方向旋转,不要中途反向,这是因为螺纹接触之间有间隙。

3. 转动测微鼓轮时,动作要平稳、缓慢,如已到达一端,则不能强行旋转,否则会损坏传动测微螺旋。

4. 调节调焦手轮时,先用目测的方法将显微镜筒移近待测物体,然后将显微镜筒移离待测物体进行调节,以防止碰破显微镜和待测物体表面。

5. 在整个测量过程中,十字分划板上的一条叉丝必须和标尺平行。

实验21 薄透镜焦距的测量

在生产、科研和国防等方面,光学仪器的使用十分广泛。例如,它可以将像放大、缩小或记录储存,还可以实现不接触的高精度测量,用它可以研究原子、分子和固体的结构等。总之,在国民经济的各个部门,光学仪器成为不可缺少的工具。

然而,光学仪器的核心部件是光学元件,大量的基本元件是透镜,一个复杂的光学仪器透镜多达几十块、上百块。反映透镜的一个重要物理量是它的焦距。不同的使用目的,常需要不同焦距的透镜。一般说来,测量透镜焦距的方法很多,应该根据不同的透镜、不同的精度要求和具体的可能条件选择合适的方法。本实验使用三种方法,分别测量凸透镜和凹透镜的焦距。

【实验目的】

1. 了解测量薄透镜焦距的原理。
2. 学会测量薄透镜焦距的方法。
3. 掌握简单光路的分析和调整方法。

【仪器用具】

光具座、滑块、凹透镜、凸透镜、平面反射镜、光源、物、屏。

【实验原理】

1. 薄透镜的成像公式

透镜分为两大类。一类是凸透镜,对光线起会聚作用,即一束平行于透镜主光轴的光线通过透镜后,将会聚于主光轴上,会聚点称为该透镜的焦点。焦点到透镜光心点的距离称为该透镜焦距f,焦距越短,会聚本领越大。另一类是凹透镜,对光线起发散作用,即一束平行于透镜主光轴的光线通过透镜后将散开,该发散光束的延长线与主光轴的交点称为该透镜的焦点,焦点到透镜光心点的距离称为该透镜的焦距f。焦距越短,则发散本领越大。

当透镜的中心厚度比透镜焦距小得多时，这种透镜称为薄透镜。在近轴光线条件下，透镜的成像规律可用下式表示：

$$\frac{1}{u}+\frac{1}{v}=\frac{1}{f} \tag{5-1}$$

式中，u 表示物距，恒取正值；v 表示像距，实像取正，虚像取负；f 为焦距，凸透镜为正，凹透镜为负；u、v 和 f 均从透镜光心点算起。

由式(5-1)可知，只要测得物距 u 和像距 v，便可计算出透镜的焦距 f。

2. 用共轭法测量凸透镜的焦距

如图 5-11 所示，设物和像屏的距离为 L(要求 $L>4f$)，在保持 L 不变的情况下，移动透镜，当透镜处于 O_1 时，像屏上出现一个放大的实像，再移动透镜，当它处于 O_2 时，像屏上又得到一个缩小的实像，设 A、O_1 的距离为 u，O_1、O_2 的距离为 e，依透镜成像公式，透镜位于 O_1 时

$$\frac{1}{u}+\frac{1}{L-u}=\frac{1}{f} \tag{5-2}$$

其中，f 为待测透镜焦距。

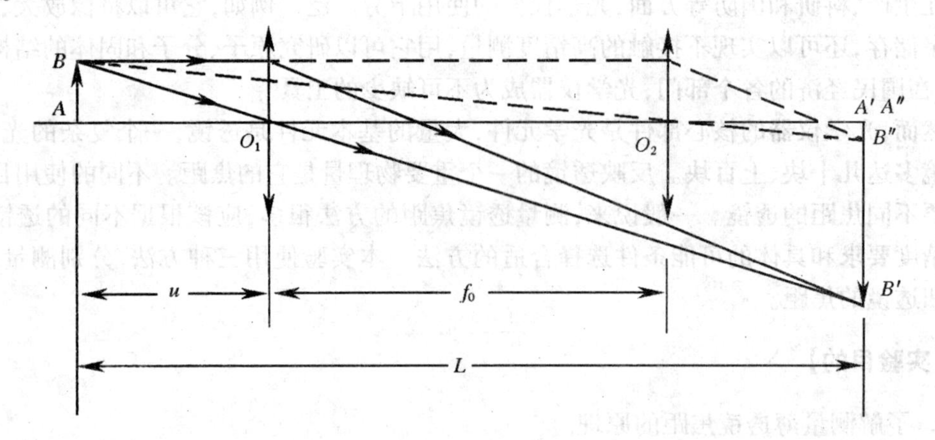

图 5-11 共轭法测凸透镜的焦距

透镜位于 O_2 时

$$\frac{1}{u+e}+\frac{1}{L-u-e}=\frac{1}{f} \tag{5-3}$$

由式(5-2)和式(5-3)解得

$$u=\frac{L-e}{2}$$

将此式代入式(5-2)，得

$$f=\frac{L^2-e^2}{4L} \tag{5-4}$$

只要测出 L 和 e，应用公式(20-4)就可求得透镜焦距 f。

用上述方法测透镜焦距，即为共轭法。这种方法的优点是，把焦距的测量归结为对于可以精确测定的量 L 和 e 的测量，避免了由于估计透镜光心位置不准确所带来的误差。

3. 用自准直法测凸透镜焦距

如图5－12所示，在待测透镜L的一侧放置被光源照明的物体AB，在另一侧放一平面反射镜M。移动透镜位置可以改变物距的大小，当物距正好是透镜的焦距时，物体AB上各点发出的光束经过透镜折射后，变成为不同方向的平行光，然后被平面镜反射回去，再经透镜折射后，成一倒立的与原物大小相同的实像$A'B'$，像$A'B'$位于原物平面处，即成像于该透镜的前焦面上。此时物与透镜之间的距离就是透镜的焦距，它的大小可从光具座导轨上直接测得。

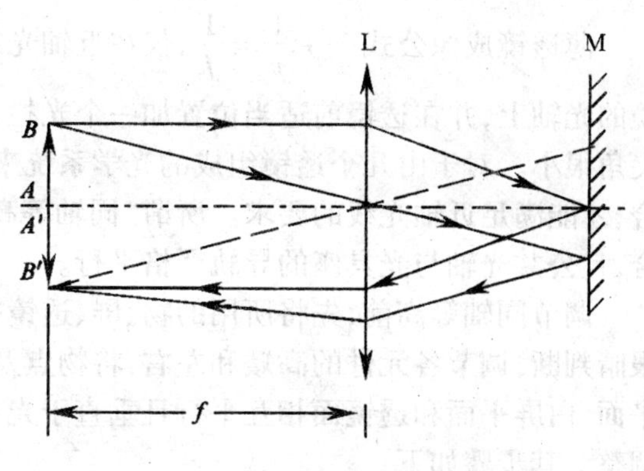

图5－12　自准直法测凸透镜的焦距

自准直法是光学仪器调节中的一个重要方法，也是一些光学仪器进行测量的依据。如分光仪中的望远镜，就是根据“自准直”的原理进行调节的。

4. 用物距像距法测凹透镜的焦距

如图5－13所示，当凸透镜L_1放在O_1处时，从物点A发出的光会聚于B，然后在O_1和B之间，放入待测的凹透镜L_2，并调整其位置，这时的像点移远于B'。

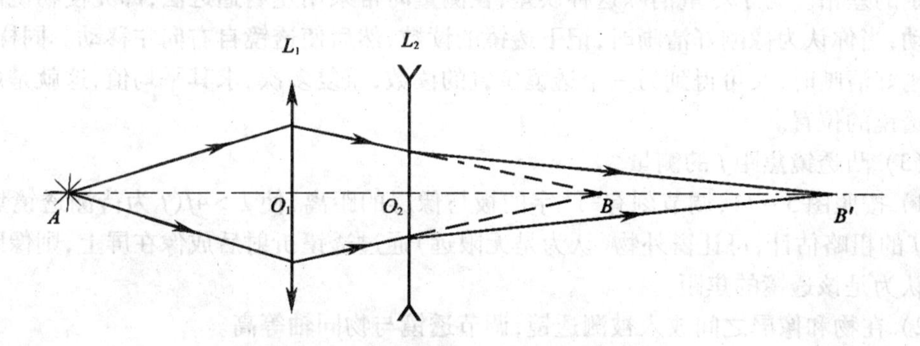

图5－13　物距像距法测凹透镜的焦距

根据光线传播的可逆性，如果将物点置于B'，则B'发出的光经过凹透镜L_2后，将被发散，其虚像点将落在B点。于是，根据物像关系，就可求得凹透镜的焦距。

令

$$\overline{O_2B'}=u,\quad \overline{O_2B}=v$$

依负透镜成像公式：

$$\frac{1}{u}-\frac{1}{v}=-\frac{1}{f} \tag{5-5}$$

得

$$f=\frac{uv}{u-v} \tag{5-6}$$

只要测得u、v的值，就得到f的值。

这种测薄透镜焦距的方法，称为物距像距法。

【实验内容与步骤】

1. 用共轭法测凸透镜的焦距

（1）光学元件同轴等高的调整

薄透镜成像公式$\frac{1}{u}+\frac{1}{v}=\frac{1}{f}$,仅在近轴光线的条件下才能成立。为此,物点应处在透镜的光轴上,并在透镜前适当位置加一个光栏,以便挡住边缘光线,使入射光线与光轴的夹角很小。对于由几个透镜组成的光学系统来说,应使各光学元件的中心轴调到大致重合,才能满足近轴光线的要求。所谓"同轴等高"就是指各光学元件的中心轴调到大致重合,且公共光轴与光具座的导轨严格平行。

调节同轴等高前,先将所用的物、屏、透镜等架在光具座的滑块上,再将滑块靠拢,用眼睛判断,调节各元件的高矮和左右,将物点及光学元件的中心轴到大致重合,并使物体平面、白屏平面和透镜面相互平行且垂直于光具座导轨,然后用透镜成像的共轭原理进行调整。其步骤如下:

1）在光具座上固定物和像屏的距离为L,使$L>4f$,f为透镜的焦距(图5-11)。

2）移动透镜,当它移到O_1时,在像屏上得到一个清晰放大的实像。当它移到O_2时,在像屏上又得到一个清晰的缩小的实像。因为物点A位于光轴上,所以两次成像的位置应重合于A'。如果物点A两次成像的位置不重合,说明物点A和光轴不重合。这时应调节物点的高低,使得两次所成的像点重合,即系统处于同轴等高。

(2）左右逼近法读数

在实际测量时,由于对成像清晰程度的判断因人而异,即使是同一个观测者,也不免有一定的差错。为了尽量消除这种误差,在测量时常采用左右逼近法,即先使物镜由左向右移动,当你认为像刚好清晰时,记下透镜的读数,然后使透镜自右向左移动。同样,当认为像刚好清晰时,又可得到另一个透镜位置的读数,重复多次,求其平均值,这就是成像清晰时透镜的位置。

(3）凸透镜焦距f的测量

1）按照图5-11,调节刻有"1"字的板与像屏的距离,使$L>4f$(f为待测透镜焦距),对于f的粗略估计,可让窗外物(认为是无限远)通过透镜折射后成像在屏上,则像距粗略地被认为是该透镜的焦距。

2）在物和像屏之间放入被测透镜,调节透镜与物同轴等高。

3）用左右逼近法读出O_1和O_2的位置读数,把数据填入实验数据记录表内。

4）L再取四个不同值,重复3),把测得数据填入实验数据记录表,应用公式(5-4)计算出f,最后再求出f值及其误差。

注:取$L>4f$,但不要使L太大,L太大时,被缩小的像太小,以致难以确定透镜的位置。

实验数据记录表

测量序号	1			2			3			4			5		
	左	右	平均	左	右	平均	左	右	平均	左	右	平均	左	右	平均
透镜位置 O_1															
透镜位置 O_2															
$e=\|O_2-O_1\|$															
物像距离 L															
透镜焦距 f															

$$\bar{f}=\frac{1}{5}(f_1+f_2+f_3+f_4+f_5)$$

2. 用自准直法测凸透镜的焦距

(1) 按照图5－12，将用光源照明的刻有“1”字的板、凸透镜和平面反射镜放在光具座上，调整透镜的位置，使它的主光轴平行于光具座的刻度尺，并使各元件的中心位于透镜的主光轴上，平面镜的反射面应对着透镜并与主光轴垂直。

(2) 改变凸透镜到“1”字板(物)的距离，直至板上“1”字旁边出现清晰的“1”字像为止(注意区分物光经凸透镜表面反射的像和平面镜反射所成的像)，此时物与透镜之间的距离，即为透镜的焦距。

(3) 用左右逼近法测出物和透镜的位置，重复测量5次，求出f值及其误差。

3. 用物距像距法测凹透镜的焦距

(1) 同轴等高的调整。

1) 如图5－13所示，物点A与透镜L_1的同轴等高调整，可用前面所述的共轭法。

2) 负透镜L_2和L_1的同轴等高调整，先固定L_1，调节L_2的左右位置，在像屏上可得到物点A的像点B，然后改变L_1的位置，调节L_2，使在像屏上(像屏位置可左右移动)又得到像点B'；若B和B'在像屏上是同一位置，说明L_1和L_2是同轴等高，否则，就调节L_2的上下位置，使两次像点位于像屏上同一点，即达到同轴等高要求。

(2) 焦距f的测量。

1) 如图5－13所示，在光具座上适当调整物和透镜L_1的位置，使物成实像于像屏上。

2) 用左右逼近法读出像点B的位置。

3) 在像屏和透镜L_1之间放入待测凹透镜L_2，记下L_2的位置O_2的读数。

4) 移动光屏，用左右逼近法读出这时像点B'的位置。

5) L_1再取四个不同位置，重复2)，3)，4)，把数据填入下面的实验数据记录表，依公式(5－6)计算焦距f，最后算出透镜焦距$\bar{f}$值及其误差。

实验数据记录

测量序号	1			2			3			4			5		
	左	右	平均	左	右	平均	左	右	平均	左	右	平均	左	右	平均
凸透镜位置O_1															
虚像点位置B															
实像点位置B'															
凹透镜位置O_2															
$u=\|B'-O_2\|$															
$v=\|B-O_2\|$															
凹透镜焦距f															

$$\bar{f}=\frac{1}{5}(f_1+f_2+f_3+f_4+f_5)$$

【预习思考题】

1. 在什么条件下，物点发出的光线通过会聚透镜成像？

2. 做光学实验为何要调节光学系统的同轴等高？调节同轴等高有哪些要求？应怎样调节？

3. 在实际测量时为何采用左右逼近法？此法在测量中有何优点？

4. 用共轭法测凸透镜焦距时，为什么要选取物体和像屏的距离 L 略大于 $4f$？此法测焦距有何优点？

5. 请设想一个最简单的方法来区分凸透镜和凹透镜（不允许用手摸）。

【思考题】

1. 调单透镜成像系统的同轴等高时，接收屏是否必须调动？如保持屏不动，怎样调同轴等高？

2. 本实验中为何不直接以光源作物？

3. 共轭法测凸透镜焦距时，如果凸透镜光心与滑块上刻线不在垂直于导轨的同一平面内，对实验结果有无影响？为什么？

4. 能否用自准直法测凹透镜焦距？如能用，请画出原理光路图。

实验 22　等厚干涉实验

利用透明薄膜上下两表面入射光的依次反射，入射光的振幅将分解成有一定光程差的几个部分。若两束反射光在相遇时的光程差取决于产生反射光的薄膜厚度，则同一干涉条纹所对应的薄膜厚度相同。即在薄膜厚度相同处产生同一级干涉条纹，厚度不同处产生不同级的干涉条纹，这就是等厚干涉。等厚干涉现象可用来测量凸凹透镜的曲率半径及检验表面的平面度、平行度等。

牛顿环实验

牛顿环是一种用分振幅的方法产生的干涉现象，也是典型的等厚干涉条纹。通常用来测量平凸、平凹透镜中球面的曲率半径，或用来检验物体表面的平面度，测量精度较高。

【实验目的】

1. 观察牛顿环等厚干涉现象。
2. 用牛顿环测定透镜的曲率半径。
3. 学习读数显微镜的调整和使用方法。

【仪器用具】

牛顿环、读数显微镜、钠光灯。

【实验原理】

如图 5 - 1(a)所示，DCE 是一块平面玻璃，在它上面放一块平凸透镜 ACB，因为是凸面相接触，所以除了接触之外，两玻璃之间就有空气隙。这样，如果平行单色光从上面投射下来，则空气间隙的上缘面（即 ACB 面）所发射的光和下缘面（即 DCE 面）所发射的光之间便有光程差，两者相遇时就产生干涉。因为 ACB 是球面的一部分，所以光程差相等的地方就是以 C 点为中心的圆。因干涉条纹就是一簇以接触点 C 为中心的明暗交替的同心圆环，这种干涉图形称为牛顿环。在观察牛顿环时会发现，如果 ACB 表面与 DCE 在

C 点接触紧密，则牛顿环的中心是一暗斑。如果在 C 点非紧密接触，则牛顿环的中心就不一定是暗斑，也可能是一亮斑。

设入射光是波长为 λ 的单色光，距 C 为 r_k 远处空气间隙厚度为 δ_k，则空气间隙上下缘面所反射的光的光程差 ΔL（取空气折射率为1）为

$$\Delta L = 2\delta_k + \frac{\lambda}{2} \tag{5-7}$$

由图5-14的几何关系可知

$$\frac{\delta_k}{r_k} = \frac{r_k}{(2R-\delta_k)} \tag{5-8}$$

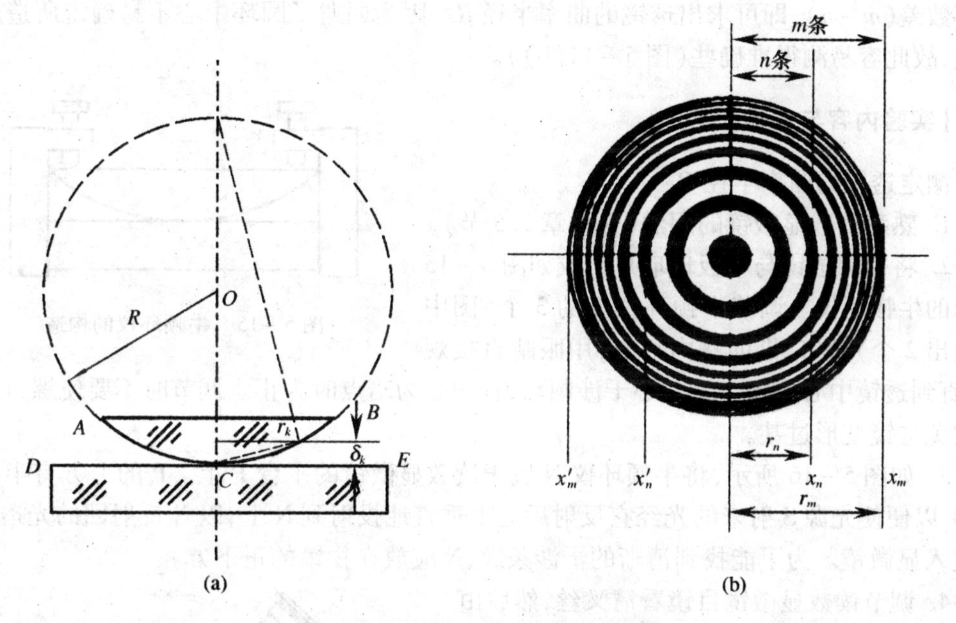

图5-14　牛顿环及其形成的光路示意图

式中，R 是球面 ACB 的半径，因 R 一般可为数十厘米以至数米，而 δ_k 最大也不超过几毫米，故在式(5-8)中可近似认为 $2R-\delta_k=2R$，故得

$$\delta_k = \frac{r^2}{2R} \tag{5-9}$$

当光程差为半波长的奇数倍时发生相消干涉，即产生暗条纹，由式(5-7)有

$$2\delta_k + \frac{\lambda}{2} = (2k+1)\frac{\lambda}{2} \tag{5-10}$$

其中 $k=0,1,2,3,\cdots$。将式(5-9)代入式(5-10)可得

$$r_k = \sqrt{kR\lambda} \tag{5-11}$$

由此可见，r_k 与 k 和 R 的平方根成正比。故由里向外的圈纹愈来愈密。

同理，亮纹半径为

$$r_k{'} = \sqrt{(2k-1)\frac{R\lambda}{2}} \tag{5-12}$$

由上可知,若测得 k 级圈纹半径 r_k,且已知 λ,就可求出 R。但由于玻璃的弹性形变以及接触处不干净等原因,平凸透镜与平面玻璃不可能正好一个点相接触。所以中心处的干涉纹就不是一个暗点,而是一个不很规则的圆片,因而测 r_k 时就不够准确。为此我们希望只测两半径平方差。

设第 m 暗纹和第 n 暗纹的半径分别为 r_m 和 r_n,则由式(5-11)可得:

$$R=\frac{r_m^2-r_n^2}{\lambda(m-n)} \tag{5-13}$$

由式(5-13)可知,可以不测 r_m 和 r_n,而只需直接测出 (r_m+r_n) 和 (r_m-r_n) 及相应的各环的环数差 $(m-n)$,即可求出透镜的曲率半径 R。因为回避了圆环中心不易确定所造成的误差,故此容易测得准确些(图5-14(b))。

【实验内容与步骤】

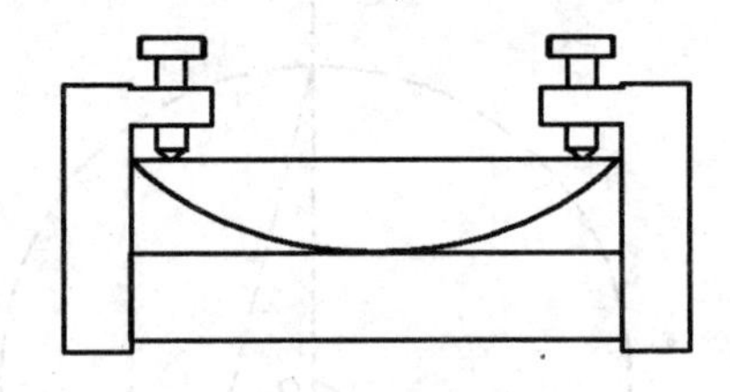

图5-15　牛顿环仪的构造

测定透镜的曲率半径 R

1. 熟悉读数显微镜的用法(见本章5.5节)。

2. 将待测透镜与平板玻璃片组成如图5-15所示的牛顿环仪。调节牛顿环仪上的3个(图中只画出2个)螺钉,借助室内灯光,用眼睛直接观察,直到透镜中心出现一组同心干涉圆环,且中心为暗点时为止。调节时不要使螺钉过紧以避免透镜变形过甚。

3. 如图5-16所示,将牛顿环仪N置于读数显微镜的平台P上。P的上方有半反镜组G,以便使光源S射来的光经它反射后近乎垂直地投射到N上,以N反射回的光透过G而进入显微镜。为了能找到清晰的干涉条纹,N应放在物镜的正下方。

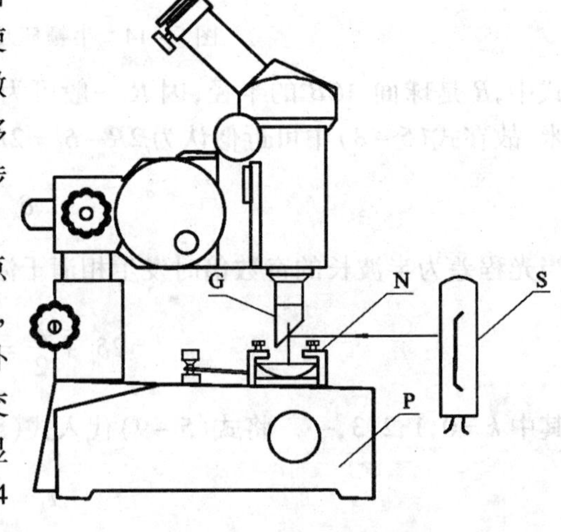

图5-16　牛顿环的测量

4. 调节读数显微镜目镜看清叉丝,然后由下向上移动显微镜筒对干涉条纹进行调焦,使看到的环纹和叉丝尽可能清晰。测量时,显微镜的叉丝最好调节成其中一根与显微镜的移动方向垂直,移测时始终保持这根叉丝与干涉环纹相切,这样便于观察测量。

5. 旋转显微镜测微鼓轮,使十字叉丝交点对准环纹中央暗心,再把显微镜向一方向移动,同时数出扫过暗纹的数目,直到第 m 圈以外(2圈~3圈),然后反向移动显微镜,当叉丝交点对准第 m 个暗纹时记下读数 x_m,继续移动显微镜并依次记下 x_n、x_n'、x_m' 的读数(图5-14(b)),计算出 (r_m-r_n)、(r_m+r_n) 和 $(m-n)$。

为了减少螺纹啮合误差,测量应保证显微镜筒只沿一个水平方向平移。因为在中心附近的圆环宽度较大,r 不易测准,故应取 $n>15$。$(m-n)$ 也应取30以上。

6. 重复上述测量5次(应特别注意防止数错条纹数),按公式(5-13)计算 R,并计算误差。

【预习思考题】

1. 本实验中测定透镜曲率半径的计算公式是什么？为什么不用 $r_k = \sqrt{kR\lambda}$ ？
2. 什么叫牛顿环？牛顿环被调到什么情况才能用来测定 R?
3. 显微镜在调焦时,镜筒为什么只能从下往上调节？
4. 为什么在测量时要求显微镜筒只沿一个水平方向平移？

【思考题】

1. 为什么实验中可以采用面光源？这与等厚干涉产生的条件有无矛盾？对实验有何影响？
2. 为什么牛顿环相邻两暗条纹(或亮条纹)之间的距离,靠近中心的要比边缘的大？
3. 牛顿环的中心在什么情况下是暗的？在什么情况下是亮的？若牛顿环的中心是亮斑,对实验结果会不会有影响？
4. 如果读数显微镜的叉丝不是准确地通过环心,则测得的读数差是弦而不是真正的直径时,对实验结果是否有影响？为什么？
5. 能否用本实验方法测定平凹透镜的曲率半径？试说明其理由并推导出相应的公式。

实验23　测三棱镜材料的折射率

折射率是物质的重要光学特性常数。测量折射率的方法很多,本实验用最小偏向角法进行测量,所用仪器为分光仪,测量结果可达到较高的精度。

最小偏向角法是测折射率的一种基本方法,它多用于测量规则的三棱镜材料的折射率。对光源除要求单色光外,还要求是平行光。平行光由调好的分光仪的平行光管提供。

【实验目的】

1. 学会分光仪的调节和使用方法。
2. 用最小偏向角法测定三棱镜材料的折射率。

【仪器用具】

JJY型1′分光仪、平行平面反射镜、钠光灯、60°三棱镜等。

【实验原理】

1. 折射率的计算公式

如图5-17所示,三角形 ABC 表示待测的光学玻璃制成的三棱镜,AB 和 AC 是透光的光学表面,其夹角称为三棱镜的顶角。一束平行的单色光束 LD 入射到棱镜

AB 面上，经棱镜折射后由另一面 AC 面射出，设 i 为 AB 面上入射角，γ 为折射角，由折射定律有

$$n=\frac{\sin i}{\sin\gamma} \quad (5-14)$$

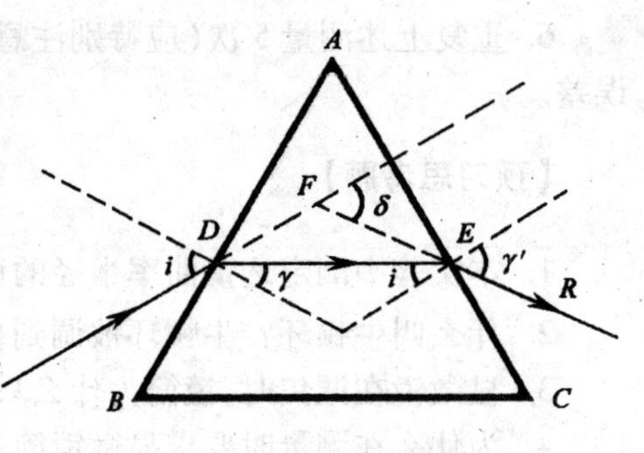

图 5－17　三棱镜的折射

式中，n 为棱镜玻璃的折射率。光束由 AC 面射出以 ER 表示，i'为入射角；γ'为折射角。由入射线 LD 与出射线 ER 的夹角称为偏向角 δ。由图 23－1 可知：

$$\delta=\angle FDE+\angle FED=(i-\gamma)+(\gamma'-i')=i+\gamma'-(\gamma+i')$$

而顶角 $A=\gamma+i'$，因此得到
$$\delta=i+\gamma'-A \quad (5-15)$$

由式(5－15)可知，对给定的棱镜来说顶角 A 是固定的，偏向角 δ 将随 i 和 γ'而变化。而 γ'与 i 有函数关系，所以 δ 仅随 i 而变化。

实验证明，对于给定的棱镜，δ 有一极小值，称为最小偏向角 $\delta_{\min}$。可以证明，当 δ 为极值时有
$$i=\gamma',\quad \gamma=i' \quad (5-16)$$

将式(5－16)代入式(5－15)，得

$$\delta_{\min}=2i-A$$

或

$$i=\frac{A+\delta_{\min}}{2}$$

又因为 $A=\gamma+i'$，所以

$$\gamma=\frac{A}{2}$$

将 $i=\frac{A+\delta_{\min}}{2}$，$\gamma=\frac{A}{2}$代入式(22－1)得

$$n=\frac{\sin\frac{A+\delta_{\min}}{2}}{\sin\frac{A}{2}} \quad (5-17)$$

因此，只要由实验测出最小偏向角 $\delta_{\min}$ 和棱镜顶角 A，便可由式(5－17)求得棱镜玻璃对该单色光的折射率 n。

2. 用平行光法(也称反射法)测定三棱镜顶角 A 的原理

如图 5－18 所示，一束平行光束照于顶角 A 上，在三棱镜 AB、AC 两个光学面上反射，只要测出两束反射光的夹角，即可求得顶角 A。由图中的几何关系可知

$$\angle FEA=\angle BEN,\ \angle FEA=\angle BEX,\ \angle BEX=\angle BAZ$$

而 $\angle BEN+\angle BEZ=\varphi$，所以
$$\angle BAZ=\frac{1}{2}\varphi$$

同理
$$\angle CAZ=\frac{1}{2}\psi$$

而$\angle BAZ+\angle CAZ=\angle A$。于是，三棱镜顶角$A$为

$$\angle A=\frac{1}{2}(\varphi+\psi)$$

如果由实验测得φ及ψ，便可求得顶角A。

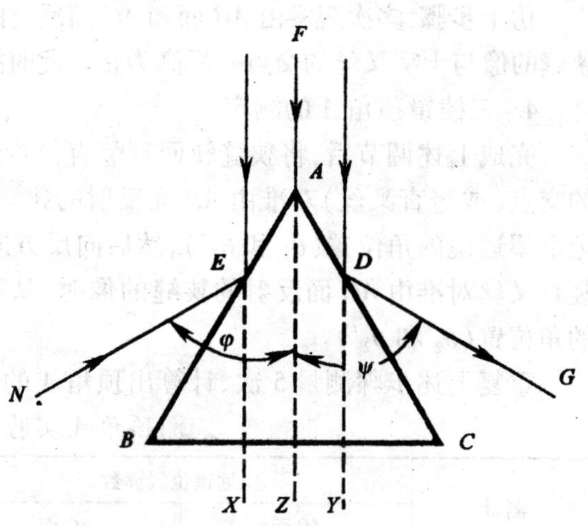

图5－18　反射法测顶角

【实验内容与步骤】

1. 分光仪调节(方法见本章5.4节)

(1) 使望远镜聚焦于无穷远。

(2) 使望远镜光轴垂直于仪器转轴。

(3) 调节平行光管产生平行光。

(4) 使平行光管光轴与仪器转轴垂直。

2. 狭缝的调节

在分光仪已作好如上调节的前提下(这时光源已照亮狭缝，望远镜已对准平行光管)，将狭缝调细些，使十字叉丝交点(或纵丝)与狭缝像重合。如图5－19所示，便是望远镜初位置(注意要从两个游标上读数，以消除偏心差)。

3. 棱镜的调节

将三棱镜如图5－20所示放在载物台上(注意不要用手摸棱镜面)，顶角A应靠近载物台中心(减小偏心差)，并使其角等分线对准平行光管，保证由平行光管射出的光束经棱镜AB、AC两面的反射光有可能进入望远镜中。

转动望远镜，观察由平行光管出来并由棱镜AB面反射的光。调节载物台水平调节螺钉b_1或b_3(为易于找到反射光，可先将狭缝转到水平位置上)，直到水平狭缝的像与望远镜水平轴线重合。然后反方向(向右)转动望远镜，观察由棱镜AC面上反射的光，旋转载物台水平调节螺钉b_2，使水平狭缝的像与望远镜水平轴线重合。

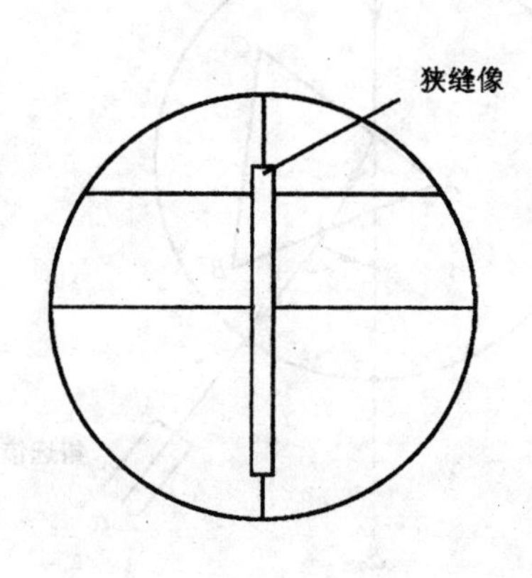

图5－19　狭缝像的观测

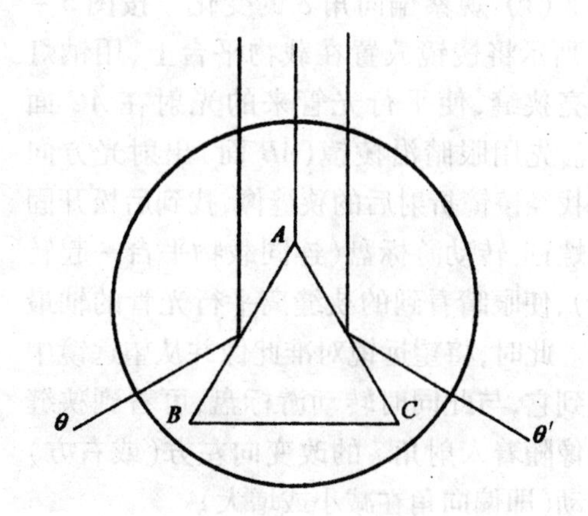

图5－20　三棱镜的调节

仿上步骤，多次观察由 AB 面和 AC 面反射的光，重复调整，一直到由两面上反射所得的狭缝的像与十字叉丝的交点一样高为止。此时棱镜的两个反射面平行于分光仪的竖直轴。

4. 三棱镜顶角 A 的测定

完成上述调节后，将狭缝转回到竖直位置。转动望远镜，当观察到望远镜的十字叉丝的交点（或竖直叉丝）对准由 AB 面反射的狭缝像时，从圆刻度盘左、右两个游标上读出和记下望远镜的角位置（θ_1 和 θ_1'），然后向反方向转动望远镜，观察到望远镜的十字叉丝的竖直叉丝对准由 AC 面反射的狭缝的像时，从圆刻度盘和左、右两个游标上，记下望远镜的角位置（θ_2 和 θ_2'）。

重复上述步骤测量 5 次，计算出顶角 A 的平均值。可参考下表记录实验数据。

测顶角 A 实验数据记录表

测量次数	望远镜位置读数				$\beta=\|\theta_2-\theta_1\|$ $\beta'=\|\theta_2'-\theta_1'\|$		$\alpha=\varphi+\psi=\frac{\beta+\beta'}{2}$	$A=\frac{\varphi+\psi}{2}=\frac{\alpha}{2}$
	AB 面		AC 面					
	左游标 θ_1	右游标 θ_1'	左游标 θ_2	右游标 θ_2'	β	β'		
1								
2								
3								
平均值	—	—	—	—				

注：当望远镜叉丝交点从对准 AB 面反射光的位置转至对准 AC 面反射光的位置时，β 为左边游标读出的角位移；β' 为右边游标读出的角位移；$\alpha=\varphi+\psi$ 为望远镜的角位移；A 为棱镜的顶角。

注意，AB 和 AC 两面角位置读数之差（左游标读数差值 $\beta=|\theta_2-\theta_1|$ 和右游标读数的差值 $\beta'=|\theta_2'-\theta_1'|$）是望远镜转动的角位移，如果望远镜从位置 θ_1 转至 θ_2 时经过度盘零点，则其角位移应该如何确定，请考虑。

5. 最小偏向角的测定

在调好分光仪和三棱镜的基础上，测定棱镜对钠光谱线的最小偏向角 $\delta_{\min}$。

（1）观察偏向角 δ 的变化　按图 5－21 所示将棱镜放置在载物平台上，用钠灯照亮狭缝，使平行光管来的光射在 AC 面上。先用眼睛沿棱镜（AB 面）出射光方向寻找经棱镜折射后的狭缝像，找到后松开固定螺钉，转动游标盘（连同载物平台一起转动），使眼睛看到的狭缝离平行光管的轴最近。此时，将望远镜对准此像并从望远镜中找到它，与此同时转动游标盘，可看到狭缝的像随着入射角 i 的改变向左方（或右方）移动（即偏向角在减小或增大）。

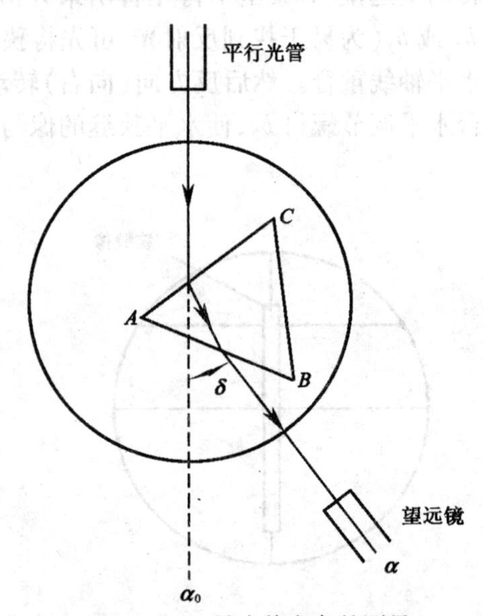

图 5－21　最小偏向角的测量

（2）确定最小偏向角 $\delta_{\min}$ 的角位置　在上述观察的基础上，慢慢转动游标盘（连同载物平台），使折射后的狭缝像朝偏向角减小的方向移动，并要转动望远镜跟踪狭缝像，直到按狭缝像转动的方向转动游标盘到某位置时，看到狭缝的像停止移动并开始向反向移动（即偏向角反而变大）为止。我们称这种现象为回像（不论游标盘朝哪个方向转动，狭缝像均只向一个方向移动）。这个回像位置（反向转折位置）就是棱镜对钠光谱线的最小偏向角位置。

（3）测定最小偏向角位置 α　将望远镜的十字叉丝交点（或竖直丝）对准回像，利用螺钉19固定游标盘，调节微动螺钉18，见图5－3，仔细观察并确定回像的位置，然后使用望远镜微动螺钉12将十字叉丝的竖直丝对准回像位置中央，读出左右游标之值，即为最小偏向角位置 α。

（4）测定入射光角位置 α_0　游标盘仍固定，转动望远镜对准平行光管，微调望远镜，使十字叉丝的竖直丝对准平行光管的狭缝像的中央，记下左右游标读数，即为入射光角位置 α_0。

（5）按 $\delta_{min}=|\alpha-\alpha_0|$ 计算最小偏向角　重复测量5次，求出 δ_{min} 的平均值。将测出的顶角 A 和最小偏向角 δ_{min} 代入式（5－17），求出折射率 n，并计算误差。

实验数据表格见下表

测量最小偏向角 δ_{min} 实验数据表

<table>
<tr><th rowspan="3">测量次数</th><th colspan="4">望远镜位置读数</th><th colspan="2" rowspan="2">$\delta'_{min}=|\alpha'-\alpha'_0|$
$\delta''_{min}=|\alpha''-\alpha''_0|$</th><th rowspan="3">$\delta_{min}=\frac{\delta'_{min}+\delta''_{min}}{2}$</th></tr>
<tr><th colspan="2">α</th><th colspan="2">α_0</th></tr>
<tr><th>左游标 α'</th><th>右游标 α''</th><th>左游标 α'_0</th><th>右游标 α''_0</th><th>δ'_{min}</th><th>δ''_{min}</th></tr>
<tr><td>1</td><td></td><td></td><td></td><td></td><td></td><td></td><td></td></tr>
<tr><td>2</td><td></td><td></td><td></td><td></td><td></td><td></td><td></td></tr>
<tr><td>3</td><td></td><td></td><td></td><td></td><td></td><td></td><td></td></tr>
<tr><td>4</td><td></td><td></td><td></td><td></td><td></td><td></td><td></td></tr>
<tr><td>5</td><td></td><td></td><td></td><td></td><td></td><td></td><td></td></tr>
<tr><td>$\bar{\delta}_{min}$ 平均值</td><td>—</td><td>—</td><td>—</td><td>—</td><td>—</td><td>—</td><td></td></tr>
</table>

注：α 为折射光最小偏向时的角位置；α_0 为入射光的角位置；δ 为最小偏向角。

【注意事项】

在实验步骤的阐述中提到了注意事项，现强调两点：

1. 操作中不得损坏棱镜、狭缝等，要耐心调节，仔细观察。

2. 使用微调机构后，若需要再转动游标盘或望远镜时，必须先将固定螺钉放松后，才能再去转动。

【预习思考题】

1. 何为最小偏向角？它与棱镜材料的折射率及顶角 A 有何关系？

2. 应怎样测定棱镜顶角 A？

3. 实验中应怎样确定最小偏向角的位置？

4. 在用反射法测三棱镜顶角时，为什么要求顶角 A 应靠近载物平台中心放置，而不能太靠近平行光管呢？试画出光路图，分析其原因。

【思考题】

1. 在测量三棱镜顶角 A 和最小偏向角 δ_{min} 时，若分光仪没有调好，对测量结果有何影响？

2. 如果测量的最小偏向角位置稍有偏离，对实验结果有何影响？为什么？

3. 除了用平行光法测定三棱镜顶角外，还有一种常用的自准直法，请简要说明这种方法的基本原理和测量步骤。

实验24 光栅实验

光栅是根据多缝衍射原理制成的一种分光用的光学元件，由大量的平行排列的等宽、等距的狭缝组成。由于光栅具有较大的色散率和较高的分辨本领，所以它不仅用于光谱学，还广泛用于计量、光通信、信息处理等方面。光栅在结构上分为平面光栅、阶梯光栅和凹面光栅等几种，同时又分为透射式和反射式两类。本实验选用平面透射光栅，利用分光仪测定光栅常数和水银光谱线的波长，并借此复习分光仪的调节和使用。

【实验目的】

1. 熟练掌握分光仪的调节和使用方法。
2. 加深对光栅衍射原理的理解。
3. 学会用透镜光栅测定光栅常数和光波波长。

【仪器用具】

JJY 型 1′分光仪一台、平行平面反射镜、透射光栅、高压水银灯。

【实验原理】

衍射光栅是由一组数目很多而且平行排列的等宽、等距的狭缝组成(见图 5 - 22)。透射光栅是在光学玻璃底板上刻制而成的。当光照射在光栅面上时，被刻过的痕迹使光线散射，这样就形成了玻璃板上(未经刻划部分之间)的不透明间隙，而光线只能在刻痕间的狭缝中通过。我们把透明狭缝宽度 a 和不透明间隙宽度 b 的总和 $(a+b)$ 称为此光栅的光栅常数。

如图 5 - 22 所示，若以平行光束垂直入射到光栅面上，并在其后用透镜聚焦，这样每一个狭缝衍射的光线在透镜的主焦面上互相叠加而发生干涉，因此，光栅的衍射现象实际上是单缝衍射和多缝干涉的总结果。

若将光栅直立于分光仪的载物台上，并使平行光管射出的单色平行光垂直投向光栅面，则二相邻狭缝中的相应光束之间的光程差与衍射角 φ 和光栅常数 $(a+b)$ 之间有关系式

$$\delta = (a+b)\sin\varphi \tag{5-18}$$

根据干涉加强的条件，衍射光谱中明条纹的位置由下式决定

$$\delta=(a+b)\sin\varphi=k\lambda \tag{5-19}$$

式中，k为衍射光谱的级次；k为0，±1，±2…正负整数。式5-18说明，在透镜的焦面上适合上述φ角处将产生干涉加强。就是说，当绕竖直轴转动分光仪的望远镜到某一角度φ，而使得上式成立时，则可看到明亮条纹。如图5-22所示，在$\varphi=0$的方向上可以观察到中央极强的零级“谱线”。其他级数的谱线对称地分布在零级“谱线”的两侧。

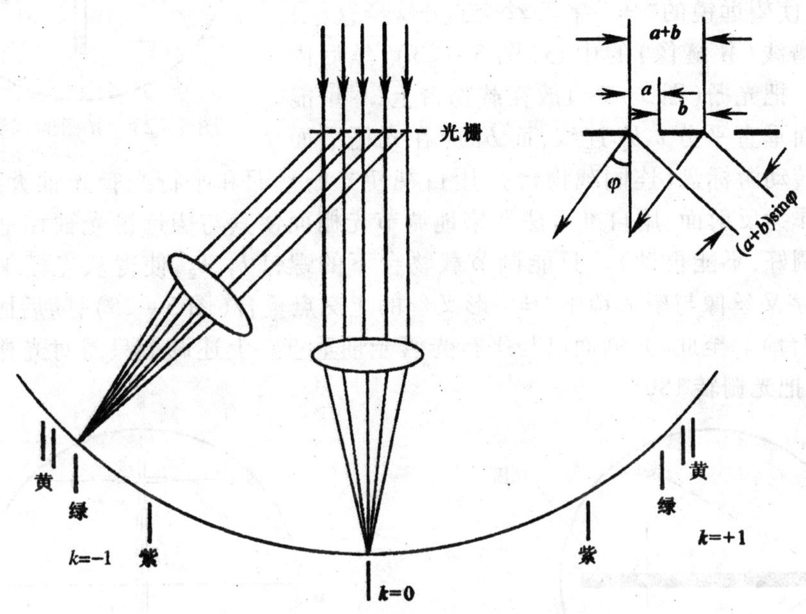

图5-22　光栅衍射光谱示意图

如果入射光为复射光，对于不同波长的光，虽然入射角相等，但是它们的衍射角除零级以外，在同一级光谱线中是不同的。因此，复射光经光栅衍射后，将按波长分开，并按波长大小顺序依次排列成一组彩色谱线，这就是光谱。

根据式(5-18)可知，如果已知单色光波的波长λ，则可以根据衍射的级次k(在本实验中只观察第一、二级条纹，所以$k=0$、±1、±2)和测得的衍射角φ来测定光栅常数($a+b$)；反之，如果已知($a+b$)，也可以用测得某一未知波长λ的k级谱线的衍射角φ，来测定该谱线的波长λ。本实验先应用水银光谱的绿色谱线(设波长已知)测定光栅常数，然后用此光栅测定水银灯的其余谱线的波长。

【实验内容与步骤】

1. 分光仪的调节(方法见本章5.4节)

(1) 使望远镜聚焦于无穷远。

(2) 使望远镜光轴垂直于仪器转轴。

(3) 调节平行光管产生平行光(以水银灯为光源)。

(4) 使平行光管光轴与仪器转轴垂直。

2. 光栅的调节

调节的要求是:光栅平面与平行光管光轴垂直;光栅的刻痕与分光仪转轴平行。

(1) 光栅平面与平行光管光轴垂直　也就是要求平行光垂直入射于光栅平面上,这是式(5-18)成立的条件。调节方法是,先用水银灯把平行光管的狭缝照亮,使望远镜的"ǂ"字叉丝交点(或竖直丝)对准零级谱线(狭缝像)的中心(图5-23),然后固定望远镜。把光栅(图5-24)放在载物台上,尽可能使光栅平面垂直平分 b_1b_2 连线,而 b_3 应在光栅平面内。然后转动游标盘(连同载物台),用目视使光栅平面和平行光管光轴大致垂直,再以光栅面作为反射面,用自准直法严格地调节光栅面使其与望远镜光轴相垂直(注意,望远镜已调好,不能再动)。只能调节载物台下的螺钉 b_1、b_2,使得从光栅平面反射回来的"十"字叉丝像与望远镜中"ǂ"形叉丝的上交点重合(图5-25),随后固定游标盘(连同载物台)。至此,光栅面已与平行光管光轴垂直。上述调节只需对光栅的一个面进行,不需把光栅转180°。

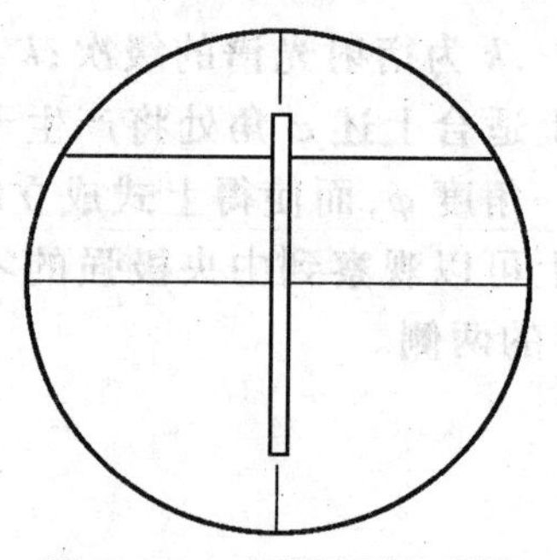
图5-23　光栅的零级谱线

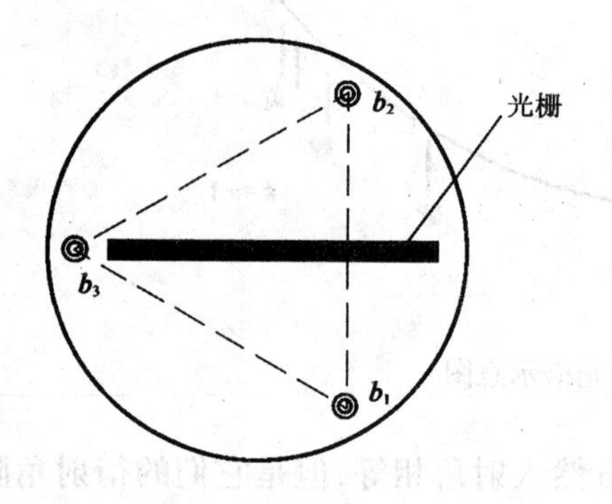

图5-24　光栅的放置

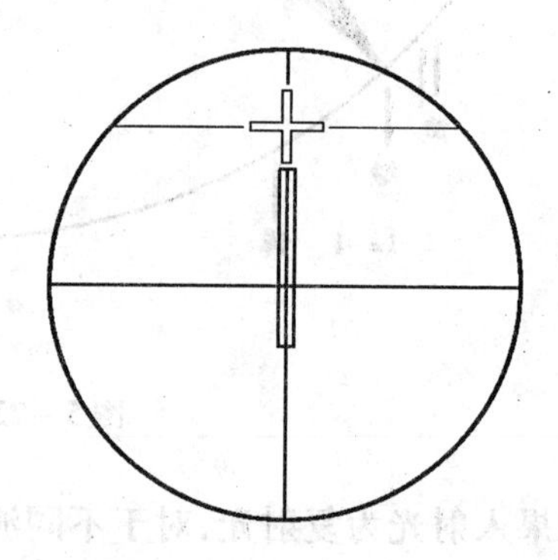
图5-25　光栅的调节

(2) 光栅的刻痕与分光仪转轴平行　调节的目的是使各条衍射谱线的等高面与分光仪转轴垂直,以便从刻度盘上准确读出各条谱线的衍射角。调节方法是,转动望远镜,观察衍射光谱的分布情况,注意中央明条纹(零级谱线)两侧的衍射光谱(一级和二级谱线)是否等高。如果观察到光谱线有高有低(即两侧的光谱不等高),说明分光仪转轴与光栅刻痕不平行,显然会影响衍射角的测量。此时应调节载物台下螺钉 b_3,使得零级谱线两侧的绕射光谱基本上等高为止。调好后,应检查光栅面是否仍保持与平行光管光轴垂直,若有改变,则要反复调节,直到以上两个条件均能满足为止。光栅调好后,应固定游标盘(连同载物台),测量过程中不得再动光栅。

3. 测定零级光谱角位置 α_0

如果分光仪和光栅已调好,那么,当望远镜对正平行光管时,"ǂ"形叉线的竖直线应对准狭缝像中心(狭缝宽窄要调节合适,宽了不易测准谱线位置,窄了谱线强度不够,看不清楚),若遮住从平行光管过来的光,在自准直望远镜中应看到从平行平面(光栅玻璃平面)反射回来的十字叉丝像与"ǂ"形叉丝上交点重合。这时望远镜光轴与平行光管光轴同轴，且与光栅平面垂直（图5－26），此时狭缝像的位置即为零级光谱位置。固定游标盘，从左、右游标读出α_0。

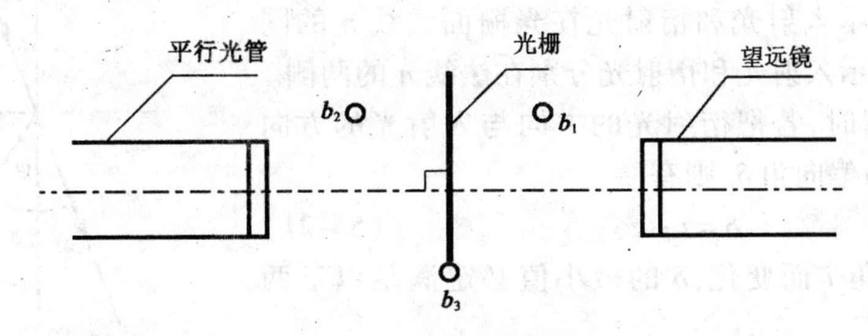

图5－26　光栅的垂直入射

4. 测定光谱线第一、二级明条纹的角位置α

游标盘仍然固定，向左（或向右）转动望远镜，用叉丝的竖直丝对准各光谱线第一、二级明纹，并从刻度盘上读出相应的角位置α_0，$\alpha-\alpha_0$即为所对应的衍射角φ。

5. 用绿谱线波长$\lambda=(546.07\pm0.01)$ nm和相应的绕射角φ（绿），依公式（5－19）计算光栅常数$(a+b)$。

6. 用所得光栅常数和其余谱线对应的φ角，按式（5－19）计算各谱线波长。

7. 分别计算光栅常数和各谱线波长的误差，并写出其真值表示式。

【注意事项】

1. 使用分光仪时要细心、谨慎，以免损坏仪器。
2. 光栅是精密光学器件，严禁触摸表面，谨防摔碎。
3. 水银灯的紫外光很强，不可直视，以免灼伤眼睛。

附：

实验数据记录表

谱线	零级(α_0)		紫		绿		黄1		黄2	
游标	左	右	左	右	左	右	左	右	左	右
角位置α										
$\varphi=\lvert\alpha-\alpha_0\rvert$										
φ										
λ/nm	/				546.07					
$(a+b)$/cm										

[选作实验]

用最小偏向角法测定光波波长

【实验原理】

如图5－27所示，当入射光的方向与光栅面法线n成i角时，根据相邻光束的光程差

的计算，光栅方程应为

$$(a+b)(\sin i \pm \sin\varphi)=k\lambda \tag{5-20}$$

式中，“+”号表示入射光和衍射光在光栅面法线 n 的同侧；而“-”则表示入射光和衍射光分别在法线 n 的两侧。

光通过光栅时，若把衍射光的方向与入射光的方向之间的夹角称为偏向角 δ，则有

$$\delta=i+\varphi \tag{5-21}$$

显然，δ 随入射角 i 而变化，δ 的极小值必定满足以下两条件：

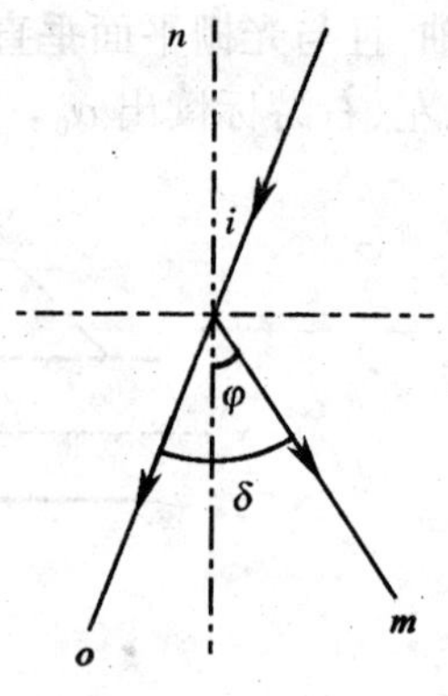

图 5-27 衍射光谱的偏向角意图

$$\frac{d\delta}{di}=\frac{d\varphi}{di}+1=0 \tag{5-22}$$

$$\frac{d^2\delta}{di^2}=\frac{d^2\varphi}{di^2}>0 \tag{5-23}$$

可以证明，当 $i=\varphi$ 时，偏向角 δ 为一极小值，δ_{min} 称为最小偏向角，并且仅在 i 和 φ 处于光栅面法线 n 的同侧时才存在最小偏向角。当满足最小偏向角条件时，$i=\varphi=\delta_{min}/2$，代入式(5-20)可得

$$2(a+b)\sin\left(\frac{\delta_{min}}{2}\right)=k\lambda \tag{5-24}$$

由此可见，若已知光栅常数$(a+b)$，只要测出各级衍射光谱线的最小偏向角 δ_{min}，则可由式(5-24)求出入射光的波长 λ；反之，如果已知波长 λ，则可求出光栅常数 $a+b$。

【实验内容与步骤】

测定水银灯紫、绿、黄等各主要谱线的最小偏向角 δ_{min}，并由此求出各谱线的波长(光栅常数 $a+b$ 用前面实验测得的数据)。具体步骤如下：

1. 分光仪和光栅的调节(同前所述)。

2. 测定谱线的最小偏向角 δ_{min}。首先使望远镜叉丝的竖直丝与某一谱线重合，然后转动游标盘以带动光栅(改变入射角)，这时谱线将随之移动，再转动望远镜跟随这一谱线而移动，当光栅继续向同一方向旋转时，谱线到达某一位置后将沿反方向移动(回像)。将望远镜叉丝交点对准该谱线开始反向移动时的确切位置(回像位置)，记录对应的两游标读数。该读数与零级谱线位置(即入射光的位置)的读数之差，即为该谱线的最小偏向角 δ_{min}。在实际测量中，为提高测量精度，应反向旋转光栅，测出该谱线在另一侧开始反向移动时的确切位置(即读取零级左右两侧对应的该谱线处于最小偏向角位置时的夹角 $2\delta_{min}$)。

3. 不同谱线相对于零级谱线的偏离为最小的位置是不同的，应分别测出水银灯各主要谱线的 δ_{min}，代入式(5-24)求出相应的波长，并与前述实验测得的波长作比较。

【预习思考题】

1. 实验中应如何决定光栅常数$(a+b)$？如何测定光谱线的衍射角 φ？

2. 使用公式(5-19)时，应满足什么条件？在实验中如何检查这些条件是否已经

具备?

3. 在进行分光仪调节时,能否用光栅代替平行平面反射镜? 若能代替,调节时应注意哪些问题?

4. 在调节过程中,如果两侧光谱线不等高,这说明什么问题? 应如何调整?

5. 何谓光谱的最小偏向角? 实验中是如何测定的?

【思考题】

1. 光栅调节中,如果光栅平面仅仅与 b_1b_2 连线垂直,但并不平分 b_1b_2 连线,是否可以? 为什么?

2. 试测 ±1 级紫光所对应的 φ 值,是否相等? 相等说明什么问题? 不相等又说明什么问题?

3. 当狭缝太宽、太窄时将会出现什么现象? 对实验结果有何影响?

4. 为什么光栅刻痕的数量不但要多而且要均匀?

5. 根据观察,试说明光栅分光与棱镜分光的光谱线各有何特点?

实验25　偏振光的研究

光的干涉及衍射现象无可辩驳地说明了光的波动性质,而光的偏振现象则证实了光的横波性。对于光的偏振现象的研究,不仅使人们对光的传播(反射、折射、吸收和散射)的规律有了新的认识,而且在光学计量、薄膜技术、晶体性质研究等领域有着重要的应用。本实验着重考察变自然光为线偏振光的偏振现象,加深、巩固有关光的偏振的理论知识,并学会用旋光仪测定糖溶液的旋光率和浓度。

实验25.1　光的偏振

【实验目的】

1. 观察光的偏振现象,加深偏振的基本概念。
2. 了解偏振光的产生和检验方法。
3. 观测布儒斯特角及测定玻璃折射率。
4. 观测椭圆偏振光和圆偏振光。

【实验仪器】

光学实验导轨、激光功率计、二维可调半导体激光器、偏振片/波片架、显示屏、旋光液池、导轨滑块。偏振实验装置如图5-28所示。

【实验原理】

按照光的电磁理论,光波就是电磁波,电磁波是横波。所以光波也是横波,因为在大多数情况下,电磁辐射同物质相互作用时,起主要作用的是电场,所以常以电矢量作为光波的振动矢量。其振动方向相对于传播方向的一种空间取向称为偏振,光的这种偏振现象是横波的特征。根据偏振的概念,如果电矢量的振动只限于某一确定方向的光,则称为平面偏振光,亦线偏振光;如果电矢量随时间作有规律的变化,其末端在垂直于传播方向的平面上的轨迹呈椭圆(或圆),这样的光称为椭圆偏振光(或圆偏振光);若电矢量的取向与大小都随时间作无规则变化,各方向的取向率相同,称为自然光;若电矢量在某一确定的方向上最强,且各向的电振动无固定相位关系,则称为部分偏振光。

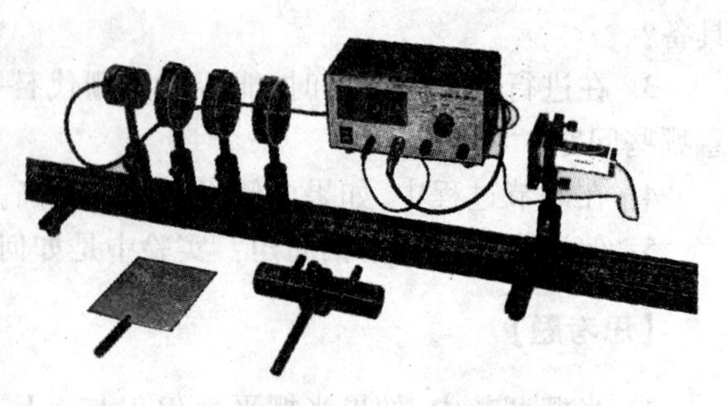

图 5-28 偏振实验装置

偏振光的应用遍及于工农业、医学、国防等部门。利用偏振光装置的各种精密仪器,已为科研、工程设计、生产技术的检验等提供了极有价值的方法。

1. 获得偏振光的方法

(1) 非金属镜面的反射,当自然光从空气照射在折射率为 n 的非金属镜面(如玻璃、水等)上,反射光与折射光都将成为部分偏振光。当入射角增大到某一特定值 φ 时,镜面反射光成为完全偏振光,其振动面垂直于入射面,这时入射角 φ 称为布儒斯特角,也称起偏振角,由布儒斯特定律得

$$\tan\varphi = n \tag{5-25}$$

其中,n 为折射率.

(2) 多层玻璃片的折射,当自然光以布儒斯特角入射到迭在一起的多层平行玻璃片上时,经过多次反射后透过的光就近似于线偏振光,其振动在入射面内。

(3) 晶体双折射产生的寻常光(o 光)和非常光(e 光),均为线偏振光。

(4) 用偏振片可以得到一定程度的线偏振光。

2. 偏振光、波长片及其作用

(1) 偏振片 偏振片是利用某些有机化合物晶体的二向色性,将其渗入透明塑料薄膜中,经定向拉制而成。它能吸收某一方向振动的光,而透过与此垂直方向振动的光,由于在应用时目的作用不同而叫法不同,用来产生偏振光的偏振片叫做起偏器,用来检验偏振光的偏振片叫做检偏器。

按照马吕斯定律,强度为 I_0 的线偏振光通过检偏器后,透射光的强度为

$$I = I_0\cos^2\theta \tag{5-26}$$

式中,θ 为入射偏振光偏振方间与检偏器振轴之间的夹角,显然当以光线传播方向为轴转动检偏器时,透射光强度 I 发生周期性变化。当 $\theta=0°$时,透射光强最大;当 $\theta=90°$时,透射光强为极小值(消光状态);当 $0°<\theta<90°$时,透射光强介于最大和最小值之间。图 5-29 表示自然光通过起偏器与检偏器的变化。

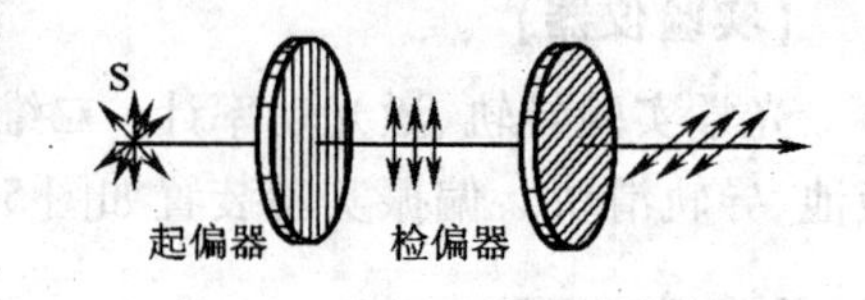

图 5-29 偏振片的起偏与检偏

(2) 波长片 当线偏振光垂直射至长度为 L;表面平行于自身光轴的单轴晶片时,则寻常光(o 光)和非常光(e 光)沿同一方向前进,但传播的速度不同。这两种偏振光通过晶片后,它们的相位差为

$$\varphi = \frac{2\pi}{\lambda}(n_o - n_e)L \tag{5-27}$$

其中，λ 为入射偏振光在真空中的波长，n_o 和 n_e 分别为晶片对 o 光和 e 光的折射率，L 为晶片的厚度。

我们知道，两个互相垂直的，同频率且有固定相位差的简谐振动，可用下列方程表示（如通过晶片后 o 光和 e 光的振动）：

$$x = A_e \sin\omega t$$

$$y = A_o \sin(\omega t + \varphi)$$

从两式中消去 t，经三角运算后得到全振动的方程式为

$$\frac{x^2}{A_e^2} + \frac{y^2}{A_o^2} + \frac{2xy}{A_e A_o}\cos\varphi = \sin^2\varphi$$

由此式可知

1）当 $\varphi = k\pi$（$k = 0$、1、2、……）时，为线偏振光。

2）当 $\varphi = \left(k + \frac{1}{2}\right)\pi$（$k = 0$、1、2、……）时，为正椭圆偏振光。在 $A_o = A_e$ 时，为圆偏振光。

3）当 φ 为其他值时，为椭圆偏振光。

在某一波长的线偏振光垂直入射于晶片的情况下，能使 o 光和 e 光产生相位差 $\varphi = (2k+1)\pi$（相当于光程差为 $\lambda/2$ 的奇数倍）的晶片，称为对应于该单色光的 1/2 波片，与此相似，能使 o 光与 e 光产生相位 $\varphi = \left(2k + \frac{1}{2}\right)\pi$（相当于光程差为 1/4 的奇数倍）的晶片，称为 1/4 波片。本实验中所用波片（1/4）是对 632.8nm（He－Ne 激光）而言的。

如图 5－30 所示，当振幅为 A 的线偏振光垂直入射到 1/4 波片上，振动方向与波片光轴成 θ 角时，由于 o 光和 e 光的振幅分别为 $A\sin\theta$ 和 $A\cos\theta$，所以通过 1/4 波片后合成的偏振状态也随角度 θ 的变化而不同。

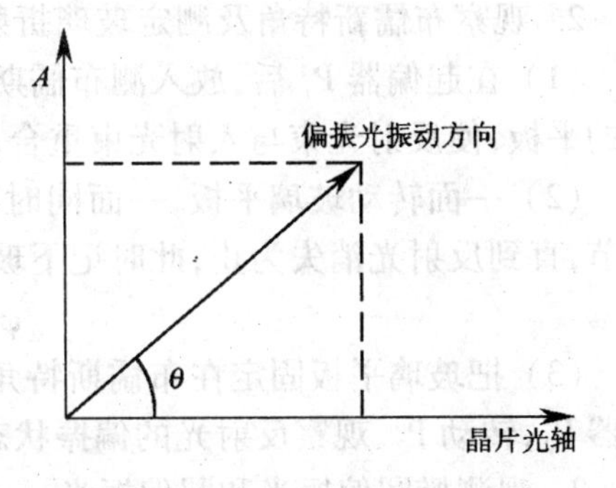

图 5－30 线偏振光通过波片后的变化

a. 当 $\theta = 0$ 时，获得振动方向平行于光轴的线偏振光。

b. 当 $\theta = \frac{\pi}{2}$ 时，获得振动方向垂直于光轴的线偏振光。

c. 当 $\theta = \frac{\pi}{4}$ 时，$A_e = A_o$ 获得圆偏振光。

d. 当 θ 为其他值时，经过 1/4 波片后为椭圆偏振光。

3. 椭圆偏振光的测量

椭圆偏振光的测量包括长、短轴之比及长、短轴方位的测定。如图 5－31 所示，当检偏器方位与椭圆长轴的夹角为 θ 时则透射光强为

$$I = A_1^2\cos^2\varphi + A_2^2\sin^2\varphi$$

当 $\varphi = k\pi$ 时

$$I = I_{\max} = A_1^2$$

当 $\varphi = (2k+1)\dfrac{\pi}{2}$ 时

$$I = I_{\min} = A_2^2$$

则椭圆长短轴之比为

$$\frac{A_1}{A_2} = \sqrt{\frac{I_{\max}}{I_{\min}}} \qquad (5-28)$$

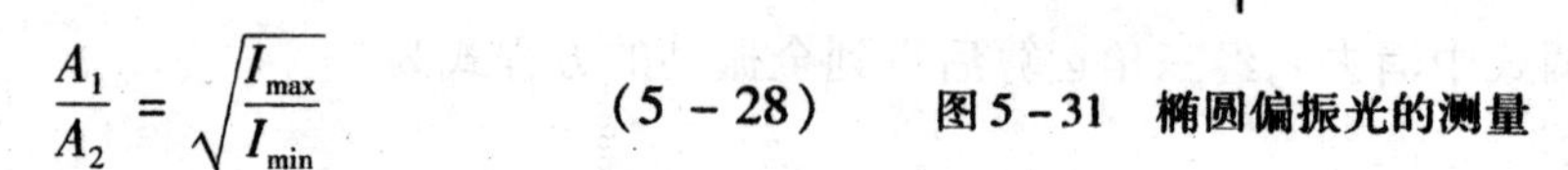

图 5-31 椭圆偏振光的测量

椭圆长轴的方位即为 $I_{\max}$ 的方位。

【实验内容与步骤】

1. 起偏与检偏鉴别自然光与偏振光

(1) 在光源至光屏的光路上插入起偏器 P_1，旋转 P_1，观察光屏上光斑强度的变化。

(2) 在起偏器 P_1 后面再插入检偏器 P_2，固定 P_1 的方位。旋转 P_2 360°，观察光屏上光斑强度的变化情况。有几个消光方位？

(3) 以硅光电池代替光屏接收 P_2 出射的光束，旋转 P_2，每转过 10°记录一次相应的光电流值，共转 180°，在坐标纸上做出 $I_0-\cos^2\theta$ 的关系曲线。

2. 观察布儒新特角及测定玻璃折射率

(1) 在起偏器 P_1 后，放入测布儒斯特角装置，再在 P_1 和装置之间插入一个带调节玻璃的平板，使反射光束与入射光束重合。记下初始角。

(2) 一面转动玻璃平板，一面同时转动起偏器 P_1，使其透过方向在入射面内。反复调节，直到反射光消失为止，此时记下玻璃平板的角度 φ_2，重复测量三次，求平均值，算出

$$\varphi_0 = \varphi_2 - \varphi_1$$

(3) 把玻璃平板固定在布儒斯特角的位置上，去掉起偏器 P_1，在反射光束中插入检偏器 P_2，转动 P_2，观察反射光的偏振状态。

3. 观测椭圆偏振光和圆偏振光

(1) 先使起偏器 P_1 和检偏器的偏振轴垂直（即检偏器 P_2 后的光屏上处于消光状态），在起偏器 P_1 和检偏器 P_2 之间插入 1/4 波片，转动波片使 P_2 后的光屏上仍处于消光状态。用硅光电池（及光点检流计组成的光电转换器）取代光屏。

(2) 将起偏器 P_1 转过 20°角，调节硅光电池使透过 P_2 的光全部进入硅光电池的接收孔内。转动检偏器 P_2 找出最大和最小光电流的位置，并记下光电流的数值。重复测量三次，求平均值。

(3) 转动 P_1，使 P_1 的光轴与 1/4 波片的光轴的夹角依次为 30°、45°、60°、75°、90°值，在取上述每一个角度时，都将检偏器 P_2 转动一周，观察从 P_2 透出光的强度变化。

4. 观察平面偏振光通过 1/2 波长片时的现象

(1) 按图 5-32 在光具座上依次放置各元件，使起偏器 P 的振动面为垂直，检偏器 A

的振动面为水平。(此时应观察到消光现象)。

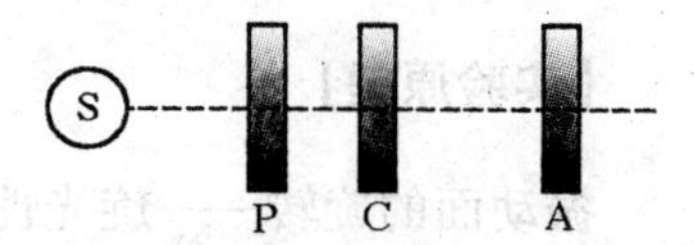

图5-32　偏振光通过1/2波片
S—钠光灯；P—起偏器；
A—检偏器；C—1/2波片。

(2) 在P、A之间插入1/2波片C,将波片C转动360°,能看到几次消光?解释这现象。

(3) 将波片C转任意角度,这时消光现象被破坏,把检偏器A转动360°,观察到什么现象?由此说明通过1/2波长片后,光变为怎样的偏振状态?

(4) 仍使起偏器P,检偏器A处于正交,插入波片C,使消光,再将波片C转15°,破坏其消光。转动检偏器A至消光位置,并记录检偏器A所转动的角度。

(5) 继续将波片C转15°(即总转动角为30°),记录检偏器A达到消光所转总角度,依次使波片C总转角为45°、60°、75°、90°,记录检偏器A消光时所转总角度。

实验数据记录表

半波片转动角度	检偏器转动角	半波片转动角度	检偏器转动角
15°		30°	
45°		60°	
75°		90°	

从上面实验结果得出什么规律?怎样解释这一规律。

【数据处理】

1. 数据表格自拟。

2. 在坐标纸上描绘出 $I_p - \cos^2\theta$ 关系曲线。

3. 求出布儒斯特角,并由公式 $\varphi_0 = \varphi_2 - \varphi_1$ 求出平板玻璃的相对折射率 n_o。

4. 由公式(5-28)求出20°时椭圆偏振光的长、短轴之比。并以理论值为准求出相对误差。

【思考题】

1. 通过起偏和检偏的观测,你应当怎样区别自然光和偏振光?

2. 玻璃平板在布儒斯特角的位置上时,反射光束是什么偏振光?它的振动是在平行于入射面内还居在垂直于入射面内?

3. 当1/4波片与 P_1 的夹角为何值时产生圆偏振光?为什么?

实验25.2　物质旋光率的测定

【实验目的】

1. 了解物质的旋光性质。

2. 了解旋光仪的构造原理,学习用旋光仪测定糖溶液的旋光率和浓度。

【实验仪器】

WXG-4旋光仪、糖溶液试管。

【实验原理】

振动面的旋转——旋光性

在自然界中,有些固体和液体物质,具有使线偏振光的振动面旋转的本领,此种物质统称为旋光物质,此种特性称为该物质的旋光性。如果在正交放置的起偏器 M 和检测器 N 之间插入一个储有旋光物质溶液的透明容器(图 5-33),那么光就可以通过检偏器 N,使本来变暗的视场明亮起来,这时若将检偏器旋转某一角度 φ,又可以使视场重新变暗,这说明容器中的物质使线偏振光的振动面旋转了一个角度 φ。对于确定的溶液和确定的单色光,此旋转角 φ 与溶液的浓度 C 和光线所穿过的溶液厚度 d 成正比。有下述关系式:

$$\varphi = \alpha_t Cd \tag{5-29}$$

式中,α_t 为比例常数,表征物质旋光本领的大小,其值不仅决定于物质的种类,而且与温度 t 有关,我们称之为旋光率,或旋光恒量。

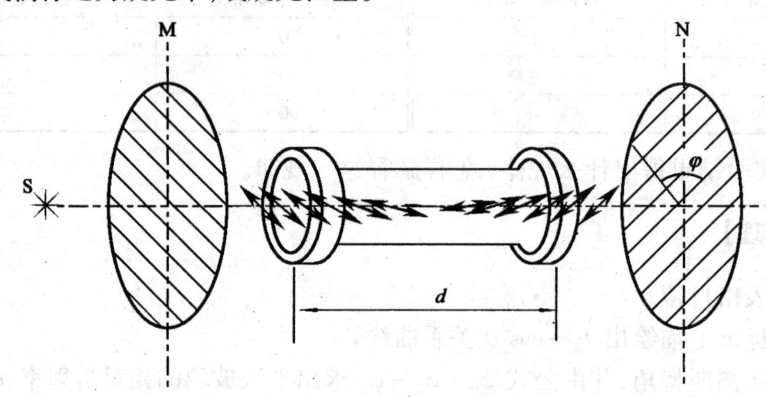

图 5-33 观测偏振光振动面旋转的实验原理图

从式(5-29)中可看出,若已知待测旋光物质溶液的浓度 C 和溶液厚度 d,则可根据测得的旋转角 φ 计算出该物质的旋光率。反之,若已知该物质的的旋光率,在溶液厚度 d 不变的情况下,如果改变浓度 C,则通过测量旋光物质溶液的旋转角 φ,可确定溶液中所含旋光物质的浓度。

【仪器描述】

测量旋光物质旋转角的仪器称为旋光仪,其结构示意图如图 5-34 所示。图中 1 为单色光源(本实验用钠光灯);2 为聚光透镜;3 为起偏器;4 为溶液管,管的凸起部分为储气囊;5 为检偏器,被固定在可绕轴转动的刻度盘上;6 为望远镜物镜;7 为度盘游标;8 为视度调节螺旋;9 为望远镜目镜;10 为刻度盘;11 为刻度盘(检偏器)的转动旋钮。其中度盘游标 7 不能转动,其上刻有精度为 1/20 度(3′)的测角游标,通过目镜旁安装的放大镜,可用以读出检偏器 5 的旋转角度。仪器采用双游标读数法,取二者平均值,以消除度盘偏心差。

在叙述实验原理时,我们是根据插入旋光物质溶液管前后检偏器的两个暗位置间的夹角来确定溶液的旋光角的,也就是利用整个视场的变暗作为确定检偏器角位置的依据。

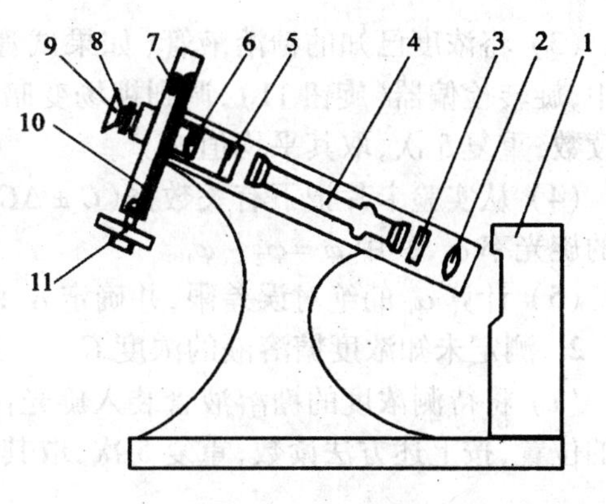

图5-34　旋光仪

实际上这是一种粗略的方法(因为视场是否变得最暗,不容易判断),在近代的旋光测糖仪中早已不再采用了,取而代之的是视场比较法,就是用观察视场中不同部位的亮度是否相等来确定检偏器的角位置。实践证明,人的眼睛对于判断视场中不同部分在亮度上的差别要敏感得多,而且当视场的亮度较暗时,就更容易发现亮度上的差别,因而可以称之为"暗视场比较法"。这种旋光仪的起偏器不是由一整块偏振片构成,而是由两部分拼接而成,形成三分视场,其中间一块的偏振化方向和旁边两块的偏振化方向之间有一很小的夹角,仅当检偏器的主截面与此角的等分线垂直时,从检偏器视场中看来,起偏器上相邻的两部分的亮度才相等,否则就会感到相邻两部分在亮度上有明显的差别。用这种方法可以测出振动面为百分之一度的微小旋转,甚至更小。

测量时,先将旋光仪中起偏器3和检偏器5的偏振轴调到相互正交,这时在望远镜目镜9中看到如图5-35(b)所示的三部分亮度一致的均匀暗视场,作为零度视场。然后装上储有被测溶液的试管4,由于溶液具有旋光性,使线偏振光旋转了一个角度,零度视场便发生了变化,如图5-35(a)或图5-35(c)。转动检偏器,使目镜中再次出现亮度一致的均匀暗视场,此时,检偏器转过的角度就是该线偏振光振动面的旋转角 φ。测得溶液的旋转角后,若已知溶液的浓度就可求得该物质的旋光率。反之,根据旋光率的大小,就能确定该物质的浓度了。

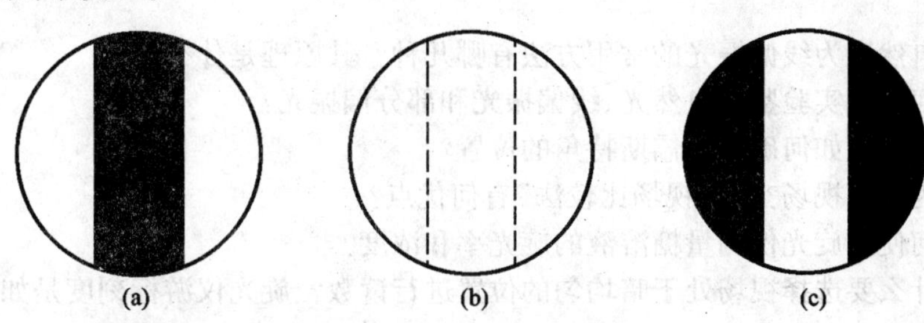

图5-35　转动检偏镜时目镜中视场的亮度变化图

【实验内容与步骤】

1. 测定糖溶液的旋光率

(1) 将旋光仪对准光源(糖量计中的溶液管应事先取出),调节望远镜的调焦螺旋8,使视场中能看到起偏器3的像(要能清晰看到视场中三部分的分界线)。

(2) 用旋钮11转动检偏器5,使视场变得很暗,且各部分的亮度均匀,此时用左右两个测角游标读数(游标上最小刻度值为3′),作为旋光仪零点读数,重复测量5次,取其平均值 φ_1。如果读数均接近零度(若不为零,例如正负几分,可记为零点读数),说明仪器调整和观测无误,可以进行下一步的测量。

(3) 将浓度已知的糖溶液管(如果试管内有气泡,让它进入储气囊),慢慢装入旋光仪中,旋转检偏器(旋钮11),调到视场变暗且亮度均匀位置时,记录测角游标的左、右两个读数,重复5次,取其平均值φ_2。

(4) 从实验卡片记下有关数据($C \pm \Delta C, d \pm \Delta d$)和室温,代入式(25-2),算出该糖溶液的旋光率α_t,其中$\varphi = \varphi_2 - \varphi_1$。

(5) 计算α_t的绝对误差限,并确定α_t的有效数字位数,写出真值表示式。

2. 测定未知浓度糖溶液的浓度C

(1) 将待测浓度的糖溶液管装入旋光仪,旋转检偏器5(旋钮11),寻找视场处于暗均匀的位置,按上述方法读数,重复5次,取其平均值φ_3。

(2) 利用上面求出的旋光率α_t,代入公式$C = \dfrac{\varphi}{\alpha_t d}$,其中$\varphi = \varphi_3 - \varphi_1$,算出糖溶液的溶度。

(3) 计算误差,并写出C的真值表示式。

【注意事项】

1. 光学仪器必须缓慢调节。
2. 观察光的偏振态时,应旋转检偏器,做好观测记录。
3. 观察前应调节好整个光学系统,尽量满足使平行光垂直入射到光学元件上的要求。
4. 读数应根据仪器精度正确记录。
5. 溶液试管为玻璃制品,使用时应十分小心,以防损坏。

【预习思考题】

1. 变自然光为线偏振光的常用方法有哪几种?其原理是什么?
2. 如何通过实验鉴别自然光、线偏振光和部分偏振光?
3. 实验中应如何确定布儒斯特角的位置?
4. 何为三分视场?“暗视场比较法”有何优点?
5. 如何使用旋光仪测量糖溶液的旋光率和浓度?
6. 为什么要选择视场处于暗均匀的位置进行读数?旋光仪游标刻度是如何读取的?

【思考题】

1. 如何应用光的偏振现象说明光的横波特性?
2. 自然光通过旋光仪中起偏器三个部分,其各部分透过的光是否是线偏振光?其振动面之间的关系如何?
3. 在无旋光物质的情况下,当转动检偏器使视场处于暗均匀位置时,检偏器的偏振化方向与起偏器的三个部分的偏振化方向之间的关系如何?用图表示出来。

实验26 迈克尔逊干涉仪

迈克尔逊干涉仪是一种典型的分振幅的双光束干涉装置,可以用来研究多种干涉现象,并可进行较精密的测量。在近代物理和近代计量技术中有着重要的应用,例如在计量技术中用它来测量标准长度。从迈克尔逊干涉仪发展而成的各种干涉仪(如泰曼干涉仪),在制造质量很高的光学仪器的工作中应用得很广泛,特别是近30年来,有了激光光源后,光的单色性得到了很大的提高,迈克尔逊干涉的原理得到了更广泛的应用,例如用激光做长度和微小长度的精密测量、精确的定位等,我国制造的激光测长仪,在1m长度上的测量误差不超过0.5μm。

【实验目的】

1. 了解迈克尔逊干涉仪的构造,并学会该仪器的调节与使用。
2. 用迈克尔逊干涉仪测定He-Ne激光的波长。

【实验用具】

迈克尔逊干涉仪、He-Ne激光器及其电源、凸透镜。

【实验原理】

1. 仪器构造简介

迈克尔逊干涉仪是一种分振幅双光束的干涉仪,它的基本光路如图5-36所示。图中S为光源,G_1、G_2为平行平面玻璃板,G_1为分束镜,在它的一个表面镀有铝的半反射膜,G_2为补偿板。M_1和M_2为互相垂直的平面反射镜。G_1、G_2与M_1、M_2均成45°角。M_2为固定镜,M_1通过在精密导轨上前后移动,E为接收屏。

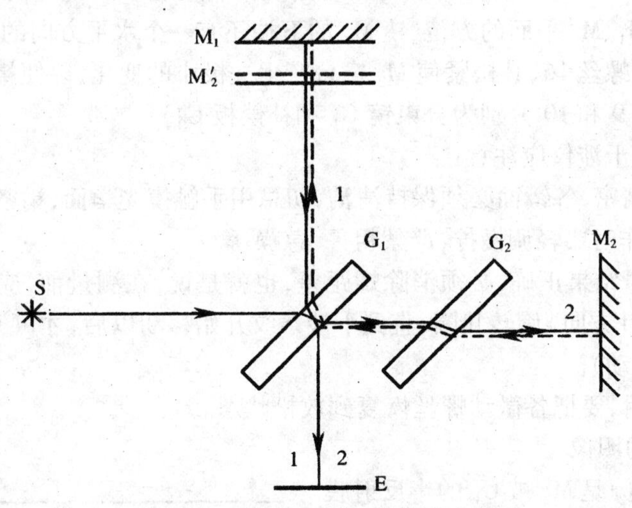

图5-36 迈克尔逊干涉仪原理光路图

从光源S发出的一束光射在平行平面玻璃板G_1上,这块板的后表面的半反射膜将入射光分成两束,一束为反射光束1,一束为透射光束2,两束光的光强近似相等。光束1射出G_1后投入M_1,反射回来穿过G_1,光束2经过G_2投入M_2,反射回来再通过G_2,在G_1的膜面上反射。因为G_1和全反射镜M_1和M_2均成45°,所以两束光均分别垂直射到M_1、M_2上,经反射后再回到G_1的半反射膜,又会聚成一束光。于是,这两束相干光在空间相遇并产生干涉,我们在E处可观察到干涉条纹。

补偿板 G_2 是为了保证两光束在玻璃中的光程完全相等,因此 G_2 的材料、厚度、放置角度和 G_1 完全相同。反射镜 M_2 仅可作小角度的转动调节,反射镜 M_1 通过在精密导轨上前后移动,以改变两光束之间的光程差。

2. 仪器结构描述

迈克尔逊干涉仪的结构如图 5-37 所示。机械台面 4 固定在铸铁底座 2 上,底座上有三个用来调节台面水平的螺钉 1。在台面上装有螺距为 1mm 的精密丝杆 3,丝杆的一端与齿轮系统 12 相连接,转动粗调手轮 13 或微调鼓轮 15 都可使丝杆转动,从而使反射镜 6(M_1)沿导轨 5 移动。M_1 镜的位置和移动的距离可从装在台面一侧的毫米标尺、读数窗口 11 及微调鼓轮 15 上读出。粗调手轮带动的丝杆鼓轮每一周被分为 100 格,它每转过一格,M_1 镜就前进或后退 0.01mm(可通过玻璃读数窗口观察刻度数值)。微调鼓轮 15 每转动一周,粗调手轮(丝杆鼓轮)随之转过一格,而微调鼓轮的一周又被分为 100 格,因此它转动一格,可使 M_1 镜前进或后退 10^{-4}mm,这样,最小读数可估计到 10^{-5} mm。反射镜 8(M_2)固定在镜台上,仅可作小角度的转动调节。镜 M_1、M_2 背面各有三个螺丝 7,用于调节 M_1、M_2 平面的方位,镜 M_2 的下端还有一个水平方向的微调螺丝 14 和一个垂直方向的微调螺丝 16,其松紧使 M_2 镜台产生一极小的变化,以便精确地调节 M_1、M_2 之间的方位。图中 9 和 10 分别为分束镜 G_1 和补偿板 G_2。

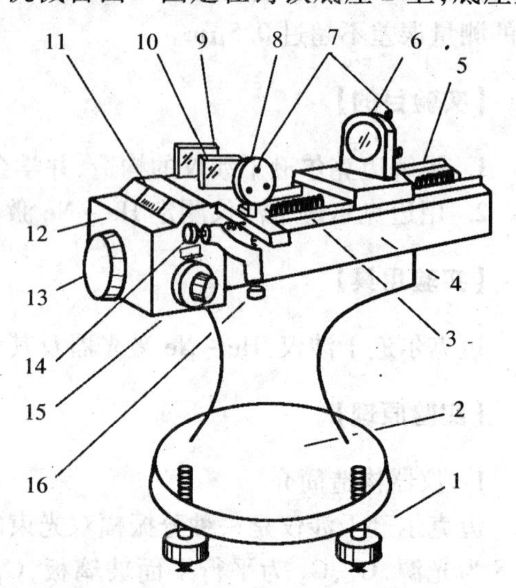

图 5-37 迈克尔逊干涉仪结构图

使用迈克尔逊干涉仪应注意:

1) 该仪器很精密,各镜面必须保持清洁,切忌用手触摸光学面,精密丝杆和导轨的精度也是很高的,操作时要轻调慢拧,严禁粗鲁、急躁。

2) 为了使测量结果正确,必须消除螺距差,也就是说,在测量前,应将微调鼓轮按某一方向(例如顺时针方向)旋转几圈,直到干涉条纹开始移动以后,才可开始读数测量(测量时仍按原方向转动)。

3) 做完实验后,要把各微动螺丝恢复到放松状态。

3. 干涉花纹的图像

图 5-38 中,M_2'是 M_2 被 G_1 的半反射膜反射所成的虚像,从观察者来看,两相干光束是从 M_1 和 M_2'反射而来的,因此从光学理论上讲,迈克尔逊干涉仪所产生的干涉花纹与 M_1、M_2'的空气膜所产生的干涉是一样的。

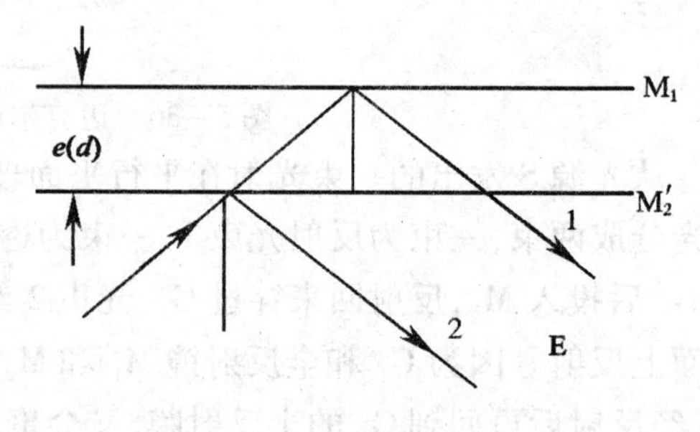

图 5-38 等倾干涉的形成

(1) 等倾干涉的花纹 此时 M_1、M_2'互相平行,即 $M_1 \perp M_2$,如图 5-38 所示,为了形

成等倾干涉条纹，S应使用扩展光源，并在无限远处形成等倾干涉条纹。对倾角相同的各光束，经 M_1、M_2'两面反射回来后的光的光程差均为

$$\delta = 2e\cos\gamma \tag{5-30}$$

这时，如在E处放一聚光透镜，并在其焦面上放一屏，则在屏上可以看到一组组的同心圆的条纹，与干涉条纹对应的光程差 δ 愈大，则称该条纹的干涉级愈高（显然，圆心处 $\gamma=0,\delta=2e$），若 δ 恰为 λ 的整数倍 k，该条纹称为第 k 级条纹，如下式表示：

$$\delta = 2e = k\lambda \tag{5-31}$$

当移动 M_1 使 e 增加时，圆心处的干涉级别愈来愈高，我们就看到圆条纹一个一个从中心"冒"出来；反之，当 e 减小时，条纹就一个一个向中心"缩"进去。当每"冒"出或"缩"进一条条纹时，e 就增加或减小了 $\lambda/2$，即

$$\Delta\delta = 2\Delta e = \Delta k\lambda$$

$$\Delta e = \Delta k \cdot \frac{\lambda}{2}$$

通常，镜 M_1 移动的距离 Δe 用 d 表示，干涉级的变化 Δk 相应于条纹移动的数目表示为 ΔN，上式可写为：

$$d = \Delta N \cdot \frac{\lambda}{2} \tag{5-32}$$

所以，若已知波长 λ，就可以从"冒"出条纹数 ΔN，用式(5-32)求出 M_1 镜移动的距离 d，这就是长度计量的原理。

同时，从式(5-30)可知，当 e 减小时，条纹就变粗而稀，而当 e 增加时，条纹就变细、变密。

(2) 点光源产生的非定域干涉条纹

用凸透镜会聚后的激光束，可以认为是一条很好的点光源，它向空间传播的是球面波，经平面镜 M_1、M_2 反射后成为两个位相相关的球面波，可以看成是由两个虚光源 S_1、S_2 发出的。S_2 至屏E的距离，即为点光源S经 M_2 反射后到达屏的光程 L，S_1、S_2 之间的距离为 M_1 和 M'_2 之间的距离 d 的2倍（图5-39）。由虚光源 S_1 和 S_2 发出的球面波，在两波所能共同到达的区域（空间）处处相干，在屏E上形成干涉条纹。

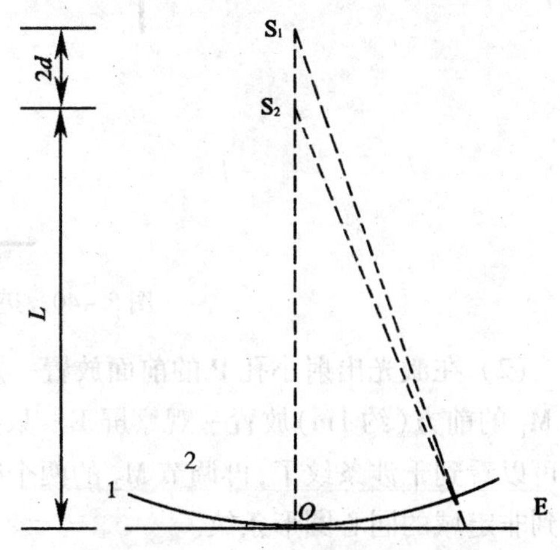

图5-39 点光源的非定域干涉

如果屏E垂直 S_1、S_2 的连线，则可以在屏上看到一组组同心圆，而圆心就是 S_1、S_2 连线和屏的交点 O 处。如屏不与 S_1、S_2 的延线垂直，即看到椭圆。

如 M_1 和 M'_2 平行，则对应于圆心处两光束的光程差为 $2d$。和等倾干涉时讨论的情况一样，当 d 增加时，圆条纹就一个个"冒"出来，所以也可用下式表示：

$$\Delta\delta = 2d = \Delta N\lambda$$

或

$$\lambda = \frac{2d}{\Delta N} \tag{5-33}$$

若测出 M_1 移动的距离 d 和相应的条纹"冒"出或"缩"进去的条纹数 ΔN,就可以由式(5 - 32)计算出波长 λ。

【实验内容与步骤】

1. 了解迈克尔逊干涉仪的构造

对照仪器阅读仪器构造简介,充分理解各部件的作用,掌握仪器使用注意事项,学习仪器的调节和使用的方法。

2. 调节和观察非定域干涉条纹

(1) 首先转动粗调手轮,尽量使 M_1、M_2 两反射镜到分束镜 G_1 上半反射膜的距离相等。然后接通激光光源,使 He - Ne 激光束大致垂直射到 M_2 中央部位。如图 5 - 40 所示,激光束通过小孔 P 射到 M_2 上,用纸片挡住从 G_1 反射到 M_1 的光束 1,调节 M_2 后面的三个螺钉,使反射像和小孔 P 重合(这时可能看到若干个反射像,这是由于 G_1 上与半反射膜相对的另一侧面的平玻璃面上亦有部分反射的缘故,调节时应使最亮的像与小孔 P 重合);去掉挡光纸片使光束从 G_1 射向 M_1,调节 M_1 后面的螺钉,使其反射像也和小孔 P 重合,这时 M_1 和 M_2 大致是互相垂直的,也就是说 M_1 和 M_2' 大致是互相平行的。

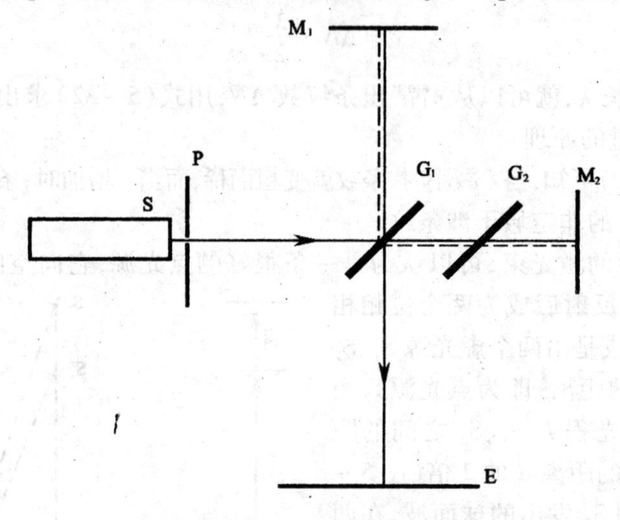

图 5 - 40 迈克尔逊干涉光路

(2) 在激光出射小孔 P 的前面放置一短焦距的小透镜 L,使光束会聚为一点光源,并在 M_1 的前方(约 1m)放置一观察屏 E。只要两个反射像和小孔 P 重合得较好,这时屏上就可以看到干涉条纹了,再调节 M_2 的两个微调螺钉,使 M_1 和 M_2' 严格平行,在屏上就会看到非定域的同心圆形条纹。

(3) 转动使 M_1 镜移动的粗调手轮,观察非定域圆条纹的变化,辨别条纹的"冒"出或"缩"进是相应于 M_1 和 M_2 的距离 d 的变大还是变小,观察圆条纹的粗细和疏密与 d 之间的关系,并理解之。

3. 测量 He - Ne 激光光源的波长

采用非定域的干涉花纹来测波长,花纹的调节如前所述。移动 M_1 使 d 改变,测出 M_1 移动的总距离 d 和相应的条纹"冒"出或"缩"进去的总条数 ΔN,由式(5 - 33)即可计

算 λ。

其中 ΔN 的总数应大于500或更大些，并且间隔100圈（即 $\Delta N=100$），记下对应的读数数值，算出对应的 d，以便监视 ΔN 是否数错，若相邻 d 值之差在 d 值的读数误差范围内，即测量有效，用下式计算波长：

$$\lambda=\frac{2d}{\Delta N}$$

［若相邻各 d 值之差大于允许的误差（由实验室给出），则必须重新测量］，最后作出实验报告。

【注意事项】

1. 调节仪器时动作要轻、要稳，测量 ΔN 值时，调节 M_1 移动的微调鼓轮应朝 d 值增加的方向均匀缓慢地旋转，在测量过程中不可倒转，直到读完条纹变化500条为止（见图5－36）。

2. ΔN 计数时要小声，以便同组人监听，亦不影响别组计数。

3. 实验中不得用眼直视激光束，以免损坏眼睛。

数据记录表格（供参考）

ΔN	0	100	200	300	400	500
x_i/mm	x_0	x_1	x_2	x_3	x_4	x_5
相邻 x_i 的差 d/mm						

$$\overline{\Delta N}=100$$

$$\bar{d}=\frac{1}{5}\sum d_{\mathrm{i}}$$

$$\lambda=\frac{2\bar{d}}{\overline{\Delta N}}$$

［选作实验］

等厚干涉花纹与薄玻璃片折射率的测量

【实验原理】

当 M_1、M'_2 有一很小的角度时，两镜相交，也就是说 M_1 和 M'_2 之间形成楔形空气薄层（图5－41），由光源上一点S发出的光束1和2经 M_1、M_2 镜反射后在镜面附近相交，产生等厚干涉条纹，所以要看清这些花纹，眼睛必须聚焦在 M_1 镜附近。

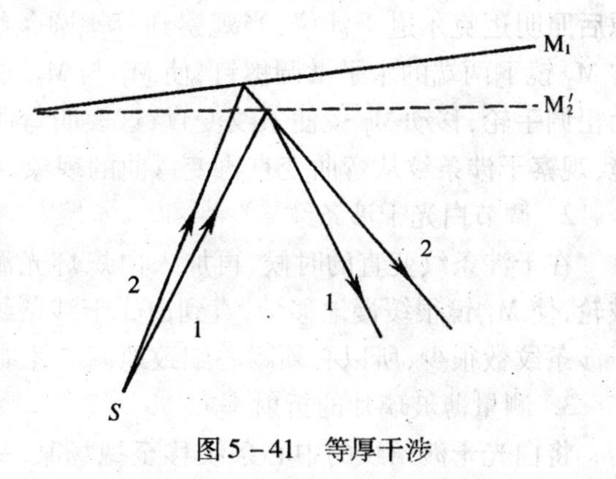

图5－41　等厚干涉

经过 M_1 和 M_2'镜反射的两束光线的光程差，仍然可近似地用 $\delta=2d\cos\gamma$ 表示。当光束入射角 γ 足够小时，两相干光束的光程差可表示为：

$$\delta=2d\cos\gamma=2d\left(1-2\sin^2\frac{\gamma}{2}\right)\approx 2d\left(1-\frac{\gamma^2}{2}\right)$$
$$=2d-d\gamma^2 \tag{5-34}$$

在 M_1、M'_2 镜相交处，由于 $d=0$，光程差为零，观察到直线的条纹（若光束 1 在 G_1 镀膜面有附加的半波损失 $\lambda/2$ 时，即为暗纹）。在交线附近 γ 和 d 很小，式（5-34）中 $d\gamma^2$ 可忽略不计，光程差 δ 的变化主要决定于楔形厚度 d 的变化，即 $\delta=2d$。因此，在楔形上厚度相同的地方光程差相同，观察到的干涉条纹是平行于两镜的交线的。在厚度 d 较大处，因 $d\gamma^2$ 项影响增大，干涉条纹逐渐变成弧形，这时，干涉条纹的光程差不仅决定于厚度 d，还与 γ 有关。当 γ 变大时，$\cos\gamma$ 减小，由 $\delta=2d\cos\gamma$ 可知，要保持相同的光程差 δ（即同一根条纹），d 值必须增加，所以看见条纹的两端是弯向厚度增加的方向，而凸向厚度减小的方向，即凸向两镜的交线处。离交线越远，d 越大，干涉条纹弯曲的越明显。

由于光通过折射率为 n、厚度为 D 的均匀透明介质时，其光程比通过厚度相同的空气要大 $D(n-1)$，因此，当调出白光干涉条纹并在光路 1 中加入一块折射率为 n，厚度为 D 的均匀薄玻璃片后，光束 1 和 2 在相遇时所获得的附加光程差 δ'应为

$$\delta'=2D(n-1) \tag{5-35}$$

此时，如果将 M_1 镜向 G_1 板方向移动一段距离 $\Delta d=\delta'/2$，光束 1 和 2 在相遇时的光程差又恢复至原样，可以再次调出白光干涉条纹，说明 M_1 镜移动引起光程的变化补偿了由于插入薄玻璃片而引起光程的变化，即

$$\Delta d=D(n-1)$$

可得

$$n=\frac{\Delta d}{D}+1 \tag{5-36}$$

根据式（5-36），若已知薄玻璃片的厚度 D，则测出 M_1 镜前移的距离 Δd，就可求出该薄玻璃片的折射率 n。

【实验内容与步骤】

1. 调节和观察等厚干涉条纹

在单色光源前，L 与 G_1 之间放置两块重叠的毛玻璃片，使球面波经散射成为扩展光源后照明迈克尔逊干涉仪，当观察到等倾圆条纹粗而疏时（M_1 和 M_2'大致重合），稍稍旋转 M_2 镜下两端的水平微调螺钉，使 M_1 与 M_2'成一很小的夹角，此时看见弯曲的条纹。转动粗调手轮，移动 M_1 镜使条纹变直，这表明弯曲条纹向圆心方向移动。然后继续移动 M_1 镜，观察干涉条纹从弯曲变直再变弯曲的现象。

2. 调节白光干涉条纹

在干涉条纹变直的时候，再加入白炽灯光源（激光仍存在），继续按原方向转动微调鼓轮，使 M_1 镜很缓慢地移动，直到白光干涉条纹（彩色条纹）出现为止（注意，由于白光的干涉条纹数很少，所以必须耐心细致地调节才能看到）。

3. 测量薄玻璃片的折射率 n

将白光干涉条纹的中心条纹移至视场某一位置（可找一固定点作为读数标记，中心

条纹对准该固定点时再读数)，记下 M_1 镜的位置 d，然后将待测薄玻璃片插入 G_1 和 M_1 之间的光路中(玻璃片与 M_1 保持平行)，转动微调鼓轮移动 M_1 镜，使再次调出的白光干涉条纹的中心条纹重新移至视场中同一位置，记下移动后 M_1 镜的位置 d'，则 M_1 镜移动的距离为 $\Delta d = d - d'$。

将测出的 Δd 代入式(5－36)中，计算出薄玻璃片的折射率 n。

注意：测量 Δd 时必须注意消除螺距差，因此在调节和测量时，M_1 镜应始终向 G_1 板方向移动。

【预习思考题】

1. 迈克尔逊干涉仪是利用什么方法产生两束相干光的？
2. 仪器各主要部件的作用是什么？应该怎样调节和使用？
3. 怎样调节仪器才能在迈克尔逊干涉仪上观察到非定域干涉条纹？实验中如何利用干涉条纹的“冒”出和“缩”进测定光波的波长？
4. 什么是螺距差？实验中应如何操作才能消除螺距差？
5. 当白光干涉条纹的中心条纹被调到视场中央时，M_1 和 M_2' 两镜的位置成什么关系？
6. 实验中怎样调节才能观察到等厚干涉条纹？如何应用白光干涉条纹测定薄玻璃片的折射率？

【思考题】

1. 试用公式 $2d\cos\gamma = k\lambda$ 说明 d 的变化与干涉条纹的变化关系。
2. 为什么分束板 G_1 应使反射光和透射光的光强比接近 1∶1？如果两束光强度并不相等，对最后的干涉条纹有何影响？
3. 是否所有的圆形干涉条纹都是等倾条纹？为什么？
4. 实验中应怎样调节才能观察到非定域的直条纹和双曲线条纹？为什么？
5. 测量薄玻璃片的折射率为什么必须用白光而不用单色光？

实验 27　干涉法测空气的折射率

【实验目的】

1. 学习一种测量气体折射率的方法。
2. 了解自搭迈克尔逊干涉仪的方法。
3. 进一步掌握光的干涉现象及其形成条件。

【仪器用具】

半导体激光器、分束镜、反射镜、气相室、气压表、压气橡胶球、观察屏。

【实验原理】

迈克尔逊干涉仪用分振幅的方法，获得两束相干光，这两束相干光各有一段光路在空间中分开，如果在其中一支光路上放进被研究的对象，而另一支光路的条件不变，通过观察干涉条纹的变化规律，可以测得被研究对象的物理特性。这个实验就是用这种方法来测量空气的折射率；迈克尔逊干涉仪的光路图中（图 5－42），如果两束光分别进入折射率不同的介质中，此时

$$\delta = 2(n_1L_1 - n_2L_2) \tag{5-37}$$

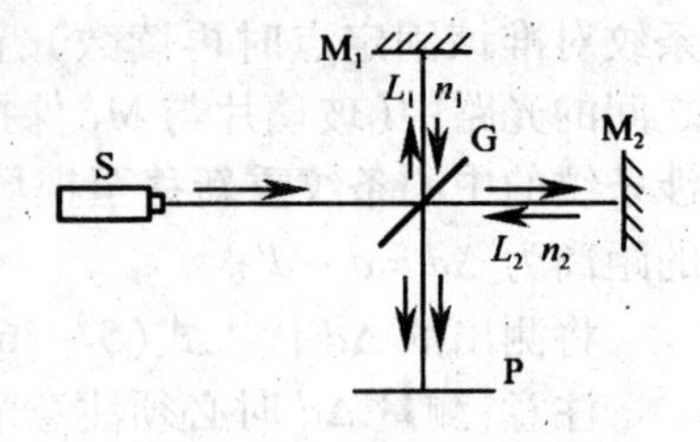

图 5－42 迈克尔逊干涉原理

其中 n_1、n_2 分别是路径 L_1 和 L_2 上介质的折射率。

设入射光波长为 λ

$$\delta = k\lambda \quad (k = 0,1,2,\cdots) \tag{5-38}$$

时产生位相干涉，即在接收屏中心的总光强为极大。由式（5－37）可知，两束相干光的光程差不单与几何路程有关，而且与路径上介质折射率有关，假设固定 n_2、L_2、L_1 不变，改变 n_1，由式（5－37）及式（5－38），得

$$\Delta n_1 = \frac{\Delta k\lambda}{2L_1} \tag{5-39}$$

其中，Δk 为条纹变化数。可见，测出接收屏上干涉条纹的变化数 Δk，就能测出光路中折射率的微小变化。

关于空气折射率，目前广泛采用 Cauchy 型公式来计算和分析，它是根据色散理论，同时考虑到大气的实际情况，经大量实测数据验证得到的，其表达式为

$$(n-1)\times 10^{-6} = \left(287.604 + \frac{1.6288}{\lambda^2} + \frac{0.0136}{\lambda^4}\right)\left(\frac{p}{1013.25}\right)\left(\frac{273.15}{T}\right) - 11.2683\frac{e_0}{T} \tag{5-40}$$

式中：n 为折射率，λ 为波长（μm），p 为大气压（mbar），T 为温度（K），e_0 为部分水蒸气压（mbar）。

可见空气折射率不仅与波长有关，还和大气压、温度、湿度等相联系。上式中的折射率用一般方法不易精确测量，而用干涉法能很方便地测得，且准确度很高。本实验就是利用少量光学器件自搭成简易的光学系统来研究空气折射率随压强而变化的规律。

【实验装置】

实验装置如图 5－43 所示。图 5－43 与图 5－42 相比，只在图 5－42 的 L_2 支路上加上一个气相室 A，气相室与气压表及压气橡胶球连通。为了测量空气折射率随气体压强的变化规律，气相室两端面用透明玻璃组成并且是密封的，压气橡胶球用来改变气相室内压强的大小，气压表则用来观测气相室的气压。凸透镜 L 用来扩束，P 为白屏，在上面可看到干涉条纹。

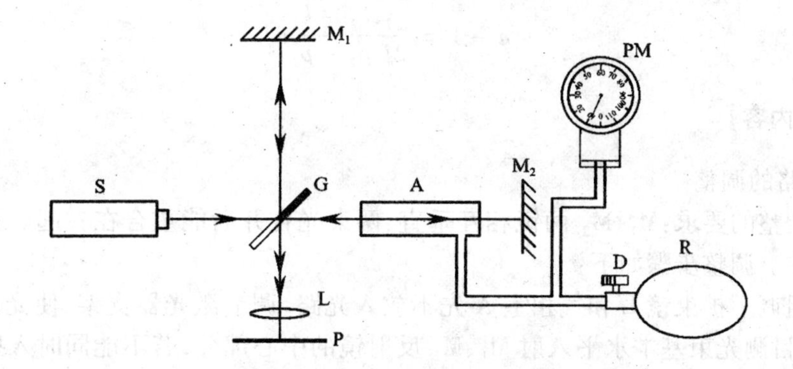

图 5-43 用迈克尔逊干涉仪测空气折射率

S—半导体激光光源；G—分束镜；L—扩束镜；P—白屏；A—气室；

M_1，M_2—反射镜；PM—压力表；R—压气橡胶球；D—气阀。

【测量方法】

调好光路后，在接收屏上会看到干涉条纹，然后利用压气橡胶球R缓慢地向气相室A内加压，A中气压的改变将引起空气折射率的变化，于是两臂光程差也随之改变；在屏上则可观察到干涉条纹的移动。若屏上某一点（通常观察屏的中心）条纹变化数为Δk，气相室长度为L，则由式（26-3）可知

$$\Delta n = \frac{\lambda}{2L}\Delta k \tag{5-41}$$

可见只要测出干涉条纹的移动数目Δk，同时可用气压表测出气相室A内的气压变化，即可得到折射率与气压之间的变化规律。

为了能测得空气折射率随压强的变化关系，可以假定气相室从真空态到压强为p的状态，如果干涉条纹移动数为Δk，则应有

$$n - 1 = \frac{\lambda}{2L}\Delta k \tag{5-42}$$

但是，实际测量时要得到真空态是很困难的。如果以式（5-42）计算折射率的值，所得结果的误差较大。可以采用以下方法处理后进行测量。

通常在温度处于15℃～30℃范围时，Cauchy公式可简化为

$$n - 1 = \frac{2.8793p}{1 + 0.003671t} \times 10^{-9} \tag{5-43}$$

式中，温度t的单位为℃，压强p的单位为Pa。

因此，在一定温度下$n-1$可看成是p的线性函数。又由式（5-42）可知，从真空态变为压强为p的状态时的条纹变化数k与压强变化关系也是一线性函数，因而应有$k/p = k_1/p_1 = k_2/p_2$，由此得

$$k = \frac{k_2 - k_1}{p_2 - p_1}p \tag{5-44}$$

代入式（5-42）得

$$n-1=\frac{\Lambda}{2L}\frac{k_2-k_1}{p_2-p_1}p \quad (5-45)$$

【实验内容】

1. 光路的调整

光路调整的要求：M_1、M_2 两镜相互垂直、两束光合并后能重合在一起。且光程差满足干涉条件。调整步骤如下：

(1) 粗调　扩束镜 L 和气相室 A 先不放入光路，调节激光器支架，使光束能经过 G 的中心，且目测光束基本水平入射 M_1、M_2 反射镜的中心部分，若不能同时入射到 M_1、M_2 的中心，可稍微改变光束方向或移动 M_1、M_2 的位置，然后在白屏看从 M_1、M_2 反射回来的光斑是否重合。如果不重合，可调整 M_1、M_2 背面的调节螺钉，改变 M_1、M_2 的倾角，使其会聚到观察屏上。

(2) 细调　放上气相室，由于气相室两个侧面是透明玻璃，使得光程差 δ 增大，为了满足相干条件，可使 M_2 往 G 方向移近一些，使 L_2 的长度比 L_1 小 1cm ~ 2cm，此时的气相室的两个侧面内垂直于入射光。如果此时从 M_1 和 M_2 反射回来的光仍能会聚到毛玻璃屏上，便可加上扩束镜 L，此时在观察屏上应能观察到干涉条纹，条纹出现后。进一步调节 M_2 或 M_1 前后移动，使得条纹变粗、变疏，便于测量。

2. 测量

(1) 给压气橡胶球充气，观察条纹变化的同时观察气压计的压强值。取 $k_i=1\sim45$，每间隔 5 个条纹记录一个压强值，用逐差法处理数据，求$\overline{p_{i+5}-p_i}$。

(2) 记录室温 $t=$ ____ ℃；大气压 $p_b=$ ________ Pa；$L=$ ________ cm；$\lambda=$ ________ μm。

(3) 计算实验时的空气折射率。

(4) 计算 σ_n，写出所测空气折射率 n 的真值表达式。

(5) 用式(26 - 7)计算 $n-1$ 的值的相对误差小于 0.3%，因此在本实验条件下可将这一理论值当作标准值。试比较实验值与理论值之差，并分析实验结果。

【思考题】

1. (5 - 43)式由 Cauchy 公式得到，其忽略了哪些因素的影响？试推导之。
2. 能否用迈克尔逊干涉仪来测量空气折射率随温度的变化规律？
3. 本实验能否用钠光作光源？
4. 气体折射率与哪些物理量有关？
5. 自搭迈克尔逊干涉仪的关键步骤是什么？

实验 28　数码相机照相实验

照相能够准确、迅速地将各种实物、图像、文字资料记录下来，用以研究或长期保存。无论在科研和工程技术中，还是在实验工作中，照相技术是一种常用技术，也是为适应现代高科技发展所必须的实验技术。

在当今信息时代,数字化技术蓬勃发展,照相技术与计算机之间架起了一座桥梁——数码相机。数码相机在许多领域已经呈现出与传统相机分庭抗礼之势,并将逐步代替传统相机成为主流产品。面对21世纪为造就新世纪人才,实现实验与高新技术相结合的目标,将数码相机引入科技照相实验。用数码相机替代传统胶卷相机,与微机配合,以电子暗房技术替代传统暗室工作,使照相实验实现现代化。

【实验目的】

1. 学习先进的数码影像技术。
2. 学习影像的后处理技术。

【仪器设备】

硬件配置OLYMPUS C－720型数码相机,分辨率为1968×1600(330万像素),16Mb相片存储卡可存储多达99张照片,内置2英寸彩色液晶显示器(LCD)、闪光灯,另有外接电源输入(AC Adaptor)或使用4×1.5V,AA电池,还提供一些附加功能,包括可为照片录制声音注释,用于下载的USB连接,以及可编程的操作系统等。

计算机1台,彩色打印机1台。

Photoshop6.0、Master4.0等图像处理软件。

【数码相机工作原理】

数码相机又称数字相机(Digital Still Camera),简称DSC,是20世纪末开发出的新型照相机。它不需要胶卷,而是把图像信息存储在快闪存储器(Flash Memory)中,将它与计算机相连,不仅可以立即在计算机显示器屏幕或照相机内装的液晶显示器(LCD)上显示出来,还可以运用图像处理软件进行修正与处理,图像信息能够长久保存,或者从网上传输,也可以用彩色视频打印机成像于纸上,获得“照片”。

数码相机的系统结构,可用框图表示,如图5－44所示。

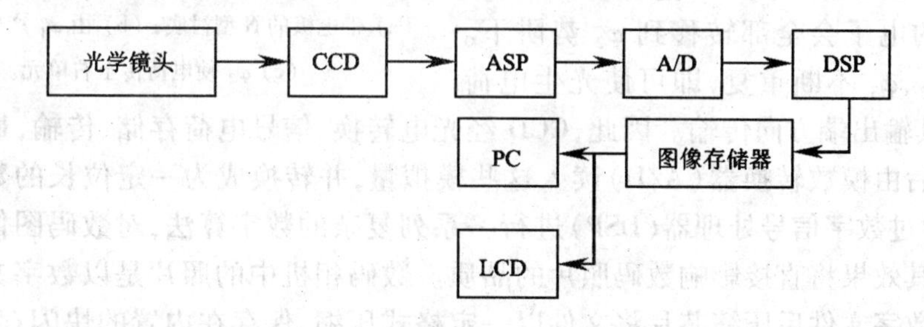

图5－44　数码相机原理框图

数码相机的系统核心部件应当首推CCD(Charge Coupled Device)光电转换器件和DSP(Digital Signal Processor)数字信号处理器件。CCD是数码相机的感光元件,它的性能可以通过像素数和相当于传统相机底片的感光度来表示。在数码相机影像捕获的过程中,光线通过镜头到达感光器件CCD上,CCD将光强转化为电荷积累,其上每个像素单元形成一个所感受光线一一对应的模拟量(电流或电压),图5－45是CCD一个像素单元光电MOS(金属氧化物半导体)的结构及偏压示意图。在反偏压作用下,二极管P－N结两侧会形成多数载流子被耗尽的所谓“耗尽层”。反偏压愈高，耗尽层愈宽（图5－45虚线区域）。摄影时光照射到CCD光敏面上，光子被像元吸收产生电子－空穴对，多数载流子进入耗尽区以外的衬底，然后通过接地消失。而光生少数载流子（电子）会很容易向此耗尽区像元的表面聚集，即相当于该像元是电子的“势阱”。在各势阱内存放的电子数的多少正比于该像元处的入射光照度。于是，景物像各点的光子数分布就变成了相应像元势阱中的电子数分布，并被存储起来，从而起到了光电转换和电荷存储的作用。

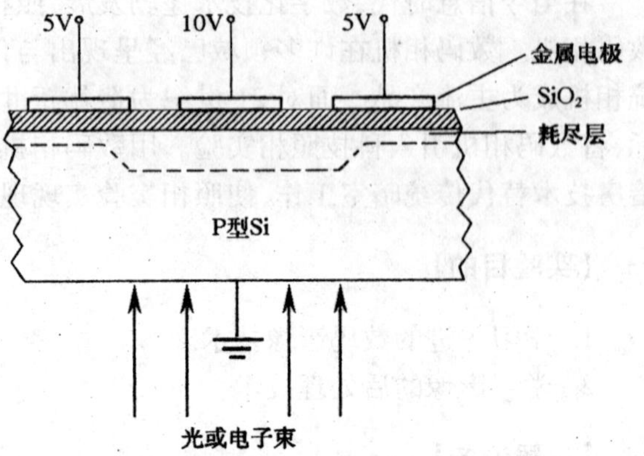

图5－45 CCD单元二极管示意图

势阱中的这些信号电荷可以通过顺序移动像元反偏压的方法沿表面传输，见图5－46。反偏压时钟脉冲按三相驱动模式的下列三组分别加入：1，4，7，…；2，5，8，…；3，6，9，…，分别记其相电压为φ_1，φ_2和φ_3。设某时刻反偏压加在φ_1相的各像元上，光生电子分别存储于它们的势阱里面，它们分别代表了相应图像信息的电子密度，并使其势阱电位变化了$\Delta\varphi_3$。在紧接着的下一时刻，φ_2上加反偏压，势阱沿传输方向变宽两倍，原势阱下的电子会向右扩散运动；如果φ_1电位降低到二极管暗电流水平而保持φ_2为高电位，则φ_1势阱下的电子会全部转移到φ_2势阱下。这样，φ_1、φ_2、φ_3不断重复，即可使光生电荷（电子）向其输出端方向传输。因此，CCD经光电转换、信号电荷存储、传输，最终输出信号电压，然后由模数转换器（A/D）读入这些模拟量，并转换成为一定位长的数字量。这些数字量通过数字信号处理器（DSP）进行一系列复杂的数字算法，对数码图像信号进行优化处理，其效果将直接影响数码照片的品质。数码相机中的照片是以数字文件形式存在的，生成数字文件后压缩芯片将文件以一定格式压缩，保存在内置的快闪存储器、可拔插的PC卡或软磁盘上。

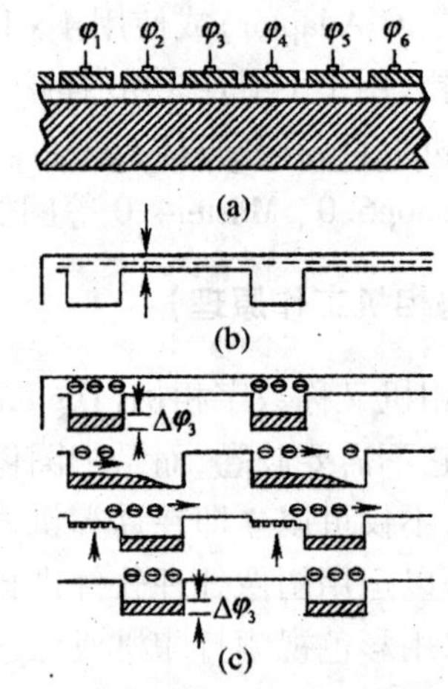

图5－46 三相驱动CCD电荷传输示意图

（a）带电极的N型衬底；（b）由φ_1产生的势阱；（c）φ_2使电荷传至右单元。

数码相机的图像数据输出方式有两种：数字信号输出和视频信号输出。数字信号输出利用数据线将数据传送给计算机设备；视频信号输出是通过视频电缆线将视频信号输出到电视机等设备上，其对应的关键部件是串行接口和视频信号接口。现在许多数码相机有液晶显示屏（LCD），这样就不需要将图像文件输出到其他设备上，可以在数码相机上直接观看图像。有些数码照相机的LCD还兼有取景器的作用。

与传统相机相比，数码相机有许多优点：

1）不需要使用胶卷，免去了繁琐的显影、定影、水洗和晾干等处理过程，所以不会将用过的显影剂、定影剂和其它可能的有害物质造成环境污染。将数码相机与计算机相连，运行图像处理软件进行干法操作，就可以随心所欲地使拍摄的相片光彩夺目、姿态万千。

2）图像处理快捷。传统摄影过程复杂，从拍摄到取照片一般要几小时，而数码相机从拍摄到照片输出完毕只需要几分钟。

3）图像处理轻便灵活。数码相机能够方便、快速地生成可供计算机处理的图像，然后直接把图像下载到PC机中进行编辑处理。数码暗室技术利用丰富、强大的数码图像处理工具，可以轻松地对数码相片进行创新、修描、校色等常规编修，还可以进行特殊效果处理，即使处理不当，可将图像局部或全部恢复重作，充分体现出作者的创造力。

4）图像传送即时面广。数码相机的最大优势在于其信息的数字化。图像数字信息可借助全球数字通讯网实现图像的实时传递，这种优越性是传统相机无法比拟的。

5)易于存储和检查。数码相机将模拟转换生成的数字化影像文件记录在内置存储器或存储卡上，存储卡可以重复使用。这些影像文件可随时调入计算机进行图像处理，及时对拍摄影像的质量进行判别、确认，发现不足可删除重拍。

虽然数码相机有许多优点，但和传统相机相比也有不足之处：

1）两者拍摄效果有所不同。普及型数码相机的面阵CCD芯片所采集图像的像素，要小于传统相机所拍摄图像的像素，因此在较暗或较亮的光线下会丢失图像的部分细节。

2）数码相机在拍摄之前，需用1.5s左时间右进行调整光圈、改变快门速度、检查自动聚焦和打开闪光灯等操作。拍摄之后，要对相片进行图像压缩处理并存储影像文件，等待3～10s或更长时间间隔之后才能拍摄下一张相片。所以普通数码相机连续拍摄的速度无法达到专业拍摄的要求。

3）耗电量较大。尤其是配有彩色液晶显示屏（LCD）的数码相机，因为LCD的耗电要占用整部相机1/3以上的电量。

4）价格较昂贵。由于数码相机可发展成计算机的外围设备，前期投资（数码相机、计算机、图像处理软件和彩色打印机）费用较昂贵。

随着光学、电子和计算机技术的发展以及数码相机技术的自身发展，数码相机将会不断克服上述不足，在方便、快捷、精确和价格低廉方面将不断进步，日趋完善。

【实验内容】

1. 用数码相机在实验室内拍摄一些景物（仪器）和人物照片。与传统摄影不同的是用数码相机拍摄的环节并不是最重要的，重要的是数码相片的后期处理。

2. 按PhotoStyler或PhotoShop教程，在计算机上进行数字图像处理，制作一幅仪器照片及一幅人像照片，也可以创作艺术照片、贺卡和生日卡。还可采用一定算法编程进行图像处理。

数码相机与传统相机之间各有优缺点，在科技照相实验中引进数码相机的同时，应对传统相机的摄影技术、暗室技术有所了解和提高，对两种照相技术进行比较，通过实验真正体会它们之间的差别。

第6章 近代物理及综合性和应用性物理实验

实验29 光电效应法测定普朗克常数

当光照射在金属表面上时，光的能量仅部分地以热的形式为金属所吸收，而另一部分则转换为金属表面中某些电子的能量，使这些电子逸出表面，这种现象称为光电效应。在光电效应现象中，光显示出它的粒子性，所以深入地观察光电效应现象，对认识光的本性具有极其重要的意义。1905年爱因斯坦在普朗克量子假说的基础上圆满地解释了光电效应规律，1916年密立根以精确的光电效应实验证实了爱因斯坦的光电效应方程，并测定了普朗克常数，1923年密立根因这项工作获诺贝尔奖金。

本实验不仅可以帮助我们加深对光的认识，建立"量子化"的概念，还可以使我们了解到密立根验证爱因斯坦方程的实验思想，学会一种测量普朗克常数的方法。

【实验目的】

1. 了解应用爱因斯坦光电效应方程测量普朗克常数的原理。
2. 用光电效应法测定普朗克常数。

【仪器用具】

ZKY－GD－4型智能光电效应实验仪、干涉滤光片(五片)。

【实验原理】

1. 光电效应与爱因斯坦方程

光电效应实验线路原理图如图6－1所示，其中DG为光电管，K为光电管阴级，A为光电管阳极，G为微电流计，V为电压表，R为滑线变阻器，调节R可以使A、K之间获得从$-U$到$+U$连续变化的电压。当光照射光电管阴级时，阴极释放出的光电子在电场作用下向阳极迁移，并且在回路中形成光电流。

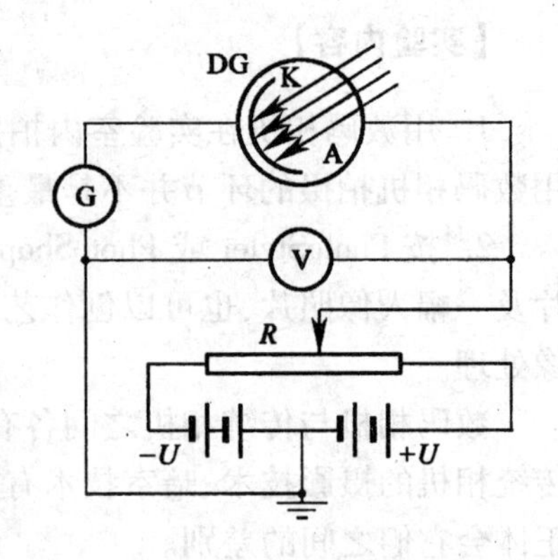

图6－1 光电效应实验线路原理图

光电效应有如下的实验规律：

1) 饱和光电流：在光强一定时，随着光电管两端电压的增大，光电流趋于一个饱和值i_h，对不同的光强，饱和电流i_h与光强I成正比(图6－2)。也就是说，单位时间内由阴极逸出的光电子数与光强成正比。

2) 截止电压：当光电管两端加反向电压时，光电流迅速减小，但不立即降为零，直至反向电压达到绝对

值 U_a 时,光电流为零,U_a 称为截止电压(图6-3)。这表明,此时具有最大动能的光电子亦被反向电场所阻挡,则有:

$$\frac{1}{2}mv_{\max}^2 = eU_a \tag{6-1}$$

式中,m 是电子的质量,e 是电子电荷的绝对值。实验还表明,截止电压 U_a 与入射光强无关,只与入射光的频率有关。

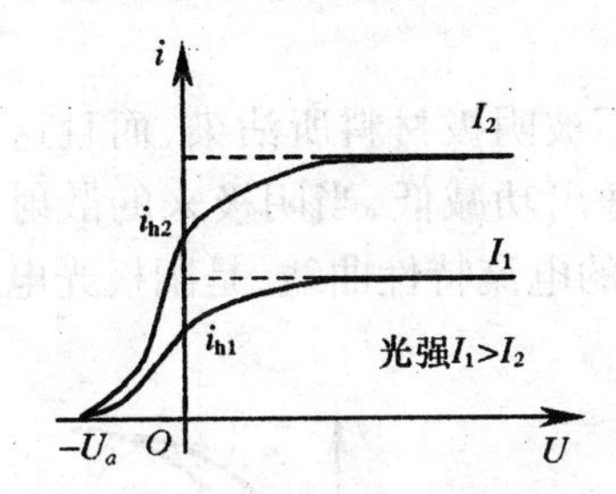

图6-2 光电管的伏安特性

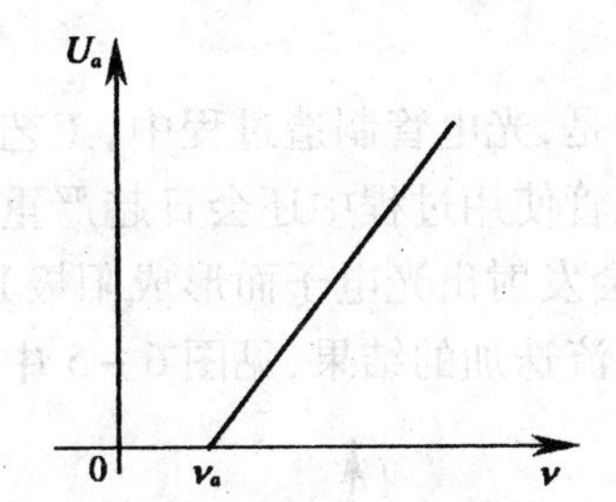

图6-3 载止电压 U_a 与入射光频率的关系曲线

3) 截止频率:改变入射光频率 ν 时,截止电压 U_a 随之改变,而且 U_a 与 ν 成线性关系(图6-3)。当入射光频率 ν 减小到低于频率 ν_a 时,截止上电压 U_a 减到零,这时无论光多么强,光电效应不再发生。也就是说,不论光强多么大,只有当入射光频率 ν 大于 ν_a 时才能发生光电效应,ν_a 称为截止频率。对于不同金属的阴极 ν_a 的值不同,但这些直线的斜率都相同。

4) 光电效应是瞬时效应:无论照射到光电管阴极上的光多么弱,几乎在开始照射的同时就有光电子产生,延迟时间最多不超过 10^{-9}s。

上述光电效应的实验规律是光的波动理论所不能解释的。爱因斯坦光量子假说成功地解释了这些实验规律。他假设光束是由能量为 $h\nu$ 的粒子(称光子)组成的,其中 h 为普朗克常数,当光束照射金属时,以光粒子的形式射在表面上,金属中的电子要么不吸收能量,要么就吸收一个光子的全部能量 $h\nu_a$,只有当这能量大于电子摆脱金属表面约束所需要的逸出功 W 时,电子才会以一定的初动能逸出金属表面。根据能量守恒有

$$h\nu = \frac{1}{2}mv_{\max}^2 + W \tag{6-2}$$

式(6-2)称为爱因斯坦光电效应方程。其中,$\frac{1}{2}mv_{\max}^2$ 是光电子逸出金属表面后具有的最大动能,W 为逸出功。将式(6-1)代入式(6-2),并知 $\nu \geqslant \frac{W}{h} = \nu_a$,则爱因斯坦光电效应方程可改写为 $h\nu = eU_a + h\nu_a$,故

$$U_a = \frac{h}{e}(\nu - \nu_a) \tag{6-3}$$

式(6-3)表明 U_a 与 ν 成线性关系,由直线斜率可求 h,由截距可求 ν_a。这正是密立根验证爱因斯坦方程的实验思想。

2. 截止电压的确定

本实验的关键是正确测定截止电压，作 $U_a-\nu$ 图。在实验中如何正确测定截止电压，则要看使用的光电管而异。如果使用的光电管对可见光都较灵敏；暗电流（光电管没有受到光照射时也会产生电流，称为暗电流）也很小；阳极包围着阴极，即使加速电压为负时，阴极发射的光电子仍能大部分射到阳极，阳极的逸出功又足够高，可见光照射时不会发射出光电子，则其电流特性曲线如图 6－4 所示。图中电流为零时的电压就是截止电压 U_a。

但是，光电管制造过程中，工艺上很难做到阳极不被阴极材料所沾染，而且这种沾染在光电管使用过程中还会日趋严重。沾染后的阳极逸出功减低，当阴极来的散射光照到它时，会发射出光电子而形成阳极光电流。实验测得的电流特性曲线，是阳极光电流和阴极光电流迭加的结果，见图 6－5 中的实线。

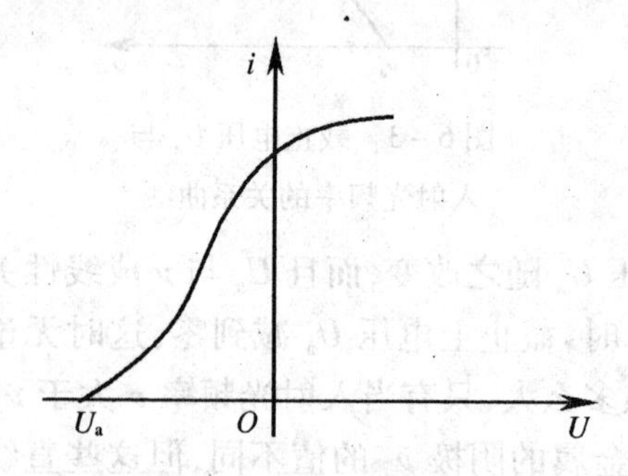

图 6－4　伏安特性曲线

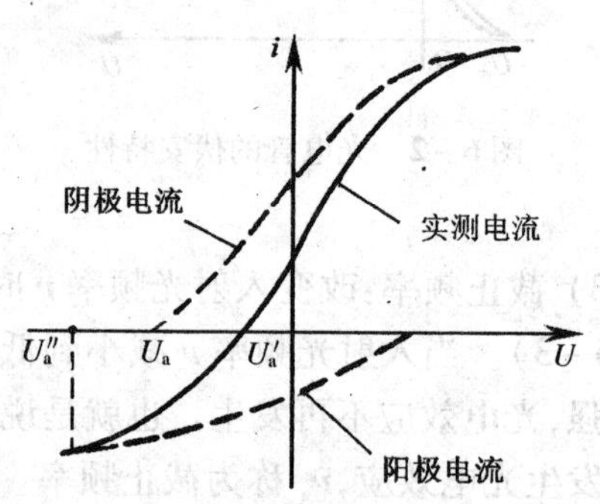

图 6－5　实测电流特性曲线

由图 6－5 可见，由于阳极沾染，实验时出现反向电流。特性曲线与横轴交点的电流虽然等于"0"，但阴极电流并不等于"0"，交点的电压 U_a' 也不等于截止电压 U_a。两者之差由阴极电流上升的快慢和阳极电流的大小所决定。阴极电流上升越快，阳极电流越小，U_a' 和 U_a 之差也越小。从实测曲线上看，正向电流上升越快，反向电流越小，则 U_a' 与 U_a 之差越小。

实验中，对于不同的光电管，应根据其电流特性曲线的不同采用不同的方法确定其截止电压。如光电流特性的正向电流上升很快，反向电流很小，则可用光电流特性曲线与暗电流曲线交点的电压 U_a' 近似地当作截止电压 U_a（交点法）。若特性曲线的反向电流虽然较大，但其饱和得很快，则可用反向电流开始饱和时的拐点电压 U_a'' 当作截止电压 U_a（拐点法）。

本实验中所用的光电管，正向电流上升很快，反向电流很小，$U_a'U_a''$ 更接近 U_a，故用交点法来确定截止电压。

【仪器简介】

ZKY—GD—4 智能光电效应实验仪由汞灯及电源、滤色片、光阑、光电管、智能测试仪构成，仪器结构如图 6－6 所示，测试仪的调节面板如图 6－7 所示。测试仪有手动和自动两种工作模式，具有数据自动采集、存储、实时显示采集数据，动态显示采集曲线（连接普通示波器，可同时显示 5 个存储区中存储的曲线）以及采集完成后查询数据的功能。

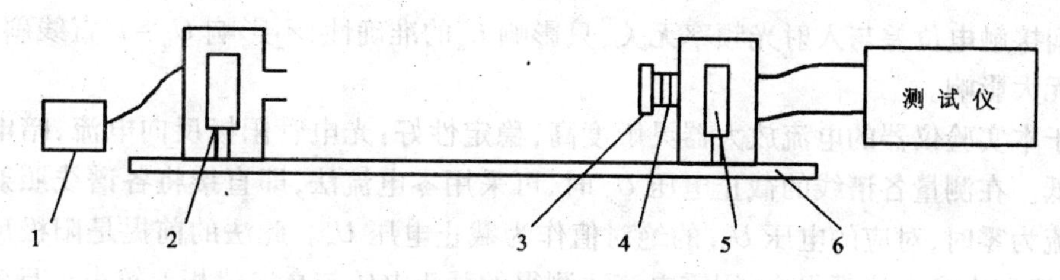

图6-6　仪器结构图

1—汞灯电源；2—汞灯；3—滤色片；4—光阑；5—光电管；6—基座。

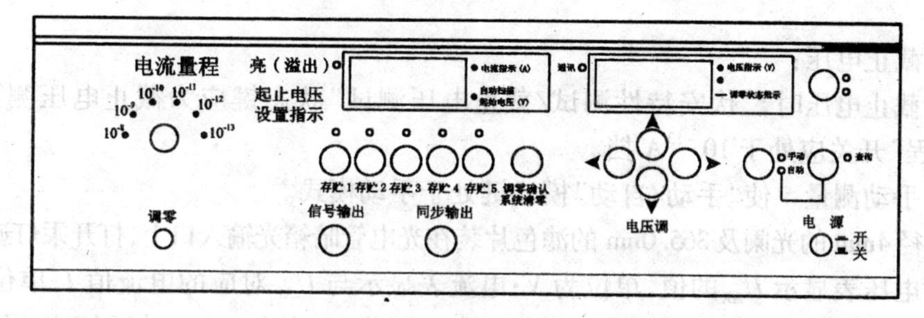

图6-7　测试仪面板图

【实验内容及步骤】

1. 测试前准备

将测试仪及汞灯电源接通(汞灯及光电管暗箱遮光盖盖上)，预热20min。调整光电管与汞灯距离为约40cm并保持不变。用专用连接线将光电管暗箱电压输入端与测试仪电压输出端(后面板上)连接起来(红—红，兰—兰)。将“电流量程”选择开关置于所选挡位，进行测试前调零。测试仪在开机或改变电流量程后，都会自动进入调零状态。调零时，旋转“调零”旋钮使电流指示为000.0。调节好后，用高频匹配电缆将电流输入连接起来，按“调零确认/系统清零”键，系统进入测试状态。

若要动态显示采集曲线，需将测试仪的“信号输出”端口接至示波器的“Y”输入端，“同步输出”端口接至示波器的“外触发”输入端。示波器“触发源”开关拨至“外”，“Y衰减”旋钮拨至约“1V/div”，“扫描时间”旋钮拨至约“20μs/div”。此时示波器将用轮流扫描的方式显示五个存储区中存储的曲线，横轴代表电压 U_{AK}，纵轴代表电流 I。

2. 测普朗克常数 h

问题讨论及测量方法：

理论上，测出各频率的光照射下阴极电流为零时对应的 U_{AK} 值，其绝对值即该频率的截止电压，然而实际上由于光电管的阳极反向电流、暗电流、本底电流及极间接触电位差的影响，实测电流并非阴极电流，实测电流为零时对应的 U_{AK} 也并非截止电压。

光电管制作过程中阳极往往被污染，沾上少许阴极材料，入射光照射阳极或入射光从阴极反射到阳极之后都会造成阳极光电子发射，U_{AK} 为负值时，阳极发射的电子向阴极迁移构成了阳极反向电流。

暗电流和本底电流是热激发产生的光电流与杂散光照射光电管产生的光电流，可以在光电管制作或测量过程中采取适当措施以减小它们的影响。

极间接触电位差与入射光频率无关，只影响U_a的准确性，不影响$U_a-\nu$直线斜率，对测定h无大影响。

由于本实验仪器的电流放大器灵敏度高，稳定性好：光电管阳极反向电流，暗电流水平也较低。在测量各谱线的截止电压U_a时，可采用零电流法，即直接将各谱线照射下测得的电流为零时，对应的电压U_{AK}的绝对值作为截止电压U_a。此法的前提是阳极反向电流、暗电流和本底电流都很小，用零电流法测得的截止电压与真实值相差较小。且各谱线的截止电压都相差ΔU，对$U_a-\nu$曲线的斜率无大的影响，因此对h的测量不会产生大的影响。

测量截止电压：

测量截止电压时，"伏安特性测试/截止电压测试"状态键应为截止电压测试状态。"电流量程"开关应处于10^{-13}A挡。

(1) 手动测量 使"手动/自动"模式键处于手动模式。

将直径4mm的光阑及365.0nm的滤色片装在光电管暗箱光输入口上，打开汞灯遮光盖。

此时电压表显示U_{AK}的值，单位为V；电流表显示与U_{AK}对应的电流值I，单位为所选择的"电流量程"。用电压调节键←、→、↑、↓可调节U_{AK}的值，←、→键用于选择调节位、↑、↓键用于调节值的大小。

从低到高调节电压（绝对值减小），观察电流值的变化，寻找电流为零时对应的U_{AK}，以其绝对值作为该波长对应的U_a的值，并将数据记于下面的$U_a-\nu$关系数据记录表中。为尽快找到U_a的值，调节时应从高位到低位，先确定高位的值，再顺次往低位调节。

依次换上404.7nm，435.8nm，546.1nm，577.0 nm的滤色片，重复以上测量步骤。

$U_a-\nu$关系实验数据记录表　　光阑孔 $\Phi=$ 　mm

波长 λ_i/mm		365.0	404.7	435.8	546.1	577.0
频率 ν_i/($\times10^{14}$Hz)		8.214	7.408	6.879	5.490	5.196
截止电压 U_{ai}/V	手动					
	自动					

(2) 自动测量 按"手动/自动"模式键切换到自动模式。

此时电流表左边的指示灯闪烁，表示系统处于自动测量扫描范围设置状态，用电压调节键可设置扫描起始和终止电压。

对各条谱线，建议扫描范围大致设置为：365nm，-1.90V～-1.50V；405nm，-1.60V～-1.20V；436nm，-1.35V～-0.95V；546mn，-0.80V～-0.40V；577nm，-0.65V～-0.25V。

测试仪设有五个数据存储区，每个存储区可存储500组数据，并有指示灯表示其状态。灯亮表示该存储区已存有数据，灯不亮为空存储区，灯闪烁表示系统预选的或正在存储数据的存储区。

设置好扫描起始和终止电压后，按动相应的存储区按键，仪器将先清除存储区原有数据，等待约30s，然后自动按4mV的步长扫描，并显示、存储相应的电压、电流值。

扫描完成后，仪器自动进入数据查询状态，此时查询指示灯亮，显示区显示扫描起始电压和相应的电流值。用电压调节键改变电压值,就可查阅到在测试过程中扫描电压为当前显示值时相应的电流值。读取电流为零时对应的电压值,以其绝对值作为该波长对应的 U_a 的值,并将数据记于下面的 $U_a-\nu$ 关系数据记录表中。

按“查询”键,查询指示灯灭,系统回复到扫描范围设置状态,可进行下一次测量。

在自动测量过程中或测量完成后,按“手动/自动”键,系统回复到手动测量模式,模式转换前存储区内的数据将被清除。

若仪器与示波器连接,则可观察到 U_{AK} 为负值时各谱线在选定的扫描范围内的伏安特性曲线。

3. 测光电管的伏安特性曲线

此时,“伏安特性测试,截止电压测试”状态键应为伏安特性测试状态。“电流量程”开关应拨至 10^{-10} A 挡,并重新调零。

将直径4mm 的光阑及所选谱线的滤色片装在光电管暗箱光输入口上。

测伏安特性曲线可选用“手动/自动”两种模式之一,测量的最大范围为 -1V ~ 50V,自动测量时步长为1V,仪器功能及使用方法如前所述。

仪器与示波器连接

(1) 可同时观察5条谱线在同一光阑、同一距离下伏安饱和特性曲线。

(2) 可同时观察某条谱线在不同距离(即不同光强)、同一光阑下的伏安饱和特性曲线。

(3) 可同时观察某条谱线在不同光阑(即不同光通量)、同一距离下的伏安饱和特性曲线。

由此可验证光电管饱和光电流与入射光成正比。

【数据处理】

1. 由所 $U_a-\nu$ 关系实验数据记录表的实验数据得出 $U_a-\nu$ 直线的斜率 k,即可用 $h=ek$求出普朗克常数,并与 h 的公认值 h_0 比较,求出相对误差 $E=\frac{h-h_0}{h_0}$,其中 $e=1.602\times10^{-19}$C, $h=6.626\times10^{-34}$J·s。

2. 记录所测 U_{AK}及 I 的数据到 $I-U_{AK}$关系,实验数据记录表中,在坐标纸上作对应于以上波长及光强的伏安特性曲线。

$I-U_{AK}$关系实验数据记录表

U_{AK}/V												
$I/(10^{-10}$A)												
U_{AK}/V												
$I/(10^{-10}$A)												

3. 在 U_{AK}为 50V 时,将仪器设置为手动模式,测量并记录对同一谱线、同一入射距离,光阑分别为2mm、4mm、8mm 时对应的电流值于饱和光电流 I_M 与入射光强的关系实验数据记录表中,验证光电管的饱和光电流与入射光强成正比。

饱和光电流 I_M 与入射光强的关系实验数记录表 1

U_{AK} =　　(V)　　λ =　　(nm)　　L =　　(mm)

光阑孔 Φ			
$I/(10^{-10}\text{A})$			

也可在 U_{AK}为 50V 时,将仪器设置为手动模式,测量并记录对同一谱线、同一光阑时,光电管与入射光在不同距离,如 300mm、400mm 等对应的电流值于下表中,同样验证光电管的饱和光电流与入射光强成正比。

饱和光电流 I_M 与入射光强的关系实验数据记录表 2

U_{AK} =　　(V)　　λ =　　(nm)　　Φ =　　(mm)

入射距离 L			
$I/(10^{-10}\text{A})$			

【预习思考题】

1. 何谓光电效应？它的实验规律有哪几方面？
2. 爱因斯坦公式的内容是怎样的？它的物理意义是什么？
3. 本实验是如何找出不同频率入射光的截止电压的？又是如何测定普朗克常数 h 的？

【思考题】

1. 做本实验时,如果改变光电管的照度,对光电流与反向电压的关系曲线有何影响？
2. 实验时能否将干涉滤光片插到光源的光阑口上？为什么？
3. 通过本实验,对光的量子特性有哪些认识？
4. 试总结要做好本实验应注意哪些问题。

实验 30　密立根油滴实验

1911 年,物理学家密立根成功地采用油滴法精确地测定了电子的电荷值(基本电量),并且令人信服地揭示了电量的量子本性。密立根油滴实验在近代物理学发展史上具有重要的意义,它为近代电子论的创建提供了直接的实验基础。本实验采用 MOD—5C 型油滴仪通过测定电子的电荷值,初步了解密立根所用的基本实验方法,借鉴与学习他采用宏观的力学模式揭示微观粒子量子本性的物理构思,以及精湛的实验设计和严谨的科学作风,从而更好地提高我们的实验素质和能力。

【实验目的】

1. 了解并验证电量的量子性(即电量是某个最小电量——基本电量 e 的整数倍)。
2. 学会运用油滴仪测定基本电量(电子的电荷值)的方法。

【仪器用具】

MOD—5C 型油滴仪、喷雾器、喷雾油等。

【实验原理】

油滴法测定电子电荷，是从观察和测定带电油滴在电场中的运动规律入手的。当喷雾器喷出的带有一定电量的微小油滴落入水平放置的平行极板之间时，油滴将同时受到重力和电场力的作用。通过调节两极板的电压，可以使其中一颗带电油滴所受的重力和电场力相平衡而保持静止。如果撤掉二极板间的电压，油滴在重力作用下加速下降。由于空气的黏滞性对油滴产生阻力，当阻力与重力平衡时，油滴将匀速下降。若测出油滴匀速下降的速度 v 和平衡电压 U_n，便可求出该油滴所带的电量。若比较同一颗油滴在各个时间所带的电量（或比较几颗油滴所带的电量），即可验证电量的量子性并测定基本电量的数值。

如图6-8所示，如果将一颗质量为 m，电荷量为 q 的油滴落入水平放置、间距为 d、所加电压为 U 的平行极板之间，带电油滴将同时受到重力 mg 和电场力 qE 的作用，$E=\frac{U_n}{d}$ 为平行极板间的电场强度。如果适当调节电压的方向和大小，使电场力方向与重力方向相反而量值相等，则带电油滴受合力为零而相对静止地悬浮在电场中并保持平衡。由力学知识得

$$q\frac{U_n}{d}=mg \tag{6-4}$$

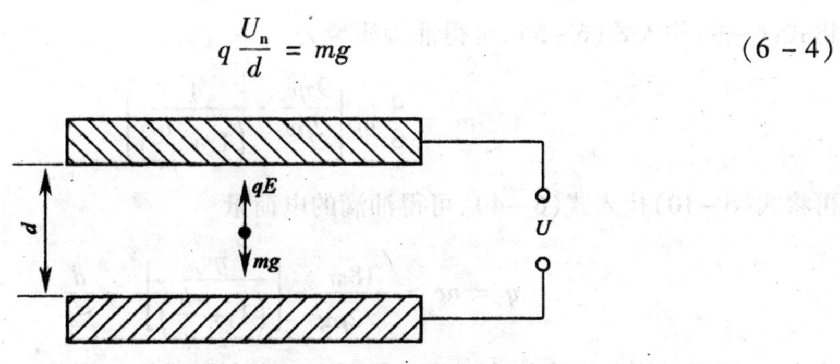

图6-8　油滴在电场和重力场中的受力

实验表明，对于同一个油滴，如果分别使它的电荷量为 $q_1,q_2,q_3,\cdots$，则能够使油滴在电场中平衡的电压 $U_{1n},U_{2n},U_{3n},\cdots$，只是一些不连续的特定值，这个事实揭示了电荷存在最小的基本单元，油滴带的电荷量只能是最小电荷单元 e 的整数倍，即 $q=ne$。实验中测出电荷量 $q_1,q_2,q_3,\cdots$，然后求它们的最大公约数，这个最大公约数就是电子电荷 e。

由式(6-4)可知，要测得 q 值，除 U_n 和 d 外还要测出该油滴的质量 m，而 m 的数量级在 10^{-18} kg 左右，对于这样微小的油滴质量进行直接测量是极为困难的。但是油滴经喷雾器喷出后，在表面张力作用下，一般呈球形。因此

$$m=\frac{4}{3}\pi r^3\rho \tag{6-5}$$

式中，ρ 为油的密度，r 为油滴的半径。r 的数值同样很难直接测量，但可以通过研究油滴

在空气这一黏滞介质中的运动规律来间接测量。

当电场消除后，油滴在空气中自由下降时将同时受到重力 $F = mg = \frac{4}{3}\pi r^3 \rho g$、空气浮力（忽略不计）和空气黏滞阻力 F_r 的作用。由斯托克斯定律知，$F_r = 6\pi\eta r v$，其中 η 是空气的黏滞系数，v 是油滴下降速度。当油滴的下降速度增大到一定值 v_s 时，重力和阻力相平衡，油滴将匀速下降，此时 $mg = F_r$，即

$$\frac{4}{3}\pi r^3 \rho g = 6\pi r \eta v_s \tag{6-6}$$

整理得

$$r = \sqrt{\frac{9\eta v_s}{2g\rho}} \tag{6-7}$$

另一方面，由于油滴极为微小（$r \approx 10^{-6}$m），它的直径已与空气分子之间的间隙相当。空气已不能看作连续介质了。因此，斯托克斯定律应修正为

$$F_r = \frac{6\pi r \eta v}{1 + \frac{b}{pr}} \tag{6-8}$$

式中，p 为大气压强，b 为修正常数。于是 r 变为

$$r = \sqrt{\frac{9\eta v_s}{2\rho g\left(1 + \frac{b}{pr}\right)}} \tag{6-9}$$

将式(6-9)代入式(6-5)，可得油滴质量为

$$m = \frac{4}{3}\pi\rho\left[\frac{9\eta v_s}{2\rho g} \cdot \frac{1}{\left(1 + \frac{b}{pr}\right)}\right]^{\frac{3}{2}} \tag{6-10}$$

再将式(6-10)代入式(6-4)，可得油滴的电荷量

$$q = ne = \frac{18\pi}{\sqrt{2\rho g}} \cdot \left[\frac{\eta v_s}{\left(1 + \frac{b}{pr}\right)}\right]^{\frac{3}{2}} \cdot \frac{d}{U_n} \tag{6-11}$$

式中，v_s 可通过观测油滴匀速下降一段距离 L 和所用时间 t 来测定，即

$$v_s = \frac{L}{t} \tag{6-12}$$

将式(6-12)代入(6-11)得

$$q = ne = \frac{18\pi}{\sqrt{2\rho g}} \cdot \left[\frac{\eta L}{t\left(1 + \frac{b}{pr}\right)}\right]^{\frac{3}{2}} \cdot \frac{d}{U_n} \tag{6-13}$$

式(6-13)中 $r = \sqrt{\frac{q\eta L}{2\rho g t}}$，其他常数分别为

重力加速度　　$g = 9.80\text{m/s}^2$

油的密度　　$\rho = 981\text{kg/m}^3$

空气动力黏度　　$\eta = 1.83 \times 10^{-5}\text{Pa}\cdot\text{s}$

修正常数 $b=8.21\times10^{-3}\mathrm{m}\cdot\mathrm{Pa}$

大气压强 $p=1.013\times10^{5}\mathrm{Pa}$

平行极板间距 $d=5.00\times10^{-3}\mathrm{m}$

油滴匀速下降距离 $L=2.00\times10^{-3}\mathrm{m}$

将以上数值代入公式(29-10),得近似公式

$$q=ne=\frac{1.43\times10^{-14}}{\left[t(1+0.02\sqrt{t})\right]^{\frac{3}{2}}}\cdot\frac{1}{U_{\mathrm{n}}} \tag{6-14}$$

由式(29-11)可知,欲测一颗给定油滴的电荷量,只需测出它的平衡电压 U_{n},然后撤去电压,让它在空气中自由下降,并在下降达到匀速后,测出下降距离 L 时所用的时间 t 即可。

【仪器简介】

油滴实验仪器包括 MOD—5C 型油滴仪、计时器、喷雾器等。

1. MOD-5C 型油滴仪

它的原理结构如图6-9所示,主要由三部分组成。

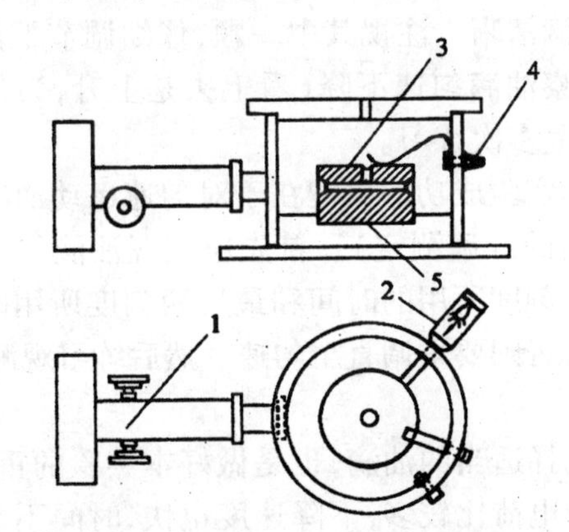

图6-9 油滴仪主要构造示意图

1—显微镜;2—照明系统;3—平行上电极;4—电极引线孔;5—平行下电极。

(1) 平行电极 它是油滴仪的核心部分,由两块平行放置、间距 d 为 $5\times10^{-3}\mathrm{m}$ 的金属圆电极板构成。在上电极板中央有一个小孔,喷雾器喷出的油滴由小孔落入两极板之间。实验中平行电极间的电场方向应与重力方向平行,要求平行极板必须水平放置。因此,油滴仪上设有调平螺钉和水准仪。

(2) (CCD)显微镜 主要用来观察和油滴的运动规律。用视频电缆将 CCD 与监示器相连,在目镜视野中观察到的分划板(图6-10)。如果通过监示器观察一颗匀速下降的油滴,并测出它下降 $L=2.00\times10^{-3}\mathrm{m}$(分划板中4格)所用时间 t,则油滴下降速度 $v_s=2.00\times10^{-3}\mathrm{m/s}$。

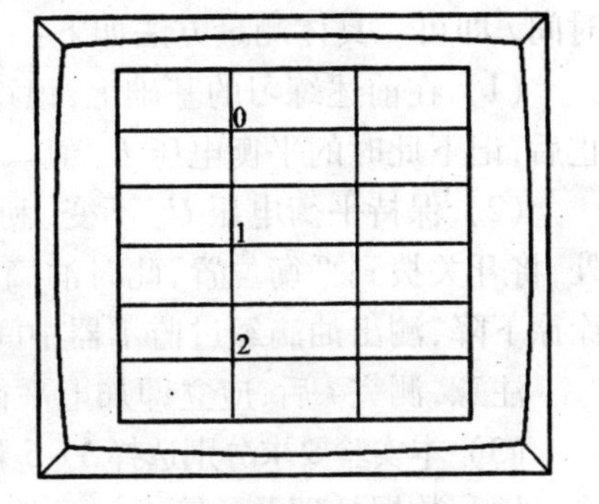

图6-10 显示器中的分划板

(3) 计时器　它的作用是测量带电油滴匀速下降通过固定距离 L 的时间 t。本实验采用仪器集成数显计时器,精度为0.1s。

2. 监示器

3. 喷雾器

用它喷入油滴。

【实验内容与步骤】

1. 仪器的调节

(1) 调节调平螺丝,使水准泡到中央,这时平行电极板处于水平位置,保证平衡电场方向与重力方向平行。

(2) 打开电源开关,使仪器预热5min ~ 10min,并将平衡电压反向开关和升降电压开关均置于“0”位。

(3) 调节(CCD)显微镜手轮,使监示器中观察到油滴清晰明亮。

2. 测量练习

(1) 练习控制油滴　平行极板加上平衡电压(约300V,“+”、“-”均可),用喷雾器喷入油滴,再调显微镜使油滴清晰。注视其中一颗,仔细调节平衡电压,当油滴达到平衡而静止后去掉平衡电压,观察油滴匀速下降(看上去是上升,为什么?),然后再加平衡与升降电压使其上升,如此反复多次练习。

(2) 练习测量速度　本实验成功的关键在于对匀速运动油滴速度的测定(即油滴匀速通过给定距离所需之时间的准确测定)。首先应把握油滴匀速运动,可以先观测油滴下降通过分划板上开始两个刻度所用的时间和最后两刻度所用时间是否相等,若近似相等,对此油滴来说即为匀速,否则要重调直至匀速。然后练习观测油滴经过监示器中间四格的时间。

(3) 练习选择油滴　选择适当的油滴,也是做好本实验的重要环节。若选的油滴体积大,虽然比较明亮,但所带电荷比较多,下降速度也快,时间不易测准。反之,若选的油滴太小,则容易受热扰动等的影响,测量结果涨落很大,同样不易测准。通常应选择平衡电压 U_n 在200V以上,匀速下降时间20s左右的油滴较为适宜。

3. 测定油滴的电荷量 q 和电子的电荷值 e

由式(6-14)可知,实验中只需直接测量平衡电压 U_n 和油滴匀速下降距离 L 所用的时间 t 即可。具体测量方法如下:

(1) 在前述练习的基础上,跟踪一颗油滴,通过调节平衡电压,使油滴达到平衡而静止后,记下此时的平衡电压 U_n 值。

(2) 保持平衡电压 U_n 不变,利用升降电压开关将油滴移至监示器标尺最高刻度线处,将开关拨到平衡位置,此时油滴仍保持静止。然后再去掉平衡电压($U_n=0$),油滴将徐徐下降,测出油滴经过监示器中间四格(即 $L=0.200\text{cm}$)的时间 t。

注意,测完 t 后,应立即加上平衡电压,以免油滴因继续下降而丢失。

(3) 本实验要求分别选择3 ~5颗油滴进行测量,对同一颗油滴至少测定6组 U_n 和 t 值。

(4) 数据处理及计算

1) 将每组测得的 U_n 和 t 值代入式(6-14)中,分别计算出油滴的电荷量 q。然后求出多个油滴所带电荷量的最大公约数，即电荷值 e。如果实验者操作技能不熟练，误差可能较大，欲求出各个 q 值的最大公约数一般较困难。因此，可采用“倒过来验证”的办法求电子电荷 e，即用公认的电子电荷值 $e = 1.602 \times 10^{-19}$C 去除实验测得的油滴电荷量 q，得一很接近整数的值，去其小数点部分取整，这个整数就是油滴所带的基本电荷数 n，再用这个 n 去除实验测得的 q 值，所得结果即为电子电荷 e 的实验值。

2）将计算所得的电子电荷值取平均值，并与公认值作比较，求出相对误差。

【注意事项】

1. 在检查仪器和调节过程中，必须将平衡电压开关和升降电压开关均置于“0”位，以防触电。

2. 关于喷雾器及喷雾方法在实验前由教师讲解，要正确操作。

3. 若在现场中油滴有大幅度的漂移甚至移出视场，应关掉电源，重新检查仪器，使电场力方向与重力方向平行。

【预习思考题】

1. 实验中应怎样判断油滴处于匀速状态？

2. 为什么说实验油滴过大或过小都会影响测量结果？在实际测量中实验油滴又应如何选择？

3. 为确保对同一油滴重复测量，防止油滴丢失，测量过程中应注意什么？

4. 实验过程中，如果油滴从视场中消失，应如何处理？

【思考题】

1. 选择油滴时，为什么平衡电压要控制在200V以上？油滴下降时间要控制在20s左右？

2. 观察油滴下降的距离 L，为什么必须选在显微镜视场的分划板中央？

3. 如果你在跟踪某一油滴时，原来清晰的像突然变模糊了，试分析是什么原因引起的？

实验31　光谱的拍摄及谱线波长的确定

摄谱仪是光谱分析及科学研究的重要仪器，它能将混合光按不同波长分解成光谱，并将此光谱拍摄下来。由于任何物质的原子和分子都能辐射和吸收自己的特征光谱，因此，测定物质的辐射或吸收光谱的波长、强度等，就可以对各种物质中所含元素进行定性及定量分析。用摄谱仪做光谱分析具有较高的灵敏度，特别是对低含量元素分析准确度高，分析速度快，因此它在研究原子、分子、固体的结构和它内部的运动状况、极高温度的测量及有机、无机物质的定性、定量分析等科学和生产技术领域被广泛地应用。

【实验目的】

1. 了解棱镜摄谱仪的基本结构和原理。

2. 学习棱镜摄谱仪的调节方法和摄谱技术。

3. 测定未知谱线的波长。

【仪器用具】

小型棱镜摄谱仪、读数显微镜、钠灯、水银灯、照相底板、白炽灯、暗室灯、显影、定影液等。

【实验原理】

1. 光谱仪的色散原理

色散是光谱仪的一个重要特性,它标志着具有不同波长的光束被分开的能力(图6-11)。

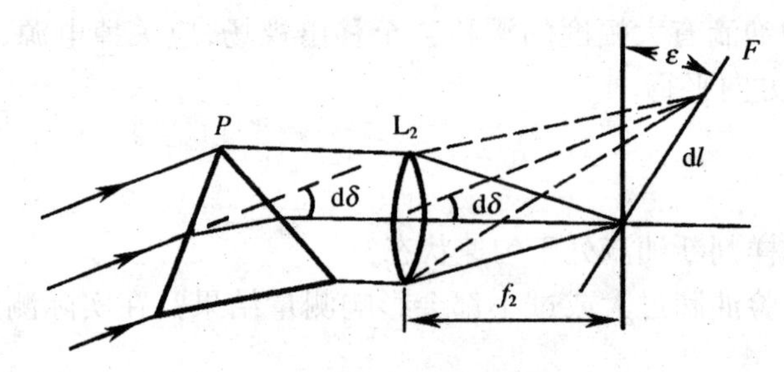

图6-11 光谱仪的色散

P—色散棱镜;L_2—出射物镜;F—光谱底板;ε—光谱底板与出射物镜平面间夹角。

光谱仪的色散能力由线色散率$\frac{dl}{d\lambda}$表示,它等于波长差为一个单位的两谱线间的距离,线色散取决于棱镜的角色散及其他因素。波长为λ的单色光,经过三棱镜折射后具有最小偏向角δ_{min}时,棱镜介质对此光的折射率n与棱镜的折射角A和最小偏向角δ_{min}之间的关系为

$$n=\frac{\sin\frac{A+\delta_{min}}{2}}{\sin\frac{A}{2}} \tag{6-15}$$

将式(6-15)微分并除以$d\lambda$,可得光谱仪在波长为λ处的角色散率的数值为

$$\frac{d\delta}{d\lambda}=\frac{2\sin\frac{A}{2}}{\cos\frac{A+\delta}{2}}\cdot\frac{dn}{d\lambda}=\frac{2\sin\frac{A}{2}}{\sqrt{1-n^2\sin^2\frac{A}{2}}}\cdot\frac{dn}{d\lambda} \tag{6-16}$$

若测得钠光通过棱镜的最小偏向角δ_{min},由式(6-15)就可算出棱镜介质对钠光的折射率n,$\frac{dn}{d\lambda}$为棱镜介质(在波长λ附近)的色散率。

对摄谱仪来说,摄谱以后实际测量的是不同谱线在底板上分开的距离Δl,而不是$\Delta\delta$,因而引入“线色散率”这一物理量比较方便。线色散率定义为,波长相差为一个单位的两光谱线在底片上的距离,即

$$\frac{dl}{d\lambda}$$

如果已知某光谱仪的角色散率$\frac{d\delta}{d\lambda}$，摄谱物镜 L_2 的焦距f_2，谱面（即底片）与垂直于光轴的平面之间的夹角 ε，由图 6－11 应有 $\cos\varepsilon \cdot dl = f_2 \cdot d\delta$，则线色散率可表示为

$$\frac{dl}{d\lambda} = \frac{f_2}{\cos\varepsilon} \cdot \frac{d\delta}{d\lambda} = \frac{f_2}{\cos\varepsilon} \cdot \frac{2\sin\frac{A}{2}}{\sqrt{1 - n^2\sin^2\frac{A}{2}}} \cdot \frac{dn}{d\lambda} \tag{6-17}$$

习惯上，一般都定义$\frac{d\lambda}{dl}$为倒易线色散（即上式的倒数），这样定义时，倒易线色散的值愈小，不同波长的谱线分开得愈远，仪器性能愈好。

典型的小型棱镜摄谱仪在不同波长处的倒易线色散如下：

波长 λ/nm	365.0	404.7	546.1	577.0
倒易线色散$\frac{d\lambda}{dl}$	14	23	67	70

2. 谱线波长的测量和计算方法

如果要测定某物质的某谱线之波长，仅拍摄该物质的光谱图是不够的，必须在待测波长的光谱旁边，具有在相同情况下并排地拍摄下已知的光谱作为比较光谱。其测量方法有直线内插法和哈脱曼公式法。

（1）直线内插法　即比例法（图 6－12），设在待测谱线 λ_x 两侧（或一侧）有两条比较光谱（谱线的波长 λ_1 与 λ_2 为已知），如果这三条谱线相距很近，则用内插法可计算 λ_x

$$\lambda_x = \lambda_1 + \frac{\lambda_2 - \lambda_1}{d} \cdot x \tag{6-18}$$

式中，d 为 λ_1 和 λ_x 谱线之间的距离；x 为 λ_2 与 λ_1 两谱线之间的距离。d 与 x 均可用读数显微镜（或比长仪）测出，此法对光栅摄谱仪所摄谱线是合适的。对棱镜摄谱线，当波长间隔较小时（例如 10×10^{-10}m 以内），也可使用此内插法；当波长间隔较大时（例如大于 10×10^{-10}m），会引起较大的误差。这是因为棱镜的色散率与波长有关，这时可改用下述哈脱曼公式法。

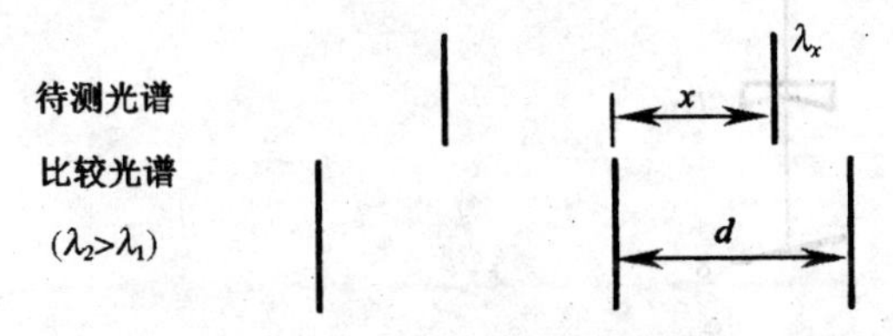

图 6－12　直线内插法测量波长

（2）哈脱曼公式法　哈脱曼考虑了棱镜介质折射率与波长的关系，给出了一个较好的计算公式，称为哈脱曼公式，这公式仍比较复杂，当波长间隔不太大时，简化后可表述如下：

$$\lambda_i = \lambda_0 + \frac{c}{d_0 - d_i} \tag{6-19}$$

式中，λ_0 由棱镜材料特性决定，并具有波长量纲的常数；d_0 和 c 亦为常数；d_i 为干板上 λ_i 谱线到任一选定的某一谱线之间的距离(图 6 - 13)。

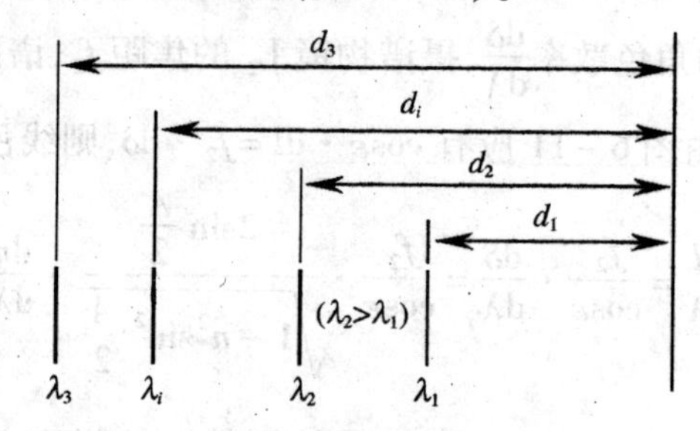

图 6 - 13 哈脱曼公式法测量波长

根据三条已知波长(λ_1、λ_2、λ_3)的谱线与任意选定的某一谱线之间的距离(d_1、d_2、d_3)，代入式(6 - 19)可得三个方程，可解得 λ_0、d_0、c 三个常数：

$$\lambda_0 = \frac{\lambda_1 d_1(\lambda_3 - \lambda_2) + \lambda_3\lambda_2(d_3 - d_2) - \lambda_1(\lambda_3 d_3 - \lambda_2 d_2)}{(d_3 - d_1)(\lambda_2 - \lambda_1) - (d_2 - d_1)(\lambda_3 - \lambda_1)} \qquad (6-20)$$

$$d_0 = \frac{\lambda_2 d_2 - \lambda_1 d_1 - \lambda_0(d_2 - d_1)}{\lambda_2 - \lambda_1} \qquad (6-21)$$

$$c = (\lambda_1 - \lambda_0)(d_0 - d_1) \qquad (6-22)$$

λ_0、d_0、c 值求得后，便可用式(6 - 19)计算在 λ_1 到 λ_3 范围附近的所有未知谱线的波长。

【仪器描述】

小型玻璃棱镜摄谱仪，可用来拍摄可见光区域的光谱，这种摄谱仪的结构与图 6 - 11 所示的原理基本相同，但由于采用恒偏向棱镜代替图 6 - 11 中的三棱镜，因此它的出射光(照相部分)与入射光(平行光管部分)总是相互垂直(图 6 - 14)。恒偏向棱镜因它有 90° 定偏向特性而得称，又称为阿贝棱镜。它经常使用在棱镜摄谱仪和单色仪上。

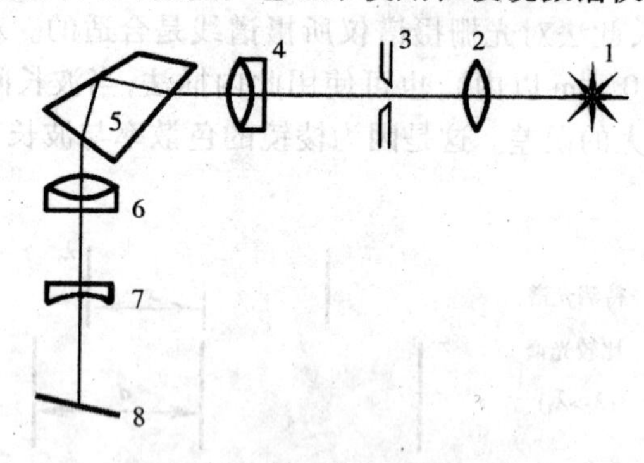

图 6 - 14 小型摄谱仪光路图

1—光源；2—聚光镜；3—入射狭缝；4—入射物镜；
5—恒偏向棱镜；6—出射物镜；7—照相物镜；8—光谱底板。

小型摄谱仪原理性光路的三个组成部分

(1) 入射光管部分　它包含准光物镜(入射物镜)4 和在它焦平面上的狭缝 3，准光物镜使通过狭缝的复色发散光变成平行光。在实际使用中，光源与狭缝间还放置一块聚光镜2,使光源1射出的光会聚在狭缝3上,以获得足够大的照度,保证谱线的成像质量。

(2) 色散部分　棱镜5由于其折射率有随光波波长而变的特性,能将沿同一方向投射到它的第一折射面的复色光分成沿不同方向传播的各组分光,并在棱镜内部反射后经另一折射面折射而出。

(3)摄谱部分　出射物镜6把各单色平行光聚焦于其焦平面上(即出射狭缝所在平面上,若调节出射狭缝,使只通过某一单色光,这便是简易单色仪)。这就是被分析物质的光谱像,用看谱目镜便可看到。摄谱时,取下看谱目镜筒(或称看谱管)换上摄影箱,摄影箱前端装有照相物镜7,后部为可装底片8的暗箱,因有色散,照相物镜7将各色光线分别依次地会聚在倾斜的焦平面上,为了摄得清晰的谱线,光谱底片8必须调节在这个倾斜的焦平面上。

仪器的构成部分:机座、电极架、光源会聚透镜、狭缝(均能沿导轨移动)、入射光管、棱镜转台、出射光管、看谱管、摄影箱等。

电极架用来夹持试棒电极和调整其相对位置,使得到所要求的电弧等各种光源(使用电压较高时,要注意绝缘和人身安全)。

狭缝是光谱仪器中最精密最重要的机械部分,它用来限制入射光束,是构成光谱的实际光源,直接决定谱线的质量,它由两片对称分合的刀片刃口组成,转动其上部的刻度轮,可调节狭缝的宽度,转动刻度轮一个分度相当于改变缝宽0.005mm(狭缝宽度实验室已调节好了,实验时不必再调)。狭缝盖内装有可滑动的哈脱曼光阑板,光栏板上有三个椭圆孔(图6-15),它用来改变谱线的高度或进行几种谱线的比较试验。光栏板上有三条标记线,分别露出时表示对应的椭圆孔处在狭缝正前方。在拍摄已知波长的谱线组和未知波长谱线组时,光缝与照像暗盒皆不能移动,只移动光栏板,这样,在同一张底片上可得到上下衔接的三排谱线。

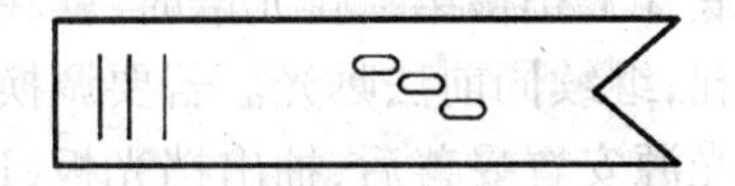

图6-15　哈脱曼光阑

入射光管和出射光管内的物镜均已调整好,固定在管内,实验时不必再调。

棱镜转台用于放置色散棱镜,均装在机罩内,棱镜的转动是通过转动机罩旁边的鼓轮以带动棱镜台转动来实现的,鼓轮上刻有刻度线,鼓轮刻度值与所摄光谱的中心波长值相对应,仪器说明书中备有这个对照曲线图(例如,欲拍摄中心波长为425.0nm的光谱时,从曲线查得对应的鼓轮刻度值为42),再配合暗盒的一定倾斜角度,才能摄出整个谱段(365.0nm~650.0nm)都清晰的谱线。

看谱管的一端是圆管,可套在出射光管上,另一端为看谱目镜,用它直接观察光谱。目镜前方装有一出射狭缝,可作对称分合以调节缝宽。

摄影箱用来拍摄谱片。前端为一圆管,要套入出射光管,圆管内装有照相物镜,后部可放置底板暗盒,暗盒的倾角可按需要调节。

【实验内容】

1. 观察钠光谱或铁光谱。
2. 拍摄水银光谱和钠光谱并冲洗光谱底片。
3. 根据实验室准备好的光谱底片,用哈脱曼方法测定一条钠光谱线的波长。

【实验步骤】

1. 摄谱

(1) 接通水银灯电源开关,水银灯开始点燃,数分钟后便正常发光。

(2) 沿导轨方向移动聚光镜 2(聚光镜中心应与入射光管、狭缝、光源同轴等高。实验室已调节好了),使光源像会聚在狭缝 3 上(注意,使光栏板上某一椭圆孔处在狭缝的正前方)。

(3) 狭缝宽度实验已事先调好,不要调节变动。

(4) 利用看谱管调节目镜,使能看清谱线,仔细移动聚光镜,使从目镜中观察到的谱线最亮。

(5) 松开看谱管的紧定螺旋,取下看谱管,套上摄影箱,放平,套进并锁紧。鼓轮刻度值取 42。

(6) 将装有磨砂玻璃片的暗盒套进摄影箱的暗盒槽内,观察光谱,检查暗盒的倾斜角度是否正确(数据由实验室给出)。无误后,轻轻推入狭缝前的挡光板,挡住入射光线,取下装有磨砂玻璃的暗盒,换上装有底片的暗盒,固定好后,抽出暗盒前盖板,准备曝光、摄谱。

(7) 轻轻抽出狭缝前的挡光板,开始曝光,计时 15min(对其他不同强度的光源,曝光时间不同),曝光完毕时,插入暗盒前盖板,取下暗盒,到暗室冲洗光谱底片(如果要在同一底片上拍摄第二排光谱时,就在第一排光谱曝光完毕后,轻轻推动光阑板选择第二个椭圆孔,继续同前法曝光。若要调换光源拍摄第二排谱线,则应用狭缝前的挡光板挡光,待新光源安置妥善后,抽出挡光板,选用另一光阑孔,按新光源的强度,取合适的曝光时间进行曝光)。

(8) 将拍摄好的底片在暗室中进行显影、定影和冲洗。

2. 测定钠光谱波长

(1) 应用实验室备好的光谱底片,使底片药膜向上,波长短的谱线(底片上有标记)在左边。可看到底片上有两排光谱,下面一排汞光谱(谱线波长为已知,作为比较光谱),上面一排是钠光谱(待测光谱),置于读数显微镜下。

(2) 调节读数显微镜光源和反光镜,照亮光谱底片,调焦,使视场中能看到清晰的谱线。

(3) 转动读数显微镜镜筒,使"+"字叉丝的横线与刻度尺平行(即沿左右方向),叉丝的纵向单线用于对准谱线读数。

(4) 反向摇转读数手轮,使镜筒左移至读数 1mm 左右,小心移动光谱底片,使两排光谱的交界与"+"字叉丝的横线重合,并使钠的待测谱线在视场中出现,然后用簧片固定光谱底片(由于视场与实物左右反向,上下颠倒,视场下面一排变为待测的钠光谱,上面一排变为汞光谱,且愈靠右端的谱线波长愈短)。

(5) 本实验用汞光谱可见光中较强的三条谱线作为已知波长,用哈脱曼公式计算一条靠近汞的黄$_1$、黄$_2$ 谱线的强钠光谱线的波长(图 6-16)。计算时可取汞的最右端的谱线位置作为各 d_i 的计算起点(即各谱线位置读数与其之差为相应的各 d_i 值)。

(6) 记录各谱线位置读数 D(见下表)。

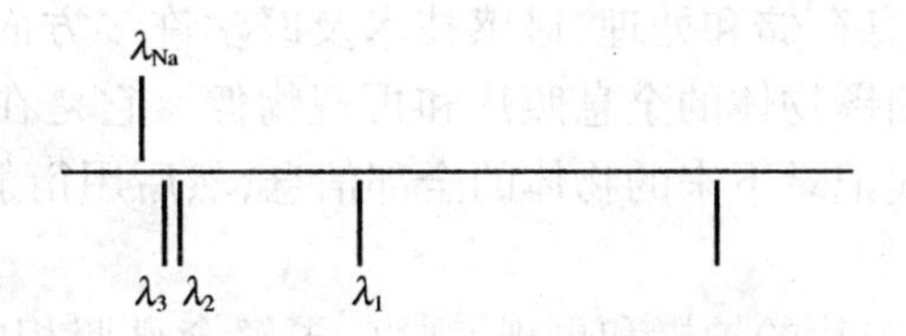

图6－16　钠光谱线的测量

各谱线位置读数实验数据记录表

测量序数	各谱线位置读数				
	汞				钠
	D_0	$D_{\lambda 1}$	$D_{\lambda 2}$	$D_{\lambda 3}$	$D_{\lambda 钠}$
1					
2					
3					
平均值					

(7) 按哈脱曼公式(6－19)，解得 λ_0、d_0 和 C 后，并用它计算钠谱线的波长(为简便，可按5位有效数字计算)。

(8) 上述计算可在课后进行，并作出实验报告。

【注意事项】

1. 各光源电极有较高电压，不能过于靠近或触摸。

2. 狭缝极精密、易损坏，其宽度已由实验室调好，不要再变动。

【预习思考题】

1. 摄谱仪光路由哪几部分组成？它所以能分光并进行摄谱是根据什么原理？

2. 哈脱曼光阑的作用是什么？

3. 为什么照像底片8必须放在一定的倾角位置上，才能使可见光区域所有的谱线同时清晰？

4. 拍摄光谱和测定钠光谱波长的要点有哪些？在摄谱和测量过程中应注意些什么？

【思考题】

1. 在本实验中，测定待测光谱波长为什么要采用哈脱曼公式法，而不采用直线内插法？如果用直线内插法对实验结果有何影响？

2. 拍摄比较光谱时，为什么一定要用哈脱曼光栏？如果采用移动装底片的暗箱，同样可以并列的拍摄出几排比较光谱，为什么不用这种方法？

实验32　全息照相

全息照相是20世纪60年代发展起来的一门立体摄影和波阵面再现的新技术，它在精密测量、无损检验、信息存储和处理、遥感技术及医学许多方面有着广泛的应用。全息照相包括两个过程,即拍摄物体的全息照片和再现物像。它是在光的干涉和衍射原理基础上,以干涉条纹的形式记录下来的物体的全部信息,然后用衍射的方法再现物体的逼真形象。

本实验将通过全息照片的拍摄和再现,观察、了解全息照相的基本原理、主要特点以及操作要领。

【实验目的】

1. 了解全息照相的基本原理。
2. 加深对全息照相的主要特点的理解。
3. 学习全息照相的实验技术。

【仪器用具】

全息实验台及附件、氦氖激光器、激光电源、光开关、定时曝光器、全息底片、被摄物体、洗相设备。

【实验原理】

人们所以能看到物体,是由于人眼睛接收了物体上各点发出(或反射)的光信号,这光信号是电磁波,由于人眼所接收这种光波的频率、振幅和位相不同,我们才可以辨认出物体的颜色、形状和远近来。然而,普通照相是应用几何光学原理,通过照相镜头把物体成像在照相底片上,使底片感光,经冲洗加工而得到照片,这种照片看上去是平面的,没有立体感,这是因为底片记录的只是物体上照度分布情况,即光信号的强度,而强度只与光波振幅的平方成正比。换句话说,照片只是记录了光波的振幅,而没有记录下反映远近的位相。因此,普通照片没有立体感,所以它不是全息的。所谓全息照相,就是既记录了光信号的振幅,又记录了光信号的位相,即记录了光信号的全部信息。再现时,物体形状、远近都能反映出来,这样,立体感就大大增加了,使我们能够看到物体的立体像。

1. 全息照相的记录原理

全息照相是利用光的干涉原理记录被摄物光波的全部信息的。由光干涉的理论分析可知,干涉图像中亮条纹和暗条纹之间亮暗程度的差异,主要取决于参予干涉的两束光波的强度,而干涉条纹的疏密程度则取决于这两束光位相的差别。因此,利用光的干涉进行全息记录,就要求光源必须满足相干条件。一般都使用相干性极好的激光作光源。图6-17是记录过程所用的实验原理光路图。

激光器射出的激光束通过分束镜被分成两束光。光束1经反射镜 M_1 反射,再由扩束镜 L_1 扩束后照射在被拍摄的物体上,经物体表面漫反射照在感光底片(全息干版H上);光束2经 M_2 反射再被 L_2 扩束后,直接投射到全息干版H上。光束1称为物光,光束2称为参考光。两束光到达全息干版上的每一点都有确定的位相关系。由于激光的高度相干性,两束光在全息干版上叠加,形成稳定的干涉图样被记录下来。

由原理光路图可见,到达全息干版上的参考光波的振幅和位相是由光路确定的,与被摄物体无关,而射到全息干版上的物光的振幅和位相却与物体表面各点的分布和漫反射

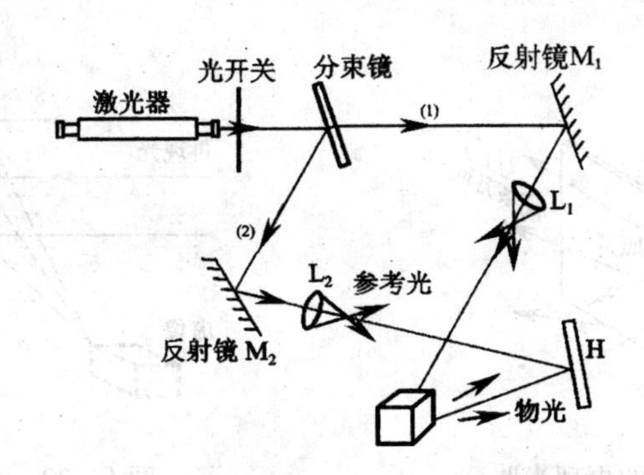

图6－17　拍摄全息照片的原理光路图

性质有关。如图6－18所示,同一物点发出的物光在全息干版不同区域与参考光的夹角不同,相应的干涉条纹的疏密和走向也不同。不同物点发出的物光在全息干版上同一区域aa'中的光强以及参考光的夹角也不同,因此,其干涉条纹的强度、疏密和走向也各不相同。总的复杂的物光波可以看成由无数物点发出的光的总和,全息干版上记录的干涉图像是由这些物点所发出的复杂物光和参考光相互干涉的结果。在全息干版上形成的是无数组强度、疏密、走向情况各不相同的干涉条纹的组合。

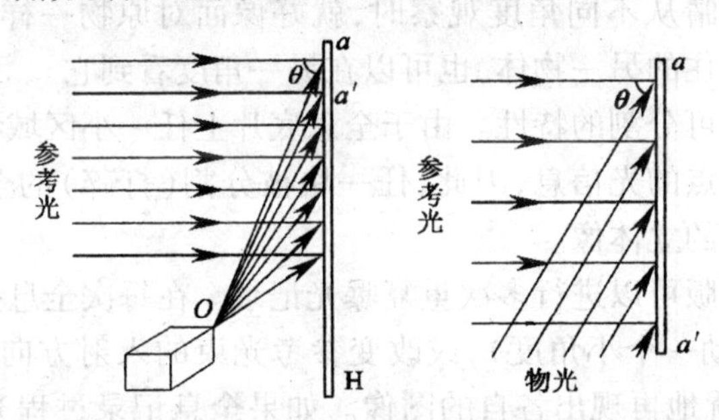

图6－18　全息记录原理

显然,这些干涉条纹的浓黑程度反映了物光波的振幅大小,而条纹的形状及疏密程度则反映了物光的位相。因此,全息干版上的条纹记录了物体上各处漫射光的振幅和位相,即记录了物体的全部信息。干版曝光以后,经过显影、停影、定影处理后,就得到了全息照片。

2. 全息照相的再现原理

全息照相是利用光的衍射方法再现物体的像。由于在全息干版上记录的不是被摄物体的直观形象,而是无数组复杂的干涉条纹的组合,并且其中每一组干涉条纹有如一组复杂的光栅。因此,在观察全息照相记录的物象时,必须采用一定的再现手段。再现观察时所用光路如图6－19所示,用一束被扩大了的激光(称为再现光束),从特定方向射向全息照片,对于再现光束来说,全息照片相当于一块透过率不均匀的障碍物,再现光经过它时就会发生衍射,如同经过一幅极为复杂的光栅衍射一样。以全息照片上某一小区域ab为例,一物点的物光与平行的参考光干涉的图像就可看成是一组光栅,为简便起见,把再现光看作是一束平行光,且垂直投射于全息照片上,再现光将发生衍射(图6－20),其+1级衍射是发散光的,在原物点处成一虚像。－1级衍射光是会聚光,会聚点在与原物点的对称位置上。

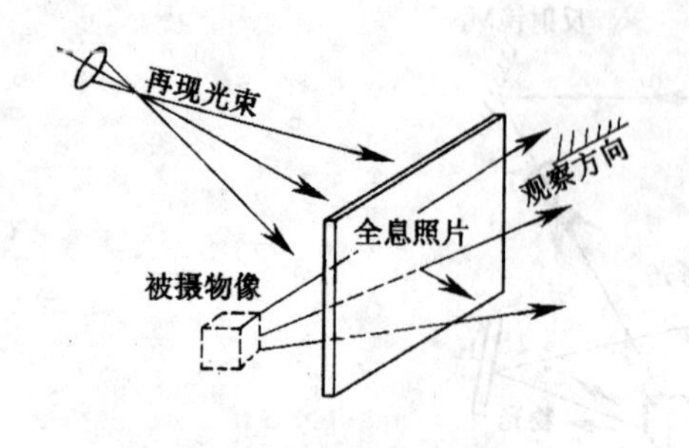

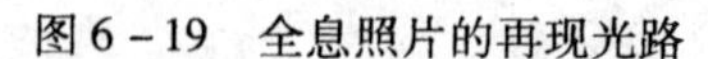
图 6-19　全息照片的再现光路

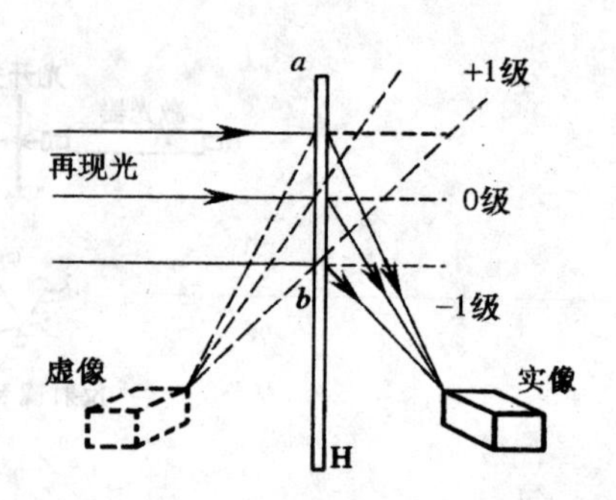

图 6-20　全息再现原理

全息图衍射实际上是一幅复杂而又极不规则的光栅的集合体产生的衍射图像，其中 +1 级衍射光成虚像，与原物完全对应，称为真像；-1 级衍射光成实像，称为赝像。如果迎着 +1 级衍射光去观察，在原先拍摄时放物体的位置上，就能看到与原物形象完全一样的立体像。

3. 全息照相的特点

（1）全息照片所再现出的被摄物体形象是完全逼真的三维立体形象，具有显著的视差特性。当人们移动眼睛从不同角度观察时，就好像面对原物一样，可看到它的不同侧面。在某个角度被物遮住的另一物体，也可以在另一角度看到它。

（2）全息照片具有可分割的特性。由于全息底片上任一小区域都以不同的物光倾角记录了来自整个物体各点的光信息，因此，任一块被分割（打碎）的全息照片的碎片仍能再出现完整的被摄物体的立体像。

（3）同一张全息干版可以进行多次重复曝光记录。在每次全息拍摄曝光后稍微改变全息干版的方位（如转动一个小角度），或改变参考光束的入射方向，就可在同一干版上重叠记录，并能互不干扰地再现出各自的图像。如果全息记录过程光路中各部件都严格保持不动，只使被摄物体在外力作用下发生微小的位移或形变，并在变形前后重复曝光，则再现时物体前、后两次记录的物光波将形成反映物体形态变化特征的干涉条纹，这就是全息干涉计量的基础。

（4）全息照片所再现出的被摄物像亮度可调。由于全息照片再现出的物光波是再现光束的一部分，因此再现光束越强，再现出的物像就越亮。

（5）全息照相的再现像可以放大或缩小。用不同波长的激光束照射全息照片，由于与拍摄时所用的激光的波长不同，再现像就会发生放大或缩小，若再现光的波长大于原参考光时，像被放大。反之，则缩小。

【实验条件】

为了实现物光波的全息记录，成功地拍摄一张精细条纹的全息照片，必须具备下列三个基础条件：

1. 相干性好的光源

He-Ne 激光器具有较好的相干性，因此，小型 He-Ne 激光器常用来拍摄静态全息照片，并可获得较好的全息图。此外，氩离子激光、红宝石激光等也常用作全息照相的光源。

有了相干性较好的光源，实验中还应注意以下两点：

（1）为了保证物光和参考光之间良好的相干性，应尽量减少物光和参考光的光程差。实验中要妥善安排光路，使它们的光程差控制在5cm之内。

（2）参考光和物光的光强一般选取在2∶1～6∶1之间。为此，实验中必须挑选分光比合适的分束镜。

2. 高分辨率的感光底片

全息感光底片记录的干涉条纹一般都是非常密集的，每毫米记录近千条条纹。而普通照相感光底片的分辨率，仅每毫米100条左右，因此全息照像必须采用特制的高分辨率的全息感光底片。实验室采用的是天津感光胶片厂生产的I型全息干版。其极限分辨率为3000条/mm。

3. 良好的减振装置

由于全息底片上所记录的是密集的干涉条纹，使得曝光记录时必须具有非常稳定的条件。轻微的振动或其他扰动，只要使光程差发生波长数量级的变化，就会引起干涉条纹的模糊不清，甚至使干涉条纹完全无法记录。因此，被摄物体、各光学元件和全息感光底片都用磁性材料或其他方法固定在一个特殊的全息防振工作台上。为了获得较好的防振效果，全息实验室一般都选在远离振源的地方。全息实验台的防振效果，可通过在台上布置迈克尔逊干涉仪光路来检查。若在所需曝光时间内干涉条纹稳定不动，则表明满足了要求。

【实验内容与步骤】

1. 拍摄漫反射全息照片

（1）检查全息实验台的稳定性。

按图6－21，在防震工作台上布置迈克尔逊干涉仪光路。调整光路中各元件，使白屏上出现干涉条纹，若持续观察3min～5min，条纹漂移不超过$\frac{1}{4}$条，则说明全息实验台是稳定的。

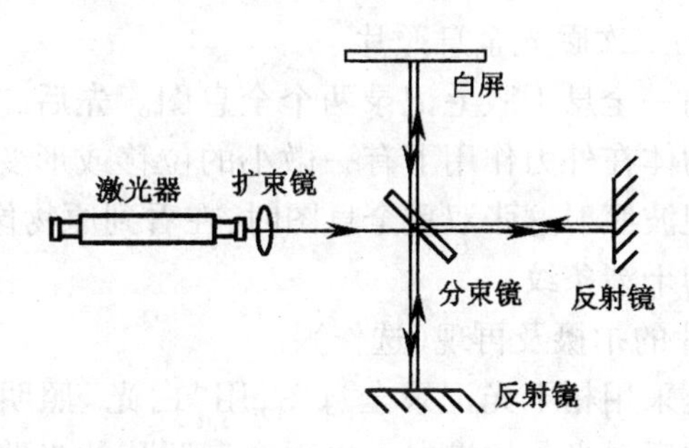

图6－21　迈克尔逊干涉仪光路

（2）调整照相光路。

1）按图6－17，布置光路（分束镜选用透过率90%的平晶）并打开光源。

2）调整各光学元件，使两束光基本相同，并使入射到白屏上的物光和参考光的夹角保持在20°～50°之间。

3）调整被摄物体和白屏的位置，使物光和参考光的光程基本相同，并使物光最大限度地均匀照明物体，参考光均匀照明白屏。

4）调整扩束镜的位置，使物光束和参考光束的光强比取在1∶2～1∶6之间，以使全息照片具有最大的衍射效率。

（3）调节曝光定时器。

1）把定时器的输出端接在光开关上（已接好）。

2）调节好定时器的时间旋钮，曝光时间由实验室给出，定时器的使用由教师讲解。

3）关闭光开关，装好全息干版。注意干版药膜面应向着激光束。

（4）曝光。

一切工作就绪后，静等3min～5min，待实验台稳定后，按下定时器上的“启动”按钮，对底片进行曝光。

注意，从装干版到曝光结束，在这段时间内，暗室禁止人员走动，更不要撞击全息实验台！否则，由于微小振动会使照相失败。

（5）冲洗干版。

显影：采用D—19显影液（配方见附注），在显影过程中，不断晃动干版，当在暗绿光下观看到干版呈暗灰色时，即可取出。

停影：把显影后的干版再放入停影液中，浸泡时间为0.5min。

定影：把干版依次再放入定影液中，定影时间5min～10min。

水漂：把干版放在自来水管下冲3min～5min，拿出晾干即成全息照片。

2. 观察全息照片的再现物像

把全息照片放回拍摄的位置上（底片药膜面仍应向着激光束），移去物光、透过底片朝原来放物的位置上看去，就会看到一个具有立体感的原物体的像。若嫌光太弱，则可移去分束镜，把原激光束当作参考光，将全息照片放到光束截面被放大的激光束中，转动全息照片，在某个角度上就可看到一个清晰的、具有立体感的物体像。

如果冲洗出来的全息照片看不到再现像，最大的可能是曝光过程中有振动或位移。假如再现像中能看到载物台，但看不到被摄物体的像，则表明被摄物体未能固定好。

3. 观察实验室准备的二次曝光全息照片

二次曝光法就是在同一全息干版上记录两个全息图。先后二次曝光时的唯一差别，就是在后一次曝光前使物体在外力作用下有一微小的位移或形变，而全息实验台上各元件严格保持不变。用重现波照射这张双重全息图时，在看到原物像的同时，还可看到由于物体的微小位移而产生的干涉条纹。

4. 白光再现全息照片的拍摄及再现（选作）

白光再现全息照相是采用相干光记录全息图，用“白光”照明观察再现像，再现时眼睛接收的是全息底片上的反射光。拍摄白光再现全息照片的光路如图6－22所示，物光和参考光束来自同一束光，透过干版的光波在物面上反射，并在药膜面内与参考光发生干涉条纹。为了使物光有足够的强度，被摄物体表面最好有金属光泽。另外，被摄物离底片不宜太远，以保证时间相干性。再现光源可采用阳光或线度较小的白炽光源。

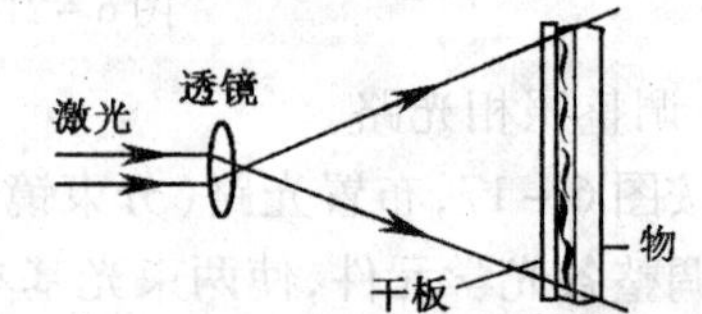

图6－22 拍摄白光再现全息照片的光路图

实验步骤略。

【预习思考题】

1. 拍摄一张优质的全息照片必须具备哪些实验条件？其关键是什么？
2. 全息照相和普通照相有何不同？全息照相的主要特点是什么？
3. 为什么要求照相光路中物光和参考光的光程尽量相等？
4. 为什么在曝光过程中有微小振动会使照相失败？
5. 拍摄全息照相对感光底片有何要求？

【思考题】

1. 在制作全息照片时，He－Ne激光器能否不放在防震实验台上？为什么？
2. 通过本实验的观察，总结全息照相的特点，并设想可能应用在哪些方面。
3. 试设计一个能拍摄全息光栅的全息光路。

[附录]　显影液、停影液、定影液的配方(均由实验室配制)

1. D—19高反差强力显影液配方

蒸馏水(约50℃)	500mL
米吐尔	2g
无水亚硫酸钠	90g
对苯二酚	8g
无水碳酸钠	48g
溴化钾	5g
溶解后加蒸馏水至	1000mL

2. 停影液　冰醋酸13.5ml，加蒸馏水至1000mL。
3. F—5酸性坚膜定影液配方

蒸馏水(约50℃)	800mL
硼酸(晶)	7.5g
硫代硫酸钠	240g
无水亚硫酸钠	15g
冰醋酸	13.5mL
钾矾	15g

溶解后加蒸馏水至1000mL。

实验33　*RLC*串联电路暂态过程的研究

对于周期性的电信号可以用模拟示波器来进行观测，它能即时清晰地显示被测信号的波形，测量其幅值和周期也很方便，应用范围很广泛。但在生产和科研工作中经常需要仔细观测一些持续时间短暂的“瞬变信号”。对于这种信号，用普通模拟示波器很难观测，用长余辉模拟示波器有时也可以将它记录下来，但难以捕捉到完整的信号，且其波形在屏幕上保留的时间亦不太长，对信号进行数据处理也不方便。在此情况下，使用数字存储示波器就显得十分优越。

【实验目的】

1. 数字存储示波器的基本工作原理及使用方法。
2. 了解 RLC 串联电路的暂态特性。
3. 了解微机在物理实验中的一种应用模式。

【仪器设备】

数字存储示波器、微型计算机、标准电容、标准电感和电阻箱各一台。

【数字存储示波器简介】

数字存储示波器的基本部分与模拟示波器相比,增加了图 6-23 中虚线框包围的那部分。它将经过前置放大后的被测模拟信号,通过“模拟/数字转换器”(A/D)转换成数字信号存在存储器中。所谓数字信号是用一系列分立的数字表示的信号,显示时将信号从存储器中“读”出来,经过“数字/模拟转换器”(D/A)还原成模拟信号再经过驱动放大器送示波器显示。存在存储器中的信号,如果不被新的数字信号所更换,且不断电,则可一直保存。也可通过专配的数据传送接口输送给微机存储,该数据可长期保存,并可借助计算机进行数据处理,使用十分方便。

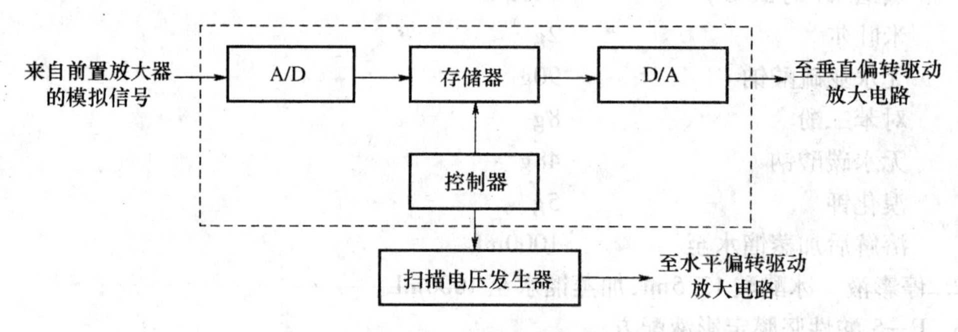

图 6-23 数字存储示波器数字部分的方框图

用示波器观测一次性瞬变信号常采用“触发扫描”方式。示波器从被触发这一时刻开始记录、显示被测信号,因此,一般情况下无法看到触发前已进入示波器的那部分被测信号,以致难以完整地记录被测信号。为了解决这一问题,多数数字存储示波器采用了“循环记录”方式。

设数字存储示波器的每个通道共有 N 个存储单元,习惯上按 $0\sim(N-1)$ 编号。当示波器处在“等待”工作状态时,无论被测信号是否来到,A/D 和存储器一直在工作着:A/D 转换器按给定的时间间隔周期性地对其输入端的电压进行采样,并转换成相应的数字依次逐个存入存储器的各个单元中,存完最后一个单元$(N-1)$号之后,再从(0)号开始,将新数据逐个顶替旧数据,如此周而复始不断循环更新。至某一时刻 t 示波器被触发,其控制器使一个专用计数器开始对数据更新进行计数,每更新一个单元的数据,该计数器便累加一,直至累计结果等于预置数 N_P,该计数器“通知”控制器,使 A/D 停止转换,数据更新工作结束。于是在存储器的 N_P 个单元中记录的是示波器在触发后接收的信号,其余$(N—N_P)$个单元中记录的是示波器在触发前接收的信号。适当选择采样周期和预置数,即能使之完整地记录被测的瞬变信号。

【RLC 串联电路的暂态特性】

如图6－24所示电路，当开关S接至位置1时，电路方程为

$$LC\frac{d^2u_C}{dt^2}+RC\frac{du_C}{dt}+u_C=E \tag{6-23}$$

式中，u_C 为电容器两端的电压，R 为回路的总电阻 $R=R_0+R_L+R_s$，其中 R_L 为电感线圈电阻，R_s 为电源内阻。若开关S接通前

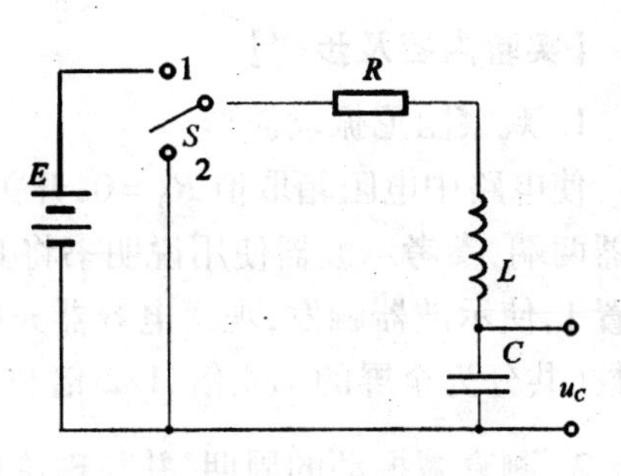

图6－24　RLC 串联电路

$$u_C=0$$

且

$$\frac{du_C}{dt}=0$$

方程的解视电路参数不同可分为以下三种情况：

1）若 $R^2<\frac{4L}{C}$，即在"欠阻尼"情况下，方程的解为

$$u_C=E-E\sqrt{\frac{4L}{4L-R^2C}}e^{-\frac{t}{\tau}}\cos(\omega t+\varphi) \tag{6-24}$$

式中，$\tau=\frac{2L}{R}$，$\omega=\frac{1}{\sqrt{LC}}\sqrt{\frac{4L-R^2C}{4L}}$

式(6－24)中的第二项表示一种衰减振动过程。

2）若 $R^2>\frac{4L}{C}$，即"过阻尼"情况下，有解为

$$u_C=E\left[1-\sqrt{\frac{4L}{R^2C-4L}}e^{-\alpha t}\mathrm{sh}(\beta t+\varphi)\right] \tag{6-25}$$

式中，$\alpha=\frac{R}{2L}$　　$\beta=\frac{1}{\sqrt{LC}}\sqrt{\frac{R^2C}{4L}-1}$

3）当 $R^2=\frac{4L}{C}$，即在"临界阻尼"情况下，有解为

$$u_C=E\left[1-\left(1+\frac{t}{\tau}\right)e^{-\frac{t}{\tau}}\right] \tag{6-26}$$

当上述过程达到稳定之后，再将开关迅速从位置1转换至位置2，电路方程为

$$LC\frac{d^2u_C}{dt^2}+RC\frac{du_C}{dt}+u_C=0 \tag{6-27}$$

初始条件为 $t=0$ 时，$u_C=E$，$\frac{du_C}{dt}=0$，方程的解也可分为三种情况：

1）若 $R^2<4L/C$，有解

$$u_C=E\sqrt{\frac{4L}{4L-R^2C}}e^{-\frac{t}{\tau}\cos(\omega t+\varphi)} \tag{6-28}$$

2）若 $R^2>4L/C$，有解

$$u_C = E\sqrt{\frac{4L}{R^2C-4L}}\mathrm{e}^{-\alpha t}\mathrm{sh}(\beta t+\varphi) \quad (6-29)$$

3）若 $R^2=4L/C$，有解

$$u_C = E\left(1+\frac{t}{\tau}\right)\mathrm{e}^{-\frac{t}{\tau}} \quad (6-30)$$

【实验内容及步骤】

1. 观察阻尼振动波形

使电路中电阻箱取值 $R_0=0$，开关 S 接在位置 2，将示波器 Y 输入探头(1∶1)接在电容器两端，参考示波器使用说明书将其调节在“内触发”及“等待状态”。然后将开关转至位置 1，使示波器触发，观察电容器充电时的电压波形。适当选择示波器的扫速和触发预置数(共分为全屏的 1/4 倍、1/2 倍和 3/4 倍等三挡)，使记录的波形完整且便于测量。

2. 测衰减振动的周期，并与理论值 $T'=\frac{2\pi}{\omega}$ 比较

3. 测衰减振动的时间常数 τ

第 n 个衰减振动的振幅用 u_{Cn} 表示，其近似等于该峰值电压与电路稳定时相应的电压之差的绝对值。从衰减振动的表达式可得

$$\frac{u_{Cn}}{u_{C1}} = \mathrm{e}^{-(n-1)\frac{T'}{\tau}} \quad (6-31)$$

式中，T' 和各个 u_{Cn} 值可根据衰减振动波形图测出，从而可以算出 τ 值。

应用最小二乘法计算 τ 的方法：

对上述等式两边取对数可得

$$\ln\frac{u_{Cn}}{u_{C1}} = -(n-1)\frac{T'}{\tau} \quad (6-32)$$

令 $\ln\frac{u_{Cn}}{u_{C1}}=y$，$n-1=x$，$-\frac{T'}{\tau}=b$，则有 $y=bx$，测出 T' 和各个 u_{Cn} 值，即可用最小二乘法处理求出 τ 值。

在示波器屏幕上通过数格数凭目测来测定幅值和周期，测量结果的误差较大。为了提高测量精度和便于数据处理，有些数字存储示波器备有微机接口，可以将采集到的波形数据输送给微机进行数据处理。本实验可在微机屏幕上利用游动光标分别测出 u_C-t 曲线上相邻两峰值的时间坐标，从而算出 T 值；测出各峰值的电压和稳定电压而算出各个衰减振动的幅值。具有测量的物理过程直观、测量精度高、操作方便的特点。

微机可将波形原始数据及处理结果存盘，以备长期保存。波形图可用打印机打印出来，以便进行对比或保存。

4. 观测 R_0 值的大小对振幅衰减快慢的影响

取不同的 R 值作实验，对比观察衰减振动的波形，加深对时间常数 $\tau=2L/R$ 物理意义的理解。

5. 测定临界电阻 R_c

逐渐增大 R_0 值，衰减振动依次减弱。当 R_0 增至某一值时，该波形刚不出现振动，此时电路处于临界阻尼状态，该回路中的总电阻即为临界电阻：

$$R_c = R_0 + R_L + R_s$$

式中，R_L 为电感线圈的电阻；R_s 为电源的内阻。

在示波器屏幕上凭目测判断临界状态出入较大，可采用下述方法来提高判断的可靠性。从 $T' = \frac{2\pi}{\omega}$ 可得

$$T' = 2\pi\sqrt{LC}\left(1 - \frac{R^2C}{4L}\right)^{-\frac{1}{2}}$$

实验中 L 为 0.01H，$R_L < 10\Omega$，$C = 1\mu F$，当 $R_0 = 0$ 时

$$\frac{R^2C}{4L} < 0.3\%$$

近似有

$$T' = 2\pi\sqrt{LC}$$

临界阻尼状态时 $R^2 = 4L/C$，因而 $\tau = 2L/R = \sqrt{LC}$。

所以近似有

$$T' = 2\pi\sqrt{LC} = 2\pi\tau$$

当 $t = 2\pi\tau T'$ 时，按式(6－26)有 $u_C = 0.986E$。上述结果说明，在临界阻尼状态下上升至 $0.986E$ 所需时间为该电路在当 $R_0 = 0$ 时的 T' 值，据此可帮助判定临界状态。

6. 观察过阻尼状态

继续增加 R_0 值，电路进入过阻尼状态，R_0 值越大，u_C 趋近稳定值的过程愈缓慢。

[附录]　用数字存储示波器记录单次瞬间信号的基本操作步骤

1. 选用通道1(即ch1)时用到的主要控制键及其位置(图6－25)

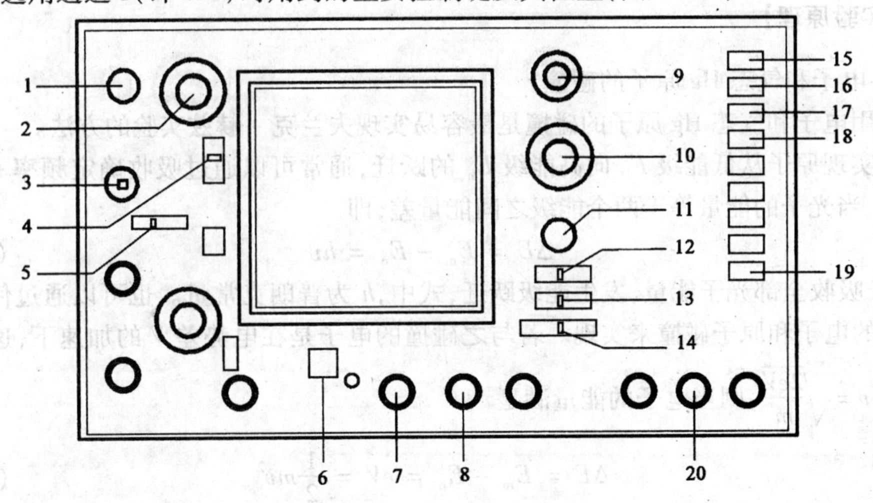

图6－25　数字存储示波器面板

1—ch1 位移；2—ch1 灵敏度(选在1V/格)；3—ch1 信号输入端；4—ch1 耦合方式(选在DC位置)；5—显示选择(置于ch1处)；6—电源开关；7—辉度(调在居中)；8—聚焦(调在居中)；9—水平位移；10—扫速(选在0.2ms/格)；11—触发电平；12—扫描方式(选在AUTO位置)；13—触发耦合方式(选AC)；14—触发源(选在ch1处)；15—模/数方式；16—实时/存储方式；17—预置1/2；18—预置1/4；19—重置；20—数字状态时ch1Y位移。

2. 调整示波器工作状态

(1) 模拟工作状态调节 15 号键在高位(指示灯灭),将 4 号键置于“接地”(中间位置),调节 1 号钮使水平扫线在显示屏的中间位置,并调好辉度和聚焦。

(2) 数字工作状态调节 按下 15 号键(指示灯亮),调节 20 号钮,使水平扫线仍在中间位置,然后将 4 号键置于“DC”位置,再依次按下 18、16 号键,待测信号来到并达到一定大小时,示波器触发并开始记录,然后显示被测波形。需重新记录时,只需按 19 号“RESET”(重置)键。

若信号不能触发示波器,适当调节 11 号钮;若波形大小不合适,则调节灵敏度;若上下位置不合适,则重调模拟的 Y 位置后再记录。

实验 34 夫兰克—赫兹实验

1914 年夫兰克(J. Franck)和赫兹(G. Hertz)用电子碰撞原子的方法,观察测量到了汞的激发电位和电离电位(即著名的 Franck-Hertz 实验)。从而证明了原子能级的存在,为早一年玻尔发表的原子结构理论的假说提供了有力的实验证据。为此他们分享了 1925 年的诺贝尔物理学奖金。他们的实验方法至今仍是探索原子结构的重要手段之一。

【实验目的】

1. 了解夫兰克—赫兹实验的原理和方法;
2. 测定 Hg 原子的第一激发电位,验证原子能级的存在。

【实验原理】

1. 电子和气态 Hg 原子的碰撞

利用电子和气态 Hg 原子的碰撞是最容易实现夫兰克 - 赫兹实验的方法。

为实现原子从低能级 E_0 向高能级 E_n 的跃迁,通常可以通过吸收确定频率 v 的光子来实现、当光子的能量等于两个能级之间能量差,即

$$\Delta E = E_m - E_n = hv \qquad (6-33)$$

时,原子吸收全部光子能量,发生能级跃迁,式中,h 为普朗克常量。也可以通过使具有一定能量的电子和原子碰撞来实现。若与之碰撞的电子是在电势差 V 的加速下,速度从零增加到 $v=\sqrt{\dfrac{2eV}{m}}$,则当电子的能量满足

$$\Delta E = E_m - E_n = eV = \frac{1}{2}mv^2 \qquad (6-34)$$

时,电子将全部能量交换给原子。由于 $E_m - E_n$ 具有确定的值,对应的 V 就应该有确定的大小。当原子吸收电子能量从基态跃迁到第一激发态时,相应的 V 称为原子的第一激发电位(或中肯电位)。因此,第一激发电位 V 所对应的就是第一激发态与基态的能量差,处于激发态的原子是不稳定的,它将以辐射光子的形式释放能量而自发跃迁到低能级,如果电子的能量达到原子电离的能量,会有电离发生,相应的 V 称为该原子的电离电位。

最容易用电子和原子碰撞的方法来观测能级跃迁的原子是 Hg 和 Ne、Ar 等一些惰性

气体。下面以 Hg 为例来进行讨论。

Hg 原子的基态是 6^1S_0。当能量等于 6^3P_0、6^3P_1 和 6^3P_2 与基态 $^3S_0$ 之间的能量差,即当能量为 4.7eV、4.9eV 和 5.47eV 的电子与 Hg 原子碰撞时,将有最大的激发概率实现能级间跃迁。由跃迁的选择定则,$^3P_0$ 和 $^3P_2$ 到 $^3S_0$ 的跃迁是禁戒跃迁,即激发到 $^3P_0$ 和 $^3P_1$ 的电子不会自发地以辐射出光子的形式跃迁到基态,从而有很长的寿命(达 10^{-3}s),6^3P_0 和 6^3P_2 被称为亚稳态。$^3P_1$ 态电子可在 10^{-8}s ~ 10^{-7}s 内自发地辐射出波长为265.58nm 的光子(处于紫外波段)迁跃到基态 $^3S_0$,且 6^3P_1 是能量最低的激发态,称为第一激发态。

2. 实验装置

夫兰克 - 赫兹实验装置的原理图如图 6 - 26 所示,实验中原子与电子碰撞是在夫兰克 - 赫兹管(F - H 管)内进行的。真空管内充以不同的元素就可以测出相应元素的第一激发电位。F - H 管是一个三极管或四极管。现以常见的充汞蒸气的四极 F - H 管为例,说明其工作原理。

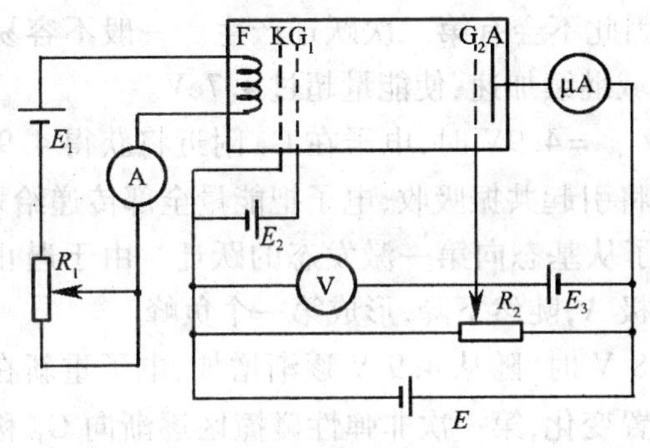

图 6 - 26　夫兰克 - 赫兹实验装置的原理图

四极 F - H 管包括同心筒状电极灯丝 F,氧化物阴极 K,两个栅极 G_1、G_2 和屏极 A。阴极 K 罩在灯丝 F 外,由灯丝 F 加热阴极 K,改变 F 的电压可以控制 K 发射电子的强度。靠近阴极 K 的是第一栅极 G_1,在 G_1 和 K 之间加有一个小正电压 V_{G1k},其作用一是控制管内电子流的大小,二是抵消阴极 K 附近电子云形成的负电位的影响。第二栅极 G_2 远离 G_1 而靠近屏极 A,G_2 和 A 之间加一小的扼止负电压 V_{G_2A},使得与原子发生了非弹性碰撞,损失了能量的那些电子不能到达屏极,G_1 和 G_2 之间距离较大,为电子与气体原子提供较大的碰撞空间,从而保证足够高的碰撞概率。

事实上,在 F - H 管内没有充 Hg 时,加速电压 V_{G_2K} 和屏流 I_p 的关系应满足

$$I_p = C\exp\left(\frac{3}{2}V_{G_2K}\right)$$

其中,C 是与 F - H 管参数有关的常数。

F - H 管充 Hg 并加热使 Hg 汽化后,$I_p - V_{G_2K}$ 曲线发生了显著变化。由 K 发射的电子经 G_2、K 间电压的加速而获得能量,它们在 G_2、K 空间与汞原子不断遭遇碰撞,把部分或全部能量交换给汞原子,并在 G_2、A 间经遏止电压作用下减速达到板极 A,检流计指示出屏极电流 I_p 的大小。$I_p - V_{G_2K}$ 的关系曲线也示于图 6 - 27。

实验表明,在 0 ~ 4.7V 区间内时,电子与汞原子的碰撞是弹性的。简单计算可知,在每次碰撞中,电子损失的能量约为其自身能量的 10^{-4} 倍,即电子几乎没有能量损失。当

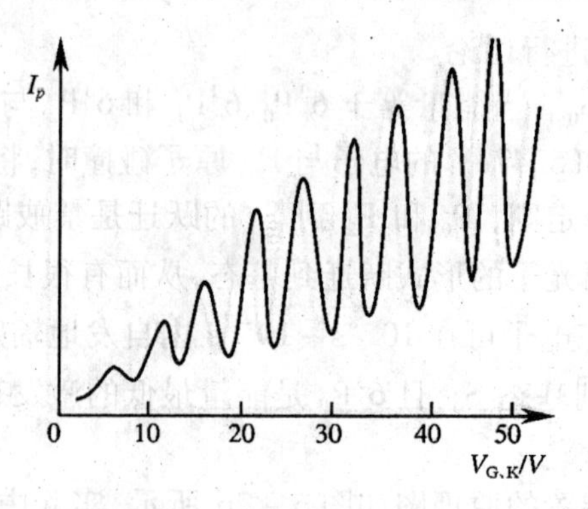

图6-27 F-H管 $I_p-V_{G_2K}$ 曲线

$V_{G_2K}=4.7$ V时，电子在 G_2、K空间获得的能量等于4.7eV，非弹性碰撞使Hg原子发生 $^3S_0\sim{}^3P_0$ 的跃迁。但 $^3P_0$ 是亚稳态，跃迁很快达到饱和并维持，维持时间远大于电子在F-H管内的渡越时间，因此不会有第二次跃迁产生。一般不容易观测到这个吸收，而电子完全可以越过这一区域继续加速，使能量超过4.7eV。

随着 V_{G_2K} 上升，当 $V_{G_2K}=4.9$V时，电子在 G_2 附近将获得4.9eV的能量，并与汞原子发生非弹性碰撞，因此，将引起共振吸收，电子把能量全部传递给汞原子，自身速度几乎降为零。而汞原子则实现了从基态向第一激发态的跃迁。由于遏止电压的作用，失去了能量的电子将不能到达板极A，陡然下降，形成第一个负峰。

当 $4.9\text{V}<V_{G_2K}<9.8$ V时，随从4.9 V逐渐增加，电子重新在电场中加速，不过由于F-H管内4.9V电位位置变化，第一次非弹性碰撞区逐渐向 G_1 移动。因为到达 G_2 时电子重新获得的能量小于4.9eV，故非弹性碰撞不会再发生，电子将保持其动能达到 G_2，从而能克服 V_{G_2K} 的阻力到达板极，表现为 I_p 的又一次上升。

当 $V_{G_2K}=9.8$V时，电子在 G_2、K间与汞原子进行两次非弹性碰撞而失去全部能量 I_p 再一次下降，曲线出现第二个负峰。

每当 $V_{G_2K}=4.9n$V$(n=1,2,\cdots)$时，都伴随着 I_p 的一次突变，出现一次峰值，峰间距为4.9V。连续改变 V_{G_2K}，测出 I_p 与 V_{G_2K} 的关系曲线，即可求出汞的第一激发电位。

不难预料，当管内汞原子密度较大时（如相应的汞气压为 4×10^3Pa），电子积蓄的能量每达到4.9eV，都将与汞原子发生一次非弹性碰撞而失去能量。在比4.9eV大几倍时，电子与汞原子实现非弹性碰撞就有几个相应的区域，在这几个区域中进行能量交换的概率最大。因此，被激发到第一激发态的汞原子跃迁回基态时，其辐射光将激发周围气体而形成一个个可见光环。对于那些能量大于4.9eV的激发态，由于电子在加速过程中积蓄的能量还未达到这些激发态的能量之前，已与汞原子进行了能量交换，实现了汞原子向第一激发态的跃迁，故向高激发态的跃迁的概率就很小了。

但是，当F-H管中汞原子密度较小，即温度较低时，或进一步为汞原子专门提供与电子碰撞空间（此空间内电场为0），比如将 G_1 和 G_2 短接，由于电子的平均自由程变大，电子有机会使积蓄的能量超过4.9eV，从而使向高激发态的激发概率迅速增加，因而对应于高激发态的电位 I_p 会有相应的峰，当电子能量大于10.4eV时，可以使汞原子电离，出现电离峰。

【实验内容】

1. 熟悉实验装置,掌握实验条件

本实验装置由 F－H 管、恒温加热电炉及 F－H 实验装置构成,一种实际的 F－H 装置结构如图 6－28 所示。F－H 管中有足够的液态汞,保证在使用温度范围内管内汞蒸气总处于饱和状态。

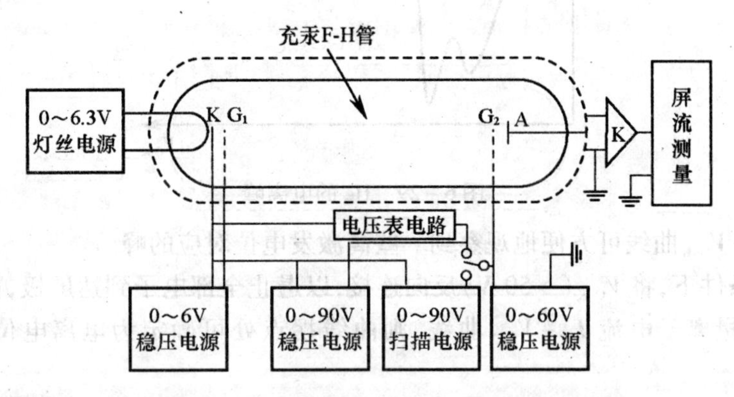

图 6－28 夫兰克－赫兹实际实验装置原理图

F－H 实验装置包括灯丝电源,G_1、K 间的空间电荷控制电源,G_2、K 间的直流电源和扫描电源,G_2、A 间的减速电源及对屏流 I_p(10^{-5}A ~ 10^{-8}A)进行放大的直流放大器和控制炉温的温控电路,屏流经放大后可由安培计读出,或用超低频示波器显示,用 X－Y 记录仪记录,详见仪器说明书。

除了 F－H 管本身的参数外,控制 F－H 管内汽化汞原子的密度,即控制管内汞气压是实验成败的关键。由于常温下汞的饱和气压很低,为得到合适的汞原子密度,要把管子放在恒温炉内加热,一般要求炉温可在 100℃ ~250℃范围内连续可调。由于汞蒸气压对温度非常敏感,所以控温灵敏度要求较高,一般要求在 ±1℃以内。为选择合适的炉温,在升温过程中,可以用示波器跟踪 $I_p - V_{G_2K}$ 的曲线波形。配合其他实验条件,使示波器上出现最佳的波形,待温度稳定 30min 后,测出曲线。温度较低时,曲线前部峰值高,易于观察,而测后部峰时容易出现电离。这是因为此时电子平均自由程较大,部分电子未经非弹性磁撞而能量积累超过 4.9eV 达到 10.4eV。温度较高时,情形正好相反。

灯丝电压控制着阴极 K 发射电子的密度和能量分布,其变化直接影响曲线的形状和每个峰的位置,因而是另一个关键的条件。

2. 测量 Hg 的第一激发电位

起动恒温控制器,加热 F－H 管,使炉温稳定在 160℃ ~180℃中某一温度。选择合适的灯丝电压、V_{G_1K}(约 1.5V) V_{G_2A}(约 1.5V)及放大倍数,测量曲线,并由曲线求汞的第一激发电位。

3. 测量 Hg 的电离电位和高激发电位

降低炉温至 90℃ ~120℃,重新选择 V_{G_1K}、V_{G_2A},谨慎地选择灯丝电压,使得在第二个第一激发电位峰出现后即出现电离峰。如图 6－29 所示,以电离曲线中的第一个峰(对应 4.9V)为定标标准,求出电离峰与第一峰距离即可知电离电位。

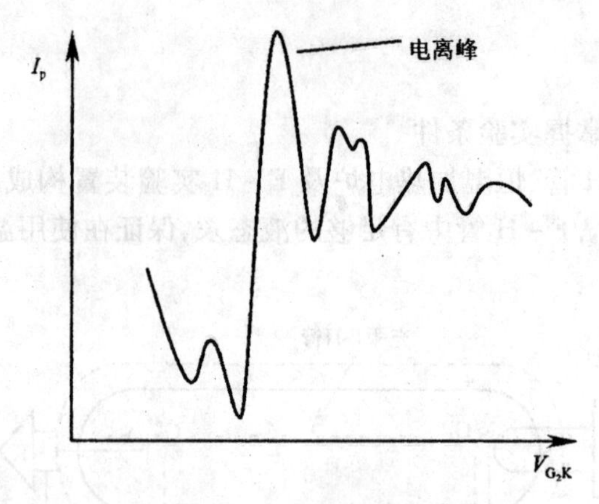

图 6-29 Hg 的电离峰

通过 $I_p - V_{G_2K}$ 曲线可方便地观察到一些高激发电位对应的峰。

在上述条件下，将 V_{G_2K}（>50 V）反向连接，以遏止全部电子到达屏极，而将全部离子拉向屏极，测量离子电流 $I_p - V_{G_2A}$ 曲线，则曲线拐点处可确定为电离电位，如图 6-30 所示。

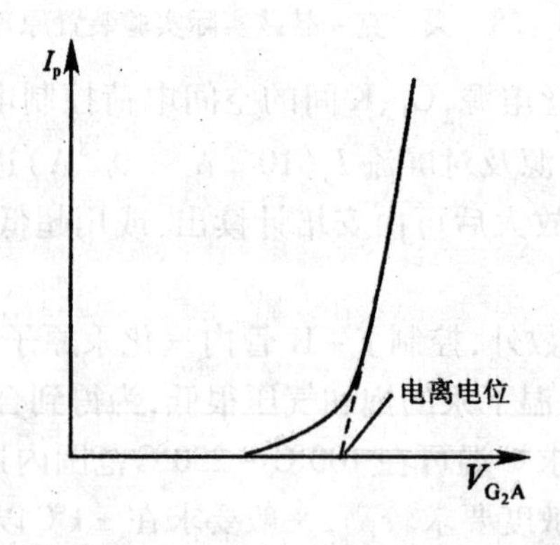

图 6-30 Hg 的电离电位

4. 选做内容

按照上述过程用充 Ar 管做夫兰克-赫兹实验。因为 Ar 在常温下是气态，故不需加热。

【数据处理】

实际上由于亚稳态的存在（相应的电位为 4.7V、5.47V 等），以及原子的顺次激发、光电效应、二次电子发射、第二类非弹性碰撞、光致激发和光致电离的存在，使过程变得很复杂，接触电势、弹性碰撞损失等对曲线的影响也是不可忽略的因素。由于阴极发射的电子能量有一个分布，使得在峰值附近曲线的变化缓慢，加之 I_p 与在没有 Hg 的情况下有 3/2 指数关系，从而将形成本底存在，这些都会影响对曲线峰位的判断。不过选择合适的工作条件及合理的数据处理方法，仍可得到满意的结果。

为消除上述因素的影响，正确求得被测汞原子的第一激发电位，必须对实验曲线进行适当的数据处理，现介绍几种处理方法：

1. 计算各峰间距的算术平均值

作为第一激发电位，由于空间电荷对加速电压的屏蔽作用和汞蒸气与热阴极金属氧化物之间有接触电势差存在，第一峰位不在4.9V，对常用的氧化钍钨阴极和镍屏极，接触电势差约为(4.6－3.4)V＝1.2V，即第一个峰位置一般出现在6V左右。若取第一个峰值为起始点（而不是从坐标原点为起始点），则可消除接触电势的影响。测量出各相邻峰间距，并以其算术平均值作为第一激发电位。

2. 消除本底电流的影响

激发电位曲线各极小点的值一般不为零，且随加速电压的增加而上升，这是由于未参与激发原子的电子、二次发射电子以及少数速度很大的电子使原子电离，形成本底电流的结果。由于这些电子的存在，在激发电位曲线上，屏流极小值出现在比真实激发电位稍低处，使激发电位曲线的吸收峰发生位移，消除本底电流的方法是作一条连接激发电位曲线各极小点的平滑曲线，求得二曲线的相差曲线，从相差曲线的峰间距或从相差曲线各峰半宽度中点的间距求第一激发电位，如图6－31所示。

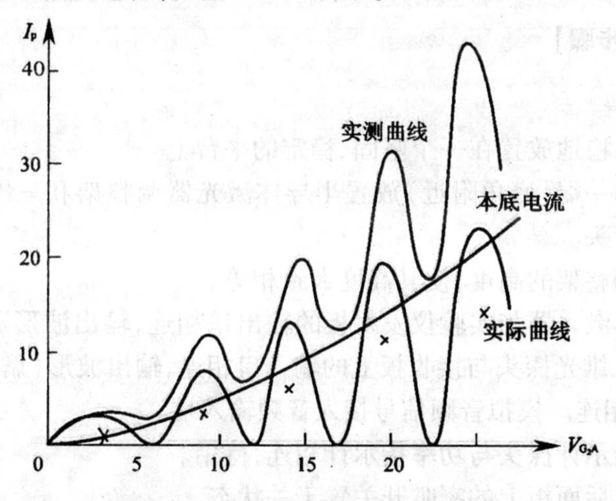

图6－31 本底电流对测量的影响

3. 由实验曲线的微分曲线求结果

由于从灯丝发出的热电子速度具有统计分布，使得实验曲线的峰有一定宽度的分布，它给峰位的确定造成误差，为消除这种影响，将实验曲线微分，由微分曲线各极小点间距确定激发电位（对应于原曲线各拐点）。

4. 由差曲线求结果

保持其他实验条件不变，做出 $V_{G_2A}=V_1$ 和 $V_{G_2A}=V_1+\Delta V$（例如，$\Delta V=0.1\text{V}\sim0.5\text{V}$）情况下的两条曲线，或者保持其他条件不变，做出 $V_{G_2A}=V_2$ 和 $V_{G_2A}=V_2+\Delta V$ 时的两条曲线，并从它们的差曲线求第一激发电位。在上述条件下，除了屏流的大小不同外，其他诸因素的影响相同，因而求差曲线后，抵消了这些因素的影响，提高了能量分辨率。

【思考题】

1. 灯丝电压的大小对 $I_p-V_{G_2K}$ 曲线有何影响？

2. 说明温度对充汞F－H管 $I_p-V_{G_2K}$ 曲线的影响。

3. 为什么温度低时充汞 F - H 管的 I_p 很大？

实验35 光纤光学与半导体激光器的电光特性

【实验目的】

1. 半导体激光器的电光特性与阈值电流。

2. 光纤光学。

【仪器设备】

GX1000 光纤实验仪；光学实验导轨；半导体激光器 + 二维调整架；三维光纤调整架 + 光纤夹；光纤(200m)；光纤座 + 磁吸；光探头 + 二维调整架；功率指示计；光纤刀；显示屏；一维位移架 + 挡光阑头；示波器；音频信号源

【实验内容及步骤】

1. 设备的安装

(1) 将导轨平稳地放置在一个坚固、稳定的平台上。

(2) 在导轨的一端(底角附近)放置半导体激光器调整架和三维光纤调整架置光纤座和二维可调光探头。

(3) 粗调各调整架的高度,使其高度大致相等。

(4) 将半导体激光器与实验仪发射板的输出口相连,输出波形通过信号线与示波器 CH1 通道相连。二维光探头与接收板上的输入口相连,输出波形(解调前)通过信号线与示波器 CH2 通道相连。模拟音频信号接入音频输入端。

(5) 将功率指示计探头与功率指示计相连,待用。

(6) 将实验仪后面板上的喇叭开关置于关状态。

2. 半导体激光器的电光特性

(1) 将实验仪功能挡置于“直流”挡。用功率指示计探头换下三维光纤调整架。

(2) 打开实验仪电源,将电流旋钮顺时针旋至最大。

(3) 调整激光器的激光指向,使激光进入功率指示计探头,使显示值达到最大。

(4) 逆时针旋转电流旋钮,逐步减小激光器的驱动电流,并记录下电流值和相应的光功率值。

(5) 绘出电流—功率曲线,即为半导体激光器的电光特性曲线。曲线斜率急剧变化处所对应的电流即为阈值电流。

注意：为防止半导体激光器因过载而损坏,实验仪中含有保护电路,当电流过大时,光功率会保持恒定,这是保护电路在起作用,而非半导体激光器的电光特性。

3. 光纤的端面处理和夹持

(1) 用光纤剥皮钳剥去光纤两端的涂覆层(如投有剥皮钳,可用刀片小心的刮去涂覆层),长度约 10mm。

(2) 在 5mm 处用光纤刀刻画一下。用力不要过大,以不使光纤断裂为限。

（3）在刻划处轻轻弯曲纤芯，使之断裂。处理过的光纤不应再被触摸，以免损坏和污染。

（4）将光纤的一端小心的放入光纤夹中，伸出长度约10mm，用簧片压住，放入三维光纤架中，用锁紧螺钉锁紧。

（5）将光纤的另一端放入光纤座上的刻槽中，伸出长度约10mm，用磁吸压住。

4．光纤的耦合与模式

（1）将实验仪功能挡置于直流挡。

（2）调整激光的工作电流，使激光不太明亮，用一张白纸在激光器前前后移动，确定激光焦点的位置（激光太强会使光点太亮，反而不宜观察）。

（3）通过移动三维光纤调整架和调整z轴旋钮，使光纤端面尽量逼近焦点。

（4）将激光器工作电流调至最大，通过仔细调整三维光纤调整架上的X轴、Y轴、Z轴旋钮和激光器调整架上的水平、垂直旋钮，使激光照亮光纤端面并耦合进光纤。用功率指示计监测输出光强的变化，反复调整各旋钮，直到光纤输出功率达到最大为止。

（5）记下最大功率值。此值与输入端激光功率之比即为耦合效率（不计吸收损耗）。

（6）取下功率指示计探头，换上显示屏，轻轻转动各耦合调整旋钮，观察光斑形状变化（模式变化）。

（7）轻轻触动或弯曲光纤，观察光斑形状变化（模式变化）。

5．传输时间的测量

（1）如2、3的（1）~（4）步所述，将激光耦合进光纤，并使输出达到最大。

（2）用二维可调光探头取代原来的功率指示计探头。

（3）用信号线将实验仪发射板中输出波形与双踪示波器的CH1通道相连。

（4）用信号线将实验仪接收板中输入波形（解调前）与示波器的CH2通道相连。

（5）示波器触发拨到CH1通道，显示键置于双踪同时显示（Dual）。

（6）将实验仪功能键置于“脉冲频率”挡，电流置于最大。

（7）打开示波器电源，CH1的电压旋钮置于“2V/Div”挡上，时间周期旋钮置于10μs/div，旋转“脉冲频率”旋钮，在示波器上应可看到一定频率的方波。

（8）调整实验仪上的“脉冲频率”旋钮，使脉冲频率约为50kHz。

（9）CH2的电压旋钮也置于“2V/div”挡上，观察CH2通道上的波形，并同时调整二维可调光探头的位置和光纤输出端面之间的距离，使CH2的波形尽量成为矩形波。

（10）将“扫描频率”置于1μs/div挡，仔细调整“脉冲”频率旋钮，使示波器CH1通道上只显示一个周期。

（11）再仔细调整二维可调光探头的前后位置，使CH2上升沿波形尽量前移（以波形幅度的90%处为准）并记录下此时的位置。

（12）取下三维光纤调整架，直接将二维可调光探头置于激光头前，使部分激光进入探头（注意：不要使探头饱和、波形严重失真）。

（13）观察示波器上CH2通道的波形，并同时调整二维可调光探头，使波形尽量与（11）步中的波形近似，且上升沿尽量靠前，记录下上升沿的位置（以波形幅度的90%处为准）。

（14）将（11）与（13）步骤中的上升沿位置相比较，其时间差即为光在光纤中的传输时间。

(15) 用光纤长度除以传输时间,即为光在光纤中的传输速度,并由此求出光纤芯的折射率。若已知光纤芯的折射率,也可用所测得的时间计算出光纤长度。

6. 模拟(音频)信号的调制、传输和解调还原

(1) 按实验2、3的(1)~(4)步耦合好光纤。

(2) 将实验仪的功能挡置于音频调制挡。

(3) 将示波器的CH1和CH2通道分别与"输出波形"和"输入波形"相连。

(4) 将示波器"扫描频率"置于10μs/Div挡,示波器显示应为近似的稳定矩形波。

(5) 从"音频输入"端加入音频模拟信号,这时可观察到示波器上的矩形波的前后沿闪动。

(6) 打开实验仪后面板上的"喇叭"开关,应可听到音频信号源中的声音信号。

(7) 可分别观察实验仪发射板"调制"前后的波形和接收板"解调"前后的波形。观察、了解音频模拟信号的调制、传输、解调过程和情况。

"喇叭"开关平时应处于"关"状态,以免产生不必要的噪声。

7. 光纤数值孔径的测量

光纤数值孔径的测量是一项极其烦琐、细致的工作,需要专用附件和操作者认真、耐心地耦合光纤,将输出光束的光强调整到近似的高斯分布(基模),并且稳定。

原理:根据光纤数值孔径NA的定义:

$$NA = n_0 \sin\alpha \tag{6-35}$$

其中α为光纤输出光发散角的一半,n_0在此为空气折射率。我们主要的实验工作就是求出α。而α的求出主要依赖于对光斑直径的测量。在此,推荐两种测量方法:

(1) 光斑扫描测量法:①如3,4的(1)~(4)步耦合光纤。②用显示屏观察输出光斑形状,并仔细调整各耦合旋钮,尽量使输出成为明亮、对称、稳定的高斯分布。③将数值孔径测量附件置于光纤输出端面前40mm~80mm处。④将探头光阑置于0.5mm或1mm挡。⑤仔细调整光纤与探头之间的位置。在光斑中心附近找到功率指示最大的点。⑥用一维位移架移动探头,使探头扫过整个光斑,记录下光强与位置的关系,绘出光强分布曲线,应为近似的高斯曲线。⑦以该曲线最高点的$1/e_2$处的尺寸作为光斑直径,再测量出光纤端面距测量面的距离,求出α。

(2) 功率法:①2,3的(1)~(4)步耦合光纤。②用显示屏观察输出光斑形状,并仔细调整各耦合旋钮,尽量使输出光斑具有明亮、对称、稳定的分布。③将数值孔径测量附件的探头光阑置于Φ6.0挡,并使之紧贴光纤输出端面,以保证输出光可全部进入探头。用功率指示计检测光纤输出功率,轻微调整耦合旋钮,尽量使功率达到最大。④记下此时功率指示值。⑤向后移动附件滑块。由于输出光的发散,随着探头向后移动,会有部分光漏出Φ6.0孔。⑥仔细调整光纤与探头之间的相对位置,使可探测到的功率为最大功率的90%,而有10%的光功率漏在Φ6.0孔外,此时的6mm孔径即为光斑直径。⑦测量出光纤端面到探头光阑间的距离H。⑧由6mm直径和H即可求出α。

实验36 电阻应变式传感器及其应用

在当今信息化时代,各种信息的感知、采集、转换、传输和处理的关键功能器件之

——传感器,已经成为各个应用领域,特别是自动检测、自动控制系统中不可缺少的重要技术工具。

传感器是信息采集系统的首要部件,是实现现代化测量和自动控制(包括遥感、遥测、遥控)的主要环节,是现代信息产业的源头,又是信息社会赖以存在和发展的物质与技术基础。现在,传感技术与信息技术、计算机技术并列成为支撑整个现代信息产业的三大支柱。传感器技术是信息时代的必然要求。因此,可以毫不夸张地说:没有传感器及其技术将没有现代科学技术的迅速发展。

传感器是指那些对被测对象的某一确定的信息具有感受(或响应)与检出功能,并使之按照一定规律转换成与之对应的有用输出信号的元器件或装置。当然这里的信息应包括电量或非电量。在不少场合,人们将传感器定义为敏感于待测非电量并可将它转换成与之对应的电信号的元件、器件或装置的总称。当然,将非电量转换为电信号并不是惟一的形式。例如。可将一种形式的非电量转换成另一种形式的非电量(如将力转换成位移等)。另外,从发展的眼光来看,能将非电量转换成光信号或许更为有利。

传感器一般是利用物理、化学和生物等学科的某些效应或机理按照一定的工艺和结构研制出来的。因此,传感器组成的细节有较大差异。但是,总的来说,传感器应由敏感元件、转换元件和其他辅助组件组成。例如,应变式压力传感器是由弹性膜片和电阻应变片组成的,其中弹性膜片就是敏感元件,它能将压力转换成弹性膜片的应变(形变),然后把该应变施加在电阻应变片上,从而将应变量转换成电阻的变化量,电阻应变片就是转换元件。中间转换环节设计的好坏及选用恰当与否关系极大。目前,对某些信息的获取主要靠它来完成。

实验36.1　单臂电桥性能实验

【实验目的】

1. 了解一种非电学量的电测方法。
2. 了解金属箔式应变片的应变效应。
3. 掌握单臂电桥的工作原理和性能。

【仪器用具】

CSY-2000D传感器实验台、应变式传感器实验模块、应变式传感器、砝码、数显表、±15V电源、±4V电源。

【实验原理】

很多力学量或器件的形变不易直接测量,但可将其转换为电学量即能较简便地测出。本实验即利用电阻应变片来测量器件形变所反映的受力状态变化。

1. 电阻应变效应

导体在外力作用下发生机械变形时,其电阻值发生变化,这就是电阻应变效应。描述电阻应变效应的关系式为

$$\Delta R/R = K\varepsilon \tag{6-36}$$

式中,$\Delta R/R$为电阻丝电阻的相对变化,K为应变灵敏系数,$\varepsilon = \Delta l/l$为电阻丝长度相对变

化,金属箔式应变片是通过光刻、腐蚀等工艺制成的应变敏感元件,利用它转换被测部位受力状态的变化。电桥的作用是完成电阻到电压的比例变化,电桥的输出电压反映了相应的受力状态。对单臂电桥,输出电压为

$$U_{o1} = EK\varepsilon/4 \tag{6-37}$$

2. 测量原理

利用电桥平衡原理,如图6-32所示,调节电路使其达到平衡,即电桥输出电压$U=0$。当其中某一个电阻阻值发生变化时,电桥平衡被破坏,此时,输出电压$U\neq0$,利用电压变化可反映电阻阻值的变化。现将其中一个或几个电阻换成应变片,并将其粘贴于待测器件上,如图6-33所示,先调节电桥平衡,再对器件施加压力使器件发生形变(应变片亦随之发生形变),此时应变片电阻发生变化,电桥输出电压也发生变化,输出电压的变化即可反映器件的受力情况。

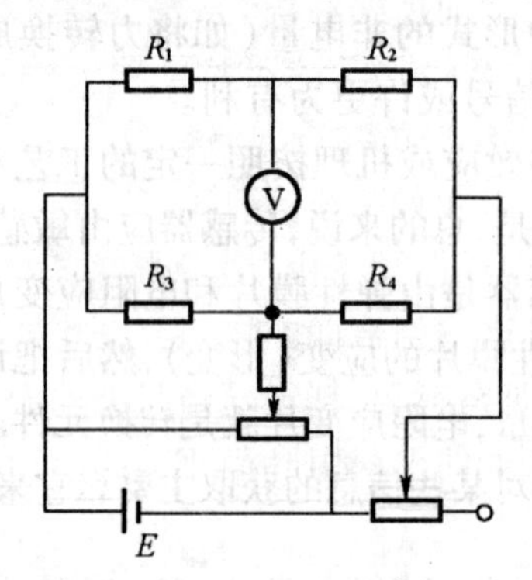

图6-32　电桥工作原理图

图6-33　应变片贴装示意

【实验步骤】

1. 如图6-34所示,应变式传感器已装于应变传感器模板上。传感器中各应变片已分别接人模板左上方的R_1、R_2、R_3、R_4处。加热丝也接于模板上,可用万用表进行测量判别,$R_1=R_2=R_3=R_4=350\Omega$,加热丝阻值为$50\Omega$左右。

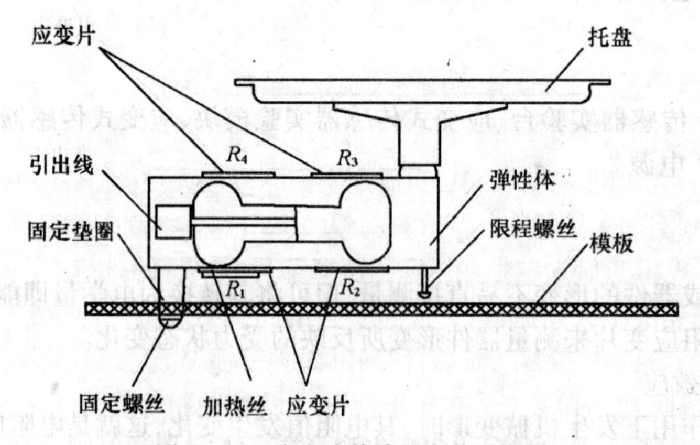

图6-34　应变式传感器安装示意图

2. 接入模板电源±15V(从主控台引入),检查无误后,合上主控箱电源开关,将实验模板调节增益电位器R_{w3}顺时针调节大致到中间位置,再进行差动放大器调零,方法为将

差放的正、负输入端与地短接，输出端与主控箱面板上数显表电压输入端 U_i 相连，调节实验模板上调零电位器 R_{w4}，使数显表显示为零（数显表的切换开关打到 2V 挡）。关闭主控箱电源。（注意：当 R_{w3}、R_{w4} 的位置一旦确定，就不能改变，一直到做完实验三为止）。

3. 将应变式传感器的一个应变片 R_1（即模板左上方的 R_1）接人电桥作为一个桥臂与 R_5、R_6、R_7 接成直流电桥（R_5、R_6、R_7 在模块内已连接好），接好电桥调零电位器 R_{w1}，接上桥路电源 ±4V，此时应将 ±4V 地与 ±15V 地短接（因为不共地），如图 6－35 所示。检查接线，无误后，合上主控箱电源开关。调节 R_{w1}，使数显表显示为零。

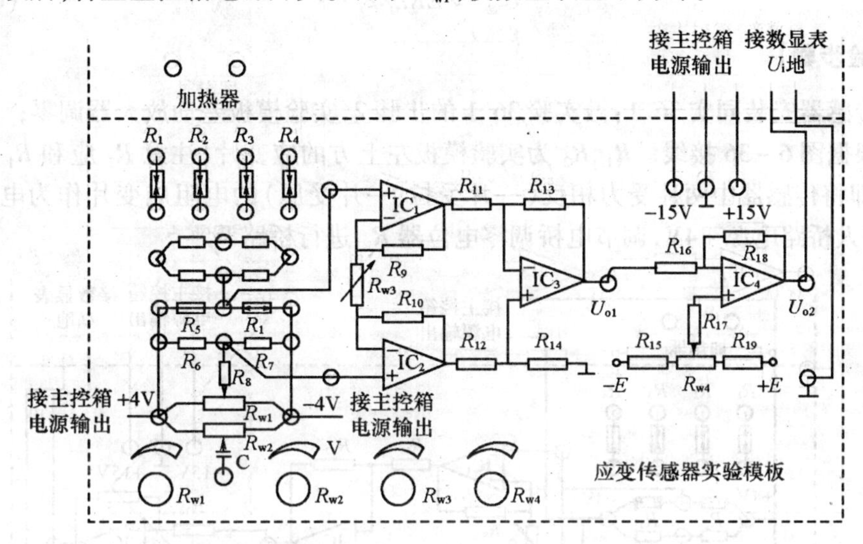

图 6－35　应变式传感器单臂电桥实验接线图

4. 在电子秤上放置一只砝码，读取数显表数值，依次增加砝码和读取相应的数显表值，直到 200g（或 500g）砝码加完。记下实验结果，填人表 6－1，关闭电源。

表 6－1　单臂电桥测量时输出电压与负载重量值

重量/g										
加重时电压/mV										
减重时电压/mV										

5. 根据表 36－1 计算系统灵敏度 $S=\Delta U/\Delta W$（ΔU 为输出电压变化量，ΔW 为重量变化量）和非线性误差：$\delta_{f1}=\Delta m/y_{FS}\times 100\%$，式中 Δm 为输出值（多次测量时为平均值）与拟合直线的最大偏差：y_{FS} 为满量程输出平均值，此处为 200g（或 500g）。

【思考题】

单臂电桥时，桥臂电阻应变片应选用：①正（受拉）应变片；②负（受压）应变片；③正负应变片都可以？

实验 36.2　半桥性能实验

【实验目的】

比较半桥与单臂电桥的不同性能，了解其特点。

【仪器用具】

同实验36.1。

【实验原理】

不同受力方向的两只应变片接人电桥作为邻边,电桥输出灵敏度提高,非线性得到改善。当应变片阻值和应变量相同时,其桥路输出电压

$$U_{o2} = EK\varepsilon/2 \tag{6-38}$$

【实验步骤】

1. 传感器安装同实36.1;做实验36.1的步骤2,实验模板差动放大器调零;

2. 根据图6-36接线。R_1、R_2为实验模板左上方的应变片,注意R_2应和R_1受力状态相反,即将传感器中两片受力相反(一片受拉、一片受压)的电阻应变片作为电桥的相邻边。接人桥路电源+4V,调节电桥调零电位器R_{w1}进行桥路调零。

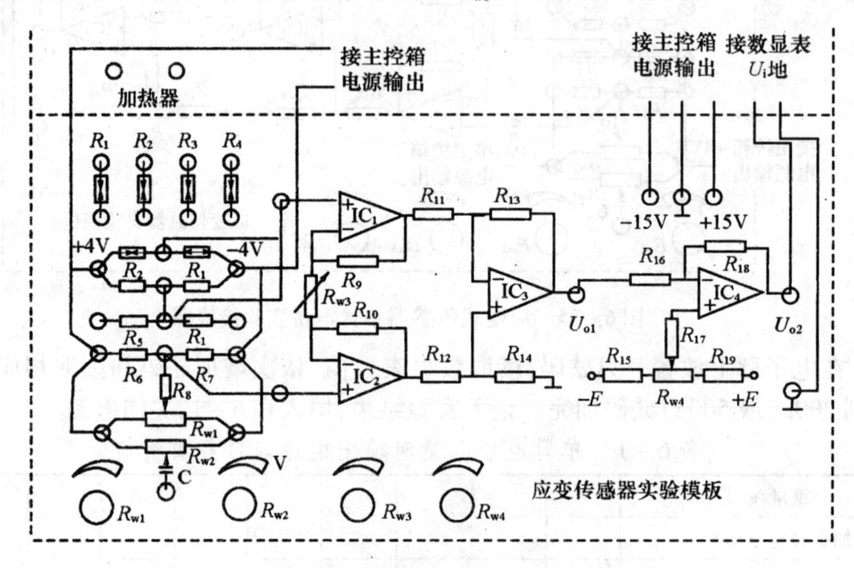

图6-36 应变式传感器双臂电桥实验接线图

3. 实验步骤3、4同实验36.1中的步骤4、5。

将实验数据记人表6-2,计算灵敏度$S=\Delta U/\Delta W$和非线性误差$\delta_{f1}=\Delta m/y_{FS}\times100\%$。

若实验时电压数值变化很小,说明R_2与R_1为相同受力状态应变片,应更换另一个应变片。

表6-2 半桥测量时,输出电压与加负载重量值

重量/g													
加重时电压/mV													
减重时电压/mV													

【思考题】

1. 半桥测量时两片不同受力状态的电阻应变片接入电桥时,应放在①时边;②邻边。

2. 桥路(差动电桥)测量时存在非线性误差,是因为①电桥测量原理上存在非线性;②应变片应变效应是非线性的;③周零值不是真正为零。

实验 36.3　全桥性能实验

【实验目的】

了解全桥测量电路的优点。

其余同实验 36.1。

【实验原理】

全桥测量电路中,将受力性质相同的两应变片接入电桥对边,将受力性质不同的接入邻边。当应变片初始阻值 $R_1=R_2=R_3=R_4$,其变化值 $\Delta R_1=\Delta R_2=\Delta R_3=\Delta R_4$ 时,其桥路输出电压 $U_{o3}=KE\varepsilon$,其输出灵敏度比半桥又提高了一倍,非线性误差和温度误差均得到改善。

【实验步骤】

1. 传感器安装同实验 36.1。

2. 根据图 6-37 接线,实验方法与实验 36.2 相同。将实验结果填入表 6-3,进行灵敏度和非线性误差计算。

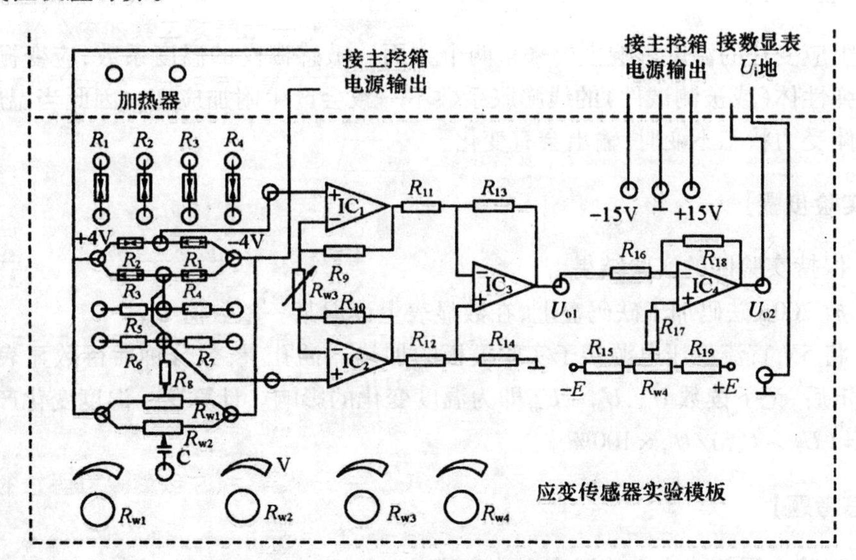

图 6-37　全桥性能实验接线图

表 6-3　全桥输出电压与加负载重量值

重量/g										
加重时电压/mV										
减重时电压/mV										

【思考题】

1. 全桥测量中,当两组对边(R_1、R_3 为对边)电阻值相同,即 $R_1 = R_3$,$R_2 = R_4$,而 $R_1 \neq R_2$ 时,是否可以组成全桥?

2. 金属箔式应变片单臂、半桥、全桥性能比较:

(1) 比较单臂、半桥、全桥输出时的灵敏度和非线性度,得出相应的结论。

(2) 实验步骤:根据实验 36.1、实验 36.2、实验 36.3 所得的单臂、半桥和全桥输出时的灵敏度和非线性度,从理论上进行分析比较,并阐述理由(注意:实验 36.1、实验 36.2、实验 36.3 中的放大器增益必须相同)。

实验 36.4 金属箔式应变片的温度影响实验

【实验目的】

了解温度对应变片测试系统的影响。

【仪器用具】

应变式传感器实验模板、数显表单元、直流源、加热器(已贴在应变片底部)。

【实验原理】

电阻应变片的温度影响主要来自两个方面。敏感栅丝的温度系数,应变栅的线膨胀系数与弹性体(或被测试件)的线膨胀系数不一致会产生附加应变。因此当温度变化时,在被测体受力状态不变时,输出会有变化。

【实验步骤】

1. 保持实验四的实验结果。

2. 放 200g 砝码加于砝码盘上,在数显表上读取某一整数值 U_{o1}。

3. 将 5V 直流稳压电源接于实验模板的加热器插孔上,数分钟后待数显表电压显示基本稳定后,记下读数 U_{ot},$U_{ot} - U_{o1}$ 即为温度变化的影响。计算这一温度变化产生的相对误差 $\delta = (U_{ot} - U_{o1})/U_{ot} \times 100\%$。

【思考题】

1. 消除金属箔式应变片温度影响有哪些方法?

2. 应变式传感器可否用于测量温度?

实验 36.5 直流全桥的应用——电子秤实验

【实验目的】

了解应变直流全桥的应用及电路的标定。

【基本原理】

电子秤实验原理为实验36.3全桥测量原理，对电路调节使电路输出的电压值为重量对应值，将电压量纲（V）改为重量量纲（g），即成为一台原始电子秤。

【仪器用具】

应变式传感器实验模板、应变式传感器、砝码。

【实验步骤】

1. 按实验36.1中的实验步骤2，将差动放大器调零，按图6－37全桥接线，合上主控台电源开关，调节电桥平衡电位器R_{w1}，使数显表显示0.00V。

2. 将10只砝码全部置于传感器的托盘上，调节电位器R_{w3}（增益即满量程调节）使数显表显示为0.200V（2V挡测量）或－0.200V。

3. 拿去托盘上的所有砝码，调节电位器R_{w4}（零位调节），使数显表显示为0.000V。

4. 重复步骤2、3的标定过程，一直到精确为止，把电压量纲（V）改为重量量纲（g），就可以称重，作为一台原始的电子秤。

5. 把砝码依次放在托盘上，填入表6－4。

表6－4　电子称实验数据记录表

重量/g										
加重时电压/V										
减重时电压/V										

6. 根据上表，计算误差与非线性误差。

实验37　差动变压器

实验37.1　差动变压器的性能实验

【实验目的】

了解差动变压器的工作原理和特性。

【仪器用具】

差动变压器实验模板、测微头、双线示波器、差动变压器、音频信号源（音频振荡器）、直流电源。

【实验原理】

差动变压器由一只初级线圈和二只次级线圈及一个铁心组成，根据内外层排列不同，有二段式和三段式，本实验采用三段式结构。当传感器随着被测物体移动时，由于初级线圈和次级线圈之间的互感发生变化促使次级线圈感应电动势产生变化，一只次级线圈感应电动势增加，另一只感应电动势则减少，将两只次级反向串接(同名端连接)，就引出差动输出。其输出电压反映出被测体的移动量。

【实验步骤】

1. 根据图6－38，将差动变压器装在差动变压器实验模板上。

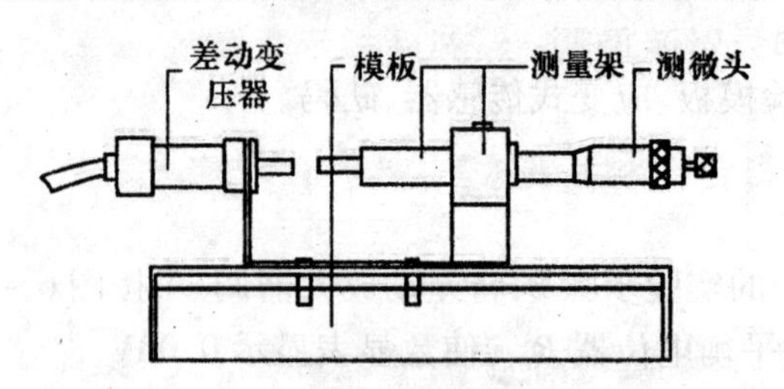

图6－38　差动变压器安装示意

2. 将传感器引线插头插入实验模板的插座中，在模块上按图6－39接线，音频振荡器信号必须从主控箱中的Lv端子输出，调节音频振荡器的频率，输出频率为4～5kHz(可用主控箱的频率表输入Fin来监测)。调节输出幅度为峰－峰值 $U_{p-p}=2V$(可用示波器监测：X轴为0.2ms/div，Y轴CH1为1V/div，CH2为20reV/div)。

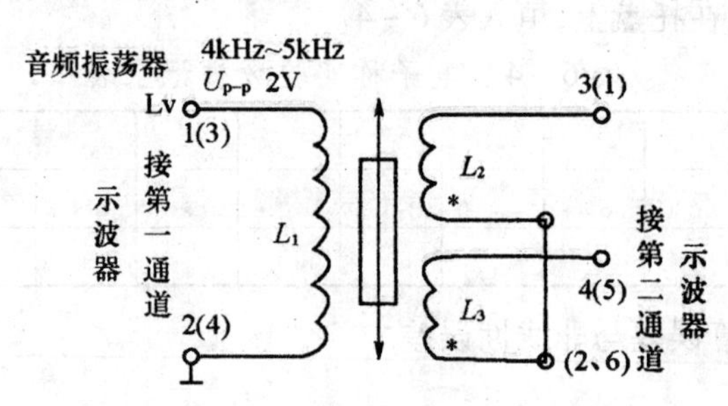

图6－39　双踪示波器与差动变压器连结示意图

3. 旋动测微头，使示波器第二通道显示的波形峰－峰值 U_{p-p} 为最小，这时可以左右位移，假设其中一个方向为正位移，另一个方向为负位移，从 U_{p-p} 最小开始旋动测微头，每隔0.2mm从示波器上读出输出电压 U_{p-p} 值，填人下表6－5，再从 U_{p-p} 最小处反向位移做实验，在实验过程中，注意左、右位移时，初、次级波形的相位关系。

表6－5　差动变压器电压峰峰值与位移

U_{p-p}/mV												
x/mm												

4. 实验过程中注意差动变压器输出的最小值即为差动变压器的零点残余电压大小，根据表6－5画出 $U_{p-p}-x$ 曲线，做出量程为±1mm、±3mm时的灵敏度利非线性误差。

【思考题】

1. 用差动变压器测量较高频率的振幅，例如1kHz的振动幅值，可以吗？差动变压器测量频率的上限受什么影响？

2. 试分析差动变压器与一般电源变压器的异同。

实验 37.2　激励频率对差动变压器特性的影响

【实验目的】

了解初级线圈激励频率对差动变压器输出性能的影响。

【仪器用具】

差动变压器实验模板、测微头、双线示波器、差动变压器、音频信号源(音频振荡器)、直流电源。

【实验原理】

差动变压器输出电压的有效值可以近似用关系式

$$U = \frac{\omega(M_1 - 1M_2)U_i}{\sqrt{R_p^2 + \omega^2 L_p^2}} \tag{6-39}$$

表示,其中 L_p、R_p 为初级线圈电感和损耗电阻,U_i、ω 为激励电压和频率,M_1、M_2 为初级与两次级间的互感,由关系式可以看出,当初级线圈激励频率太低时,若 $R_p^2 > \omega^2 L_p^2$,则输出电压 U_o 受频率变动影响较大,且灵敏度较低,只有当 $\omega^2 L_p^2 \geqslant R_p^2$ 时输出电压 U_o 与 ω 无关,当然 ω 过高会使线圈寄生电容增大,对性能稳定不利。

【实验步骤】

1. 差动变压器安装同实验 37.1。接线图同实验 37.1。

2. 选择音频信号输出频率为 1kHz,U_{p-p} = 2V。从 Lv 输出,(可用主控箱的数显表频率挡显示频率),移动铁心至中间位置即输出信号最小时的位置,调节 R_{w1}、R_{w2} 使输出变得更小。

3. 用示波器监视第二通道,旋动测微头,向左(或右)旋到离中心位置 2.50mm 处,有较大的输出。将测试结果记入表 6-6。

4. 分别改变激励频率从 1kHz ~ 9kHz,幅值不变,将测试结果记入表 6-6。

表 6-6　激励频率与输出电压的关系

f/kHz	1.00	2.00	3.00	4.00	5.00	6.00	7.00	8.00	9.00
U_{p-p}/mV									

5. 作出幅频特性曲线。

实验 37.3　差动变压器零点残余电压补偿实验

【实验目的】

了解差动变压器零点残余电压补偿方法。

【仪器用具】

音频振荡器、测微头、差动变压器、差动变压器实验模板、示波器。

【实验原理】

由于差动变压器两只次级线圈的等效参数不对称、初级线圈纵向排列的不均匀性、两次级的不均匀与不一致性和铁心 $B-H$ 特性的非线性等，所以在铁心处于差动线圈中间位置时其输出电压并不为零，此时称其为零点残余电压。

【实验步骤】

1. 按图 6-40 接线，音频信号源从 Lv 插口输出，实验模板 R_1、C_1、R_{w1}、R_{w2} 为电桥单元中调平衡网络。

2. 利用示波器调整音频振荡器输出为 2V(峰—峰值)。

3. 调整测微头，使差动放大器输出电压最小。

4. 依次调整 R_{w1}、R_{w2}，使输出电压降至最小。

5. 将第二通道的灵敏度提高，观察零点残余电压的波形，注意与激励电压相比较。

6. 从示波器上观察差动变压器的零点残余电压值(峰-峰值)(注：这时的零点残余电压是经放大后的零点残余电压，实际零点残余电压 $=U_{零点p-p}/K$，K 为放大倍数)。

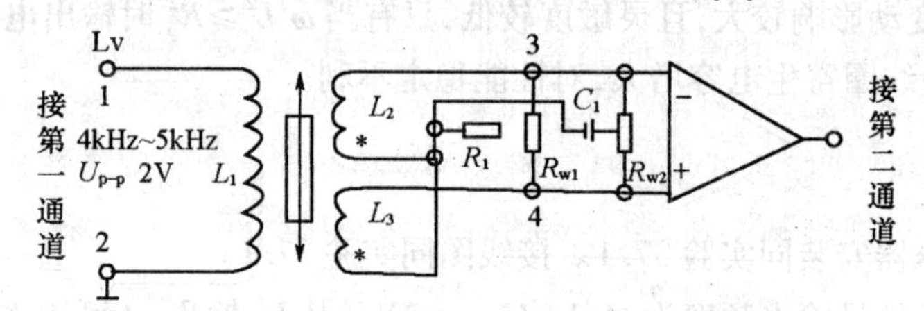

图 6-40 零点残余电压补偿电路一

【思考题】

1. 清分析经过补偿后的零点残余电压波形。

2. 本实验也可用图 6-41 所示线路，请分析原理。

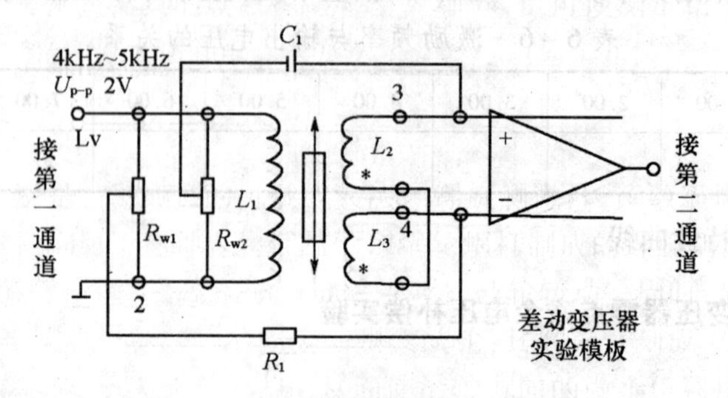

图 6-41 零点残余电压补偿电路二

实验37.4 差动变压器的应用——振动测量实验

【实验目的】

了解差动变压器测量振动的方法。

【仪器用具】

音频振荡器、差动放大器模板、移相器/相敏检波器/滤波器模板、测微头、数显单元、低频振荡器、振动源单元(台面上)、示波器、直流稳压电源。

【实验原理】

利用差动变压器测量动态参数与测位移量的原理相同。

【实验步骤】

1. 将差动变压器按图6-42安装在台面三源板的振动源单元上。

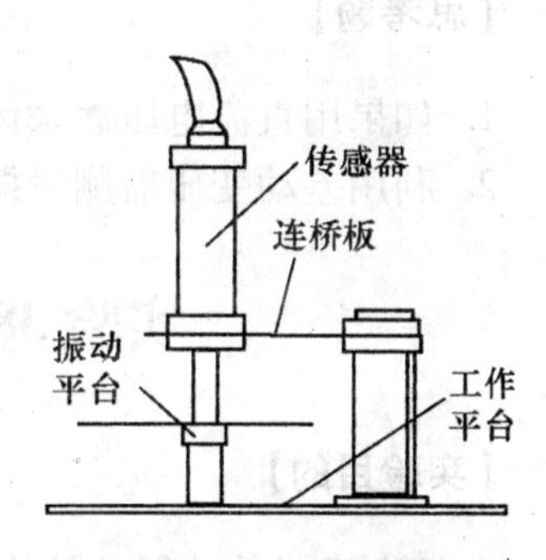

图6-42 差动变压器振动测量安装示意图

2. 按图6-43接线,并调整好有关部分,调整如下:

(1) 检查接线无误后,合上主控台电源开关,用示波器观察Lv峰-峰值,调整音频振荡器幅度旋钮使$U_{p-p}=2V$。

(2) 利用示波器观察相敏检波器输出,调整传感器连接支架高度,使示波器显示的波形幅值为最小。

(3) 仔细调节R_{w1}和R_{w2}使示波器(相敏检波器)显示的波形幅值更小,基本为零点。

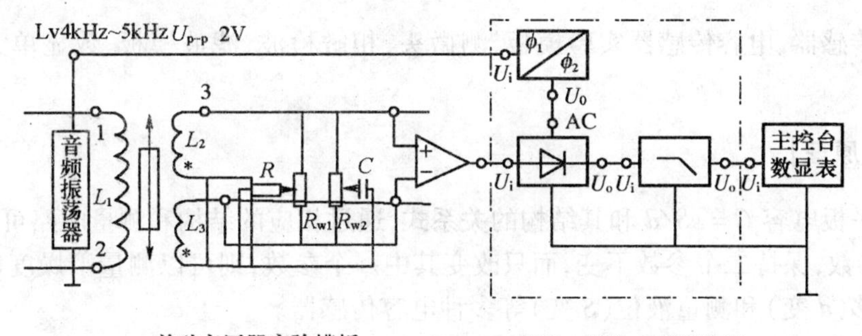

图6-43 差动变压器振动测量实验接线图

(4) 用手按住振动平台(让传感器产生一个大位移)仔细调节移相器和相敏检波器的旋钮,使示波器显示的波形为一个接近全波整流波形。

(5) 松手,整流波形消失变为一条接近零点线(否则再调节R_{w1}和R_{w2})。将低频振荡器输出接入振动源的低频输入端,调节低频振荡器幅度钮和频率旋钮,使振动平台振荡较为明显。用示波器观察放大器输出电压、相敏检波器的输出电压及低通滤波器的输出电压波形。

3. 保持低频振荡器的幅度不变,改变振荡频率(频率与输出电压 U_{p-p} 的监测方法与实验 36 – 2 相同),用示波器观察低通滤波器的输出,读出电压峰 – 峰值,记下实验数据,填入表 6 – 7。

表 6 – 7 差动变压器振动实验记录表

f/kHz										
U_{p-p}/mV										

4. 根据实验结果作出 $f - U_{p-p}$ 特性曲线,指出自振频率的大致值,并与用应变片测出的结果相比较。

5. 保持低频振荡器频率不变,改变振荡幅度,同样实验可得到振幅与电压峰 – 峰值 U_{p-p} 曲线(定性)。

注意事项:低频激振电压幅值不要过大,以免梁在自振频率附近振幅过大。

【思考题】

1. 如果用直流电压表来读数,需增加哪些测量单元?测量线路该如何?
2. 利用差动变压器测量振动,在应用上有些什么限制?

实验 38　电容式传感器的位移实验

【实验目的】

了解电容式传感器的结构及其特点。

【仪器用具】

电容传感器、电容传感器实验模板、测微头、相敏检波、滤波模板、数显单元、直流稳压源。

【实验原理】

利用平板电容 $C = \varepsilon S/d$ 和其结构的关系式,通过相应的结构和测量电路可以选择 ε、S、d 三个参数,保持二个参数不变,而只改变其中一个参数,则可以测量干燥度(ε 变),测量微小位移(d 变)和测量液位(S 变)等多种电容传感器。

【实验步骤】

1. 按图 6 – 44 安装示意图将电容传感器装于电容传感器实验模板上。
2. 将传感器引线插头插入电容传感器实验模板的插座中,并按图 6 – 45 接线。
3. 将电容传感器实验模板的输出端 U_{o1} 与数显表单元 U_i 相接(插入主控箱 U_i 孔),R_w 调节到中间位置。
4. 接入 ±15V 电源,旋动测微头推进电容传感器动极板位置,每间隔 0.2mm 记下位移 x 与输出电压值,填入表 6 – 8。

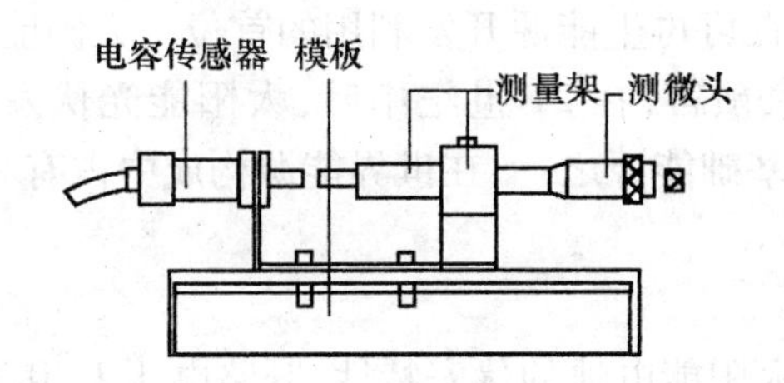

图6-44　电容传感器安装示意图

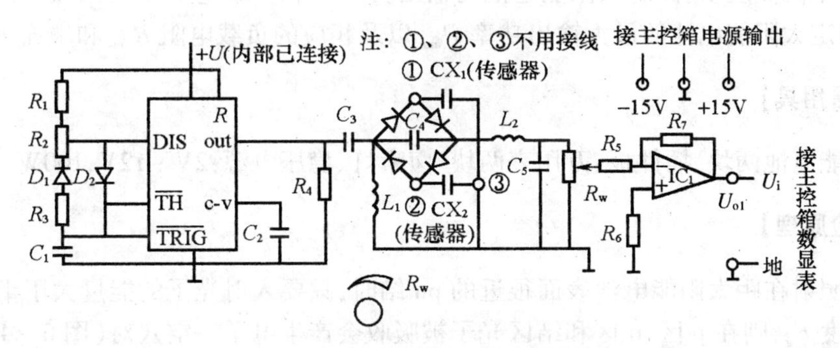

图6-45　电容传感器位移实验接线图

表6-8　电容传感器位移与输出电压值

x/mm										
U/mV										

5. 根据表6-8数据计算电容传感器的系统灵敏度 S 和非线性误差 δ_f。

【思考题】

试设计利用 ε 的变化测谷物湿度的传感器原理及结构？能否叙述一下在设计中应考虑哪些因素？

实验39　太阳能电池的特性测量

太阳电池，也称为光伏电池，是将太阳光辐射能直接转换为电能的器件。由这种器件封装成太阳电池组件，再按需要将一块以上的组件组合成一定功率的太阳电池方阵，经与储能装置、测量控制装置及直流—交流变换装置等相配套，即构成太阳电池发电系统，也称为光伏发电系统。它具有不消耗常规能源、寿命长、维护简单、使用方便、功率大小可任意组合、无噪声、无污染等优点。世界上第一块实用型半导体太阳电池是美国贝尔实验室于1954年研制的。经过人们40多年的努力，太阳电池的研究、开发与产业化已取得巨大进步。目前，太阳电池已成为空间卫星的基本电源和地面无电、少电地区及某些特殊领域（通信设备、气象台站、航标灯等）的重要电源。随着太阳电池制造成本的不断降低，太阳能光伏发电将逐步地部分替代常规发电。近年来，在美国和日本等发达国家，太阳能光伏发电已进入城市电网。从地球上化石燃料资源的渐趋耗竭和大量使用化石燃料必将使人类生态环境污染日趋严重的战略观点出发，世界各国特别是发达国家对于太阳能光伏发电技术十分重视，将其摆在可再生能源开发利用的首位。太阳能光伏发电有望成为21世纪的重要新能源。有专家预言，在21世纪中叶，太阳能光伏发电将占世界总发电量的15%～20%，成为人类的基础能源之一，在世界能源构成中占有一定地位。

【实验目的】

1. 测量不同照度下太阳能电池的伏安特性、开路电压 U_0 和短路电流 I_s。
2. 在不同照度下，测定太阳能电池的输出功率 P 和负载电阻 R 的函数关系。
3. 确定太阳能电池的最大输出功率 P_{max} 以及相应的负载电阻 R_{max} 和填充因数。

【仪器用具】

太阳能电池两块、插件板、万用表两块、卤素灯、稳压电源：2V～12V，100W。

【实验原理】

当光照射在距太阳能电池表面很近的pn结时，只要入射光子的能量大于半导体材料的禁带宽度 E_g，则在p区、n区和结区光子被吸收会产生电子—空穴对（图6-46）。那些在pn结附近n区中产生的少数载流子由于存在浓度梯度而要扩散。只要少数载流子离pn结的距离小于它的扩散长度，总有一定几率的载流子扩散到结界面处。在p区与n区交界面的两侧即结区，存在一空间电荷区，也称为耗尽区。在耗尽区中，正负电荷间形成一电场，电场方向由n区指向p区，这个电场称为内建电场。这些扩散到结界面处的少数载流子（空穴）在内电场的作用下被拉向p区。同样，在结附近p区中产生的少数载流子（电子）扩散到结界面处，也会被内建电场迅速拉向n区。结区内产生的电子—空穴对在内电场的作用下分别移向n区和p区。这导致在n区边界附近有光生电子积累，在p区边界附近有光生空穴积累。它们产生一个与pn结的内建电场方向相反的光生电场，在pn结上产生一个光生电动势，其方向由p区指向n区。这一现象称为光伏效应。

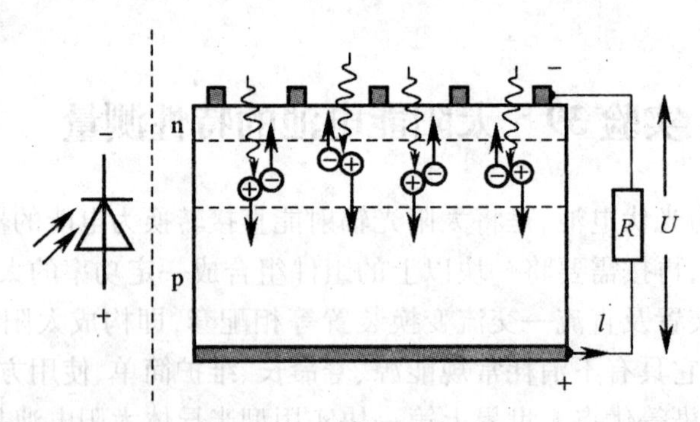

图6-46 太阳能电池的工作

太阳能电池的工作原理是基于光伏效应的。当光照射太阳电池时，将产生一个由n区到p区的光生电流 I_s。同时，由于pn结二极管的特性，存在正向二级管电流 I_D，此电流方向从p区到n区，与光生电流相反。因此，实际获得的电流 I 为两个电流之差：

$$I = I_S(\Phi) - I_D(U) \tag{6-40}$$

如果连接一个负载电阻 R，电流 I 可以被认为是两个电流之差，即取决于辐照度 Φ 的

负方向电流 I_s，以及取决于端电压 U 的正方向电流 $I_D(U)$。

由此可以得到太阳能电池伏安特性的典型曲线（图6－47）。在负载电阻小的情况下，太阳能电池可以看成一个恒流源，因为正向电流 $I_D(U)$ 可以被忽略。在负载电阻大的情况下，太阳能电池相当于一个恒压源，因为如果电压变化略有下降，那么电流 $I_D(U)$ 迅速增加。

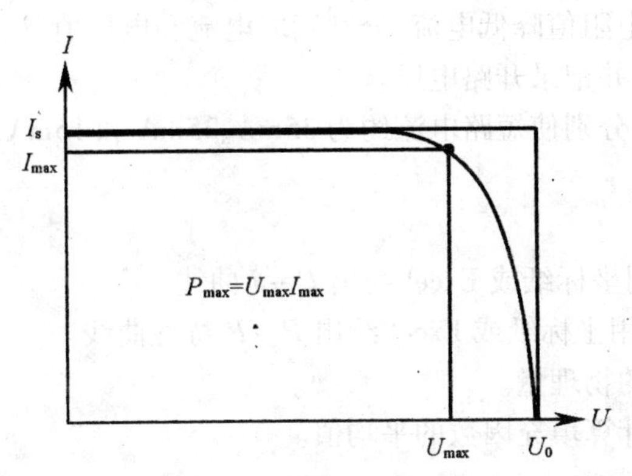

图6－47 在一定光照强度下太阳能电池的伏安特

当太阳电池的输出端短路时，可以得到短路电流，它等于光生电流 I_s。当太阳电池的输出端开路时，可以得到开路电压 U_0。

在固定的光照强度下，光电池的输出功率取决于负载电阻 R。太阳能电池的输出功率在负载电阻为 R_{max} 时达到一个最大功率 P_{max}，R_{max} 近似等于太阳能电池的内阻 R_i。

$$R_i = U_0/I_S \tag{6-41}$$

这个最大的功率比开路电压和短路电流的乘积小（图6－47），它们之比为

$$F = \frac{P_{max}}{U_0 \cdot I_S} \tag{6-42}$$

F 称为填充因数。

此外，太阳能电池的输出功率

$$P = U \cdot I \tag{6-43}$$

是负载电阻

$$R = U/I \tag{6-44}$$

的函数。

我们经常用几个太阳能电池组合成一个太阳能电池。串联会产生更大的开路电压 U_0，而并联会产生更大的短路电流 I_S。在本实验中，把两个太阳能电池串联，分别记录在四个不同的光照强度时电流和电压特性。光照强度通过改变光源的距离和电源的功率来实现。

【实验内容及步骤】

1. 把太阳能电池插到插件板上，用两个桥接插头把上边的负极和下面的正极连接起来，串联起两个太阳能电池。

2. 插上电位器作为一个可变电阻，然后用桥接插头把它连接到太阳能电池上。

3. 连接电流表,使它和电池、可变电阻串联。选择测量范围:直流 200mA。

4. 连接电压表使之与电池并联,选择量程:直流 3V。

5. 连接卤素灯与稳压源,使灯与电池成一线,以使电池均匀受光。

6. 接通电路,将可变电阻器阻值调为最小以实现短路,并改变卤素灯的距离和调节电源输出功率,使短路电流大约为 45mA。

7. 逐步改变负载电阻值降低电流,分别读取电流和电压值,记入表格 6-9。

8. 断开电路,测量并记录开路电压。

9. 调节电源功率,分别使短路电流约为 35mA、25mA 和 15mA,并重复上述测量。

【数据处理】

1. 根据表 6-9,用坐标纸或 Excel 绘出 $U-I$ 曲线。

2. 根据表 6-10,用坐标纸或 Excel 绘出 $P-R$ 特性曲线。

3. 计算表 6-11 的物理量。

4. 由表格 6-12 计算填充因数的平均值。

【数据记录表格】

表 6-9 测量太阳能电池的端电压 U 和通过负载电阻的电流 I

(短路电流 I_S 开路电压 U_0)

第一组		第二组		第三组		第四组	
$I_S=$	$U_0=$	$I_S=$	$U_0=$	$I_S=$	$U_0=$	$I_S=$	$U_0=$
I/mA	U/V	I/mA	U/V	I/mA	U/V	I/mA	U/V

表 6-10 根据表 6-9 测量的 U 和 I 值计算得到的 P 和 R 值

第一组		第二组		第三组		第四组	
R/Ω	P/mW	R/Ω	P/mW	R/Ω	P/mW	R/Ω	P/mW

表6-11　对应于最大功率的负载电阻值 R_{max} 和根据式(6-41)计算出的内阻值 R_i

	第一组	第二组	第三组	第四组
R_{max}/Ω				
R_i/Ω				
R_{max}/R_i				

表6-12　最大功率 P_{max} 和开路电压与短路电流的乘积

	第一组	第二组	第三组	第四组
P_{max}/mW				
$U_0 \cdot I_S$/mW				
$F = P_{max}/(U_0 \cdot I_S)$				

实验40　调相型磁通门实验

磁通门测磁法问世不久就在第二次世界大战中被应用于探雷、探潜等，第二次世界大战后又被广泛应用于地磁研究、地震预报研究、探矿、生物医学研究、星际间磁场测量等领域。几十年来，尽管测量磁场的新方法不断涌现，磁通门技术仍以其测量灵敏度高、功耗低、结构简单坚固小巧、使用灵活、工作可靠等显著优点，使其在弱磁场测量领域的应用经久不衰。

磁通门测磁传感器的结构原理上就是一个用高磁导率的坡莫合金作磁芯的变压器。磁通门测磁法的物理实质，就是利用外磁场对这种特殊变压器的输出信号产生的某些非对称的调制作用，检测这些调制作用引起的输出信号的任何一种变化都可实现对外磁场的测量。

迄今实际应用的磁通门测磁装置大多数都是“二次谐波型”的。它是根据外磁场使磁通门输出信号的波形发生非对称的变化而产生偶次谐波，其中以二次谐波为主，通过检测其二次谐波而实现对外磁场的测量。但这种传感器对其磁芯材料的性能、对其结构设计和制作工艺、对其励磁电流的波形、对其信号检测和处理电路以及反馈补偿网路等，其要求都非常苛刻，以致专业生产厂家生产的该类仪器，其精度一般都在±2%左右。美国贝尔公司等几个专业生产厂家采用新材料、新工艺制作的精品，其精度可达±0.5%，但价格较贵。非专业制造者更难自制成功，使这种磁通门技术进一步推广应用受到限制。

外磁场能使磁通门输出的正、负脉冲的峰值发生非对称的变化，即具有调幅作用，通过检测这种峰值的变化(峰差)也可实现对外磁场的测量，因此称这类磁通门为“峰差型”。其结构更简单，制作也容易，但其线性度不好，只适用于相对测量，如检测钢管或钢丝绳的损伤、探测地下铁管的大致位置等。若要用于绝对测量，则必须给磁通门加补偿电流，使其磁芯始终工作在其 B 值尽可能趋于零的状态，导致其测量精度也不高，只达到±2%。

外磁场对磁通门的输出信号有调相作用，检测其导致的相移也可以测量外磁场，因此称这种磁通门为“调相型”。采用下述方案比较容易使其测量精度达到±0.5%。

【实验目的】

1. 了解调相型磁通门测磁法的原理和技术。
2. 学会用调相型磁通门测弱磁场的方法。

【仪器用具】

调相型磁通门微特斯拉计(μT 计)一套、双踪示波器一台。

【实验原理】

1. 调相型磁通门微特斯拉计的工作原理

调相型磁通门其磁芯的双向交替饱和磁化曲线的示意图如图 6-48(a)所示。该闭合曲线的左右两直线段的斜率 dB/dH 彼此相等。为便于分析,可将该曲线简化成图 6-48(b)所示的过坐标原点的单值 $B(H)$ 函数曲线的形式。这种简化对于分析磁通门输出的脉冲信号的幅值是完全等效的。不同之处主要在于图 6-48(a)反映的磁芯在实际的交替饱和磁化过程中,由于磁滞效应等原因使磁芯中 B 值过零值的时刻相对于励磁场 H 过零值的时刻有一附加的滞后。当其工作条件完全确定之后,这一滞后量亦随之被确定。在用简化曲线进行分析时,可将这种滞后量当作已定系统误差处理,因而并不影响其所得结果的正确性。下面利用简化曲线来分析外磁场对磁通门输出信号产生的调相作用。

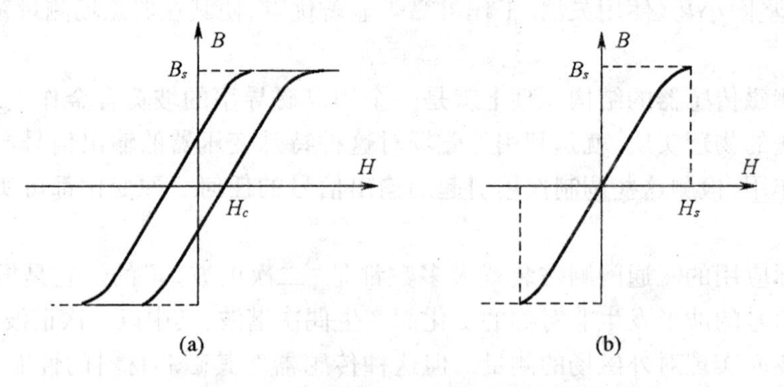

图 6-48 磁芯双向交替饱和磁化曲线

(a) 磁芯双向交替饱和磁化曲线示意图; (b) 简化的磁芯双向交替饱和磁化曲线示意图。

如图 6-49 所示,B_S 为磁芯的饱和磁感应强度,H_S 为使磁芯刚达到饱和磁化时的磁场强度,H_m 为交流三角波励磁电流产生的励磁磁场强度的最大值,且 $H_m > H_s$,即要求使磁芯过饱和磁化。在无外磁场作用时,磁通门磁芯中的磁感应强度用 $B_1(t)$ 表示,此时磁通门输出信号中相邻两正、负脉冲间的相位差恰为 π,其幅值大小相等。当有外磁场 B_0 同时作用,且其方向与励磁场 H 的正方向相同时,磁通门磁芯中的合磁感应强度 $B_{(t)} = B_0 + B_1(t)$,$B_{(t)}$ 从负到正过零值的时刻 t_1 相对于 $B_1(t)$ 过零值的时刻超前 Δt,而其从正到负过零值的时刻 t_2 则相对滞后 Δt。于是磁通门输出信号中的正脉冲将相对超前 Δt,而负脉冲则相对滞后 Δt。从图 6-49 可得出:

$$\frac{B_0}{\Delta t} = \left.\frac{dB}{dt}\right|_{t=0} = \left.\frac{dB/dH}{dH/dt}\right|_{t=0} = \frac{\mu_d H_m}{T/4} = 4\mu_d H_m/T \qquad (6-45)$$

$$B_0 = (4\mu_d H_m/T)\Delta t = k\Delta t \tag{6-46}$$

其中$\mu_d = (\mathrm{d}B/\mathrm{d}H)$就是磁芯饱和磁化曲线上非饱和直线段的斜率，即磁芯沿饱和磁化曲线工作时的最大动态磁导率；$k = 4\mu_d H_m/T$为“磁通门常数”。若μ_d、H_m、T皆已知（或通过标定求出磁通门常数k），则测出Δt即可根据式（6－46）求出B_0值。

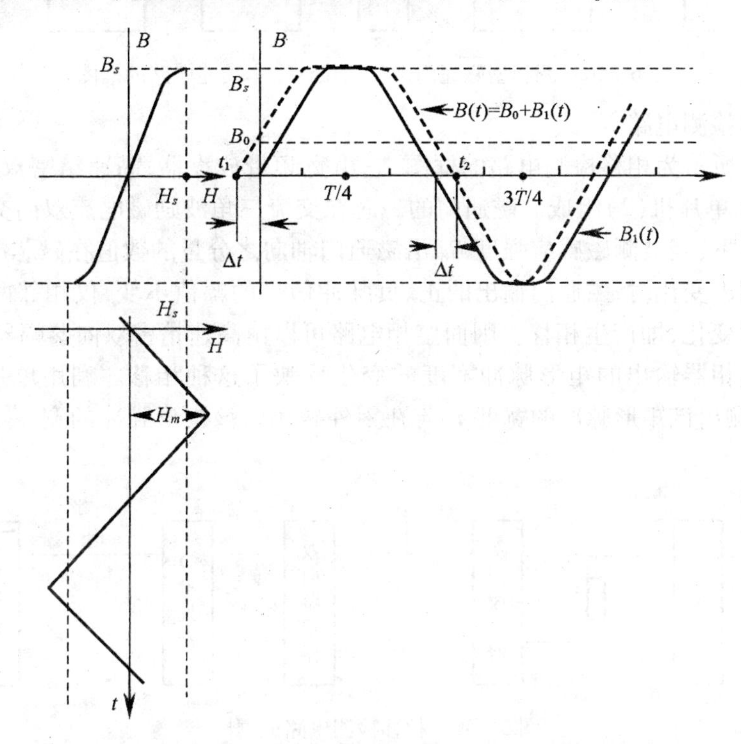

图6－49　调相型磁通门调相原理示意图

若外磁场B_0的方向与磁通门的励磁场H的正方向相反，则输出的脉冲信号其正脉冲相对滞后Δt，而负脉冲相对超前Δt。式（6－45）、式（6－46）同样适用。

令$\tau = t_2 - t_1 = T/2 + 2\Delta t$，当$B_0$的方向与励磁场$H$的正方向相同时，$2\Delta t = \tau - T/2 > 0$；反之，$2\Delta t = \tau - T/2 < 0$，据此可判定$B_0$沿磁通门轴向的分量之方向。

2. 调相型磁通门微特斯拉计（μT计）简介

（1）简介。

调相型磁通门微特斯拉计基本功能电路框图如图6－50所示，从观察点①可以观察其交流三角波电压的波形；从图6－51中的观察点②可以观察磁通门的输出信号经过放大后的波形；从观察点⑧可以观察其鉴相器输出的矩形脉冲波形，该矩形脉冲的宽度τ（脉冲持续时间）显示在面板靠右边的数码管上。载流螺线管是用来标定磁通门的，可利用调节旋钮调节通过螺管线圈的电流I_M，其值显示在左边的数码管上。

（2）交流三角波电压发生器。

用单片机（1）与D/A转换器组合可以产生交流三角波电压，选用较好的10位D/A转换器即可获得线性度优于0.1%的交流三角波电压。采用单片集成函数发生器芯片产生的交流三角波电压其质量更好。随后对交流三角波电压进行电压/电流转换（V/I转换）变成交流三角波励磁电流，再经过电流放大电路放大以提高其驱动能力。

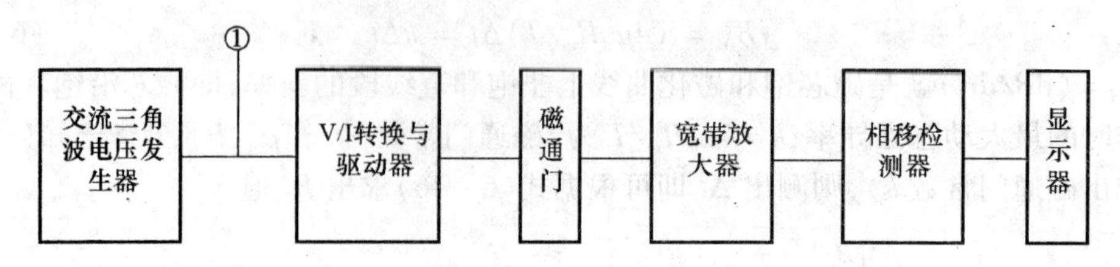

图 6－50 调相型磁通门微特斯拉计基本功能电路的框图

（3）相移检测电路。

图 6－51 所示为相移检测电路的框图，它由宽频带放大器、高速精密双向鉴幅器、高速 D 触发器和单片机（2）组成。磁通门的磁芯在交流三角波励磁电流双向交替过饱和励磁磁化的情况下，当被测磁感应强度 B_0 沿磁通门轴向之分量的数值在磁芯饱和磁化曲线的直线段范围内变化时，磁通门输出的正、负脉冲信号的幅值不变，仅相邻两正负脉冲间的相位差发生变化，即产生相移。因而鉴相电路可以由高速精密双向鉴幅器和高速 D 触发器组成。鉴相器输出的矩形脉冲宽度的变化反映了这种相移。利用单片机（2）的定时/计数功能测出该矩形脉冲的宽度 τ，与在零外磁场时该矩形脉冲的宽度 τ_0 比较，即可确定相移量。

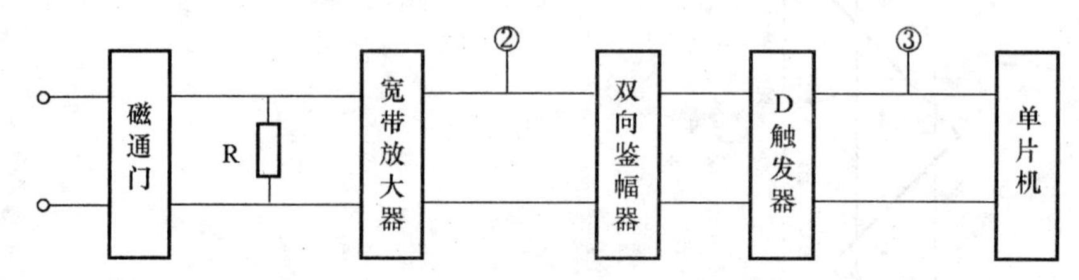

图 6－51 相移检测电路的框图

【实验内容】

1. 观察调相型磁通门电路中几个关键点的信号波形

利用“功能选择键”选择三角波电压作为磁通门的励磁源，将观察点①的输出接到示波器的 1 通道，将观察点②或③的输出接到示波器的 2 通道，示波器用 1 通道信号同步，同时观察两个通道的信号波形。将磁通门传感器置于载流螺线管内，使通过螺管线圈钧电流 $I_M=200.0\text{mA}$。使磁通门传感器在螺线管内沿轴向移动，从而使其处在不同的磁场中，注意观察此时 2 通道信号波形的变化，结合图 6－49 对照分析外磁场对磁通门输出信号的调相作用。

利用“功能选择键”将磁通门的励磁源改用正弦波电压，重复上述实验步骤观察 2 通道信号波形的变化，分析外磁场对磁通门输出信号的调幅作用，以帮助了解“峰差型”磁通门的基本工作原理。

2. 标定磁通门

本实验标定磁通门的基本方法是利用足够长的载流螺线管通过实验求出磁通门常数 k。由于存在地磁和周围其他用电设备产生的环境磁场，标定磁通门时，必须设法消除其影响。若载流螺线管远离其他用电设备且保持其位置不变，则可近似认为环境磁场的磁感应强度在螺线管内沿其轴向的分量 B_e 的量值在短时间内不随时间变化。设：通过螺管

线圈的电流 I_M 为“+”时,载流螺线管内中部沿轴向的合磁感应强度 $B_0=B_I+B_e$,其中 B_I 为电流 I_M 在长螺线管内的中部沿其轴向产生的磁感应强度。若载流螺线管的长径比足够大,则 $B_I=\mu_0 nI_M$;其中 $n=N/L$ 是均匀密绕的螺管线圈的匝数密度,N 是均匀密绕的螺管线圈的总匝数,L 为螺管线圈的有效长度。当通过螺管线圈的电流 I_M 的大小不变而其方向相反时,载流螺线管内中部沿轴向的合磁感应强度 $B'_0=-B_I+B_e$,于是可得

$$B_I=[B_0-B'_0]/2=\mu_0 nI_M=k\Delta t \tag{6-47}$$

即 B_I 或 I_M 与 Δt 之间存在着线性函数关系。标定时,表1中测 I_M 值的误差较小,而且载流螺线管的长径比足够大,因而按 $B_I=\mu_0 nI_M$ 求出的各个 B_I 值的误差也较小,而测 Δt 的随机误差较大。应用最小二乘法进行线性拟合时,要求取误差较小的变量作自变量,故应取 B_I 或 I_M 作自变量,而取 Δt 为因变量。今取 B_I 作自变量,将式(6-47)改写成式(6-48)的形式,利用表6-13中的测量结果采用最小二乘法线性拟合求出式(6-48)中的斜率 q,即可求得磁通门常数 k。

$$\Delta t=a+(1/k)B_I=a+qB_1 \tag{6-48}$$

将磁通门传感器置于载流螺线管内的正中部,按表6-13中给定的数值依次分别设定 I_{Mi} 值,并及时记录与该电流值对应的矩形脉冲的持续时间 τ_i,将测量结果记录在表6-13中:

表6-13　标定磁通门常数 k 时的实验数据

i	0	1	2	3	4	5
I_{Mi}/mA	0.0	40.0	80.0	120.0	160.0	200.0
B_{Ii}/T						
$\tilde{\tau}_i$/s						
$\Delta\tau_i$/s						
Δt_i/s						

其中 $B_{Ii}=\mu_0 nI_{Mi}$;$\Delta\tau_i=\tau_i-\tau_0$;$\Delta t_i=\Delta\tau_i/2$(注意计算时要统一用国际单位制)。

利用表6-13中的实验数据和已求出的 k 值求出表6-14中的实验数据:

表6-14　验磁通门的相对非线性度误差 ρ 时的实验数据

i	0	1	2	3	4	5
B'_i/T						
δ_i/T						

其中 $B'_i=k\Delta t_i$;$\delta_i=|B_{Ii}-B'_i|$。按式(6-49)求该磁通门传感器的相对非线性度误差 ρ

$$\rho=\delta_{\max}/(B_{I5}) \tag{6-49}$$

其中 $\delta_{\max}$ 为 δ_i 中的数值最大者;B_{I5} 为 $I_M=200.0$mA 时在载流螺线管内正中部的 B_I 值。

3. 测量环境磁场的磁感应强度在螺线管内沿其轴向的分量 B_e

将磁通门传感器置于螺线管内的正中部,并使 $I_M=0.0$mA,记录此时鉴相器输出的矩形脉冲的持续时间 τ_1;保持螺线管的位置不变而使磁通门传感器的中心轴反方向,即将磁通门传感器从螺线管内抽出,再从螺线管的另一端插入并将磁通门传感器仍置于螺线管内的正中部,记录此时矩形脉冲的持续时间 τ_2,令 $\Delta t'=(\tau_1-\tau_2)/4$,则

$$B_e=k\Delta t' \tag{6-50}$$

并分析式(6－50)的理论根据。

4. 测绘载流螺线管内沿其中心轴线的 B 的分布曲线

将载流螺线管在适当位置放稳并在本实验过程中使其保持不动:将磁通门传感器从螺线管的右边插入置于螺线管内的正中部,为消除环境磁场的影响,先使 $I_M=0.0\text{mA}$,并记录此时矩形脉冲的持续时间 τ_{00};再使 $I_M=200.0\text{mA}$ 并使其保持不变;记录此时矩形脉冲的持续时间 τ_0;然后将磁通门传感器依次向左移动 2.00cm,并依次记录对应位置时矩形脉冲的持续时间 τ_i,但最后一个测点应使磁通门传感器的末端与螺线管的边沿对齐(表6－15)。

表6－15 测绘载流螺线管内沿其中心轴线的 B 的分布曲线的实验数据

i	0	1	2	3	4	5	6
$\bar{\tau}_i$/s							
$\Delta\tau_i$/s							
Δt_i/s							
B_i/T							

其中 $\Delta\tau_i=\tau_i-\tau_{00}$;$\Delta t_i=\Delta\tau_i/2$;$B_i=k\Delta t_i$。

仿照上述方法测出载流螺线管右半部 B 的分布,绘出载流螺线管内沿其中心轴线的 B 的分布曲线。

5. 测量空间某区域的磁感应强度 B

将磁通门传感器置于待测区域,改变磁通门传感器轴的方向使调相型磁通门微特斯拉计(μT 计)上显示的脉冲持续时间 τ 的数值达到最大并记录其值,则待测磁感应强度 B 的方向沿此轴向。已知磁通门励磁电流的周期为 T,则待测磁感应强度 B 的量值为

$$B = k(\tau - T/2)/2 \tag{6-51}$$

【思考题】

1. 有哪些方法可以提高调相型磁通门微特斯拉计(μT 计)的测量灵敏度?
2. 有哪些方法可以扩大调相型磁通门微特斯拉计(μT 计)的量程?
3. 有哪些方法可以减小调相型磁通门微特斯拉计(μT 计)的非线性度误差?

第7章　设计性实验

实验41　将微安表改装为多量程电流表并进行初校

【实验要求】

1. 将量程为50μA、级别为1.5级的微安表，改装成500μA、5mA双量程电流表。

2. 先测量微安表的内阻 R_g 和满刻度的电流实际值 I_M。用实际测出的 R_g 和 I_M，算出所需并联的电阻的数值，画出测 R_g 和 I_M 的电路图。

3. 以数字电流表为标准表，拟定校表电路，初校改好的电流表（每个量程测5个点）。

【实验仪器】

量程为50μA的微安表1块，电阻箱（0.1级）2个，惠斯通电桥、多量程数字电流表（精度0.5级）、直流稳压电源、滑线变阻器和开关各1个。

实验42　用UJ31型电位差计测量毫安表的内阻

【实验要求】

1. 画出实验电路图，正确选择电位差计的量程，并写出计算公式。

2. 测出毫安表的内阻（测量结果的相对不确定度≤1%）。

【实验仪器】

UJ31型电位差计1套，量程为3mA的电流表1块，电阻箱（0.1级）1个。

实验43　用UJ31型电位差计校准毫安表

【实验要求】

1. 画出校准电路并写出测量公式。

2. 写出校准步骤。

3. 在量程范围内校表（测5个点），并画出校准曲线。

【实验仪器】

UJ31型电位差计1套，量程为5mA、1.0级的毫安表1块，0.1级电阻箱1个。

实验 44 用劈尖膜干涉测量细丝直径

【实验要求】

1. 了解劈尖膜干涉形成的原理及应用。
2. 利用劈尖膜干涉法测量细丝直径。

【实验仪器】

读数显微镜 1 台,长方形平行玻璃板两块,钠光源 1 套。

提示:

1. 将待测细丝平行于玻璃板的短边夹在两玻璃板之间构成劈尖。
2. 将劈尖置于载物平台上,将显微镜调节至可清楚看到条纹和细丝。
3. 测出 30 个条纹间距(选取 5 个不同的部位测量 5 次),求其平均值。
4. 用显微镜测出劈尖至细丝的距离(重复测量 5 次),求其平均值。
5. 由已知钠光波长计算细丝直径 d,并估算其误差范围。

第8章　基本实验方法与测量方法

实验是指为了检验某一理论或假设而进行的某些操作或某种活动。任何物理实验都离不开物理量的测量,物理测量泛指以物理理论为依据,以实验装置和实验技术为手段进行的测量。常用的基本实验方法和测量方法有比较法、补偿法、放大法、模拟法和转换测量法等。

8.1　比较法

比较法是将相同类型的被测量与标准量直接或间接地进行比较,测出被测量量值的测量方法。比较法可分为直接比较法和间接比较法两种。

8.1.1　直接比较法

将一个待测物理量与一个经过校准的物理量类型相同的量具或量仪直接进行比较而得到待测物理量量值的测量方法,称为直接比较法。它所使用的测量器具通常是直读指示式器具,它所测量的物理量一般为基本量,例如,用米尺测量长度。器具刻度预先用标准量仪进行分度和校准,在测量过程中,指示标记的位移,在标尺上相应的刻度值就表示出被测量的大小。直接比较法由于测量过程简单方便,应用较为广泛。

8.1.2　间接比较法

某些物理量难以或不便进行直接比较测量,需设法利用物理量之间的单值函数关系将被测量与同类型标准量进行间接比较测出其值。例如,测量某正弦电信号的频率时,可将其与另一频率可调的标准正弦电信号分别输入示波器的 x 偏转板和 y 偏转板。若调节标准电信号的频率,当两个电信号的频率相同或呈简单整数比时,荧光屏上呈现出特殊形状的图形,称为李萨如图形。利用李萨如图形可间接比较两个电信号的频率。设 f_x、f_y 为水平和垂直方向电信号的频率,n_x、n_y 分别为 x 方向和 y 方向切线与李萨如图形的切点数,则

$$f_y/f_x = n_x/n_y$$

为提高测量精度,比较测量通常需要借助于仪器设备,一般可将这些仪器设备称为比较系统。天平、电桥和电位差计等都是常用的比较系统。比较系统操作的关键在于达到平衡状态。在用天平称衡时,要求天平两臂平衡,指针指零;在用直流电位差计测电动势或电压时,要求电位平衡补偿,检流计指针指零。这种以检流计指零为比较系统平衡的判据,并以此为测量依据的方法称为零示法。由于人眼判断指针与刻线重合的能力比判断指针与刻度相差多少的能力要强,所以采用零示法,可提高灵敏度,从而提高测量精密度。

在用平衡电桥测电阻时,首先接入待测电阻,调节电阻达到平衡,然后保持电桥状态

不变,用可调标准电阻箱替换待测电阻,调节电阻箱使电桥再次达到平衡,则标准电阻箱示值即为被测电阻的阻值。这种方法称为替代法,属间接比较法。同理为消除天平不等臂影响,左右互换被测物与砝码进行两次称衡,然后求平均的交换法,亦为间接比较法的一种。

8.2 补偿法

通过某种方法使被测量对给定系统在某一方面所产生的作用被一个可调节的同类量的作用所抵消,即二者对同一系统的某种作用相互补偿,从而实现对该被测量的测量,称这种测量方法为“补偿法”。实际应用补偿法时,往往要与比较法、零示法结合运用。

电位差计就是应用了补偿原理而设计制成的一种典型仪器,其原理电路见实验 13。调节其中取作参考电源的电动势 E_n 使检流计回到零,则两个电源在该电路中产生的电流相互完全补偿,于是两个电源的电动势大小相等,在回路中的方向相反。在达到完全补偿的条件下,若已知 E_n 的数值则可测出该被测电动势 E_x 的数值。

采用补偿法测电源电动势,其最主要的优点在于测量时没有电流通过被测电源,从而可以消除因电源内阻等的作用而导致的系统误差,使得从原理上可以实现对电源电动势的准确测量。

热学实验中常用的补偿法为热量补偿法,常用于对实验系统散热的修正,提高测量的精度。例如当实验系统的温度 θ 高于室温 θ_0 时,系统向外散热,而当 $\theta < \theta_0$ 时,系统则从环境中吸热。若取系统的初温高于室温($\theta_{初} > \theta_0$),而终温低于室温($\theta_{终} < \theta_0$),便可使整个实验过程中系统与外界环境之间的热量传递前后部分地抵消,即部分地补偿。选择适当的系统初温和终温,则可做到使热交换前后大致补偿,从而减少由热交换带来的测量误差。

8.3 放大法

物理实验中常遇到一些微小物理量的测量。为提高测量精度,需要按照一定的物理规律,选用合适的实验装置将被测量进行放大后再进行测量,这种方法称为放大法。放大法的另一种含义是将测量器具的读数机构的读数细分,也可使测量精度提高。常用的放大法有机械放大法,光学放大法和电子学放大法。

8.3.1 机械放大法

螺旋测微放大法是一种典型的机械放大法。螺旋测微计,读数显微镜和麦克尔逊干涉仪的读数细分机构都属于这种由丝杠鼓轮和蜗轮蜗杆制成的螺旋测微装置。以常用的读数显微镜为例,其测微丝杆的螺距是 1mm,当丝杆鼓轮转动一周时,显微镜筒就沿丝杆轴向前进或后退 1mm,在丝杆的一端固定一测微鼓轮,其周界上刻成 100 分格,当鼓轮转动一分格时,显微镜筒就平移了 0.01mm,从而使沿轴方向的微小位移用鼓轮圆周上较大的弧长明显地表示出来,大大提高了测量精度。利用杠杆原理,同样可将读数细分。

8.3.2　几何光学放大法

1. 视角放大法

使被测物通过光学装置放大视角形成放大像以便于观测的方法称为视角放大法。由于人眼分辨率的限制,当待测物对人眼的张角小于0.00157°时,人眼只能将待测物视作一点,而不能分辨待测物的细节。为使人眼能看清物体,可利用放大镜、显微镜、望远镜等的视角放大作用,增大待测物对人眼的视角,从而提高测量精度。当然,如果视角放大法再与读数细分机构相结合,将会进一步提高测量精度。上例读数显微镜就是两种放大法结合的例子。

2. 角放大法

实验中常涉及到小偏转角的测量,有时转角过于微小而难于精确测量。若将一小平面镜与转动部分连动,则正入射于平面镜的光线,当平面镜转动 θ 角后,根据光的反射定律、其反射光线相对于原入射方向转过 2θ 角,而光线相当于一根无质量的长指针,微小的转角 θ 可使之扫过标尺上的许多刻度。由此构成的镜尺结构,可使微小的转角在标度尺上明显地显示并可精确地计算出来。在光杆、冲击电流计以及复射式光点检流计中均采用了角放大方法。

8.3.3　电子学放大法

电子仪器中普遍应用放大电路将微弱的被测电信号放大以后再进行测量,如示波器即其一例。

8.4　模拟法

以相似理论为基础,制造一个与研究对象的物理现象或过程相似的模型,在原型与模型之间存在有一一对应的两组物理量,用对模型的观测替代对原型的观测,并获得所需数据的方法称为模拟法。模拟法可分为物理模拟和数学模拟两类。

8.4.1　物理模拟法

物理模拟法就是模型与实际研究对象保持着相同物理本质的物理现象或过程的模拟。例如,为掌握飞行器在高空中高速飞行的动力学特性,先创造一个与实际飞行器几何形状相似的模型,将其置于风中,创造一个与原飞行器在空中实际飞行完全相似的运动状态,通过对飞行器模型受力情况的观测,可以以较小的代价与风险方便地取得可靠的有关数据。

8.4.2　数学模拟法

数学模拟是指原型与模型在物理本质上可以完全不同,但却遵从相同的数学规律的模拟。如稳恒电流场与静电场本来是两种不同的场,但这两种场所遵循的物理规律具有相同的数学形式。因此,可以用稳恒电流场来模拟难以直接测量的静电场,通过稳恒电流场中的电位分布来得到静电场的电位分布。

从某种意义上来说，模拟法是一种简单易行而且有效的实验和测量方法。在现代科学研究和工程设计中，常会遇到研究对象非常庞大或微小，变化过程过于迅猛或缓慢或百年不遇或太易于受干扰等情况，通常都先进行模拟实验，以获得可靠而必要的实验数据。因此，模拟法在水电建设、空间科学等领域应用极为广泛。

8.5 转换测量法

在测量中，对于某种不能或不便于直接与标准量比较的被测量类型，需将其转换成能或易于与标准量相比较的另一种类型的物理量之后再进行测量，这种方法称为转换测量法。在转换测量法中，传感器起着关键的作用。传感器是一种能以一定精确度把被测量转换为与之有确定对应关系的、便于观测应用的某种物理量（主要是电学量，如电流、电阻、电压、电容、频率和阻抗等）的器件。目前对传感器的认识一般是将非电物理量（如力、压力、温度、位移、流量等）转换成为电学量输出的一种器件。因此，转换测量法主要是指非电量电测法，如图 8－1 所示。

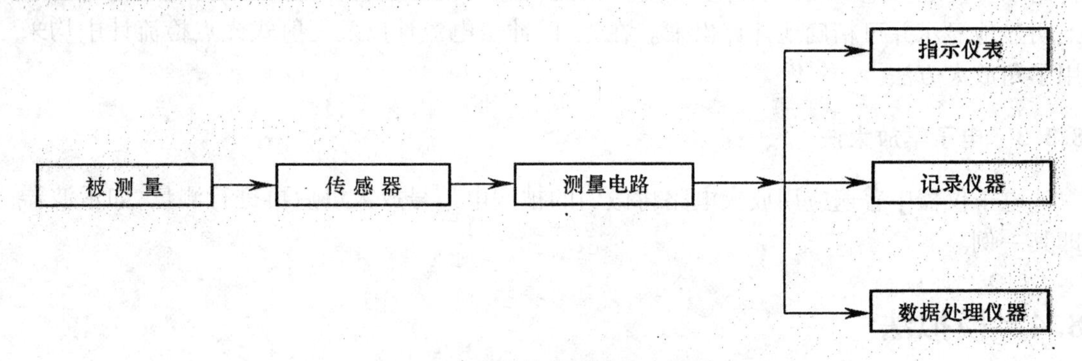

图 8－1　非电量电测系统方框图

非电量电测法一般可分为参量转换测量法和能量转换测量法两大类。

8.5.1 参量转换测量法

参量转换测量法是将被测非电量经相应的传感器转变为电阻、电容、电感和阻抗等电参量，再经测量电路进行加工处理变成电流、电压信号，以便进行观测的方法。参量转换测量法中的传感器一般为能量控制型传感器（也称参量式传感器），即被测量仅对传感器中的能量起调制（或控制）作用，而不起换能作用。这种传感器本身不是信号源，因此必须有辅助电源。例如电阻式传感器，其基本原理是利用电阻元件将被测非电量（位移、温度、力和加速度等）的变化，转换成电阻值的变化，再经相应的测量电路变成电压或电流输出，最后达到测量该物理量的目的。

8.5.2 能量转换测量法

能量转换测量法是根据能量守恒与转换定律，经相应的传感器，将非电能量转变为电能进行测量的方法。能量转换测量法中的传感器一般为能量变换型传感器（也称发电式传感器），它像一台微型发电机，能将非电能量变换为电能，如磁电式、压电式、热电偶和光生伏特式传感器等。与能量变换型传感器配合使用的测量电路,通常为放大器或电压测量电路。例如热电偶即是利用温差电效应,吸收被测体的热能并将其转换为电能,以电动势输出的能量变换型传感器,用电位有效期计测量出该温差电动势,再根据事先定标好的接触端温度与温差电动势的关系,就可以用热电偶来测量温度。热电偶温度计具有热容量小,灵敏度高,反应迅速和测量精度高等优点。

由于非电量电测技术可将难以精确测量和运作的非电量信息转换为电信号,而电信号具有易于放大、处理、存储和远距离传输的特点,加之当今电子计算机在处理电信号方面的优势,使得非电量电测法具有精度高、反应速度快、能自动、连续地进行测量、便于远距离测量等优点,因而在人类社会的各领域都得到了广泛的应用。

另外,用单色性好、强度高、稳定性好的激光做光源,再利用声—光、电—光、磁—光等物理效应,可将某些需精确测量的物理量转换为光学量来测量,非电量的光测法也已发展成为一种重要的测量方法。